21世纪高等学校规划教材 | 电子信息

数字逻辑与数字系统设计

——基于VHDL语言描述

文汉云 主编

刘鹏 胡杰 副主编

清华大学出版社

北京

内容简介

本书详细介绍了数字逻辑与数字系统设计的基础知识、基本理论和分析、设计方法。书中不仅介绍了传统的分析、设计方法，同时还比较详细地介绍了目前在数字逻辑电路设计中广泛使用的硬件描述语言VHDL，并把VHDL语言融入到各种逻辑部件的设计之中。书中给出大量实用的例题与习题。全书内容包括数字逻辑基础、集成逻辑门电路、VHDL基础知识、组合逻辑电路、触发器、时序逻辑电路、可编程逻辑器件、数字系统设计等。

本书可作为高等学校电气、电子信息类、计算机类、自动化类等专业的本科生教材，也可作为高职高专的教材及有关工程技术人员的参考书。

图书在版编目(CIP)数据

数字逻辑与数字系统设计：基于VHDL语言描述/文汉云主编. —北京：清华大学出版社，2012.1(2016.2重印)
(21世纪高等学校规划教材·电子信息)
ISBN 978-7-302-27281-6

Ⅰ.①数… Ⅱ.①文… Ⅲ.①数字逻辑—高等学校—教材 ②数字系统—系统设计—高等学校—教材 ③硬件描述语言，VHDL—程序设计—高等学校—教材 Ⅳ.①TP302.2 ②TP312

中国版本图书馆CIP数据核字(2011)第232061号

责任编辑：魏江江 徐跃进
责任校对：焦丽丽
责任印制：刘海龙

出版发行：清华大学出版社
网　　址：http://www.tup.com.cn，http://www.wqbook.com
地　　址：北京清华大学学研大厦A座　**邮　　编**：100084
社 总 机：010-62770175　**邮　　购**：010-62786544
投稿与读者服务：010-62776969，c-service@tup.tsinghua.edu.cn
质量反馈：010-62772015，zhiliang@tup.tsinghua.edu.cn
印 装 者：虎彩印艺股份有限公司
经　　销：全国新华书店
开　　本：185mm×260mm　**印　　张**：17.75　**字　　数**：432千字
版　　次：2012年1月第1版　**印　　次**：2016年2月第3次印刷
印　　数：4001～4800
定　　价：39.50元

产品编号：041811-02

编审委员会成员

出版说明

随着我国改革开放的进一步深化，高等教育也得到了快速发展，各地高校紧密结合地方经济建设发展需要，科学运用市场调节机制，加大了使用信息科学等现代科学技术提升、改造传统学科专业的投入力度，通过教育改革合理调整和配置了教育资源，优化了传统学科专业，积极为地方经济建设输送人才，为我国经济社会的快速、健康和可持续发展以及高等教育自身的改革发展做出了巨大贡献。但是，高等教育质量还需要进一步提高以适应经济社会发展的需要，不少高校的专业设置和结构不尽合理，教师队伍整体素质亟待提高，人才培养模式、教学内容和方法需要进一步转变，学生的实践能力和创新精神亟待加强。

教育部一直十分重视高等教育质量工作。2007 年 1 月，教育部下发了《关于实施高等学校本科教学质量与教学改革工程的意见》，计划实施"高等学校本科教学质量与教学改革工程"（简称"质量工程"），通过专业结构调整、课程教材建设、实践教学改革、教学团队建设等多项内容，进一步深化高等学校教学改革，提高人才培养的能力和水平，更好地满足经济社会发展对高素质人才的需要。在贯彻和落实教育部"质量工程"的过程中，各地高校发挥师资力量强、办学经验丰富、教学资源充裕等优势，对其特色专业及特色课程（群）加以规划、整理和总结，更新教学内容、改革课程体系，建设了一大批内容新、体系新、方法新、手段新的特色课程。在此基础上，经教育部相关教学指导委员会专家的指导和建议，清华大学出版社在多个领域精选各高校的特色课程，分别规划出版系列教材，以配合"质量工程"的实施，满足各高校教学质量和教学改革的需要。

为了深入贯彻落实教育部《关于加强高等学校本科教学工作，提高教学质量的若干意见》精神，紧密配合教育部已经启动的"高等学校教学质量与教学改革工程精品课程建设工作"，在有关专家、教授的倡议和有关部门的大力支持下，我们组织并成立了"清华大学出版社教材编审委员会"（以下简称"编委会"），旨在配合教育部制定精品课程教材的出版规划，讨论并实施精品课程教材的编写与出版工作。"编委会"成员皆来自全国各类高等学校教学与科研第一线的骨干教师，其中许多教师为各校相关院、系主管教学的院长或系主任。

按照教育部的要求，"编委会"一致认为，精品课程的建设工作从开始就要坚持高标准、严要求，处于一个比较高的起点上。精品课程教材应该能够反映各高校教学改革与课程建设的需要，要有特色风格、有创新性（新体系、新内容、新手段、新思路，教材的内容体系有较高的科学创新、技术创新和理念创新的含量）、先进性（对原有的学科体系有实质性的改革和发展，顺应并符合 21 世纪教学发展的规律，代表并引领课程发展的趋势和方向）、示范性（教材所体现的课程体系具有较广泛的辐射性和示范性）和一定的前瞻性。教材由个人申报或各校推荐（通过所在高校的"编委会"成员推荐），经"编委会"认真评审，最后由清华大学出版社审定出版。

目前,针对计算机类和电子信息类相关专业成立了两个“编委会”,即“清华大学出版社计算机教材编审委员会”和“清华大学出版社电子信息教材编审委员会”。推出的特色精品教材包括:

(1) 21世纪高等学校规划教材·计算机应用——高等学校各类专业,特别是非计算机专业的计算机应用类教材。

(2) 21世纪高等学校规划教材·计算机科学与技术——高等学校计算机相关专业的教材。

(3) 21世纪高等学校规划教材·电子信息——高等学校电子信息相关专业的教材。

(4) 21世纪高等学校规划教材·软件工程——高等学校软件工程相关专业的教材。

(5) 21世纪高等学校规划教材·信息管理与信息系统。

(6) 21世纪高等学校规划教材·财经管理与应用。

(7) 21世纪高等学校规划教材·电子商务。

(8) 21世纪高等学校规划教材·物联网。

清华大学出版社经过三十多年的努力,在教材尤其是计算机和电子信息类专业教材出版方面树立了权威品牌,为我国的高等教育事业做出了重要贡献。清华版教材形成了技术准确、内容严谨的独特风格,这种风格将延续并反映在特色精品教材的建设中。

清华大学出版社教材编审委员会
联系人:魏江江
E-mail:weijj@tup.tsinghua.edu.cn

前言

当今世界电子技术的发展可谓日新月异，电子技术领域的新理论、新技术、新方法以及新器件层出不穷。随着集成电路设计和制造工艺水平以及计算机硬件技术的飞速发展，使数字电路和数字系统的分析、设计方法发生了极大的变化，从传统的单纯的硬件设计方法发展到软硬件相结合的计算机辅助设计方法，这一方面推动着电子设计自动化(EDA)技术不断向更高层次发展，另一方面对传统的“数字逻辑与数字系统设计”课程的教学内容、教学体系和教学方法提出了更高的要求。因此，为学习者提供一本与时俱进的、传统与现代相结合的、深入浅出和循序渐进的好教材一直是作者孜孜以求的目标。

基于此，作者在研究大量国内外同类教材内容并吸收其写作风格的基础上，结合作者多年从事数字电路教学和科研工作的经验与体会编写了此书，希望对学习者有所裨益。

本书具有以下 4 个明显的特色：

① 与时俱进，教材内容及时反映了学科前沿，以适应数字电子技术飞速发展的需要；

② 考虑到电子系统向计算机辅助设计的方向发展，本书除了第 3 章讲述硬件描述语言 VHDL 的基础知识外，还将其融入到全书各章节，并给出了一些具有参考价值的实例；

③ 在内容的选取上摒弃了分立元件及强调器件内部工作原理的部分，选择以中规模集成电路芯片应用为主的内容，既解决了课时少内容多的问题，又可使学习者重点掌握各种数字集成电路器件的外特性与实际应用；

④ 在章节的选取上，删减了常规数字系统教材所涉及的模/数和数/模转换、脉冲波形的产生与整形及存储器等与数字逻辑关系不大的部分章节，力求使教材拟阐述的内容集中体现在数字逻辑与数字系统的基本知识及应用上，避免知识过于繁杂。

全书共分 8 章：第 1 章是数字逻辑基础，主要介绍了数字逻辑与数字系统中常用的数制、编码和逻辑代数基础；第 2 章是集成逻辑门电路，主要介绍了 TTL 逻辑门电路和 CMOS 逻辑门电路的基本知识；第 3 章是硬件描述语言 VHDL 基础知识，主要介绍了 VHDL 程序的基本结构、数据类型、运算符和表达式等，为以后各章节的学习奠定基础；第 4 章是组合逻辑电路，以中规模组合逻辑电路为主，介绍了一些常用的组合电路的分析、设计方法，并给出了其 VHDL 描述；第 5 章是触发器，主要介绍集成触发器的基本原理及其 VHDL 描述；第 6 章是时序逻辑电路，本章也是以中规模集成电路为主介绍时序逻辑电路的分析与设计方法，以及常用时序逻辑电路的应用及 VHDL 描述。第 7 章是可编程逻辑器件，主要介绍 PLD 的基本知识、PLD 的逻辑表示方法及复杂可编程逻辑器件 CPLD 和现场可编程门逻辑矩阵 FPGA 的基本结构和原理。第 8 章是数字系统设计，也是全书内容的综合和提高，主要介绍了数字系统的设计方法，并给出了几个设计实例。附录中介绍了 Quartus® Ⅱ软件的使用方法、常用集成门电路逻辑符号对照表以及常用 CPLD/FPGA 端口资源等。考虑到与后续系列硬件课程及版面的关系，本书中删掉了模/数与数/模转换这一章。

本书由文汉云教授任主编，负责制定编写提纲及全书的修改和统稿工作，同时编写了第1、第8章；刘鹏任副主编并编写了第3～第5章；胡杰任副主编并编写了第2、第7章；第6章及附录由王剑编写。全书由长江大学罗炎林教授主审，武汉理工大学卢珏博士、湖北师范学院洪家平教授、长江大学电信学院邹学玉博士等对本书的编写提出了不少建设性的意见，清华大学出版社对本书的出版做了大量工作，在此表示感谢。在本书的编写过程中得到了长江大学教务处及计算机科学学院许多老师的大力支持和帮助，在此向他们表示衷心的感谢！

在本书的编写过程中，作者参考了国内外的大量专著、教材和文献，在此谨向著作者致以衷心的感谢。

为方便教学，本书配有电子教学课件，请有此需要的学习者和教师登录清华大学出版社的网站免费注册后进行下载。本书各章的习题解答、配套的实验及课程设计内容将在随后出版的《数字逻辑与数字系统设计实验教程》中给出，敬请期待。

本书可作为计算机类、电子类、自动化类等有关专业的教材及参考书。

限于作者水平和时间仓促，本书虽经多次修改，但肯定还存在不少缺点和错误，恳请读者批评指正。

编　者

2011年7月于荆州

目 录

第1章 数字逻辑基础

本章是学习数字逻辑电路的基础，主要介绍几种常用数制的表示方法及其转换规律、数字系统中常见的几种编码以及逻辑代数的基本理论和基础知识。

1.1 数制

1.1.1 十进制数

日常生活中人们都习惯于使用十进制数(Decimal)。它由 0～9 共 10 个数码组成，十进制数的计数规则是逢 10 进 1。数制是以表示计数符号的个数来命名的。人们把计数符号的个数称为基数，用符号 R 来表示。十进制数的基数就是 $R=10$。

同一计数符号处在不同数位，代表的数值不同。例如十进制数 752，百位上的 7 表示 700，十位上的 5 表示 50。人们把各个数位的位值，称为进位记数制各位的权，它等于(基数)i，i 代表符号所在位。十进制数的基数为 10，第 i 位上的权值为 10^i，所以十进制数的按位展开式为：

$$
\begin{aligned}
(D)_{10} &= D_{n-1}\times 10^{n-1}+D_{n-2}\times 10^{n-2}+\cdots+D_1\times 10^1 \\
&\quad +D_0\times 10^0+D_{-1}\times 10^{-1}+\cdots+D_{-m}\times 10^{-m} \\
&= \sum_{i=-m}^{n-1} D_i\times 10^i
\end{aligned}
$$

式中，D_i 取值范围为 $0\leqslant D_i\leqslant(R-1)$。$n$ 为整数部分的位数，m 为小数部分的位数。整数第 i 位的权是 R^{i-1}，小数点后第 m 位的权是 R^{-m}。此式表示的就是各符号与其所在位权值乘积的代数和。

十进制数可用后缀 D 标识。

1.1.2 二进制数

在数字系统中，使用的是二进制(Binary)。二进制数由 0 和 1 两个数码组成，计数规则是，逢 2 进 1。

二进制数的基数为 2，各位的权值为 2^i。二进制数的按位展开式为：

$$
\begin{aligned}
(B)_2 &= B_{n-1}\times 2^{n-1}+B_{n-2}\times 2^{n-2}+\cdots+B_1\times 2^1 \\
&\quad +B_0\times 2^0+B_{-1}\times 2^{-1}+\cdots+B_{-m}\times 2^{-m} \\
&= \sum_{i=-m}^{n-1} B_i\times 2^i
\end{aligned}
$$

二进制数可用后缀 B 标识。

计算机和各种数字系统中采用二进制的原因主要有以下几点：

① 二进制只有 0 和 1 两种状态，显然制造具有两种状态的电子器件要比制造具有 10 种特定状态的器件容易得多，并且由于状态简单，其工作更可靠，传输也不容易出错。

② 0、1 数码与逻辑代数变量值 0 与 1 相符，利用二进制可方便进行逻辑运算。

③ 二进制数和十进制数之间转换比较容易。

1.1.3 八进制数和十六进制数

用二进制数表示一个较大的数时，比较冗长而又难以记忆，为了阅读和书写的方便，通常采用八进制或十六进制。

1. 八进制数

八进制数(Octal)由 0～7 共 8 个数码组成，其计数规则是逢 8 进 1。基数为 8，各位的权值为 8^i。任意一个八进制数可表示为：

$$(O)_8 = \sum_{i=-m}^{n-1} O_i \times 8^i$$

八进制数可用后缀 O 标识。

2. 十六进制数

十六进制数(Hexadecimal)由 0～9 和 A～F 共 16 个数码组成。

其中 A～F 的等值十进制数分别为 10、11、12、13、14、15。

十六进制数进位规则是逢 16 进 1。其基数为 16，各位的权值为 16^i。任意一个十六进制数可表示为：

$$(H)_{16} = \sum_{i=-m}^{n-1} H_i \times 16^i$$

十六进制数可用后缀 H 标识。

八进制数和十六进制数均可写成按权展开式，并能求出相应的等值十进制数。

1.1.4 各种数制之间的转换

1. 非十进制数转换成十进制数

按相应的权表达式展开，再按十进制运算规则求和，即按权展开相加。

【例 1-1】 将二进制数 1011.11B 转换成十进制数。

$$\begin{aligned}(1011.11)_2 &= 1\times 2^3 + 0\times 2^2 + 1\times 2^1 + 1\times 2^0 + 1\times 2^{-1} + 1\times 2^{-2}\\ &= 8+0+2+1+0.5+0.25\\ &= (11.75)_{10}\end{aligned}$$

【例 1-2】 将十六进制数 AF7.4H 转换成十进制数。

$$\begin{aligned}(AF7.4)_{16} &= A\times 16^2 + F\times 16^1 + 7\times 16^0 + 4\times 16^{-1}\\ &= 10\times 256 + 15\times 16 + 7\times 1 + 4/16\\ &= (2807.25)_{10}\end{aligned}$$

2. 十进制数转换成非十进制数

十进制数转换为非十进制数分为两个部分进行——整数部分和小数部分，分开转换后再以小数点为结合点组合起来。

整数部分：除基数取余，直至商为0，余数按先后顺序从低位到高位排列，即除基数倒取余。

小数部分：乘基取整，直至达到所要求的精度或小数部分为0，整数按先后顺利从高位到低位排列，即乘基数顺取整。

【例 1-3】 将十进制数25.8125转换为二进制数。

解：使用短除法，计算过程与结果如下：

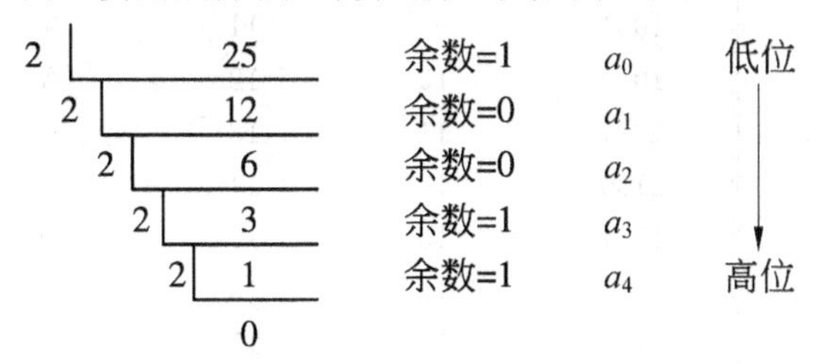

小数部分：

		0.8125
		× 2
高位	a_{-1}=1	1.6250
↑		× 2
	a_{-2}=1	1.2500
		× 2
	a_{-3}=0	0.5000
		× 2
低位	a_{-4}=1	1.0000

因此，转换结果为：$(25.8125)_{10}=(a_4\, a_3\, a_2 a_1\, a_0 \cdot a_{-1}a_{-2}a_{-3}a_{-4})_2=(11001.1101)_2$

【例 1-4】 将十进制数301.6875转换为十六进制数。

解：计算过程与结果如下：

除数	被除数	余数		
16	301	余数=13	a_0	低位
16	18	余数=2	a_1	↓
16	1	余数=1	a_2	高位
	0			

$(13)_{10}=(\mathrm{D})_{16}$

$$\begin{array}{r} 0.6875 \\ \times\quad 16 \\ \hline a_{-1}=11 \quad 11.0 \end{array}$$

$(11)_{10}=(\mathrm{B})_{16}$

转换结果为：$(301.6875)_{10}=(a_2 a_1\, a_0 \cdot a_{-1})_2=(12\mathrm{D.B})_{16}$

3. 二进制数与十六进制、八进制数互换

由于十六进制数的基数16是二进制数的基数2的4次幂，即$2^4=16$，1位十六进制数相当于4位二进制数。因此，十六进制数转换成二进制数时，只要将十六进制数的每一位改写成等值的4位二进制数，即“1位变4位”。表1-1给出了4位二进制数与其他进制数之间的对照关系。

表1-1 4位二进制数与其他进制数的对照表

二进制	十进制	八进制	十六进制	二进制	十进制	八进制	十六进制
0000	0	0	0	1000	8	10	8
0001	1	1	1	1001	9	11	9
0010	2	2	2	1010	10	12	A
0011	3	3	3	1011	11	13	B
0100	4	4	4	1100	12	14	C
0101	5	5	5	1101	13	15	D
0110	6	6	6	1110	14	16	E
0111	7	7	7	1111	15	17	F

【例1-5】 把$(A3D.8B)_{16}$转换为二进制数。

解：可用“1位变4位”的方法：

```
A      3      D   .   8      B
↓      ↓      ↓       ↓      ↓
1010  0011  1101  .  1000  1011
```

$(A3D.8B)_{16}=(101000111101.10001011)_2$

二进制数转换为十六进制数时，以小数点为分界线，整数部分从右向左每4位一组，小数部分从左向右每4位一组，不足4位用0补足，每组改成等值的1位十六进制数即可，即“4位变1位”。

【例1-6】 把$(1011010101.111101)_2$转换为十六进制数。

解：可用“4位变1位”的方法：

```
0010  1101  0101  .  1111  0100
  2     D     5   .    F     4
```

$(1011010101.111101)_2=(2D5.F4)_{16}$

在清楚了十六进制数与二进制数之间的转换方法之后，由于$2^3=8$，1位八进制数相当于3位二进制数，所以不难得出八进制数与二进制数之间相互转换的方法。即“1位变3位”。

【例1-7】 把$(345.27)_8$转换为二进制数。

解：

```
 3    4    5  .  2    7
 ↓    ↓    ↓     ↓    ↓
011  100  101 . 010  111
```

$(345.27)_8=(011100101.010111)_2$

二进制数转换为八进制数时，也是以小数点为分界线，整数部分从右向左 3 位一组，小数部分从左向右 3 位一组，不足 3 位用 0 补足，每组改成等值的 1 位八进制数即可，即“3 位变 1 位”。

【例 1-8】 把$(11001.1011)_2$转换为八进制数。

解：

$$\begin{array}{cccc} \underline{011} & \underline{001} . & \underline{101} & \underline{100} \\ 3 & 1 . & 5 & 4 \end{array}$$

$(11001.1011)_2=(31.54)_8$

1.1.5 原码、反码与补码

1. 机器数与真值

计算机中传输与加工处理的信息均为二进制数，二进制数的逻辑 1 和逻辑 0 分别用于代表高电平和低电平，计算机只能识别 1 和 0 两个状态，那么计算机中如何确定与识别正二进制数和负二进制数呢？解决的办法是将二进制数最高位作为符号位，其中，1 表示负数，0 表示正数，若计算机的字长取 8 位，10001111B 则可以代表－15，00001111B 则可以代表＋15，这便构成了计算机所识别的数，因此，带符号的二进制数称为机器数，机器数所代表的值称为真值。在计算机中，机器数有三种表示法，即原码、反码和补码。

2. 原码表示法

原码表示法也称为符号加绝对值法。将符号位 0 或 1 加到二进制数绝对值的左端，表示正二进制数或负二进制数，称为原码表示法。

若定点整数的原码形式为 $X_0X_1X_2\cdots X_n$，则原码表示的定义是：

$$[X]_{原}=\begin{cases} X & 2^n > X \geqslant 0 \\ 2^n - X = 2^n + |X| & 0 \geqslant X > -2^n \end{cases}$$

X_0 为符号位，若 $n=7$，即字长 8 位，则：

① X 取值范围为－127～＋127。

② $[+0]_{原}=00000000$。

③ $[-0]_{原}=10000000$。

采用原码表示法简单易懂，但它最大缺点是加法运算电路复杂，不容易实现。

3. 反码表示法

正二进制数的反码表示同其原码一样，负二进制数的反码表示是符号位 1 加数值位各位取反，这种表示正、负二进制数的方法称为反码表示法。

对于定点整数，反码表示的定义是：

$$[X]_{反}=\begin{cases} X & 2^n > X \geqslant 0 \\ (2^{n+1}-1)+X & 0 \geqslant X > -2^n \end{cases}$$

同样 n 取 7，即字长 8 位，那么：

① X 取值范围为 $-127 \sim +127$。

② $[+0]$反 $=00000000$。

③ $[-0]$反 $=11111111$。

4. 补码表示法

正二进制数的补码同其原码表示，负二进制数的补码表示是符号位 1 加数值位各位取反末位加 1，这种表示法称为补码表示法。

对于定点整数，补码表示的定义是：

$$[X]_{补}=\begin{cases}X & 2^n > X \geqslant 0 \\ 2^{n+1}+X=2^{n+1}-|X| & 0 \geqslant X \geqslant -2^n\end{cases}$$

同样如果 n 取 7，即字长 8 位，那么：

① X 取值范围为 $-128 \sim +127$。

② $[+0]_{补}=[-0]_{补}=00000000$。

③ $[-10000000]_{补}=10000000$。

④ $[[X]_{补}]_{补}=X$，对已知的一个补码通过再一次求其补，便可还原出真值。

【例 1-9】 若计算机字长 8 位，$X=126$，$Y=-126$，分别求出 X 和 Y 的原码、反码及补码。

解： $[X]_{原}=[X]_{反}=[X]_{补}=01111110$

$[Y]_{原}=11111110$

$[Y]_{反}=10000001$

$[Y]_{补}=10000010$

1.2 常用编码

信息在计算机中的存储表现为数据。在计算机中，任何数据都只能采用二进制数的各种组合方式来表示，所以需要对信息中全部用到的字符按照一定的规则进行二进制数的组合编码。编码是指用文字、符号、数码等表示某种信息的过程。数字系统中处理、存储、传输的都是二进制代码 0 和 1，因而对于来自于数字系统外部的输入信息，例如，十进制数 0～9 或字符 A～Z，a～z，汉字等，必须用二进制代码 0 和 1 表示。二进制编码是给每个外部信息按一定规律赋予二进制代码的过程。

二-十进制编码

二-十进制码（BCD 码）是一种用四位二进制码来表示一位十进制数的代码，简称为 BCD（Binary Coded Decimal Number）码。用四位二进制码来表示十进制数的 10 个数码有很多种编码方法，常见的有 8421BCD 码、2421BCD 码、4221BCD 码、5421BCD 码和余 3 码等，表 1-2 给出了十进制数与这几种编码之间的对应关系。

表 1-2 十进制数与各种 BCD 编码对照表

十进制数	8421BCD 码	2421BCD 码	4221BCD 码	5421BCD 码	余 3 码
0	0000	0000	0000	0000	0011
1	0001	0001	0001	0001	0100
2	0010	0010	0010	0010	0101
3	0011	0011	0011	0011	0110
4	0100	0100	0110	0100	0111
5	0101	0101	0111	1000	1000
6	0110	0110	1100	1001	1001
7	0111	0111	1101	1010	1010
8	1000	1110	1110	1011	1011
9	1001	1111	1111	1100	1100

1. 8421BCD 码

8421BCD 码是使用最广泛的一种 BCD 码。8421BCD 码的每一位都具有同二进制数相同的权值，即从高位到低位有 8、4、2、1 的位权，因此称为 8421BCD 码。四位二进码有 16 个状态，在 8421BCD 码中，仅使用了 0000～1001 这 10 种状态，而 1010～1111 这 6 种状态是没有使用的状态。

一个多位的十进制数可用对应的多组 8421BCD 码来表示，并由高位到低位排列起来，组间留有间隔。如$(279.5)_{10}$，用 8421BCD 码表示为：

$$(279.5)_{10} = (0010\ 0111\ 1001.0101)_{8421BCD}$$

2. 余 3 码

余 3 码是由 8421BCD 码加 3 后得到的。在 BCD 码的算术运算中常采用余 3 码。余 3 码的主要特点是其表示 0 和 9 的码组、1 和 8 的码组、2 和 7 的码组、3 和 6 的码组以及 4 和 5 的码组之间互为反码。当两个用余 3 码表示的数相减时，可以将原码的减法改为反码的加法。因为余 3 码求反容易，所以有利于简化 BCD 码的减法电路。

3. 循环码

循环码是格雷码(Gray Code)中常用的一种，其主要优点是相邻两组编码只有一位状态不同。以中间为对称的两组代码只有最左边一位不同。如果从纵向来看，循环码各组代码从右起第一位的循环周期是 0110，第二位的循环周期是 00111100，第三位的循环周期是 0000111111110000 等。例如 0 和 15、1 和 14、2 和 13 等。这称为反射性，所以又称作反射码。而每一位代码从上到下的排列顺序都是以固定的周期进行循环的。表 1-3 所示的是四位循环码。

表 1-3 四位循环码

十进制数	循环码	十进制数	循环码
0	0000	8	1100
1	0001	9	1101
2	0011	10	1111
3	0010	11	1110
4	0110	12	1010
5	0111	13	1011
6	0101	14	1001
7	0100	15	1000

4. ASCII 码

ASCII 是 American National Standard Code for Information Interchange(美国国家信息交换标准代码)的简称。常用于通信设备和计算机中。它是一组八位二进制代码,用 $b_0 \sim b_6$ 这七位二进制代码表示十进制数字、英文字母及专用符号。第八位 b_7 作奇偶校验位(常为 0),如表 1-4 所示。

表 1-4 ASCII 编码表

$b_3b_2b_1b_0$	$b_6b_5b_4$							
	000	001	010	011	100	101	110	111
0000	NUL	DLE	SP	0	@	P	、	p
0001	SOH	DC1	!	1	A	Q	a	q
0010	STX	DC2	"	2	B	R	b	r
0011	ETX	DC3	#	3	C	S	c	s
0100	EOT	DC4	$	4	D	T	d	t
0101	ENQ	NAK	%	5	E	U	e	u
0110	ACK	SYN	&	6	F	V	f	v
0111	BEL	ETB	'	7	G	W	g	w
1000	BS	CAN	(	8	H	X	h	x
1001	HT	EM	)	9	I	Y	i	y
1010	LF	SUB	*	:	J	Z	j	z
1011	VT	ESC	+	;	K	[	k	{
1100	FF	FS	,	<	L	\	l	|
1101	CR	GS	—	=	M	]	m	}
1110	SO	RS	.	>	N	↑	n	~
1111	SI	US	/	?	O	↓	o	DEL

ASCII 码包括 10 个十进制数码、26 个英文字母和一些专用符号,总共 128 个字符,因此,只需要一个字节中的低 7 位编码,最高位可用作奇偶校验位,当最高位恒取 1,称为标记校验,当最高位恒取 0,称作空格校验。128 个 ASCII 码中有 95 个编码,它们分别对应计算机中在输入输出终端设备上能输入和输出显示以及输出打印的 95 个字符,包括大小写英文字母。其余 33 个编码,其编码值为 0～31 和 127,则不对应任何显示与打印实际字符,它们被用作控制码,控制计算机 I/O 设备的操作以及计算机软件的执行情况。

表 1-4 中，各特殊符号的含义为：

NUL—空白	SOH—标题开始	STX—正文开始	ETX—正文结束
EOT—传输结束	ENQ—询问	ACK—应答	BEL—响铃
BS—退格	HT—横向列表	LF—换行	VT—垂直列表
FF—换页	CR—回车	SO—移位输出	SI—移位输入
DLE—转义	DC1—设备控制 1	DC2—设备控制 2	DC3—设备控制 3
DC4—设备控制 4	NAK—否认	SYN—同步	ETB—组终
CAN—作废	EM—载终	SUB—取代	ESC—扩展
FS—文字分割符	GS—组分割符	RS—记录分割符	US—单元分割符
SP—空格	DEL—删除		

1.3 逻辑代数基础

逻辑代数又称布尔代数，是 19 世纪中叶英国数学家乔治·布尔(George·Boole)首先提出来的。它是分析和设计数字逻辑电路的数学工具。本节主要介绍逻辑变量、逻辑函数、基本逻辑运算和逻辑代数公式，以及化简逻辑函数的两种方法：公式法和卡诺图法。

1.3.1 逻辑变量和逻辑函数

逻辑代数是用来处理逻辑运算的代数。参与逻辑运算的变量称为逻辑变量，用字母来表示。逻辑变量的取值只有 0、1 两种，而且在逻辑运算中 0 和 1 不再表示具体数量的大小，而只是表示两种不同的状态。逻辑函数是由若干逻辑变量 A、B、C、D…经过有限次的逻辑运算所决定的输出 F，即逻辑函数可表示为：$F=f(A,B,C,\cdots)$。

1. 逻辑值的概念

在计算机和数字系统中，通常用“逻辑真”和“逻辑假”来区分事物的两种对立的状态。“逻辑真”用 1 表示；“逻辑假”用 0 来表示。1 和 0 分别叫做逻辑真/假状态的值。这里，0、1 只有逻辑上的含义，已不再表示数量上的大小。

2. 高、低电平的概念

以两个不同确定范围的电位与逻辑真、假两个逻辑状态对应。这两个不同范围的电位称作逻辑电平，把其中一个相对电位较高者称为逻辑高电平，简称高电平，用 H 表示。而电位相对较低者称为逻辑低电平，简称低电平，用 L 表示。

3. 状态赋值和正、负逻辑的概念

状态赋值：数字电路中，经常用符号 1 和 0 表示高电平和低电平。人们把用符号 1、0 表示输入输出电平高低的过程叫做状态赋值。

正逻辑：在状态赋值时，如果用 1 表示高电平，用 0 表示低电平，则称为正逻辑赋值，简称正逻辑。

负逻辑：在状态赋值时，如果用 0 表示高电平，用 1 表示低电平，则称为负逻辑赋值，简

称负逻辑。

1.3.2 基本逻辑门和基本运算

逻辑代数中的逻辑运算只有“与”、“或”、“非”三种基本逻辑运算。任何复杂的逻辑运算都可以通过这三种基本逻辑运算来实现。

1. “与”逻辑运算

“与”逻辑运算又叫逻辑乘。其定义是：当且仅当决定事件 F 发生的各种条件 A、B、C……均具备时，这件事才发生，这种因果关系称为“与”逻辑关系，即“与”逻辑运算。

两个变量的“与”运算的逻辑关系可以用函数式表示为：

$$F = A \cdot B = A\,B$$

“与”运算的规则为：

$$0 \cdot 0 = 0 \quad 0 \cdot 1 = 0 \quad 1 \cdot 0 = 0 \quad 1 \cdot 1 = 1$$

与门的逻辑符号如图 1-1 所示。

“与”运算的真值表如表 1-5 所示。

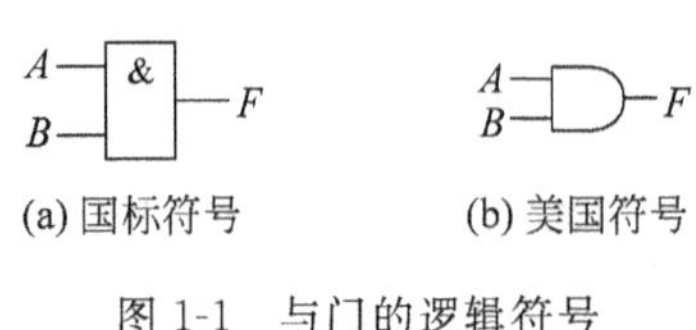

图 1-1 与门的逻辑符号

表 1-5 “与”运算的真值表

A	B	F
0	0	0
0	1	0
1	0	0
1	1	1

“与”逻辑运算可以进行这样的逻辑判断：“与”门的输入信号中是否有 0，若输入有 0，输出就是 0，只有当输入全为 1 时，输出才是 1。

2. “或”逻辑运算

“或”逻辑运算又叫逻辑加。其定义是：在决定事件 F 发生的各种条件中只要有一个或一个以上条件具备时，这件事就发生，这种因果关系称为“或”逻辑运算关系。

两个变量的“或”运算可以用函数式表示为：

$$F = A + B$$

“或”运算的规则为：

$$0 + 0 = 0 \quad 0 + 1 = 1 \quad 1 + 0 = 1 \quad 1 + 1 = 1$$

或门的逻辑符号如图 1-2 所示。

“或”运算的真值表如表 1-6 所示。

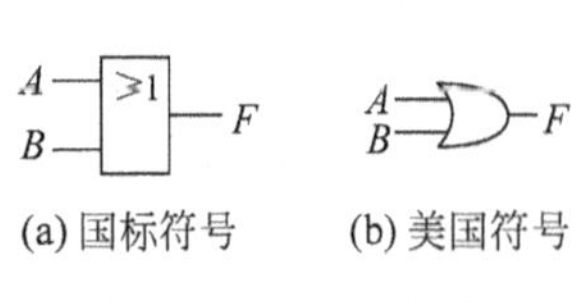

图 1-2 或门的逻辑符号

表 1-6 “或”运算的真值表

A	B	F
0	0	0
0	1	1
1	0	1
1	1	1

“或”逻辑运算可以进行这样的逻辑判断：“或”门的输入信号中是否有 1，若输入有 1，输出就是 1；只有当输入全为 0 时，输出才是 0。

3. “非”逻辑运算

“非”逻辑运算又称“反相”运算，或称“求补”运算。其定义是：当决定事件发生的条件 A 具备时，事件 F 不发生；条件 A 不具备时，事件 F 才发生。这种因果关系叫“非”逻辑运算。它的函数式为

$$F=\overline{A}$$

“非”运算的规则为：

$$\overline{0}=1 \qquad \overline{1}=0$$

“非”门的逻辑符号如图 1-3 所示。

“非”逻辑运算的真值表如表 1-7 所示。

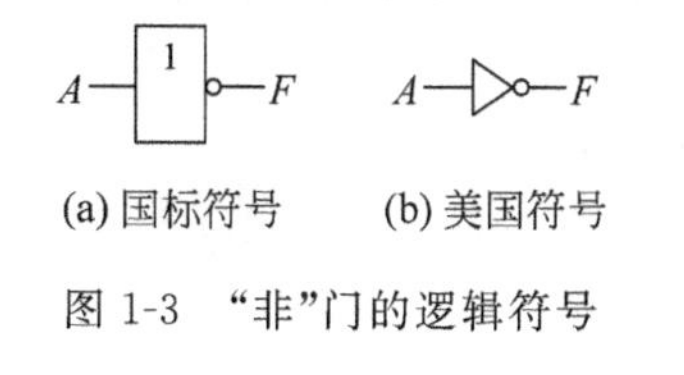

(a) 国标符号　(b) 美国符号

图 1-3　“非”门的逻辑符号

表 1-7　“非”逻辑运算的真值表

A	F
0	1
1	0

4. 复合逻辑运算

“与”、“或”、“非”为三种基本逻辑运算。实际逻辑问题要比“与”、“或”、“非”复杂得多，但不管如何复杂，都可以用简单的“与”、“或”、“非”逻辑组合来实现，从而构成复合逻辑。

复合逻辑常见的有“与非”、“或非”、“异或”、“同或”及“与或非”运算等。

1）“与非”逻辑运算

实现先“与”后“非”的逻辑运算就是“与非”逻辑运算。其逻辑函数式如下：

$$F=\overline{AB}$$

“与非”门的逻辑符号如图 1-4 所示。

“与非”运算的真值表如表 1-8 所示。

(a) 国标符号　(b) 美国符号

图 1-4　“与非”门的逻辑符号

表 1-8　“与非”运算的真值表

A	B	F
0	0	1
0	1	1
1	0	1
1	1	0

“与非”逻辑运算可进行这样的逻辑判断：“与非”门输入信号中是否有 0，输入有 0，输出就是 1；只有当输入全为 1 时，输出才是 0。

2）“或非”逻辑运算

实现先“或”后“非”的逻辑运算，就是“或非”逻辑运算。其逻辑函数式如下：

$$F=\overline{A+B}$$

"或非"门的逻辑符号如图 1-5 所示。

"或非"运算的真值表如表 1-9 所示。

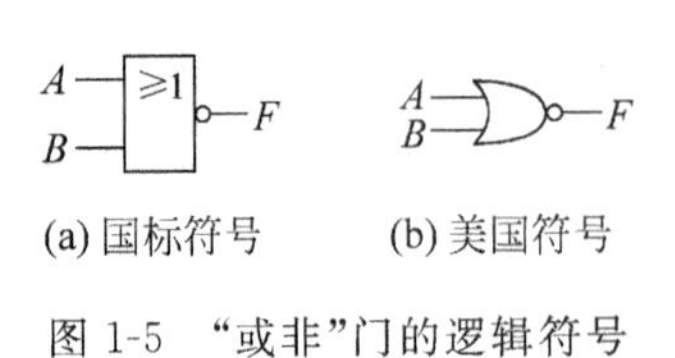

图 1-5 "或非"门的逻辑符号

表 1-9 "或非"运算的真值表

A	B	F
0	0	1
0	1	0
1	0	0
1	1	0

"或非"逻辑运算可进行这样的逻辑判断:"或非"门的输入信号中是否有 1,若输入有 1,输出就是 0;只有当输入全为 0 时,输出才是 1。

3)"异或"逻辑运算

用先"非"再"与"后"或"的逻辑运算,实现如下逻辑函数式的称为"异或"逻辑运算。其逻辑函数式如下:

$$F = A\overline{B} + \overline{A}B = A \oplus B$$

"异或"门的逻辑符号如图 1-6 所示。

"异或"运算的真值表如表 1-10 所示。

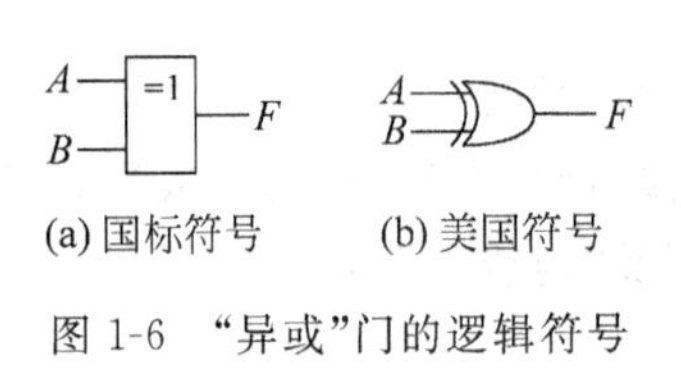

图 1-6 "异或"门的逻辑符号

表 1-10 "异或"运算的真值表

A	B	F
0	0	0
0	1	1
1	0	1
1	1	0

"异或"逻辑运算可以进行这样的逻辑判断:"异或"门的两个输入信号是否相同,若两个输入信号相同时,输出为 0;若两个输入信号不相同时,输出为 1。"异或"逻辑运算的结果与输入变量取值为 0 的个数无关;与输入变量取值为 1 的个数有关。变量取值为 1 的个数为奇数,则输出为 1;变量取值为 1 的个数为偶数,则输出为 0。

4)"同或"逻辑运算

"同或"即"异或非","同或"逻辑函数式如下:

$$F = \overline{A\overline{B} + \overline{A}B} = A \odot B$$

"同或"门的逻辑符号如图 1-7 所示。

"同或"运算的真值表如表 1-11 所示。

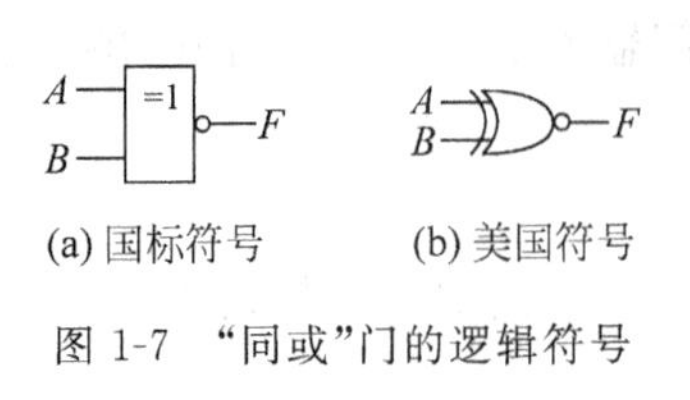

图 1-7 "同或"门的逻辑符号

表 1-11 "同或"运算的真值表

A	B	F
0	0	1
0	1	0
1	0	0
1	1	1

对于“同或”逻辑来说，它的输出结果与变量值为1的个数无关，而和变量值为0的个数有关。变量值为0的个数为偶数时，则输出为1；变量值为0的个数为奇数时，则输出为0。

1.3.3　逻辑代数的常用公式和基本定理

1. 基本公式

1）交换律　$A \cdot B = B \cdot A$	$A + B = B + A$
2）结合律　$(A \cdot B) \cdot C = A \cdot (B \cdot C)$	$(A + B) + C = A + (B + C)$
3）分配律　$A \cdot (B + C) = A \cdot B + A \cdot C$	$A + BC = (A + B)(A + C)$
4）重叠律　$A \cdot A = A$	$A + A = A$
5）0-1律　$0 \cdot A = 0$　$1 \cdot A = A$	$0 + A = A$
6）互补律　$A \cdot \overline{A} = 0$	$A + \overline{A} = 1$
7）摩根定律　$\overline{A \cdot B} = \overline{A} + \overline{B}$	$\overline{A + B} = \overline{A} \cdot \overline{B}$
8）吸收律　$A \cdot (A + B) = A$	$A + AB = A$
9）双重否定律　$\overline{\overline{A}} = A$	

2. 扩展基本定律的三条规则

在逻辑代数中，利用代入规则、对偶规则、反演规则可由基本定律推导出更多的公式。

1）代入规则

在任何一个逻辑等式中，如将等式两边所有出现某一变量的地方都用同一函数式替代，则等式仍然成立。这个规则就是代入规则。

代入规则扩大了逻辑等式的应用范围。

例如，已知$\overline{A \cdot B} = \overline{A} + \overline{B}$，如用$B \cdot C$来代替等式中的$B$，则等式仍成立，故有：

$$\overline{A \cdot B \cdot C} = \overline{A} + \overline{B \cdot C} = \overline{A} + \overline{B} + \overline{C}$$

2）对偶规则

将某一逻辑表达式中的·换成+、+换成·；0换成1、1换成0，就得到一个新的表达式。这个新的表达式就是原表达式的对偶式。如果两个逻辑式相等，则它们的对偶式也相等。这就是对偶规则。

【例1-10】　已知$A + \overline{A}B = A + B$，求其对偶式。

解：利用对偶规则，可得到$A \cdot (\overline{A} + B) = AB$。

3）反演规则

如将某一逻辑表达式中的·换成+、+换成·；0换成1、1换成0；原变量换成反变量、反变量换成原变量，则所得到的逻辑表达式称为原式的反演式。这种变换方法称为反演规则。利用反演规则可以比较容易地求出一个函数的反函数。

【例1-11】　求函数$F = \overline{A} \cdot B + C \cdot \overline{D} + 0$的反函数。

解：利用反演规则可得：$\overline{F} = (A + \overline{B}) \cdot (\overline{C} + D) \cdot 1 = (A + \overline{B}) \cdot (\overline{C} + D)$

【例 1-12】 证明加法对乘法的分配律：$A+BC=(A+B)(A+C)$。

证： $(A+B)(A+C)=AA+AC+AB+BC$

$=A+AB+AC+BC$ （重叠律）

$=A(1+B+C)+BC$

$=A+BC$ （0-1 律） （证毕）

【例 1-13】 求证 $A+\overline{A}B=A+B$。

证： $A+\overline{A}B=(A+\overline{A})(A+B)$ （加法对乘法的分配律）

$=1\cdot(A+B)$ （互补律）

$=A+B$ （0-1 律） （证毕）

【例 1-14】 已知 $F=\overline{A}(B+C\overline{D})+\overline{B}C$，求 $\overline{F}$。

解：

$$\overline{F}=\overline{\overline{A}(B+C\overline{D})+\overline{B}C}=\overline{\overline{A}(B+C\overline{D})}\cdot\overline{\overline{B}C}$$

$$=(A+\overline{B+C\overline{D}})(B+\overline{C})=(A+\overline{B}\cdot\overline{C\overline{D}})(B+\overline{C})$$

$$=[A+\overline{B}(\overline{C}+D)](B+\overline{C})$$

若运用反演规则，可直接求出：$\overline{F}=[A+\overline{B}(\overline{C}+D)](B+\overline{C})$

1.3.4 逻辑函数的表示方法

在处理逻辑问题时，可用多种方法来表示逻辑函数，其常用表示方法有逻辑表达式、真值表、逻辑图、卡诺图、波形图和 VHDL 语言。

1. 逻辑表达式

逻辑表达式是由逻辑变量和“与”、“或”、“非”三种逻辑运算符号构成的式子。同一个逻辑函数可以有不同的逻辑表达式，它们之间是可以相互转换的。

例如，如图 1-8 所示电路图，只有在 A 闭合的情况下，B 或者 C 闭合，指示灯才会亮。

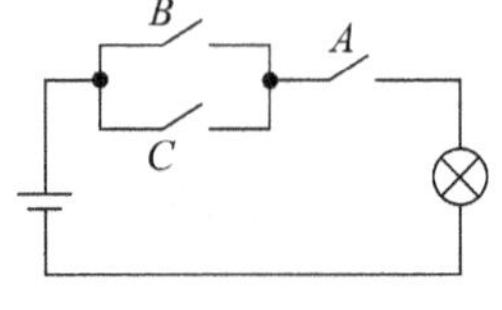

图 1-8 电路图

B、C 中至少有一个合上，则表示为 $B+C$，同时 A 必须闭合，则表示为 $(B+C)\cdot A$，所以得到逻辑函数式为：$Y=A\cdot(B+C)$。

逻辑函数式简洁方便，而且能高度抽象且概括地表示各个变量之间的逻辑关系；便于利用逻辑代数的公式和定理进行运算、变换；便于利用逻辑图实现函数；缺点是难以直接从变量取值看出函数的值，不如真值表直观。

2. 真值表

真值表是由逻辑函数输入变量的所有可能取值组合及其对应的输出函数值所构成的表格。n 个输入变量有 2^n 种取值组合，在列真值表时，为避免遗漏和重复，变量取值按二进制数递增规律排列。一个逻辑函数的真值表是唯一的。

以图 1-8 为例，得到的真值表如表 1-12 所示。

表 1-12 图 1-8 的真值表

A	B	C	Y
0	0	0	0
0	0	1	0
0	1	0	0
0	1	1	0
1	0	0	0
1	0	1	1
1	1	0	1
1	1	1	1

真值表直观明了，把实际逻辑问题抽象为数学问题时，使用真值表很方便。当变量较多时，为避免烦琐可只列出那些使函数值为 1 的输入变量取值组合。

3. 逻辑图

将逻辑表达式中的逻辑运算关系，用对应的逻辑符号表示出来，就构成函数的逻辑图。逻辑图只反映电路的逻辑功能，而不反映电器性能。例如，为了画出图 1-8 所示的逻辑图，只要用逻辑运算的图形符号代替式 $Y=A\cdot(B+C)$ 的代数符号便可得到图 1-9 所示的逻辑图。

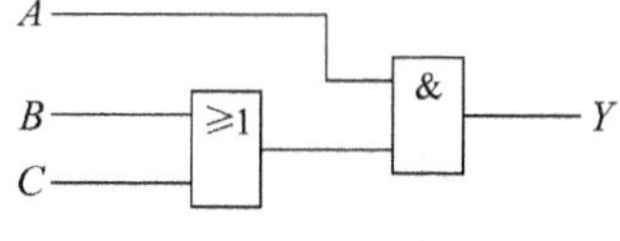

图 1-9 图 1-8 的逻辑图

对于逻辑函数的卡诺图、波形图和 VHDL 语言表示方法，将在后面的内容中学到。

1.3.5 最小项和最小项表达式

1. 最小项

如果一个具有 n 个变量的逻辑函数的“与项”包含全部 n 个变量，每个变量以原变量或反变量的形式出现，且仅出现一次，则这种“与项”被称为最小项。

对两个变量 A、B 来说，可以构成四个最小项：$\overline{A}\overline{B}$、$\overline{A}B$、$A\overline{B}$、AB；对三个变量 A、B、C 来说，可构成八个最小项：$\overline{A}\overline{B}\overline{C}$、$\overline{A}\overline{B}C$、$\overline{A}B\overline{C}$、$\overline{A}BC$、$A\overline{B}\overline{C}$、$A\overline{B}C$、$AB\overline{C}$、$ABC$；同理，对 n 个变量来说，可以构成 2^n 个最小项。

为了叙述和书写方便，最小项通常用符号 m_i 表示，i 是最小项的编号，是一个十进制数。确定 i 的方法是：首先将最小项中的变量按顺序 $A,B,C,D,\cdots$ 排列好，然后将最小项中的原变量用 1 表示，反变量用 0 表示，这时最小项表示的二进制数对应的十进制数就是该最小项的编号。例如，对三变量的最小项来说，ABC 的编号是 7，用 m_7 表示，$A\overline{B}C$ 的编号是 5，用 m_5 表示。

2. 最小项表达式

如果一个逻辑函数表达式是由最小项构成的与或式，则这种表达式称为逻辑函数的最小项表达式，也叫“标准与或式”。例如：

$$F=\overline{A}BC\overline{D}+ABC\overline{D}+ABCD$$

是一个 4 变量的最小项表达式。

对一个最小项表达式可以采用简写的方式，例如：

$$\begin{aligned} F(A,B,C) &= \bar{A}B\bar{C} + A\bar{B}C + ABC \\ &= m_2 + m_5 + m_7 \\ &= \sum m(2,5,7) \end{aligned}$$

要写出一个逻辑函数的最小项表达式，可以有多种方法，但最简单的方法是先给出逻辑函数的真值表，将真值表中能使逻辑函数取值为 1 的各个最小项相或就可以了。

【例 1-15】 已知三变量逻辑函数：$F=AB+BC+AC$，写出 F 的最小项表达式。

解：首先画出 F 的真值表，如表 1-13 所示，将表中能使 F 为 1 的最小项相或可得下式：

$$\begin{aligned} F &= \bar{A}BC + A\bar{B}C + AB\bar{C} + ABC \\ &= \sum m(3,5,6,7) \end{aligned}$$

表 1-13 例 1-15 中 F 的真值表

A	B	C	F
0	0	0	0
0	0	1	0
0	1	0	0
0	1	1	1
1	0	0	0
1	0	1	1
1	1	0	1
1	1	1	1

1.3.6 逻辑函数的化简方法（化为最简“与或”式）

一个具体问题经过逻辑抽象得到的逻辑函数表达式，不一定是最简单的逻辑表达式。同一个逻辑函数可以写成不同的逻辑表达式，这些逻辑表达式的繁简程度往往相差甚远。逻辑表达式简单，说明逻辑关系简单，用最少的电子器件就可以实现这个逻辑关系。因此，通常必须对逻辑函数表达式进行化简。

所谓逻辑函数的化简，通常是指将逻辑函数化成最简的“与或”表达式。若函数中的乘积项最少，且每个与项中的变量最少，则称此函数式为最简“与或”式。

1. 代数化简法

1）并项法

利用公式 $AB+A\bar{B}=A$，将两项合并为一项，并且消去一个变量。例如：

$$F = \bar{A}B\bar{C} + A\bar{C} + \bar{B}\bar{C} = \bar{A}B\bar{C} + (A+\bar{B})\bar{C} = \bar{A}B\bar{C} + \overline{\bar{A}B}\bar{C} = \bar{C}$$

2）吸收法

利用公式 $A+AB=A$，消去 AB 项。例如：

$$\bar{A}B + \bar{A}B(C+D) = \bar{A}B$$

3）消去法

利用公式 $A+\overline{A}B=A+B$，消去 $\overline{A}B$ 项中的 $\overline{A}$，例如：

$$F=AB+\overline{A}C+\overline{B}C=AB+(\overline{A}+\overline{B})C=AB+\overline{AB}C=AB+C$$

4）配项法

利用 $A+\overline{A}=1$，给某一个与项配项，试探并进一步化简。例如：

$$\begin{aligned}F&=\overline{A}B+\overline{B}C+B\overline{C}+A\overline{B}\\&=\overline{A}B\cdot(C+\overline{C})+\overline{B}C\cdot(A+\overline{A})+B\overline{C}+A\overline{B}\\&=\overline{A}BC+\overline{A}B\overline{C}+A\overline{B}C+\overline{A}\overline{B}C+B\overline{C}+A\overline{B}\\&=A\overline{B}\cdot(C+1)+\overline{A}C\cdot(B+\overline{B})+B\overline{C}\cdot(\overline{A}+1)\\&=A\overline{B}+\overline{A}C+B\overline{C}\end{aligned}$$

有时对逻辑函数表达式进行化简，可以几种方法并用，综合考虑。例如：

$$\begin{aligned}F&=\overline{A}BC+AB\overline{C}+A\overline{B}C+ABC\\&=\overline{A}BC+ABC+AB\overline{C}+ABC+A\overline{B}C+ABC\\&=AB\cdot(C+\overline{C})+AC\cdot(B+\overline{B})+BC\cdot(A+\overline{A})=AB+AC+BC\end{aligned}$$

在这个例子中就使用了配项法和并项法两种方法。

2. 卡诺图法化简逻辑函数

采用逻辑代数法化简，不仅要求熟练掌握逻辑代数的定律和公式，且需要具有较强的化简技巧。卡诺图化简法简单、直观、有规律可循，当变量较少时，用来化简逻辑函数是十分方便的。

1）卡诺图

卡诺图其实质是真值表的一种特殊排列形式，二至四变量的卡诺图如图 1-10～图 1-12所示。n 个变量的逻辑函数有 2^n 个最小项，每个最小项对应一个小方格，所以，n 个变量的卡诺图由 2^n 个小方格构成，这些小方格按一定的规则排列。

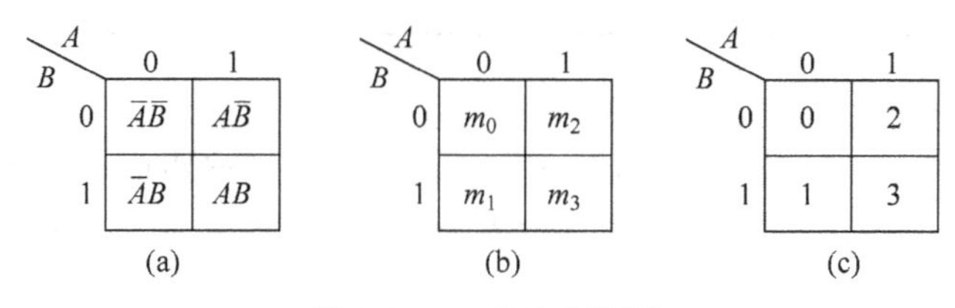

图 1-10　二变量卡诺图

在图 1-10 卡诺图的上边线，用来表示小方格的列，第一列小方格表示 A 的非，第二列小方格表示 A；变量 B 为另一组，表示在卡诺图的左边线，用来表示小方格的行，第一行小方格表示 B 的非，第二行小方格表示 B。如果原变量用 1 表示，反变量用 0 表示，在卡诺图上行和列的交叉处的小方格就是输入变量取值对应的最小项。如每个最小项用符号表示，则卡诺图如图 1-10(b)所示，最小项也可以简写成编号，如图 1-10(c)所示。

图 1-11 和图 1-12 也类似。

分析卡诺图可看出它有以下两个特点：

① 相邻小方格和轴对称小方格中的最小项只有一个因子不同，这种最小项称为逻辑相邻最小项；

C \ AB	00	01	11	10
0	m_0	m_2	m_6	m_4
1	m_1	m_3	m_7	m_5

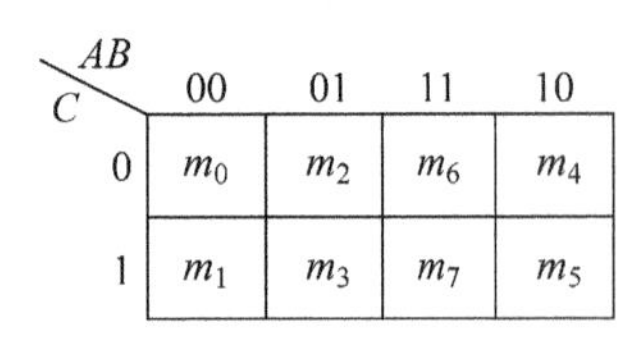

C \ AB	00	01	11	10
0	0	2	6	4
1	1	3	7	5

图 1-11 三变量卡诺图

CD \ AB	00	01	11	10
00	0	4	12	8
01	1	5	13	9
11	3	7	15	11
10	2	6	14	10

图 1-12 四变量卡诺图

② 合并 2^k 个逻辑相邻最小项，可以消去 k 个逻辑变量。

2）逻辑函数的卡诺图表示

用卡诺图表示逻辑函数时，可分以下几种情况考虑。

（1）利用真值表画出卡诺图

如果已知逻辑函数的真值表，画出卡诺图是十分容易的。对应逻辑变量取值的组合，函数值为 1 时，在小方格内填 1；函数值为 0 时，在小方格内填 0(也可以不填)。例如，逻辑函数 F_1 的真值表如表 1-14 所示，其对应的卡诺图如图 1-13 所示。

表 1-14 逻辑函数 F_1 真值表

A	B	C	F_1
0	0	0	1
0	0	1	0
0	1	0	1
0	1	1	0
1	0	0	1
1	0	1	1
1	1	0	0
1	1	1	0

（2）利用最小项表达式画出卡诺图

当逻辑函数是以最小项形式给出时，可以直接将最小项对应的卡诺图小方格填 1，其余的填 0。这是因为任何一个逻辑函数等于其卡诺图上填 1 的最小项之和。例如对四变量的逻辑函数：

$$F_2 = \sum m(0,5,7,10,13,15)$$

其卡诺图如图 1-14 所示。

C \ AB	00	01	11	10
0	1	1	0	1
1	0	0	0	1

图 1-13 逻辑函数 F_1 的卡诺图

CD \ AB	00	01	11	10
00	1			
01		1	1	
11		1	1	
10				1

图 1-14 逻辑函数 F_2 的卡诺图

(3) 通过一般“与或”式画出卡诺图

有时逻辑函数是以一般“与或”式形式给出，在这种情况下画卡诺图时，可以将每个与项覆盖的最小项对应的小方格填 1，重复覆盖时，只填一次就可以了。对那些与项没覆盖的最小项对应的小方格填 0 或者不填。例如三变量逻辑函数：

$$F_3 = \overline{A}\,\overline{C} + A\overline{B} + AC$$

“与”项 $\overline{A}\,\overline{C}$ 对应的最小项是 $\overline{A}B\,\overline{C}$ 和 $\overline{A}\overline{B}\,\overline{C}$，“与”项 $A\overline{B}$ 对应的最小项是 $A\overline{B}C$ 和 $A\overline{B}\,\overline{C}$，“与”项 AC 对应的最小项是 ABC 和 $A\overline{B}C$。逻辑函数 F_3 的卡诺图如图 1-15 所示。

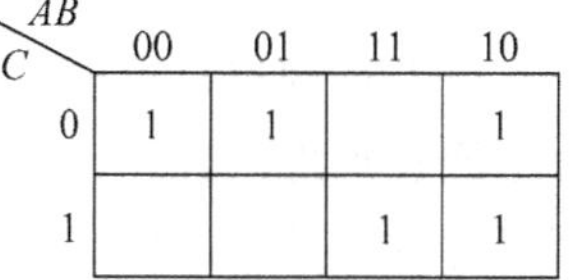

图 1-15　逻辑函数 F_3 对应的卡诺图

如果逻辑函数以其他表达式形式给出，如“或与”式、“与或非”、“或与非”形式，或者是多种形式的混合表达式，这时可将表达式变换成“与或”式再画卡诺图，也可以写出表达式的真值表，利用真值表再画出卡诺图。

3) 用卡诺图化简逻辑函数的方法

用卡诺图表示出逻辑函数后，化简可分成两步进行：

第一步　将填 1 的逻辑相邻小方格圈起来，称为画卡诺圈。

第二步　合并卡诺圈内那些填 1 的逻辑相邻小方格代表的最小项，并写出最简的逻辑表达式。

画卡诺圈时应注意以下几点：

① 卡诺圈内填 1 的逻辑相邻小方格应是 2^k，即应是偶数个。

② 填 1 的小方格可以处在多个卡诺圈中，但每个卡诺圈中至少要有一个填 1 的小方格在其他卡诺圈中没有出现过。

③ 为了保证能写出最简单的“与或”表达式，首先应保证卡诺圈的个数最少(表达式中的与项最少)，其次是每个卡诺圈中填 1 的小方格最多(“与”项中的变量最少)。由于卡诺圈的画法在某些情况下不是唯一的，因此写出的最简逻辑表达式也不是唯一的。

④ 如果一个填 1 的小方格不和任何其他填 1 的小方格相邻，这个小方格也要用一个“与”项表示，最后将所有的“与”项“或”起来就是化简后的逻辑表达式。

4) 用卡诺图化简逻辑函数举例

【例 1-16】 已知逻辑函数的真值表如表 1-15 所示，写出逻辑函数的最简“与或”表达式。

表 1-15　例 1-16 真值表

A	B	C	F
0	0	0	0
0	0	1	1
0	1	0	0
0	1	1	0
1	0	0	1
1	0	1	1
1	1	0	1
1	1	1	0

解：首先根据真值表画出卡诺图，将填有 1 并具有相邻关系的小方格圈起来，如图 1-16 所示，根据卡诺图可写出最简“与或”表达式：

$$F = A\overline{C} + \overline{B}C$$

【例 1-17】 化简四变量逻辑函数：$F=\overline{A}\overline{B}C+A\overline{B}C+B\overline{C}\overline{D}+ABC$ 为最简“与或”表达式。

解：首先根据逻辑表达式画出函数 F 的卡诺图，将填有 1 并具有相邻关系的小方格圈起来，如图 1-17 所示，根据卡诺图可写出最简表达式如下：

$$F = AC + \overline{B}C + B\overline{C}\overline{D}$$

以上举例都是求出最简“与或”式，如要求出最简“或与”式，可以在卡诺图上将填 0 的小方格圈起来进行合并，然后写出每一卡诺圈表示的“或”项，最后将所得“或”项相“与”就可得到最简“或与”式。但变量取值为 0 时要写原变量，变量取值为 1 时要写反变量。有时按“或与”式写出最简逻辑表达式可能会更容易一些。

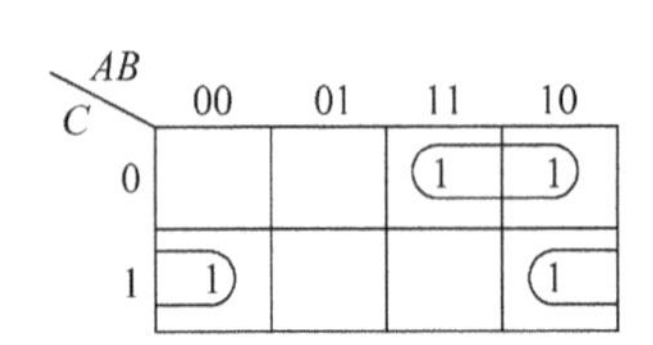

AB
C
00 01 11 10
0
1
1 1
1 1

图 1-16 例 1-16 的卡诺图

AB
CD
00 01 11 10
00
01
11
10
1 1
1 1 1
1 1 1

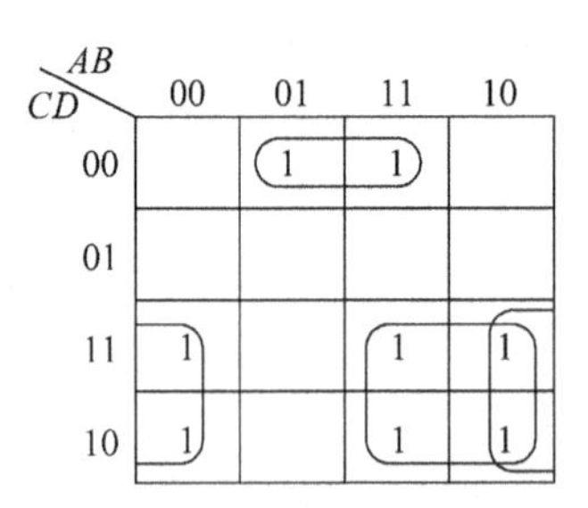

图 1-17 例 1-17 的卡诺图

5）包含无关项的逻辑函数化简

对一个逻辑函数来说，如果针对逻辑变量的每一组取值，逻辑函数都有一个确定的值相对应，则这类逻辑函数称为完全描述逻辑函数。但是，从某些实际问题归纳出的逻辑函数，输入变量的某些取值对应的最小项不会出现或不允许出现，也就是说，这些输入变量之间存在一定的约束条件。那么，这些不会出现或不允许出现的最小项称为约束项，其值恒为 0。还有一些最小项，无论取值 0 还是取值 1，对逻辑函数代表的功能都不会产生影响。那么，这些取值任意的最小项称为任意项。约束项和任意项统称无关项，包含无关项的逻辑函数称为非完全描述逻辑函数。无关最小项在逻辑表达式中用 $\sum d(\cdots)$ 表示，在卡诺图上用 φ 或 × 表示，化简时既可代表 0，也可代表 1。

在化简包含无关项的逻辑函数时，由于无关项可以加进去，也可以去掉，都不会对逻辑函数的功能产生影响，因此利用无关项就可能进一步化简逻辑函数。

【例 1-18】 化简三变量逻辑函数 $F = \sum m(0,4,6) + \sum d(2,3)$ 为最简“与或”表达式。

解：首先根据逻辑表达式画出 F 的卡诺图，如图 1-18 所示。如果按不包含无关项化简，最简表达式为：

$$F = A\overline{C} + \overline{B}\overline{C}$$

当有选择地加入无关项后，可扩大卡诺圈的范围，使表达式更简练，成为：

$$F = \overline{C}$$

AB
C
00 01 11 10
0
1
1 × 1 1
×

图 1-18 例 1-18 的卡诺图

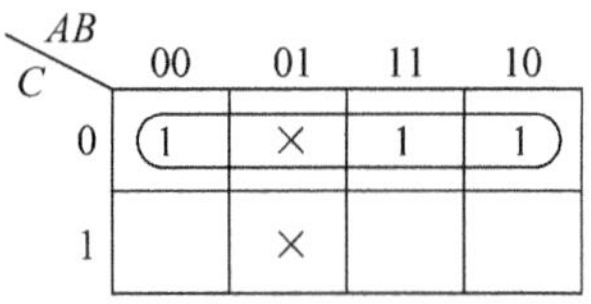

本章小结

本章主要介绍了数制、常用编码及逻辑代数的基本知识。

在计算机和各种数字系统中，常用按一定规则排列起来的二进制数码表示数字、符号和汉字等。因此，数制和编码是学习计算机系统非常重要的基础知识。

逻辑函数可以有多种表示方法，如逻辑函数表达式、真值表、电路图、卡诺图、波形图和VHDL语言，这些表示方式可以相互转换。

逻辑函数化简的方法有两种，公式法（代数法）和卡诺图法。公式法的优点是不受逻辑变量个数的限制，但这种方法没有固定的方法步骤可循，严重依赖于对各种公式和定理的熟练掌握和运用。卡诺图化简法的优点是化简步骤固定，方法简单、直观，易于掌握，但对超过5个逻辑变量的逻辑函数化简时就不太适用了。因此，在实际对逻辑函数化简时，可以先用公式法把逻辑变量减少到最多4个，然后再利用卡诺图进行化简。

习题 1

[1-1] 观察自己日常生活中的实例，分析哪些是“与”逻辑、“或”逻辑和“非”逻辑。

[1-2] 基本的逻辑门电路和复合逻辑门各有哪些？如何表示？

[1-3] 用卡诺图化简逻辑函数，如何才能保证写出最简单的逻辑表达式？

[1-4] 设字长为8位，将下列十进制数转换成二进制数、十六进制数以及8421BCD数。

15 33 65 129

[1-5] 设字长为8位，写出 x、y 的原码、反码和补码。

$x=-78$ $y=35$ $x=-64$ $y=-66$

[1-6] 将下列十进制数转换成二进制数、八进制数、十六进制数：

29 40 1021 185 3.125 8.125 0.625 0.5

[1-7] 将下列二进制数转换成十进制数、八进制数、十六进制数：

1101 101001 110101 11.101 101.101 1001.11 0.001 0.011

[1-8] 逻辑代数与普通代数有何异同？

[1-9] 逻辑函数的三种表示方法如何相互转换？

[1-10] 将下列十进制数用8421码和余3码表示：

1987 2361 78.24 13.01 25.3 0.785

[1-11] 用真值表的方法证明下列等式：

(1) $\overline{A+B}=\overline{A}\,\overline{B}$ (2) $\overline{AB}=\overline{A}+\overline{B}$

(3) $AB+\overline{A}C+BC=AB+\overline{A}C$ (4) $A\oplus(B\oplus C)=(A\oplus B)\oplus C$

[1-12] 用逻辑代数的方法证明下列等式：

(1) $\overline{AB+AC}=\overline{A}+\overline{B}\,\overline{C}$ (2) $AB+\overline{A}C+\overline{B}D+\overline{C}D=AB+\overline{A}C+D$

(3) $\overline{A}\oplus\overline{B}=A\oplus B$ (4) $A\cdot(B\oplus C)=AB\oplus AC$

(5) $(A+B)\cdot(\overline{A}+C)\cdot(B+C)=(A+B)\cdot(\overline{A}+C)$

[1-13] 写出下列逻辑函数的反函数：

(1) $F=AB+C\bar{D}+AC$

(2) $F=AB+BC+AC$

(3) $F=\bar{A}\bar{B}C+\bar{A}B\bar{C}+A\bar{B}\bar{C}+ABC$

(4) $F=\overline{ABC}\cdot\overline{(C+D)}$

(5) $F=\overline{(A+B)\cdot\bar{C}}+\bar{D}$

(6) $F=A\bar{B}\cdot\overline{C\cdot\overline{DE}}$

[1-14] 用逻辑公式法化简下列函数：

(1) $F=\overline{\bar{A}\cdot(B+\bar{C})}\cdot(A+\bar{B}+C)\cdot\overline{\bar{A}\bar{B}\bar{C}}$

(2) $F=A\bar{C}+ABC+AC\bar{D}+CD$

(3) $F=\bar{A}\bar{B}\bar{C}+\bar{A}B\bar{C}+A\bar{B}\bar{C}+\bar{A}\bar{B}C$

(4) $F=\overline{ABC}+\overline{AB}$

(5) $F=(A+B+C)\cdot(\bar{A}+B)\cdot(A+B+\bar{C})$

(6) $F=A\bar{B}+B+\bar{A}B$

[1-15] 用卡诺图化简下列逻辑函数为最简“与或”式：

(1) $F=\sum m(0,2,5,6,7)$

(2) $F=\sum m(1,3,5,7,8,13,15)$

(3) $F=\sum m(0,4,5,6,7,8,11,13,15,16,20,24,25,27,29,31)$

(4) $F=\bar{A}B\bar{D}+AB\bar{C}+\bar{B}C\bar{D}+ABC\bar{D}$

(5) $F=(A+B)\cdot(\bar{A}+\bar{B}+C)\cdot(\bar{A}+C)\cdot(B+C)$

(6) $F=AB+BC+AC+ABC$

集成逻辑门电路

在数字系统中，用以实现基本逻辑运算和复合逻辑运算功能的单元电路通称为逻辑门电路，逻辑门电路是数字逻辑电路的最基本组成单元。与第1章所讲的基本逻辑运算和复合逻辑运算相对应，常用的逻辑门电路有“与门”电路、“或门”电路、“非门”电路及由其组合而成的与“非门”、“或非”门等复合逻辑门电路。

门电路可由分立元件构成，但更常用的是集成逻辑门电路。本章从分立元件构成的逻辑门电路入手，介绍各种逻辑门电路的工作原理和它们实现的逻辑功能，并着重讨论 TTL(Transistor-Transistor-Logic)门和 CMOS(Complementary-Metal-Oxide-Semiconductor)门。

2.1 分立元件门电路

分立元件门电路是指由二极管、晶体管(三极管和 MOS 管)及电阻等分立元件构成的逻辑门电路。其中，“与”门与“或”门电路一般由二极管构成，而“非”门电路则由晶体管构成。

2.1.1 二极管构成的逻辑门电路

利用二极管内 PN 结的单向导电性及正向导通时的钳位特性(硅二极管的正向导通电压为 0.7V，锗二极管的正向导通电压为 0.2V)，可用两个以上的二极管构成实现“与”运算或者“或”运算的逻辑门电路。

1. 二极管与门电路

实现“与”运算的逻辑电路叫“与”门。分立元件构成的“与”门由二极管及限流电阻组成，其电路结构及逻辑符号如图 2-1 所示。图中，A、B 为两个输入逻辑变量，F 为输出逻辑函数。由图 2-1(a)所示电路可知：只要输入变量 A、B 中有一个为低电平，则对应支路的二极管将导通。由于二极管正向导通时的电压钳位作用，将使 F 端输出低电平。只有当 A、B 全为高电平时，F 端才输出高电平。

如果采用正逻辑，即 A、B、F 为高电平时表示逻辑 1，低电平时表示逻辑 0，则可列出图 2-1(a)所示电路的输出函数 F 与输入变量 A、B 之间逻辑关系的真值表，如表 2-1 所示。由表 2-1 可看出，图 2-1(a)所示电路符合“与”运算的逻辑规则，是一个“与”门电路，其逻辑表达式为 $F=AB$。图 2-1(b)为“与”门的国标逻辑符号，图 2-1(c)为惯用的“与”门逻辑符号。

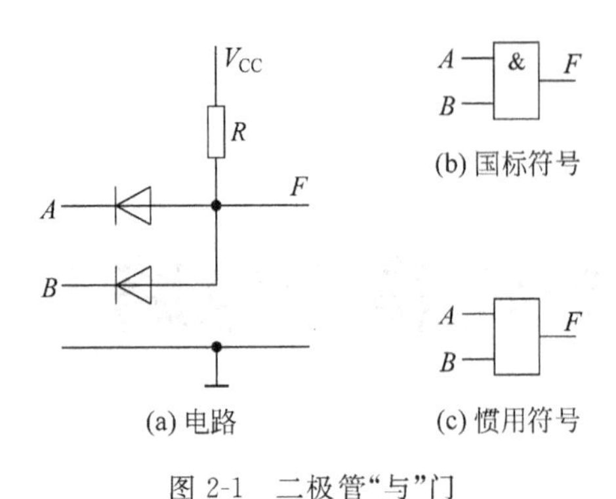

图 2-1 二极管“与”门

表 2-1 “与”门真值表

A	B	F
0	0	0
0	1	0
1	0	0
1	1	1

2. 二极管“或”门电路

实现“或”运算的逻辑电路叫“或”门。“或”门电路同样由二极管及限流电阻构成，将图 2-1(a)所示电路中的二极管反向，就构成了二极管“或”门电路，如图 2-2(a)所示。图中，输入逻辑变量 A、B 中只要有一个为高电平，则对应支路的二极管将导通，由于二极管正向导通时的电压钳位作用，将使 F 端输出为高电平。只有当 A、B 全为低电平时，F 端才输出低电平。其真值表如表 2-2 所示，逻辑表达式为 $F=A+B$。图 2-2(b)为“或”门的国标逻辑符号，图 2-2(c)为惯用的“或”门逻辑符号。

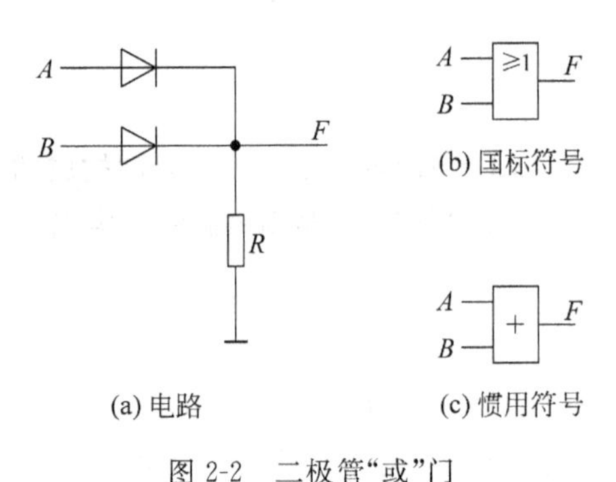

图 2-2 二极管“或”门

表 2-2 “或”门真值表

A	B	F
0	0	0
0	1	1
1	0	1
1	1	1

二极管构成的“与”门和“或”门电路虽然简单，但存在严重的缺陷：首先，输出的高低电平数值和输入的高低电平数值不相等，相差一个二极管的导通压降。如果把这个门的输出作为下一个门的输入信号，将发生信号高低电平的偏移。其次，当输出端对地接上负载电阻时，负载电阻的改变有时会影响输出的高电平值。因此，二极管构成的门电路通常仅作为集成电路的内部逻辑单元，完成相应的“与”、“或”运算，而不直接用它作为输出去驱动负载电路。

2.1.2 三极管“非”门电路

实现“非”运算的逻辑电路叫“非”门。图 2-3 是由三极管构成的“非”门电路及逻辑符号。在图 2-3(a)中，选取合适的 R_1、R_2、R_C 及 V_{BB} 值，可以实现：当输入变量 A 为低电平 V_{IL} 时，三极管截止、$I_C=0$，输出 $F=V_{CC}-I_CR_C=V_{CC}$ 为高电平；当输入 A 为高电平 V_{IH} 时，三极管饱和导通、I_C 很大，输出 $F=V_{CC}-I_CR_C\approx 0$ 为低电平。实现了“非”运算的逻辑功能，

其逻辑表达式为 $F=\overline{A}$。图 2-3(b)、(c)分别是“非”门的国标符号和惯用符号。

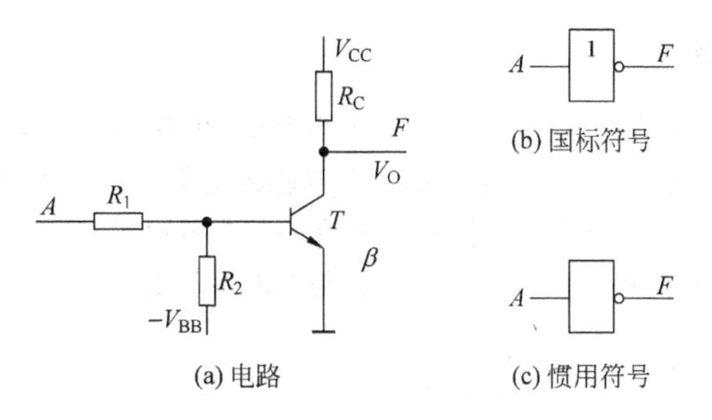

图 2-3　三极管“非”门

【例 2-1】 在图 2-3(a)所示电路中,若 $V_{CC}=5V$、$V_{BB}=8V$、$R_C=1k\Omega$、$R_1=3.3k\Omega$、$R_2=10k\Omega$,三极管的电流放大系数 $\beta=20$,饱和压降 $V_{CES}=0.1V$,输入高、低电平分别为 $V_{IH}=5V$、$V_{IL}=0V$。试计算输入高低电平时对应的输出电平,并说明电路的参数设计是否合理。

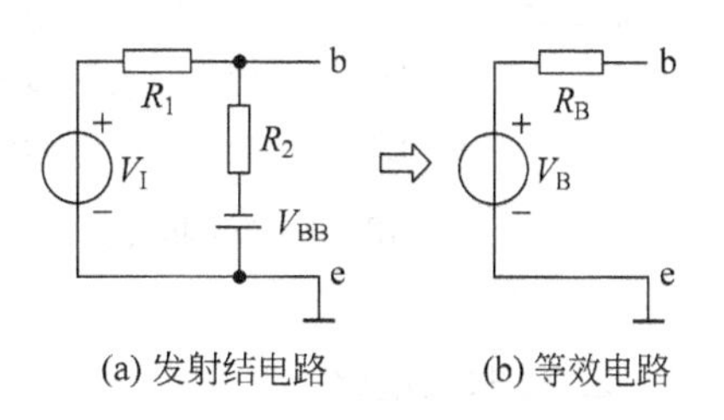

图 2-4　三极管“非”门等效电路

解:根据戴维南等效定理,发射结的外接电路可简化为由等效电压源 V_B 和等效电阻 R_B 串联的电路,如图 2-4(b)所示。其中 V_B 为三极管发射结两端的开路电压,R_B 为电压源短路时的等效电阻。

$$V_B=V_I-\frac{V_I+V_{BB}}{R_1+R_2}\times R_1=V_I-\frac{V_I+8}{10+3.3}\times 3.3(\text{V}) \tag{2-1}$$

$$R_B=\frac{R_1\cdot R_2}{R_1+R_2}=\frac{3.3\times 10}{3.3+10}=2.5(\text{k}\Omega) \tag{2-2}$$

当 $V_I=V_{IL}=0V$ 时,由式(2-1)可计算出 $V_B=-2.0V$。加在三极管发射结上的是反向电压,三极管截止,$I_B=0$、$I_C=0$,$V_O=V_{CC}-I_CR_C=V_{CC}=5V$,输出高电平。

当 $V_I=V_{IH}=5V$ 时,由式(2-1)可计算出 $V_B=+1.8V$。若采用折线法近似表示 PN 结的 V-A 特性曲线,即认为 $V_{BE}<0.7V$ 时,发射结截止,$I_B=0$;$V_{BE}>0.7$ 时,发射结导通,导通后发射结压降维持在 0.7V 基本不变,则可近似求得 I_B 的值为:

$$I_B=\frac{V_B-V_{BE}}{R_B}=\frac{1.8-0.7}{2.5}=0.44(\text{mA})$$

又根据已知条件,可求得三极管饱和时的基极电流

$$I_{BS}=\frac{I_{CS}}{\beta}=\frac{V_{CC}-V_{CES}}{\beta R_C}=\frac{5-0.1}{20\times 1}=0.25(\text{mA})$$

由于 $I_B>I_{BS}$,三极管处于深度饱和状态,故 $V_O=V_{CES}\approx 0.1V$,输出低电平。

因此,由上述计算结果可知,电路的参数设计是合理的。

2.1.3　复合逻辑门电路

用于完成复合逻辑运算的电路叫复合逻辑门电路,包括“与非”门、“或非”门、“与或非”门等。复合逻辑门电路一般由集成电路构成,但分立元件也可构成简单的复合逻辑门电路,

本书介绍由分立元件构成的“与非”门电路和“或非”门电路。

1. “与非”门电路

分立元件构成的“与非”门电路由二极管“与”门和三极管“非”门连接而成，如图 2-5(a)所示，图 2-5(b)、(c)为其逻辑符号。其输出函数 F 与输入变量 A、B 之间的逻辑关系表如表 2-3 所示。由表 2-3 可看出：只要输入变量 A、B 中有一个为低电平，则输出函数 F 为高电平；只有当 A、B 全为高电平时，F 才为低电平。符合与非的逻辑关系，其逻辑表达式为 $F=\overline{AB}$。

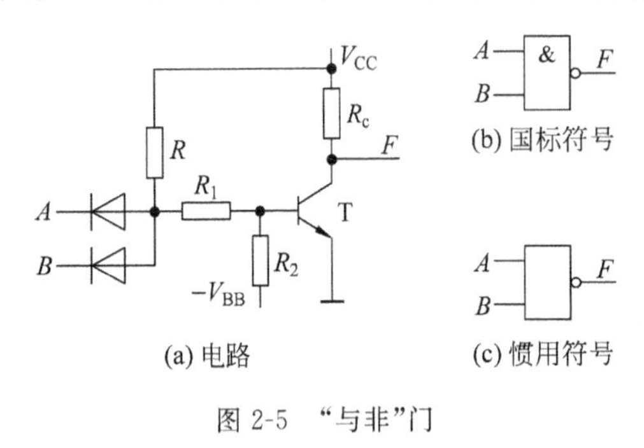

图 2-5 “与非”门

表 2-3 “与非”门真值表

A	B	F
0	0	1
0	1	1
1	0	1
1	1	0

2. 或非门电路

分立元件构成的“或非”门电路由二极管“或”门和三极管“非”门连接而成，如图 2-6(a)所示，图 2-6(b)、(c)为其逻辑符号。输出函数 F 与输入变量 A、B 之间的逻辑关系表如表 2-4 所示。由表 2-4 可看出：只要输入变量 A、B 中有一个为高电平，则输出函数 F 为低电平；只有当 A、B 全为低电平时，F 才为高电平。符合“或非”的逻辑关系，其逻辑表达式为 $F=\overline{A+B}$。

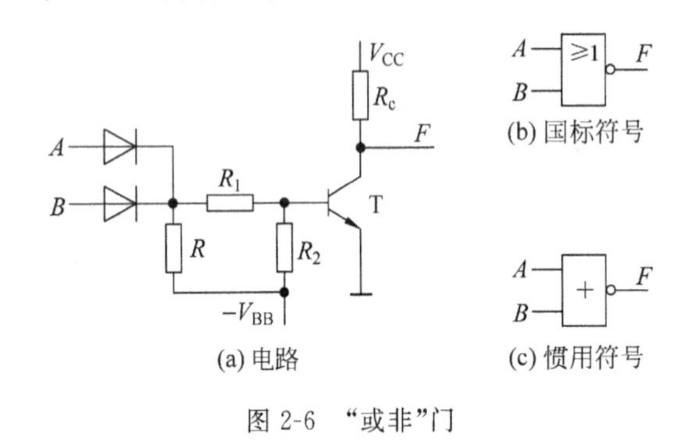

图 2-6 “或非”门

表 2-4 “或非”门真值表

A	B	F
0	0	1
0	1	0
1	0	0
1	1	0

2.2 TTL 集成逻辑门电路

把门电路的所有元件及连接导线制作在同一块半导体芯片上，便构成了集成逻辑门，集成逻辑门电路是数字集成电路中的一种。数字集成电路的集成规模按一片半导体芯片上所集成的门数或者元件的多少可分为小、中、大和超大规模集成电路。小规模集成电路(Small Scale Integration，SSI)的一块芯片上集成有 1～12 个门，元件数为 10～100 个；中规模集成电路(Medium Scale Integration，MSI)的一块芯片上集成有 13～99 个门，元件数为 10^2～

10^3 个；大规模集成电路(Large Scale Integration，LSI)的一块芯片上集成有 100 个门以上，元件数为 10^3 个以上；超大规模集成电路(Very Large Scale Integration，VLSI)的一块芯片上集成的门电路数可达上万个，而元件数可达数十万个以上。

根据制造工艺的不同，集成逻辑门电路可分为双极型(三极管)和单极型(MOS 管)两大类。双极型集成逻辑门电路的输入输出端都采用三极管，一般称为晶体管—晶体管集成逻辑门电路，简称 TTL 门电路；单极型 MOS(Metal-Oxide-Semiconductor)集成电路分为 PMOS、NMOS 和 CMOS 等三种。其中 CMOS 门电路由 NMOS 和 PMOS 构成的互补型电路组成，具有结构简单、电气性能好、功耗低等特点。

本节介绍 TTL 门电路，CMOS 集成逻辑门电路将在 2.4 节加以介绍。

2.2.1 TTL“与非”门的电路结构和工作原理

1. TTL“与非”门的典型电路

TTL 门电路属于小规模集成电路的范畴，其基本电路形式是 TTL“与非”门，典型电路如图 2-7 所示。由图 2-7 可以看出，TTL“与非”门由输入级、中间级和输出级等三部分组成。输入级由 T_1、R_1 和 D_1、D_2 等元件构成。其中，T_1 为多发射极晶体管，利用二极管构成“与”门的原理，实现“与”运算的功能。D_1、D_2 为稳压二极管，保证输入高电平在 TTL 集成电路允许的高电平范围内；T_2、R_2 和 R_3 构成中间级，主要作用是从 T_2 管的集电极 C_2 和发射极 E_2 同时输出两个相位相反的信号，分别驱动 T_3 和 T_5，以保证 T_4 和 T_5 中一个导通时，另一个截止；T_3、T_4、T_5 和 R_4、R_5 构成输出级。其中，T_3、T_4 组成复合管，构成电压跟随器的形式，既是 T_5 管的有源负载，又与 T_5 一起构成推拉式电路。在稳定状态下 T_4 和 T_5 总是一个导通而另一个截止，无论输出高电平或低电平，其输出电阻都很小，提高了电路的带负载能力。

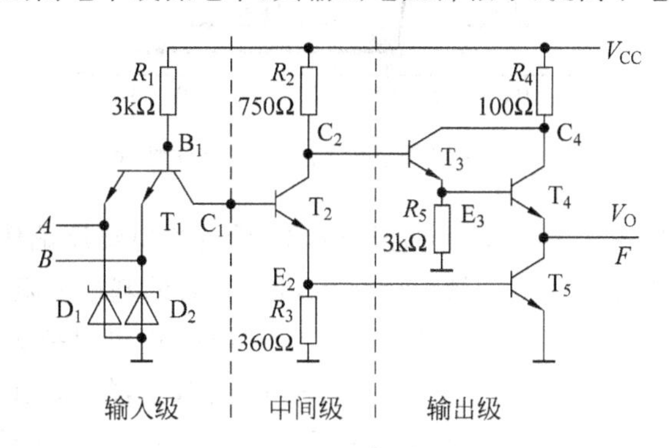

图 2-7 TTL“与非”门的典型电路

2. TTL“与非”门的工作原理

当输入端 A、B 中有一个输入信号为低电平 $V_{IL}=0.3V$ 时，相应的发射结导通，T_1 管的基极电位被钳位在 $V_{B1}=V_{IL}+V_{BE1}=0.3+0.7=1.0V$。由于 T_1 管的基极到地之间至少有两个 PN 结串联(T_1 的集电结和 T_2 的发射结)，而 T_1 的基极到地之间只有 1V 电压，所以 T_1 的集电结和 T_2 的发射结都不会导通，T_2 截止，$I_{C2}=0$、$V_{B5}=V_{E2}=0V$，故 T_5 截止。又因 R_2 和 I_{B3} 都很小，故 R_2 上的压降也很小，则 $V_{B3}=V_{C2}\approx 5V$，T_3、T_4 导通，$V_O=V_{B3}-V_{BE3}-$

$V_{BE4}\approx3.6$V。即当输入端 A、B 中至少有一个为低电平时，输出 F 为高电平。

当输入端 A、B 全为高电平 $V_{IH}=3.6$V 时，若 T_1 管发射极导通，其基极电位 V_{B1} 将被钳位在 4.3V(3.6+0.7)，使 T_1 的集电结、T_2 和 T_5 的发射结正向偏置而导通，反过来使 T_1 管的基极电位 V_{B1} 被钳位在 2.1V($V_{B1}=V_{BC1}+V_{BE2}+V_{BE5}=0.7\times3=2.1$V)。由于 T_1 各发射极的电位均为 3.6V，而基极电位为 2.1V，集电极电位为 1.4V，故 T_1 管处于倒置工作状态(发射结反向偏置、集电结正向偏置)。电源 V_{CC} 通过 R_1 向 T_2 和 T_5 提供很大的偏置电流，使 T_2 和 T_5 处于饱和导通状态，饱和压降为 0.3V。T_2 的集电极电位 $V_{C2}=V_{CE2}+V_{BE5}=0.3+0.7=1.0$V，致使 T_3 微导通，T_4 截止，输出电压 $V_O=V_{CES5}=0.3$V。即输入端全为高电平时，输出为低电平。

综上所述，图 2-7 电路中只要有一个输入低电平，输出就为高电平；只有输入全为高电平时，输出才为低电平，符合“与非”运算的逻辑关系，该电路为“与非”门。

2.2.2 TTL“与非”门的电压传输特性及抗干扰能力

1. 电压传输特性

电压传输特性指输出电压随输入电压而变化的关系，一般用曲线的形式来描述。TTL“与非”门的电压传输特性曲线可分为四个区段进行描述，如图 2-8 所示。

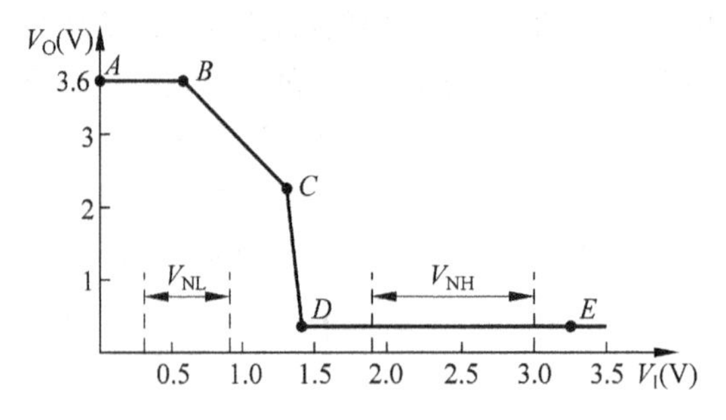

图 2-8 TTL“与非”门的电压传输特性

① AB 段(截止区)：$V_I<0.6$V，T_1 管导通，T_2 管的集电结反偏作为 T_1 管的集电极偏置电阻。由于 T_2 管集电极的反向偏置电阻很大，且 T_1 管的基极电阻很小，则 T_1 工作于过饱和状态，$V_{C1}<0.7$V。T_2 和 T_5 管截止，T_3、T_4 管导通，输出保持为高电平 $V_{OH}=3.6$V，输出电压 V_O 不随输入电压 V_I 而变化。由于此时 T_2 管截止，故称这段区域为截止区。

② BC 段(线性区)：0.6V$<V_I<$1.3V，0.7V$<V_{C1}<$1.4V。这时 T_2 开始导通并进入线性放大状态，T_2 的集电极电压 V_{C2} 和输出电压 V_O 随输入电压 V_I 的增大而线性降低，故称该段为线性区。此时 T_5 的基极电位仍低于 0.7V，故 T_5 仍截止，T_3、T_4 仍处于导通状态。

③ CD 段(过渡区)：1.3V$<V_I<$1.4V。T_2 由线性放大状态向饱和状态迅速过渡，T_5 开始导通，而 T_3、T_4 也仍处于导通状态，则 T_4、T_5 有一小段时间同时导通，有很大电流流过 R_4 电阻，这段区域容易烧坏 TTL“与非”门。进入这段区域后，随着 V_I 的微小增加，T_2、T_5 迅速趋于饱和，T_4 趋于截止，而输出电压 V_O 随输入电压 V_I 的增加迅速下降到低电平 $V_O=0.3$V。由于此区域 T_2 由线性放大状态向饱和状态迅速过渡，V_I 的微小变化引起了输出电

压 V_O 的急剧下降，使输出电压迅速由高电平变为低电平，故称此为过渡区或转折区。

CD 段中心点对应的输入电压，是 T_5 管截止和饱和导通的分界线，也是输出高低电平的分界线，故称此电压为阈值电压 V_T（门槛电压），一般认为 $V_T=1.4V$。V_T 是决定“与非”门状态的重要参数。当 $V_I<V_T$ 时，“与非”门截止，输出高电平；当 $V_I>V_T$ 时，“与非”门饱和导通，输出低电平。

④ DE 段（饱和区）：$V_I>1.4V$ 以后，T_1 管处于倒置工作状态，V_{B1} 被钳位在 2.1V；T_2、T_5 管进入饱和导通状态，T_3 管微导通，T_4 管截止。由于 T_2 管饱和导通，故称该段为饱和区。

2. 抗干扰能力（输入噪声容限）

在实际应用中，TTL“与非”门的输入端有时会串入一些干扰电压叠加在输入信号上，使输入电压增加或减小。当干扰电压超过一定范围时，会影响“与非”门的逻辑关系：该输出高电平的，输出了低电平；该输出低电平的，输出了高电平。通常把不会影响“与非”门输出逻辑关系所允许的最大干扰电压叫做输入噪声容限（也叫抗干扰能力）。噪声容限大，说明门电路的抗干扰能力强。

抗干扰能力分为输入低电平抗干扰能力 V_{NL}（或 $\Delta 0$）和输入高电平抗干扰能力 V_{NH}（或 $\Delta 1$）。

低电平抗干扰能力为：

$$V_{NL}=V_{OFF}-V_{ILmax}$$

其中 V_{OFF} 为关门电平，是输出为标准高电平 V_{SH} 时所允许的最大输入低电平值，通常 $V_{OFF}=0.8V$。V_{ILmax} 是输入低电平的上限值，“与非”门的输入低电平不能高于 V_{ILmax}。V_{NL} 越大，表明 TTL“与非”门输入低电平时抗正向干扰的能力越强。

高电平抗干扰能力为：

$$V_{NH}=V_{IHmin}-V_{ON}$$

其中 V_{ON} 为开门电平，是输出为标准低电平 V_{SL} 时所允许的最小输入高电平值，通常 $V_{ON}=1.8V$。V_{IHmin} 是输入高电平的下限值，“与非”门的输入高电平不能低于 V_{IHmin}。V_{NH} 越大，表明 TTL“与非”门输入高电平时抗负向干扰的能力越强。

TTL“与非”门的抗干扰能力如图 2-8 所示。

2.2.3 TTL“与非”门的输入特性、输出特性和带负载能力

了解 TTL“与非”门的输入和输出特性，可正确处理 TTL“与非”门之间及“与非”门与其他类型门电路之间的连接问题。由于 TTL 门电路输入输出端的电路结构形式和参数与 TTL“与非”门相同，因此，“与非”门的输入输出特性对其他类型的 TTL 门电路也同样适用。本书介绍 TTL“与非”门的输入输出特性。

1. TTL“与非”门的输入特性

输入特性是指电路的输入电流随输入电压而变化的关系，一般用特性曲线表示，如图 2-9 所示，图中输入电流流入端为正、流出端为负。

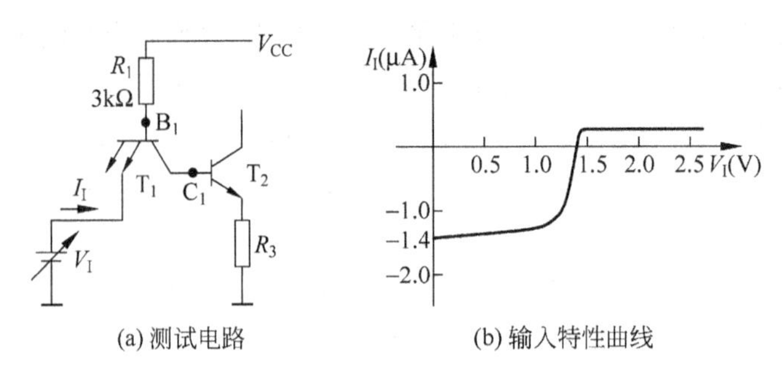

(a) 测试电路　　(b) 输入特性曲线

图 2-9　TTL“与非”门输入特性

当 V_I 小于 0.6V 时，T_2 截止，T_1 基极电流经发射极流出。因 T_1 集电极负载电阻很大，I_{C1} 可以忽略不计，故此时的输入电流近似等于 T_1 的基极电流，即 $I_I=-(V_{CC}-V_{BE1}-V_I)/R_1$。当 $V_I=0$ 时，相当于输入端接地，此时的输入电流称为输入短路电流 I_{IS}。

$$I_{IS}=(V_{CC}-V_{BE1})/R_1=(5-0.7)/3\approx 1.4\text{mA}$$

当 V_I 等于 0.6V 时，T_2 管开始导通，T_2 管导通以后 I_{B1} 的一部分将流入 T_2 管的基极，I_I 的绝对值随之略有减小；随着 V_I 的增加，I_{B2} 将继续增大，而 I_I 的绝对值也会继续减小。当 V_I 增加到 1.3V 以后，T_5 管开始导通，V_{B1} 被钳位在 2.1V 左右；此后，I_I 的绝对值随 V_I 的增大迅速减小。I_{B1} 绝大部分经 T_1 集电结流入 T_2 的基极。当 V_I 大于 1.4V 以后，T_1 进入倒置工作状态，I_I 的方向由负变为正，I_I 由 V_I 流入 TTL“与非”门的输入端，此时的输入电流称为输入漏电流 I_{IH}，其值约为 10μA。

2. TTL“与非”门输入端负载特性

实际应用中，TTL“与非”门的输入端有时会通过外接电阻 R_I 接地，如图 2-10(a)所示。此时会有电流 I_I 流过 R_I，并在 R_I 上产生电压降 V_I。V_I 随 R_I 的变化而变化，V_I 和 R_I 之间的关系曲线叫做输入端负载特性曲线，如图 2-10(b)所示。当 $R_I \ll R_1$ 时，V_I 随 R_I 近似成正比变化。R_I 增大，V_I 随着上升，当 V_I 上升到 1.4V 时，T_5 管开始导通，V_{B1} 被钳位在 2.1V。此后，即使 R_I 进一步增加，V_I 也将保持在 1.4V 不再升高。

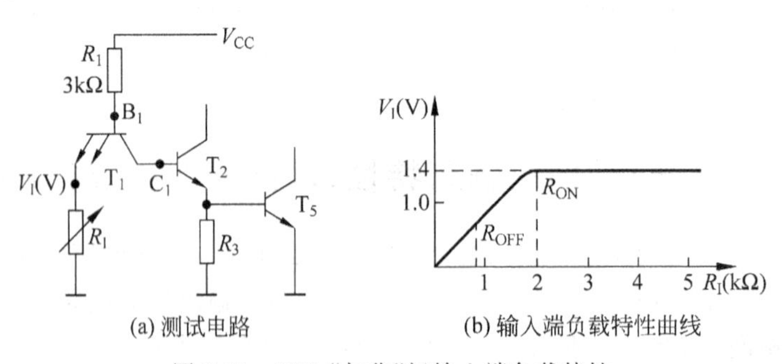

(a) 测试电路　　(b) 输入端负载特性曲线

图 2-10　TTL“与非”门输入端负载特性

- 关门电阻 R_{OFF}：保证 TTL“与非”门关闭，输出为标准高电平时，所允许的最大 R_I 值，一般 $R_{OFF}=0.8\text{k}\Omega$。
- 开门电阻 R_{ON}：保证 TTL“与非”门导通，输出为标准低电平时，所允许的最小 R_I 值，一般 $R_{ON}=2\text{k}\Omega$。

输入端所接电阻 $R_I=0$（即输入端接地）时，输出为高电平；当 R_I 趋于∞（即输入开路）时，输入电流没有通路，与输入端加高电平等效，此时输出为低电平。即 R_I 比较小时（$R_I<0.8\text{k}\Omega$），相当于输入端接低电平，输出高电平；R_I 较大时（$R_I>2\text{k}\Omega$），相当于输入端接高电平，输出为低电平；R_I 不大不小时，“与非”门工作在线性区或转折区。因此，TTL 门电路输入端所接电阻的大小会影响输出状态。

“与非”门多余输入端的处理。从逻辑功能上看，TTL“与非”门输入端悬空相当于接高电平。在实际使用时，多余输入端不采用悬空的办法，或者接电源的正端，或者并联使用。

输入负载特性是 TTL“与非”门特有的，不能用于 ECL（发射极耦合逻辑）门和 CMOS 门。

【例 2-2】 图 2-11 是 TTL“与非”门组成的逻辑电路，请根据 TTL“与非”门输入端的特性，分析图中各电路的逻辑输出状态。

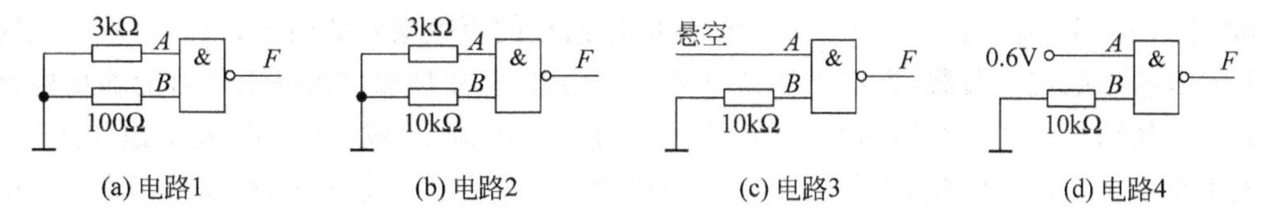

图 2-11　TTL“与非”门组成的逻辑电路

解：图 2-11(a)所示电路中，输入端 A 通过 3kΩ 电阻接地，输入端 B 通过 100Ω 电阻接地，根据 TTL“与非”门输入端的负载特性曲线可知，A 端相当于接高电平，B 相当于接低电平，即 $A=1$，$B=0$。则 $F=\overline{A\cdot B}=\overline{1\cdot 0}=1$。

同理，图 2-11(b)所示电路中，$A=1$，$B=1$，则 $F=\overline{A\cdot B}=\overline{1\cdot 1}=0$；图 2-11(c)电路中，$A$ 端悬空，相当于高电平，B 端通过 10kΩ 电阻接地，相当于接高电平，则 $F=\overline{A\cdot B}=\overline{1\cdot 1}=0$；图 2-11(d)电路中，$A$ 端接 0.6V，相当于低电平，B 端通过 10kΩ 电阻接地，相当于接高电平，则 $F=\overline{A\cdot B}=\overline{0\cdot 1}=1$。

3. TTL“与非”门的输出特性

TTL“与非”门实际工作时，输出端一般要接负载，产生负载电流，此电流将会影响输出电压的大小。输出电压与负载电流之间的关系，称为输出特性。输出电压有高电平、低电平两种状态，所以其输出特性也有两种。

1）输出为低电平时的输出特性

当“与非”门输入全为高电平时，输出为低电平。TTL“与非”门中 T_1 管处于倒置工作状态，T_2、T_5 管饱和导通，T_3 管微导通，T_4 管截止。这时输出级等效电路如图 2-12(a)所示，相当于是一个工作于饱和状态、基极电流很大的三极管。由于此时的负载电流是流入三极管 T_5 集电极，类似于从外部灌入 TTL“与非”门的输出端，故称输出为低电平时的负载电流为灌电流。其输出特性是一个共射极接法的三极管在基极电流为某一较大值时的输出特性，曲线如图 2-12(b)所示。由于 T_5 工作在饱和状态，所以 I_L 增加时 V_O 仅稍有增加，故输出为低电平 V_{OL}。当 I_L 增加到大于某值后，T_5 管退出饱和状态进入放大状态，V_O 迅速上升，破坏了输出为低电平的逻辑关系，因此灌电流值有一个限制范围。

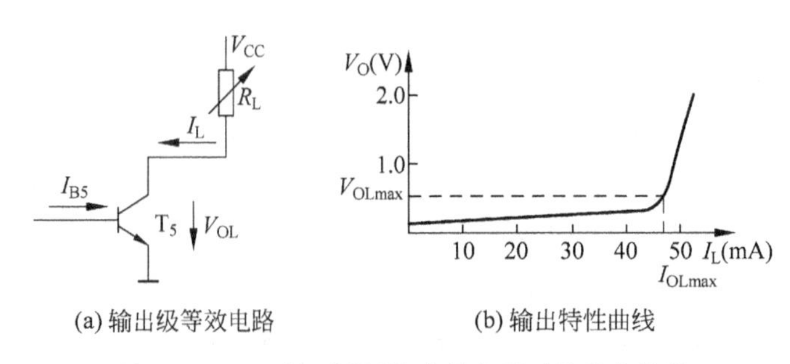

(a) 输出级等效电路　　(b) 输出特性曲线

图 2-12　TTL“与非”门输出低电平时的输出特性

2）输出为高电平时的输出特性

当“与非”门输入端中有一个为低电平时，输出为高电平。TTL“与非”门中 T_1 管处于饱和状态，T_2、T_5 管截止，T_3、T_4 管导通，这时输出级的等效电路如图 2-13(a)所示。此时负载电流由输出端流向负载，类似于从输出端拉出的电流，故称输出为高电平时的输出电流为拉电流。其输出特性曲线如图 2-13(b)所示。在负载电流 I_L 较小时，T_3 处于饱和边缘，T_4 管工作在放大区，当 I_L 增加时，虽然 V_{R4} 将增大，但同时 V_{CE4} 将减小，两者相互抵消，使得TTL“与非”门的输出电压 $V_O(V_O=V_{CC}-V_{R4}-V_{CE4})$ 基本不随负载电流 I_L 的增加而变化。当 I_L 增加到某值后，T_4 进入饱和状态，V_{CE4} 不再减小。此时，V_O 将随 I_L 的增加成线性减小，为了保证 V_O 为标准高电平，对拉电流的值也要有一个限制。

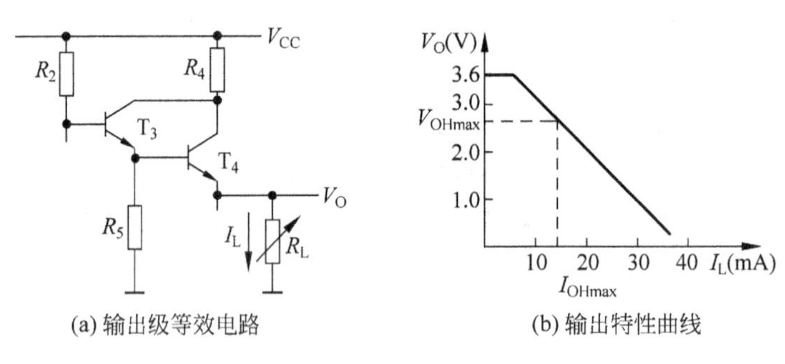

(a) 输出级等效电路　　(b) 输出特性曲线

图 2-13　输出为高电平时的输出特性

4. 带负载能力

如上所述，TTL“与非”门的输出端接上负载后，根据输出高低电平的不同，有拉电流负载和灌电流负载等两种情况。图 2-14(a)表示输出高电平时的拉电流负载电路，图 2-14(b)表示输出低电平时的灌电流负载电路。无论是灌电流还是拉电流，当负载电流增加到一定值时，都会引起输出电平的明显变化。使输出电平不至于变化到超出标准高低电平的范围时，所能承受的最大输出电流，叫门电路的带负载能力，一般用扇出系数 N_O 表示。扇出系数指门电路输出端可驱动的同类门个数，由于输出低电平时可驱动的同类门个数比输出高电平时可驱动的同类门个数少，所以扇出系统一般指输出低电平时可接的最多同类门个数：

$$N_O=\frac{I_{OLmax}}{I_{ILmax}}$$

其中，I_{OLmax}是输出低电平时允许流入 TTL“与非”门输出端的最大电流，I_{ILmax}是后级门电路输入低电平时从 TTL“与非”门输入端流出的最大电流。

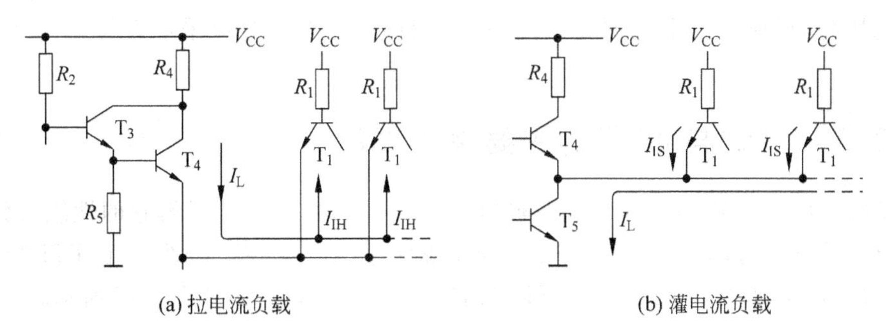

图 2-14　TTL“与非”门带负载能力

2.2.4　TTL“与非”门的动态特性

1. 平均传输延迟时间

二极管、三极管存在开关时间，由二极管和三极管构成的 TTL 门电路的状态转换也需要一定的时间，即输出不能立即响应输入信号的变化，有一定的延迟。而电阻、二极管、三极管等元器件寄生电容的存在，还会使输出电压波形的上升沿和下降沿变得不那么陡，如图 2-15 所示。

通常把输出电压 V_O 由高电平跳变为低电平的传输延迟时间称为导通传输延迟时间 t_{PHL}；把输出电压由低电平跳变为高电平的传输延迟时间称为截止传输延迟时间 t_{PLH}。二者的平均值称作平均传输延迟时间，以 t_{pd}表示：

$$t_{pd} = \frac{t_{PHL} + t_{PLH}}{2}$$

2. 动态尖峰电流

静态时 TTL“与非”门所需的电源电流比较小，在 10mA 左右。但在动态情况下，“与非”门从导通转换为截止或从截止转换为导通状态时，都会出现 T_4、T_5 管瞬间同时导通的情况，在这瞬间的电源电流比静态时的电源电流要大，但持续时间较短，故称为尖峰电流或浪涌电流，如图 2-16 所示。

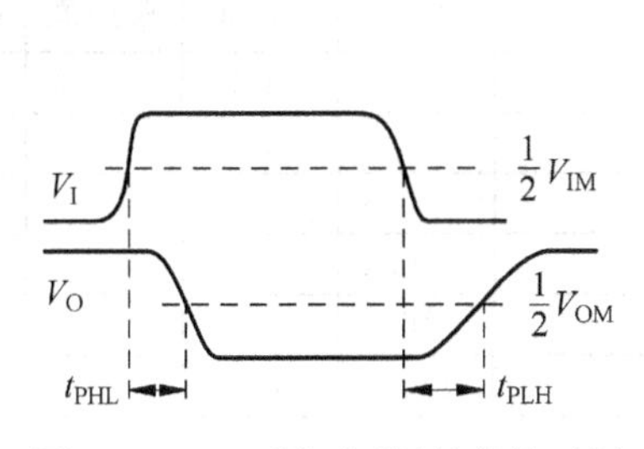

图 2-15　TTL“与非”门的传输时间

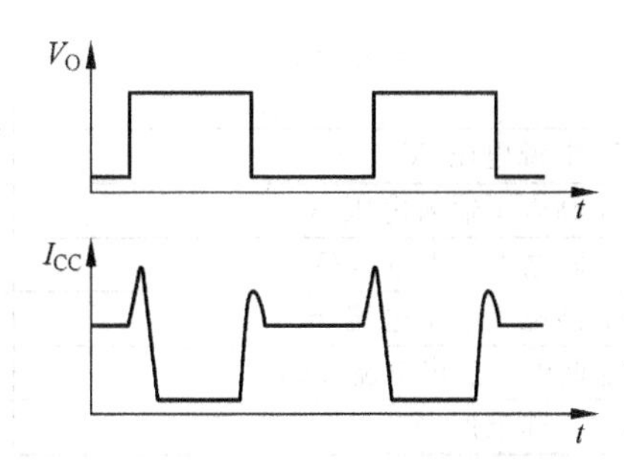

图 2-16　电源的动态尖峰电流

尖峰电流所造成的后果表现在两个方面：一方面使电源的平均电流增大，这就要求加大电源的容量；另一方面，电源的尖峰电流在电路内部流通时会在电源线和地线上产生一定的电压降，形成一个干扰源。为减小此影响，设计电路时应采取合理的接地和去耦措施。

2.2.5 TTL“与非”门的主要性能参数

要正确使用门电路，除应掌握其逻辑功能和特点之外，还必须了解它的性能参数，否则即使逻辑上是正确的，也不一定能工作。为正确使用门电路，表2-5列出了TTL“与非”门74LS00的主要性能参数，供参考。TTL“与非”门74LS00的电路如图2-17所示。

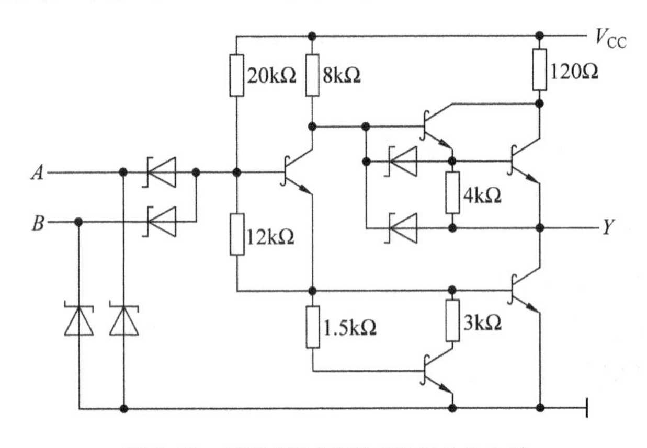

图2-17 TTL“与非”门74LS00的电路

2.3 其他类型的TTL门电路

TTL门电路除了“与非”门外，还有其他功能的逻辑门电路，如“与”门、“或”门、“或非”门、“与或非”门、“异或”门、“同或”门、集电极开路门和三态门等。除集电极开路门和三态门外，其他逻辑功能的门电路和“与非”门在内部结构和功能特性上都基本相似。因此，本处仅介绍集电极开路门和三态门。

表2-5 TTL“与非”门74LS00的主要性能参数

	参数/单位	SN5400			SN7400		
		最小值	典型值	最大值	最小值	典型值	最大值
推荐工作条件	V_{CC}电源电压/V	4.5	5	5.5	4.75	5	5.25
	V_{IH}高电平输入电压/V	2			2		
	V_{IL}低电平输入电压/V			0.8			0.8
	I_{OH}高电平输出电流/mA			−0.4			−0.4
	I_{OL}低电平输出电流/mA			16			16
	T_A工作温度/℃	−55		125	0		70

续表

	参数/单位	测试条件	SN5400			SN7400		
			最小值	典型值	最大值	最小值	典型值	最大值
推荐允许环境温度范围内电特性	V_{IK}/V	$V_{CC}=4.5, I_I=-12$mA			−1.5			−1.5
	V_{OH}/V	$V_{CC}=4.5, I_{IL}=0.8$V, $I_{OH}=-0.4$mA	2.4	3.4		2.4	3.4	
	V_{OL}/V	$V_{CC}=4.5, I_{IH}=2$V, $I_{OL}=16$mA		0.2	0.4		0.2	0.4
	I_I/mA	$V_{CC}=5.5$V, $V_I=5.5$V			1			1
	I_{IH}/μA	$V_{CC}=5.5$V, $V_I=2.4$V			40			40
	I_{IL}/mA	$V_{CC}=5.5$V, $V_I=0.4$V			−1.6			−1.6
	I_{OS}/mA	$V_{CC}=5.5$V	−20		−55	−18		−55
	I_{ICCH}/mA	$V_{CC}=5.5$V, $V_I=0$V		4	8		4	8
	I_I/mA	$V_{CC}=5.5$V, $V_I=4.5$V		12	22		12	22
开关特性($V_{CC}=5$V, $T_A=25$℃)	参数/单位	输入	输出	测试条件		最小值	典型值	最大值
	T_{PLH}/ns	A 或 B	Y	$R_L=400\Omega, C_L=15$pF			9	15
	T_{PHL}/ns						10	15

2.3.1　集电极开路门

在实际应用中，有时需要将几个逻辑门的输出端直接相连来实现逻辑与的功能，这种将多个门的输出端直接连在一起实现与逻辑的方法称为“线与”。但普通的 TTL 门电路不允许将输出端直接连在一起，因为这些具有推拉式输出级的门电路，无论输出高电平还是低电平，其输出电阻都很小。若把两个普通 TTL“与非”门的输出端直接相连，当一个门输出高电平而另一个门输出低电平时，就会在电源和地之间形成一个低阻通路，如图 2-18 所示。在这个低阻通路中会产生很大的电流，超过输出低电平时灌电流的允许范围，导致输出电压升高，造成输出逻辑既非 0 又非 1，破坏了逻辑关系。更会因功耗过大而烧坏输出高电平门中的 T_4 或者输出低电平门中的 T_5。要使门电路的输出端能直接相连实现“线与”，可以去掉 TTL“与非”门中的 T_3、T_4、R_4、R_5，改推拉输出级为 T_5 三极管集电极开路输出，如图 2-19 所示。这种门电路称为集电极开路(Open Collector)门，简称 OC 门。

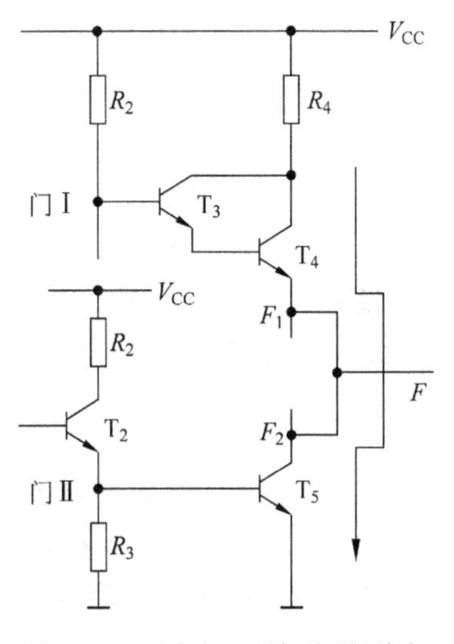

图 2-18　两个 TTL“与非”门线与

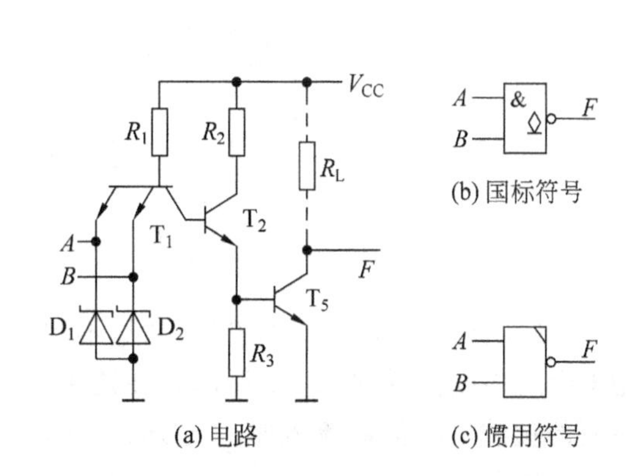

图 2-19　集电极开路门

1. OC门的结构和工作原理

由图 2-19(a)可以看出,OC门是去掉推拉输出级中的有源负载 T_3、T_4 和 R_4、R_5,使 T_5 管集电极开路的“与非”门。在使用时必须给 T_5 管的集电极外接负载电阻 R_L 和正电源 V_{CC}。R_L 又称为上拉电阻。

当输入 A、B 全为高电平时,T_2 和 T_5 管饱和导通,输出 F 为低电平;而当输入 A、B 中有一个为低电平时,T_2 和 T_5 管截止,输出 F 为高电平。此电路实现“与非”逻辑功能,即 $F=\overline{AB}$。

几个OC门的输出端直接并联后可共用一个集电极负载电阻 R_L 和电源 V_{CC}。由于 R_L、V_{CC} 是外接的,只要恰当地选择电源电压和负载电阻,就可以保证输出电平的高、低要求,而又能有效地防止因 T_5 管集电极电流过大而烧坏 T_5 管。

2. 集电极负载电阻 R_L 的选择

利用OC门可以实现“线与”功能。当有 m 个OC门的输出相连,并带有 n 个“与非”门作负载时,只要公共外接负载电阻 R_L 选择适当,就既可以保证输出高电平不低于规定的 V_{OHmin} 值,又可以保证输出低电平不高于规定的 V_{OLmax},而且也不会在电源和地之间形成低阻通路。

若 m 个OC门的输出都为高电平,则线与结果为高电平,如图 2-20 所示。为保证并联输出的高电平不低于规定的 V_{OHmin} 值,要求 R_L 取值不能太大,以保证 $V_{CC}-I_{RL}R_L \geqslant V_{OHmin}$。图 2-20 中,$m$ 表示OC门的个数,p 表示TTL与非门的输入端个数;I_{OH} 为OC门输出管截止时的漏电流;I_{IH} 为负载门(TTL“与非”门)每个输入端为高电平时的输入漏电流。根据图可求出,$I_{RL}=mI_{OH}+pI_{IH}$,由此可得:

$$V_{CC}-(mI_{OH}+pI_{IH})R_L \geqslant V_{OHmin}$$

则 R_L 的最大值 R_{Lmax} 为:

$$R_{Lmax}=\frac{V_{CC}-V_{OHmin}}{mI_{OH}+pI_{IH}}$$

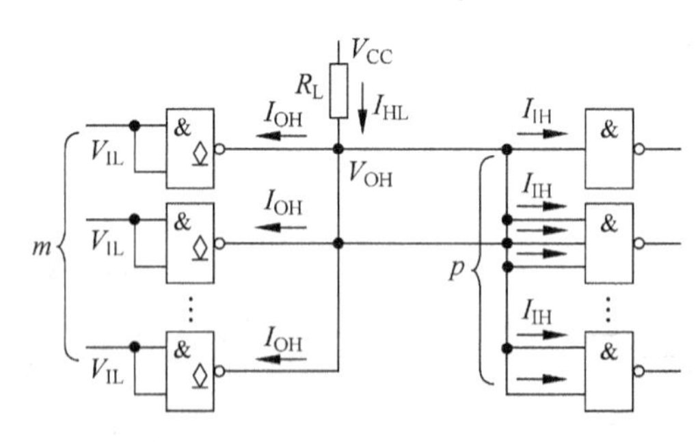

图 2-20 输出为高电平时的情况

当OC门线与后输出低电平时,从最不利的情况考虑:只有一个OC门处于导通状态,其他OC门均截止,如图 2-21 所示。在这种情况下,公共负载电阻 R_L 应不能太小,以保证在所有的负载电流全部流入唯一导通的OC门时,线与后的输出低电平仍能低于规定的 V_{OLmax} 值,即 $V_{CC}-I_{RL}R_L \leqslant V_{OLmax}$。图 2-21 中 m 表示OC门的个数,n 表示TTL“与非”门的个数；I_{OL}表示 OC 门导通时的最大负载电流；I_{IS}表示 TTL“与非”门的输入短路电流（无论一个门有几个输入端接在V_{OL}上，I_{IS}都是同样大）。根据图 2-21 可求出 $I_{RL}=I_{OL}-nI_{IS}$，由此可得：

$$V_{CC}-(I_{OL}-nI_{IS})R_L \leqslant V_{OLmax}$$

R_L 最小值 R_{Lmin} 为：

$$R_{Lmin}=\frac{V_{CC}-V_{OLmax}}{I_{OL}-nI_{IS}}$$

根据 R_{Lmax}和 R_{Lmin} 即可确定 R_L 值的范围，即 $R_{Lmin}<R_L<R_{Lmax}$。

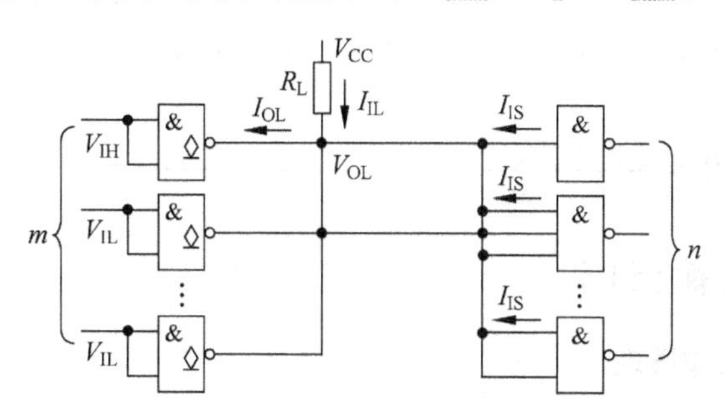

图 2-21　输出为低电平时的情况

3. OC 门的应用

1）通过线与实现“与或非”逻辑

将几个 OC 门的输出直接并联在一起，然后通过一个公共上拉电阻 R_L 接到电源 V_{CC} 上，如图 2-22 所示。因 $F_1=\overline{A_1\cdot B_1}$，$F_2=\overline{A_2\cdot B_2}$，…，$F_n=\overline{A_n\cdot B_n}$，则：

$$\begin{aligned}F&=F_1\cdot F_2\cdots F_n=\overline{A_1\cdot B_1}\cdot\overline{A_2\cdot B_2}\cdots\overline{A_n\cdot B_n}\\&=\overline{A_1\cdot B_1+A_2\cdot B_2+\cdots+A_n\cdot B_n}\end{aligned}$$

即利用集电极开路“与非”门的“线与”功能，实现了“与或非”的逻辑。

2）实现电平转换

在数字系统的接口（与外部设备相接的电路）需要有电平转换的时候，常用 OC 门实现，如图 2-23 所示。要把高电平转换为 15V 时，可将外接的上拉电阻接到 15V 电源上。这样 OC 门的输入端电平与一般“与非”门一致，而输出的高电平就可以变为 15V，达到了电平转换的目的。

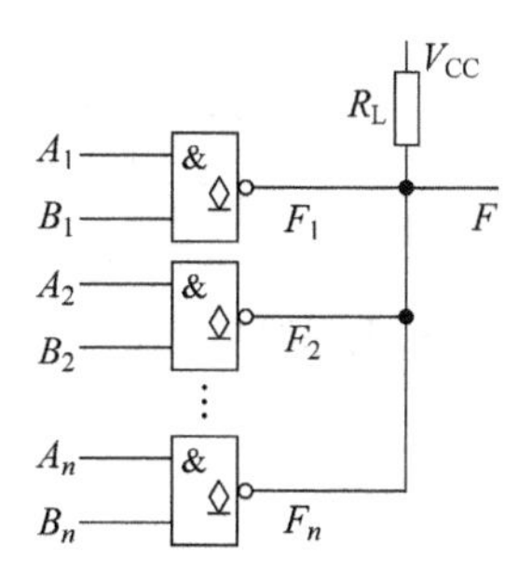

图 2-22　OC 门实现“与或非”逻辑

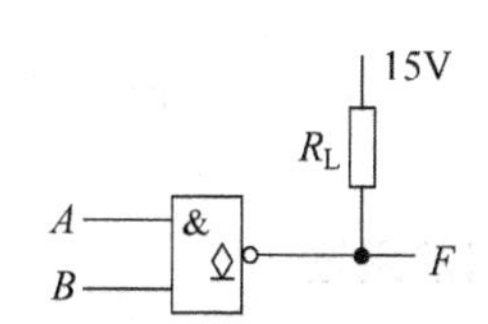

图 2-23　OC 门实现电平转换

3）用作驱动器

也可用OC门驱动指示灯、继电器和脉冲变压器等。当用OC门驱动指示灯时，上拉电阻可用指示灯代替：指示灯的一端与OC门的输出相连，另一端接电源。如果电流过大，应串联一个适当的限流电阻，如图2-24所示。

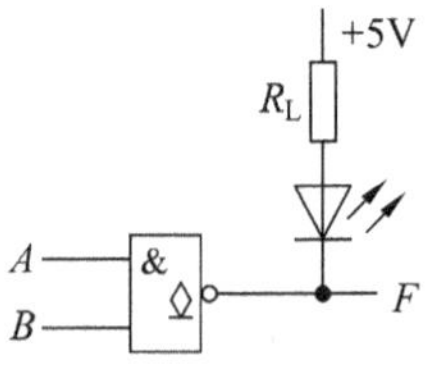

【例2-3】 试用74LS系列逻辑门，驱动一只$V_D=1.5V$，$I_D=6mA$的发光二极管。

解：在74LS系列逻辑门中，与非门74LS00的$I_{OL}=4mA$，不能驱动$I_D=6mA$的发光二极管。集电极开路“与非”门74LS01的I_{OL}为6mA，故可选用74LS01来驱动发光二极管，其电路如图2-24所示。限流电阻为

$$R=\frac{V_{CC}-V_D-V_{OL}}{6}=\frac{5-1.5-0.5}{6}=0.5k\Omega$$

图2-24 OC门应用

2.3.2 三态输出门

1. 三态输出门工作原理

三态逻辑（Three State Logic）门，简称TSL门或三态门，是在一般门电路的基础上增加控制电路和控制端构成的。这种逻辑门电路的输出有三种状态：高电平、低电平和非工作状态的高阻态（禁止态、开路态）。三态“与非”门的电路及逻辑符号如图2-25所示。

在图2-25(a)电路中，A、B为三态“与非”门的两个输入端，EN为控制端（也是“与非”门的一个输入端，但不参与逻辑运算）。当控制端EN=1时，电路相当于一个普通的TTL“与非”门，工作在“与非”的状态，$F=\overline{A\cdot B}$；当EN=0时，一方面使T_2、T_5截止，另一方面通过二极管D把T_3基极钳位在1V左右，使T_4也截止。从输出端F来看，对地和对电源都相当于开路（电阻很大），故输出呈现高阻的状态。

由于图2-25(a)所示的电路在控制端EN=1时，电路工作于“与非”逻辑状态，相当于一个普通的“与非”门，故称该三态门为控制端高电平有效。有的三态门在EN=0时，电路工作于“与非”状态，则称为控制端低电平有效。

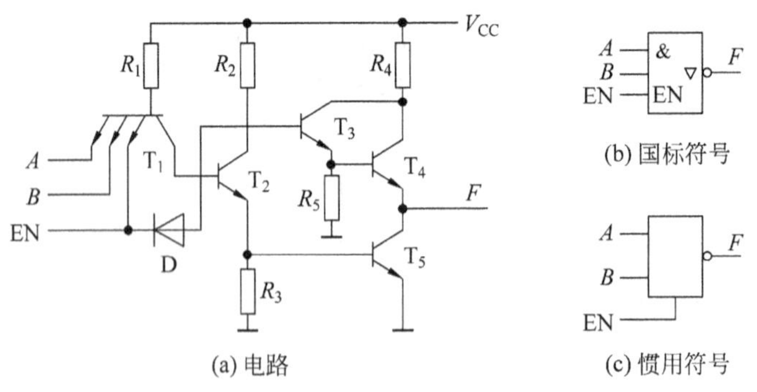

图2-25 高电平有效的三态输出“与非”门

2. 三态门的用途

三态门在数字系统中有着很重要的作用，利用三态门高阻特性可以实现在一根导线上

轮流传送多个不同器件的数据和信号，还可以实现总线数据的双向传输。

利用三态门向同一根总线MN上轮流传输信号时，为了互不干扰，必须要求：在任意时刻里只能有一个三态门处于工作状态，其余的门均处于高阻态，如图2-26所示。图2-26中，只有门1的控制端为有效的高电平（$EN_1=1$），其他门的控制端都为无效的低电平（EN=0），输出与总线隔离。因此，总线上只能得到门1的输出信号。

利用三态门还可实现数据的双向传输，如图2-27所示。当EN=1时，G_1门工作，G_2门为高阻态，数据由M传向N；当EN=0时，G_1为高阻态，G_2工作，数据由N传向M。通过控制端EN的电平信号，可实现对M、N数据的双向传输。

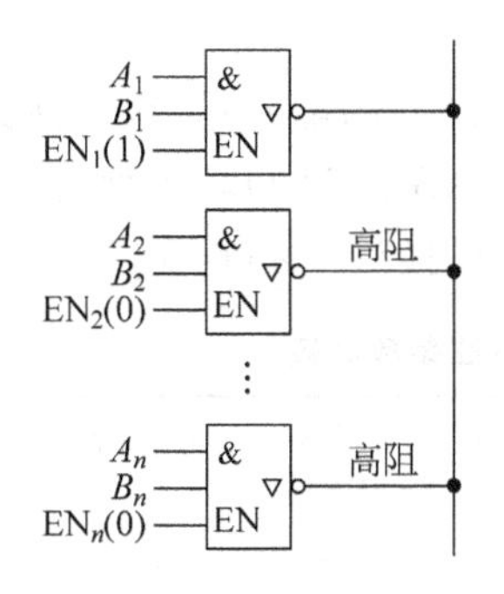

图2-26 三态门连接总线

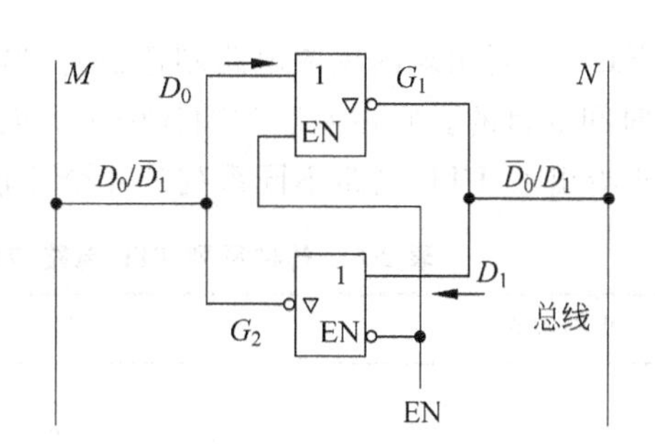

图2-27 三态门双向传输

2.3.3 TTL集成逻辑门电路系列简介

1964年美国TI公司生产了第一个TTL集成电路系列即54/74系列，简称74系列。54系列与74系列的主要区别在于54系列器件可以在较高的温度范围和电源电压下工作。许多半导体制造厂都在生产TTL集成电路，它们都用相同的编号体系，但不同厂家用的前缀不同，例如TI公司用SN，美国国家半导体公司用DM等。因此，由于制造厂家不同，四"或非"门芯片有SN7402、DM7402等多种编号。用户可以通过网络查找特定TTL集成电路的数据手册，查阅相关参数表。

为了满足提高工作速度和降低功耗的需要，继54/74系列之后相继生产了74H、74L、74S、74LS、74AS、74ALS、74F等改进系列。其中，74H(high-speed TTL)系列通过减小电路中各个电阻的阻值缩短了传输延迟时间，但同时也增加了功耗；74L(10w-power TTL)系列则通过加大电路中各个电阻的阻值来降低功耗，但同时又增加了传输延迟时间；74S(Schottky TTL)系列又称肖特基系列，74S系列通过引入抗饱和三极管，以避免三极管进入深度饱和状态，从而减少了存储时间延迟。

抗饱和三极管也称为肖特基钳位三极管(Schottky-Clamped Transistor，SCT)，由普通的双极型三极管和肖特基势垒二极管(Schottky Barrier Diode，SBD)组合而成，如图2-28(a)所示。其中，SBD只有0.25V的正向压降。当晶体管进入饱和状态并接近深度饱和时，晶体管的集电结正向偏置($V_B>V_C$)。此时，若$V_B-V_C\geqslant 0.25V$，SBD将导通，并从基极分流一些输入电流，这样减少了过多的基极电流，从而减少了截止状态的存储时间延迟。

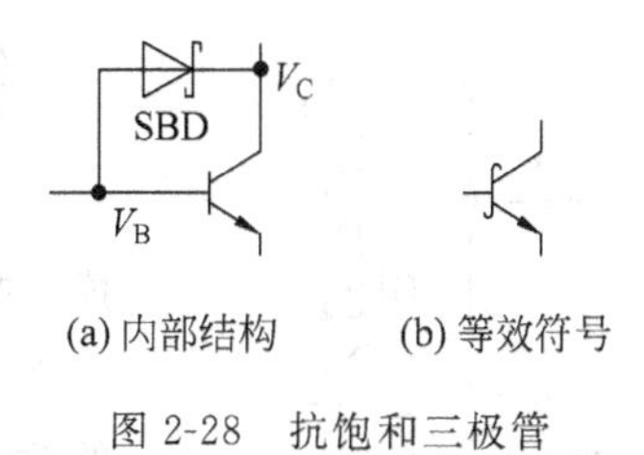

图2-28 抗饱和三极管

74LS(Low-power Schottky)系列是低功耗、低速 74S 系列型号,它利用肖特基钳位三极管,为了减少功耗,器件内采用了较大的电阻,但这也增加了开关时间。一般 74LS 系列中的与非门平均传输延迟时间是 9.5ns,平均功耗是 2mW。

74AS(Advanced Schottky)系列是为了缩短传输延迟时间而设计的改进系列,它的电路结构与 74LS 系列相似,但是电路中采用了很低的电阻值,从而提高了工作速度,但功耗较大。

74ALS(Advanced Low-power Schottky)系列则是为了获得更小的延迟和功耗积而设计的改进系列,它的延迟和功耗积是所有 74 系列中最小的一种。为了降低功耗,电路中采用了较高的电阻阻值,通过改进生产工艺缩小了内部各个器件的尺寸,获得了减小功耗和延迟时间的双重效果。

74F(Fast)系列用新的集成电路制造工艺,减少了器件之间的电容量,因此达到了减少传输延迟时间的目的。它在速度和功耗两个方面都介于 74AS 和 74ALS 系列之间。

表 2-6 给出了 TTL 电路不同系列的 4 个 2 输入"与非"门(74××00)的主要参数。

表 2-6 各种系列 TTL 电路(74××00)特性参数比较

特性参数	74	74S	74LS	74AS	74ALS	74F
传输延迟/ns	9	3	9.5	1.7	4	3
功耗/mW	10	20	2	8	1.2	6
延迟功耗积	90	60	19	13.6	4.8	18
最大时钟频率/MHz	35	125	45	200	70	100
扇出系数	10	20	20	40	20	33
输出高电平最小值 V_{OHmin}/V	2.4	2.7	2.7	2.5	2.5	2.5
输出低电平最大值 V_{OLmax}/V	0.4	0.5	0.5	0.5	0.5	0.5
输入高电平最小值 V_{IHmin}/V	2.0	2.0	2.0	2.0	2.0	2.0
输入低电平最大值 V_{ILmax}/V	0.8	0.8	0.8	0.8	0.8	0.8

2.4 CMOS 门电路

MOS 场效应管也称为单极型晶体管,因制造工艺简单,极易制作成大规模或超大规模集成电路。单极型 MOS 集成电路分 NMOS、PMOS 和 CMOS 等三种类型。NMOS 电气性能较好、工艺简单,适合制作高性能的存储器、微处理器等大规模集成电路。而由 NMOS 和 PMOS 构成的互补型 CMOS 电路则以其性能好、功耗低等显著特点,在中、小规模集成电路领域得到越来越广泛的应用。

本书主要介绍 CMOS 门电路。

2.4.1 CMOS 反相器

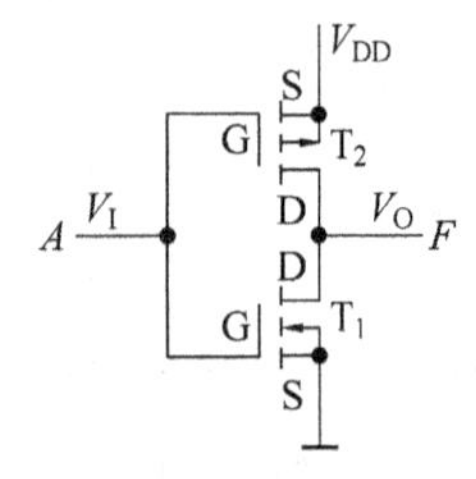

图 2-29 CMOS 反相器

CMOS 反相器由互补的增强型 NMOS 管和 PMOS 管串联构成,是构成 CMOS 集成电路的基本单元,如图 2-29 所示。图中,T_1 为 NMOS 管、T_2 为 PMOS 管,两管的栅极连在一起,作为反相器的输入端,两个管子的漏极连在一起作为反相器的输出端,而两管的源极则分别接电源和地。工作时，T_2 作为 T_1 管的负载。

CMOS反相器要求电源电压大于两个管子开启电压的绝对值之和，即 $V_{DD}>|V_{T1}|+|V_{T2}|$。

当输入 V_I 为低电平 V_{IL} 且小于 V_{T1} 时，T_1 管截止。但对于PMOS负载管，由于栅极电位较低，使栅源电压的绝对值大于开启电压的绝对值 $|V_{T2}|$，因此 T_2 充分导通。由于 T_1 的截止电阻远比 T_2 的导通电阻大，所以电源电压几乎全部降落在工作管 T_1 的漏源极之间，使反相器输出高电平 $V_{OH}\approx V_{DD}$。

当输入 V_I 为高电平 V_{IH} 且大于 V_{T1} 时，T_1 管导通。但对于PMOS负载管，由于栅极电位较高，使栅源电压的绝对值小于开启电压的绝对值 $|V_{T2}|$，因此 T_2 管截止。由于 T_2 截止时相当于一个大电阻，T_1 的导通电阻相当于一个较小的电阻，所以电源电压几乎全部降落在负载管 T_2 上，使反相器输出低电平且很低，$V_{OL}\approx 0V$。

由于CMOS反相器处于稳定状态时，无论是输出高电平还是输出低电平，其工作管和负载管必然是一个导通而另一个截止，因此电源向反相器提供的仅为纳安级的漏电流，所以CMOS反相器的静态功耗非常小。

另一方面，由于CMOS反相器的工作管和负载管不同时导通，因此其输出电压不取决于两管的导通电阻之比。这样，在CMOS反相器中，通常可使PMOS负载管和NMOS工作管的导通电阻都较小，以降低CMOS反相器输出电压的上升时间和下降时间。因此CMOS电路的工作速度得到了很大程度的提高。

CMOS反相器及其他类型的CMOS门电路的逻辑符号与相同类型的TTL门电路一样。

2.4.2 CMOS"与非"门

CMOS"与非"门由两个串联的NMOS管和两个并联的PMOS管构成，如图2-30所示。图中两个串联的NMOS管 T_1 和 T_2 作为工作管，两个并联的PMOS管 T_3 和 T_4 为负载管。

当输入 A、B 都为高电平时，串联的NMOS管 T_1、T_2 管都导通，并联的PMOS管 T_3、T_4 都截止，因此输出为低电平；当输入 A、B 中有一个为低电平时，两个串联的NMOS管中必有一个截止，于是电路输出高电平。电路的输入和输出之间是"与非"逻辑关系，即 $F=\overline{AB}$。

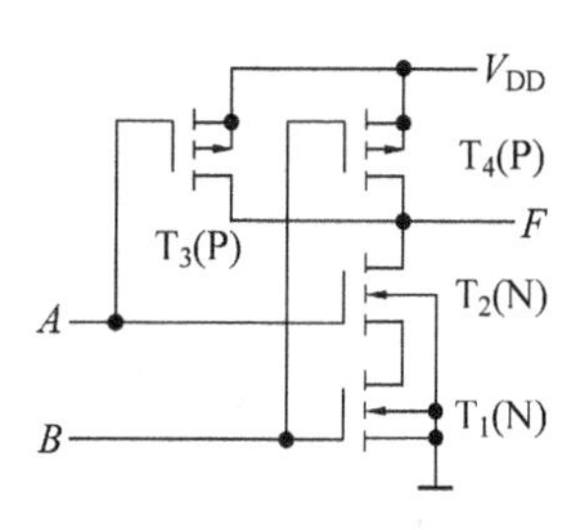

图2-30 CMOS"与非"门

2.4.3 CMOS"或非"门

CMOS"或非"门由两个并联的NMOS管和两个串联的PMOS管构成，如图2-31所示。图中两个并联的NMOS管 T_1 和 T_2 作为工作管，两个串联的PMOS管 T_3 和 T_4 为负载管。

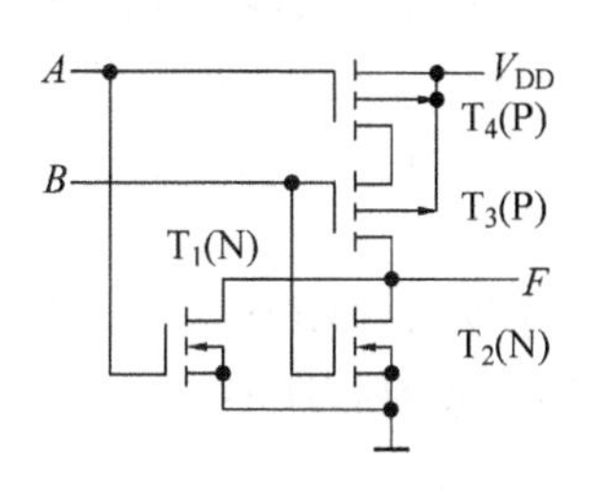

图2-31 CMOS"或非"门

当输入 A、B 中至少有一个高电平时，并联的NMOS管 T_1、T_2 中至少有一个导通，串联的PMOS管 T_3、T_4 至少有一个截止，因此输出为低电平；当输入 A、B 都为低电平时，并联NMOS管 T_1、T_2 都截止，串联PMOS管 T_3、T_4 都导通，电路输出为高电平。电路的输入和输出之间满足"或非"的逻辑关系，

即 $F=\overline{A+B}$。

2.4.4 CMOS 三态门

CMOS 三态门由两个 NMOS 管和两个 PMOS 管串联，加上起控制作用的反相器构成，如图 2-32 所示。图中，A 是输入端，$\overline{\mathrm{EN}}$是控制端，F 是输出端。当控制端$\overline{\mathrm{EN}}$为高电平时，NMOS 管 T_1 和 PMOS 管 T_4 均截止，电路输出端 F 呈现高阻态；当控制端$\overline{\mathrm{EN}}$为低电平时，T_1 和 T_4 管同时导通，T_2 和 T_3 管构成的 CMOS 反相器正常工作，即 $F=\overline{A}$。

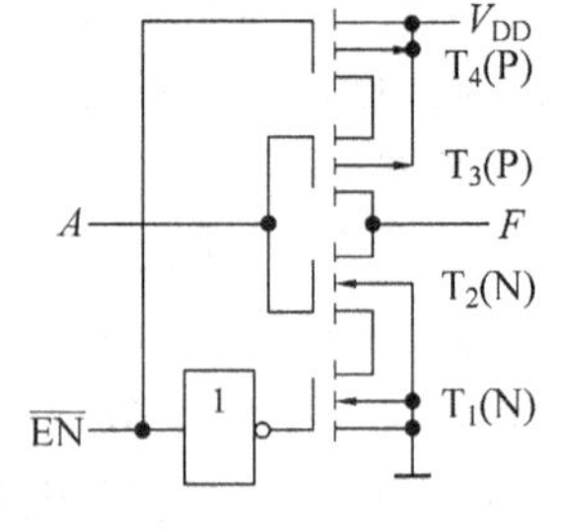

图 2-32 CMOS 三态门

2.4.5 CMOS 传输门

CMOS 传输门也是数字逻辑电路的一种基本单元电路，其功能是一种传输信号的可控开关电路，也叫模拟开关。由两个结构完全对称的 NMOS 管和 PMOS 管的漏、源极相互连接而成，两个栅极作为传输通道的控制开关，其电路结构和逻辑符号如图 2-33 所示。当 $C=1$ 时，两个 MOS 管都导通，导通电阻很小，模拟或数字信号可以通过 MOS 管的导电沟道双向传输，相当于开关接通；当 $C=0$ 时，两个 MOS 管都截止，输入和输出之间断开。

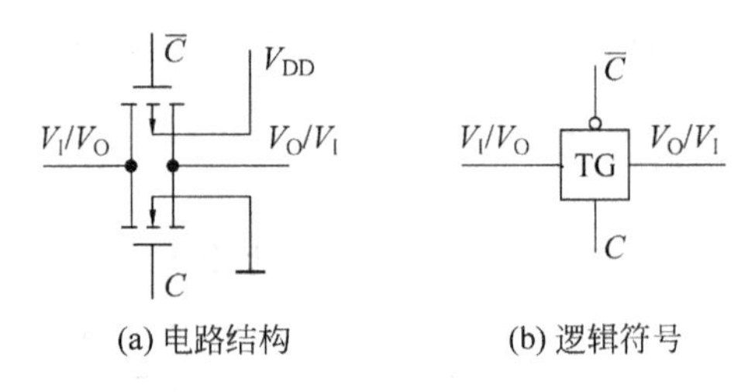

(a) 电路结构 (b) 逻辑符号

图 2-33 CMOS 传输门

2.4.6 CMOS 集成电路的各种系列

在中、小规模集成电路领域中，CMOS 集成电路因其性能良好，正逐渐取代 TTL 集成电路。CMOS 集成电路不但能提供所有 TTL 集成电路的逻辑功能，而且还提供 TTL 集成电路所不具备的一些特殊逻辑功能。各种 CMOS 系列不断发展，并且器件性能也在不断改善。

早期投放到市场的 CMOS 集成电路是 4000 系列，4000 系列中的器件有非常低的功耗，并有较宽的工作电压范围（3～15V），但传输延迟时间较长，带负载能力较弱，不具备与 TTL 系列的管脚兼容性（当两种 IC 管脚结构相同时，则这两个 IC 管脚兼容）和电气兼容性（当两种 IC 能相互连接而不需要采取任何特殊措施来保证正常工作时，这两种 IC 是电气兼容的）。

74C 系列是与相同编号的 TTL 器件是管脚兼容和逻辑功能等效的 CMOS 集成电路。例如，74C30 和 7430 都是 8 输入与非门，且管脚排列完全相同。74C 系列的性能与 4000 系列的性能基本上相同。

74HC/HCT 系列是高速 CMOS 集成电路。与 74LS 系列器件相比，它的开关速度提高了 10 倍，比 74C 系列具有更高的输出电流。74HC/HCT 与相同编号的 TTL 系统器件管脚兼容且逻辑功能等效，74HCT 器件与 TTL 器件在电气特性上兼容，但 74HC 器件没有。

74AC/ACT(Advanced CMOS Logic，ACL)系列是先进 CMOS 逻辑系列，与各种 TTL 系列在逻辑功能上等效。由于 74AC 和 74ACT 芯片管脚布局的选择是为了改善抗噪性能，使器件的输入对芯片其他管脚上信号变化不敏感，因此 74AC 器件与 TTL 不具有电气兼容性，74ACT 却能直接与 TTL 相连接。该系列器件的编号采用 5 位数字编号，开头是 11。例如：74AC1104 与 74HC04 逻辑功能等效，74ACT11293 与 74HC293 逻辑功能等效。

74AHC/AHCT 系列是改进的高速 CMOS 系列，其速度比 HC 系列快 3 倍，同时带负载能力也提高了近一倍，可以直接用来替换 HC 系列器件。74AHC/AHCT 系列是目前最受欢迎的、应用最广的 CMOS 器件。

BiCMOS 逻辑电路是具有双极型和 CMOS 两者优点的逻辑系列，它是把 CMOS 的低功耗和双极型电路的快速性结合起来产生的一种功耗更低、速度更快的逻辑系列。BiCMOS 目前还没有 SSI 和 MSI 集成电路，只局限在微处理器和总线接口应用领域，如锁存器、缓冲器、驱动器和收发器等。74BCT(BiCMOS 总线接口技术)系列功耗比 74F 系列减少了 75%，同时又保持相同的速度和驱动性能；这一系列中有部分器件与部分 TTL 器件的管脚兼容，工作在标准的 5V 逻辑电平。74ABT(高级 BiCMOS 技术)系列是 BiCMOS 总线接口器件的第二代。表 2-7 给出了各种 CMOS 系列电路的输入输出电压电平。

表 2-7 CMOS 系列输入输出电压电平(电源电压为+5V)

特性参数	4000B	74HC	74HCT	74AC	74ACT	74AHC	74AHCT
输入高电平最小值 V_{IHmin}/V	3.5	3.5	2.0	3.5	2.0	3.85	2.0
输入低电平最大值 V_{ILmax}/V	1.5	1.0	0.8	1.5	0.8	1.65	0.8
输出高电平最小值 V_{OHmin}/V	4.95	4.9	4.9	4.9	4.9	4.4	3.15
输出低电平最大值 V_{OLmax}/V	0.05	0.1	0.1	0.1	0.1	0.44	0.1

2.4.7 低电压 CMOS 系列

集成电路制造厂家一直在寻找提高芯片上半导体器件密度的方法，这种高密度芯片的优点是：允许更多的器件集成在芯片上，由于器件靠近在一起，信号从一个器件传输到另一个器件的时间会减少，因此可以提高速度。但高密度芯片也有缺点：当器件靠近在一起时，用来隔离各器件的绝缘材料很窄，这样就会减小电介质破损前器件所承受的电压；增加芯片密度也会增加整个芯片的功耗，使芯片的温度上升并可能超过可靠工作所允许的最大值。如果让芯片工作在较低电压，就能克服上述弊端，减小功耗。低电压 CMOS(简称 LVC)系列的标准工作电压是 3.3V。

74LVC 是低电压 CMOS 系列，它含有 5V 系列的小规模集成(SSI)门和中规模集成(MSI)逻辑门，以及许多总线接口器件，如锁存器、缓冲器、驱动器。该系列能在输入端处理 5V 电平，因此能从 5V 系统转换到 3V 系统中。

74ALVC 是先进的低电压 CMOS 系列，它的工作性能最好，主要用在 3.3V 逻辑总线接口应用中。

74LV是低电压系列，提供了CMOS工艺和许多通用的SSI门和MSI逻辑门，还有一些常用的8位缓冲器、锁存器和触发器，通常与其他3.3V器件一起工作。

74AVC是先进的超低电压CMOS系列，工作电压是2.5V，但能在1.2～3.3V电压下工作。

74AUC是先进的极低电压CMOS系列，工作电压是1.8V。

74LVT是低电压BiCMOS工艺系列，工作电压为3.0～3.6V，主要用于8位和16位总线接口。

74ALVT是先进的低电压BiCMOS工艺系列，工作电压是3.3V或2.5V，与74ABT和74LVT系列管脚兼容，主要用于总线接口。

74ALB是先进的低电压BiCMOS系列，它是为3.3V总线接口应用设计的，提供25mA输出驱动电流，具有2.2ns的传输延迟时间。表2-8给出了各种低电压CMOS系列电路的特性参数。

表2-8 低电压CMOS系列特性参数

特性参数	74LV	74ALVC	74AVC	74ALVT	74ALB
电源电压/V	2.7～3.6	2.3～3.6	1.65～3.6	2.3～2.7	3～3.6
输入高电平 V_{IH}/V	2～V_{CC}+0.5	2.0～4.6	1.2～4.6	2～7	2.2～4.6
输入低电平 V_{IL}/V	0.8	0.8	0.7	0.8	0.6
高电平输出电流 I_{OH}/mA	6	12	8	32	25
低电平输出电流 I_{OL}/ mA	6	12	8	32	25

2.5 数字集成电路使用中应注意的问题

在使用数字集成电路设计数字系统时，除合理选用适当型号的芯片外，还应注意一些特殊问题。

2.5.1 TTL逻辑门电路使用中应注意的问题

1. 电源

① TTL集成电路对电源电压的纹波及稳定度要求较高，一般要求小于等于10%(或5%)，即电源电压应限制在5V±0.5V(或5V±0.25V)以内；电流应有一定的富裕量；电源极性不能接反，否则会烧坏芯片。

② 为了滤除纹波电压，通常应在印刷电路板电源入口处加装20～50PF的滤波电容。

③ 为防止来自电源输入端的高频干扰，可在芯片电源引脚处接入0.01～0.1μF的去耦电容。

④ 如果系统中有模拟电路，则数字电路和模拟电路应分别接地，再在地线出口处通过一细导线短接，以防止模拟电路地线上的干扰。

2. 输入端

① 输入端不能直接与高于+5.5V和低于−0.5V的低内阻电源连接，否则将损坏

芯片。

② 为提高电路的可靠性，TTL门电路的多余输入端一般不要悬空，可视情况进行处理，如图2-34所示。

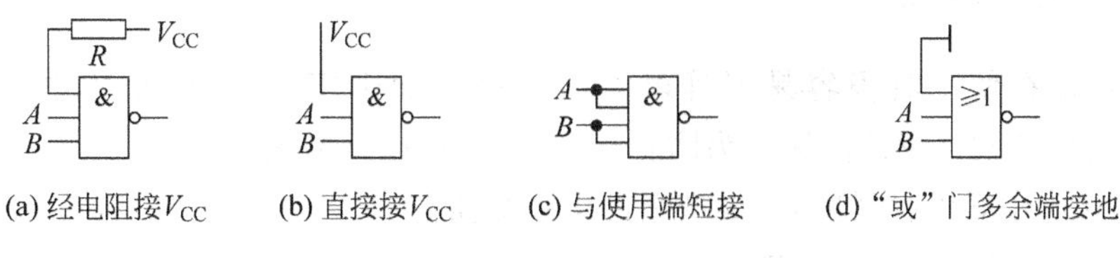

图2-34　逻辑门多余输入端的处理

3. 输出端

TTL门电路的输出端不允许直接与电源V_{CC}相连。

2.5.2　CMOS电路使用中应注意的问题

1. 电源

① CMOS门电路的工作电压范围较宽，有的在3～18V电压范围内都可以工作。手册中一般给出最高工作电压V_{DDmax}和最低工作电压V_{DDmin}，使用时只要不超出此电压范围，并注意电压下限不低于V_{SS}（源极电源电压）即可。

② CMOS门电路的电源电压V_{DD}降低会使工作频率下降，一般情况下，电源电压的取值有时可按下式选择：

$$V_{DD} = (V_{DDmax} + V_{DDmin})/2$$

③ 电源极性不能接反。

④ 在保证电路逻辑功能正确的前提下，电流不能过大以防止CMOS电路的"可控硅效应"，使电路工作不稳定，甚至烧坏芯片。

2. 输入端

① CMOS门电路的输入端不允许悬空，不用的输入端可视具体情况接高电平（V_{DD}）或低电平（V_{SS}）以防止栅极击穿。为防止电路板拔下后造成输入端悬空，可在输入端与地之间接保护电阻。

② 输入高电平不得高于$V_{DD}+0.5V$，输入低电平不得低于$V_{SS}-0.5V$。

③ 输入端的电流一般应限制在1mA以内。

④ 输入脉冲信号的上升沿和下降沿应小于几微秒，否则将使输入端电平不稳，并会因损耗过大而损坏器件。一般来说，当$V_{DD}=5V$时，输入脉冲的上升、下降沿应小于$10\mu s$；$V_{DD}=10V$时，上升、下降沿应小于$5\mu s$；$V_{DD}=15V$时，上升、下降沿应小于$1\mu s$。

3. 输出端

CMOS电路的带负载能力比TTL要小得多，但因CMOS电路的输入漏电流很小，因此

CMOS驱动CMOS的能力很强，低速时其扇出系数很高。不过在高速运行时，考虑到负载电容的影响，CMOS的扇出系数一般取10～20为宜。

4. 防止静电击穿的措施

CMOS电路在使用时很容易因静电产生的高压而击穿损坏，防止静电击穿是使用CMOS电路时应特别注意的问题。为防止击穿，可采取以下措施：

① 保存时应用导电材料屏蔽，或把全部引脚短路。

② 焊接时，应断开电烙铁电源。

③ 各种测量仪器均要良好接地。

④ 通电测试时，应先开电源再加信号，关机时应先关信号源再关电源。

⑤ 插拔CMOS芯片时应先切断电源。

2.5.3 数字集成电路的接口

在设计一个数字系统时，有时需要同时使用不同类型器件的情况。由于不同类型器件采用的电源电压、输入输出电平、带负载能力等参数的可能不同，所以设计数字系统时要考虑不同类型器件的接口问题。

1. TTL电路与CMOS电路的接口

TTL门电路的输出高电平典型值为3.6V，在有负载的情况下，输出高电平一般在3V左右。而CMOS电路要求输入高电平大于3.5V，此时用TTL电路直接驱动CMOS电路就有一定的困难。为提高TTL电路输出高电平的幅值，可在TTL电路输出端与电源之间外接一个上拉电阻R_X，如图2-35所示。

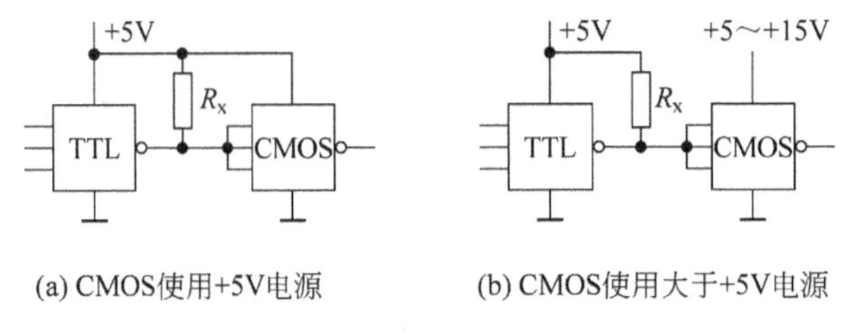

(a) CMOS使用+5V电源　　(b) CMOS使用大于+5V电源

图2-35　TTL-CMOS电路接口

由于TTL输出低电平为0.4V，而CMOS最高输入低电平为1.5V，所以TTL驱动CMOS主要考虑满足CMOS的高电平输入要求。

2. CMOS电路与TTL电路的接口

TTL电路的输入短路电流较大，所以用CMOS驱动TTL时应选用缓冲器或在CMOS与TTL之间接一个三极管作为缓冲级，如图2-36所示。若用74LS系列电路，由于I_{IH}和I_{IL}都较小，用+5～+7V电源的CMOS可直接与TTL电路相连。

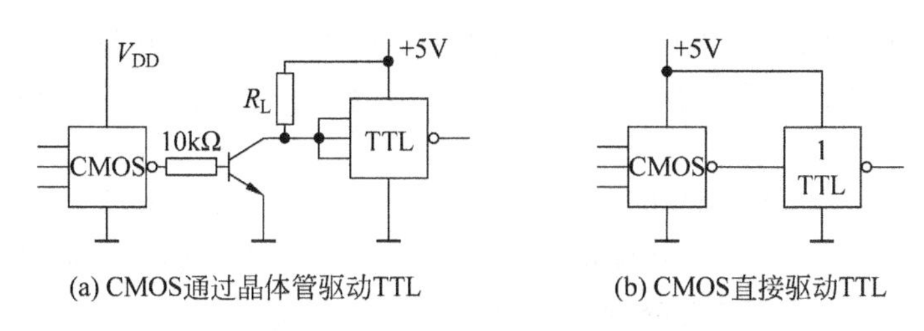

(a) CMOS通过晶体管驱动TTL (b) CMOS直接驱动TTL

图 2-36 CMOS-TTL 电路接口

3. TTL 电路与三极管、LED 的接口

1）TTL 与三极管的接口

当需要用 TTL 电路控制较大的电流和较高的电压时，可用 TTL 驱动三极管，再用三极管去驱动高电压、大电流的负载，如图 2-37 所示。

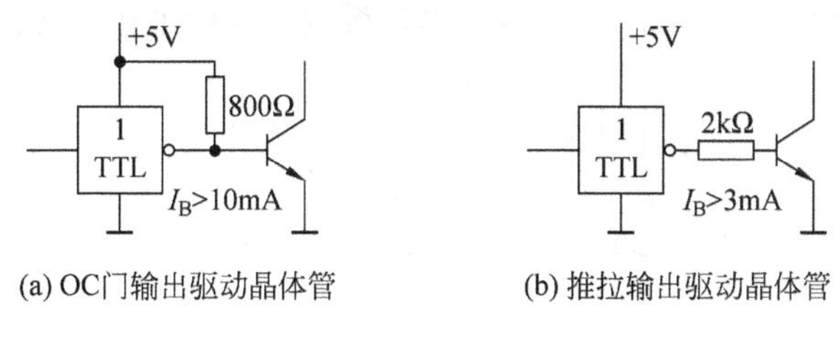

(a) OC门输出驱动晶体管 (b) 推拉输出驱动晶体管

图 2-37 TTL 驱动晶体管

2）TTL-LED 的接口

当用 TTL 驱动 LED 时，需加一个限流电阻。电阻阻值不同，LED 亮度不同，其连接方式如图 2-38 所示。

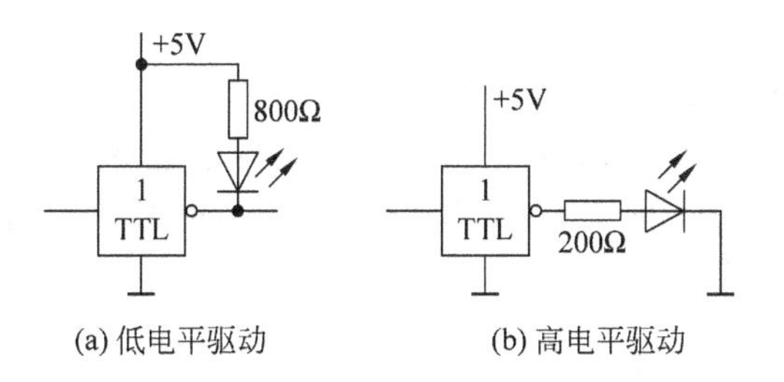

(a) 低电平驱动 (b) 高电平驱动

图 2-38 TTL 驱动 LED 发光二极管

本章小结

门电路是构成各种复杂数字系统的基本电路单元，掌握各种门电路的工作原理、逻辑功能和电气特性，对于正确使用数字逻辑电路是十分必要的。

本章从分立元件构成的逻辑门电路开始，较为系统地介绍了 TTL 和 CMOS 系列集成门电路的工作原理和外部特性。在学习本章时，应将重点放在集成电路的外部特性上。这是因为，外部特性是实际工作中正确运用数字逻辑电路的前提和基础。集成门电路的外部特性包括两方面的内容，一是输入与输出之间的逻辑关系，即逻辑功能；另一个是外部电气特性，包括电压传输特性、输入特性、输出特性和动态特性等。本章还用一定的篇幅介绍了集成逻辑门电路的内部结构和工作原理，目的在于加深读者对器件外部特性的理解，以便更好地使用这些器件。

随着集成电路技术的发展，CMOS 器件的应用日趋广泛，并有取代 TTL 电路的趋势。在使用 CMOS 器件时应特别注意掌握正确的使用方法，避免器件因静电击穿和锁定效应等原因引起的损坏。另外，还要正确处理多余的输入端，确保电路正常工作。

本书后面的章节将会讨论各种结构更复杂、功能更强大的数字逻辑电路。但无论器件的结构如何复杂，功能如何强大，其输入端和输出端电路结构和电气特性都与本章的介绍一致。在分析这些电路的外部特性时，本章给出的结论依然成立。

习题 2

[2-1] 分析估算图 2-39 所示各电路中半导体三极管的工作状态。

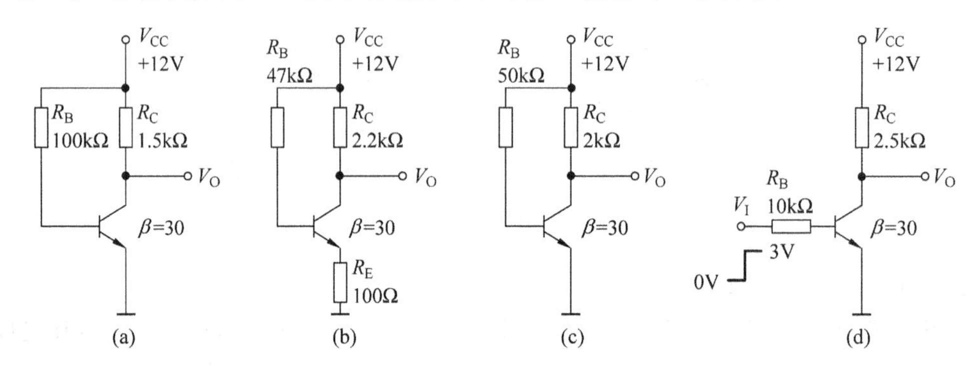

图 2-39 习题 2-1 图

[2-2] 二极管门电路如图 2-40(a)所示。

(1) 分析输出信号 Y_1、Y_2 与输入信号 A、B、C 之间的逻辑关系；

(2) 根据图 2-40(b)给出的 A、B、C 的波形，对应画出 Y_1、Y_2 的波形(输入信号频率较低，电压幅度满足逻辑要求)。

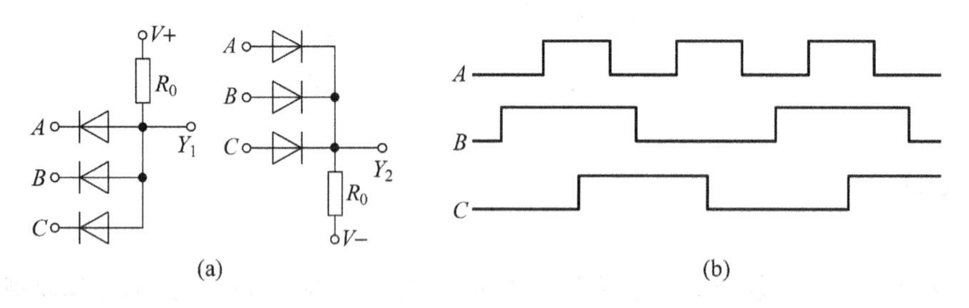

图 2-40 习题 2-2 图

[2-3] 在图 2-41 所示电路中，D_1、D_2 均为硅二极管，导通时压降 $u_D = 0.7$。在下列几种情况下，用内阻为 20kΩ/V 的万用表测量 B 端和 Y 端电压，试问各应为多少伏？

(1) A 端接 0.3V，B 端悬空；

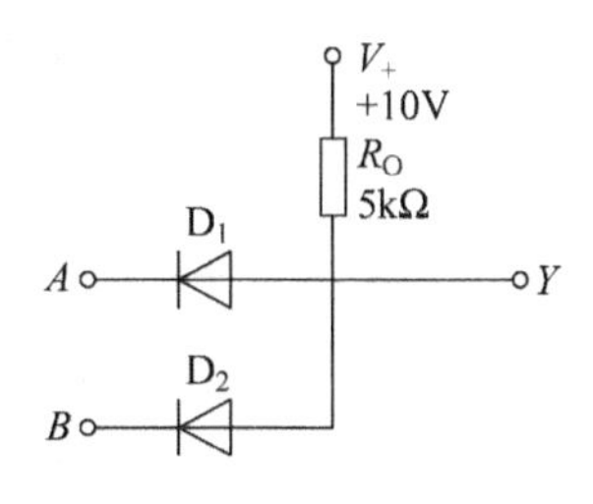

图 2-41　习题 2-3 图

(2) A 端接 10V，B 端悬空；

(3) A 端接 5kΩ 电阻，B 端悬空；

(4) A 端接 5V，B 端接 5kΩ 电阻；

(5) A 端接 2kΩ 电阻，B 端接 5V。

[2-4]　分析估算图 2-42 所示电路中三极管的工作状态。

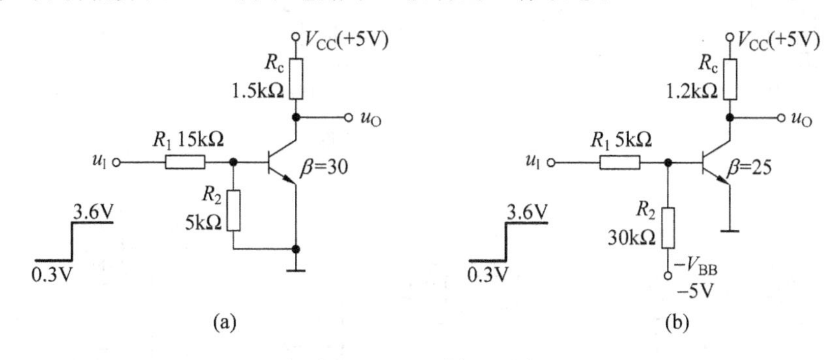

图 2-42　习题 2-4 图

[2-5]　在图 2-43 所示各电路中，MOS 管的导通电阻 $R_{ON}=500\Omega$，分析估算各自的输出电压 u_O，并比较它们的输出电压幅度。

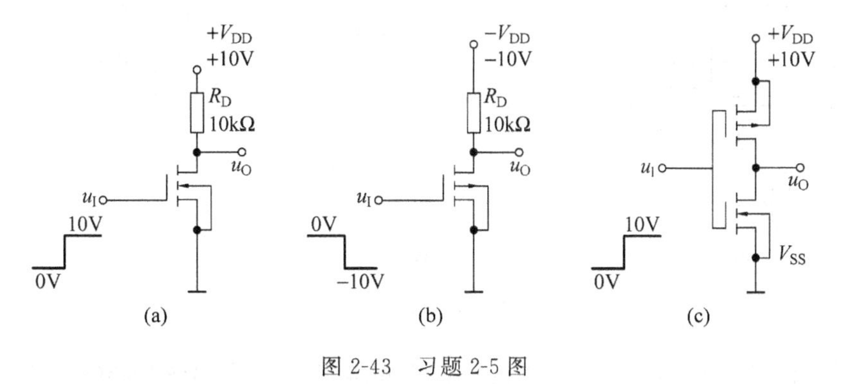

图 2-43　习题 2-5 图

[2-6]　说明图 2-44 所示各逻辑门电路输出端的逻辑状态，写出相应输出信号的逻辑表达式。

[2-7]　分析图 2-45 所示 CMOS 电路，哪些能正常工作，哪些不能。写出能正常工作电路输出信号的逻辑表达式。

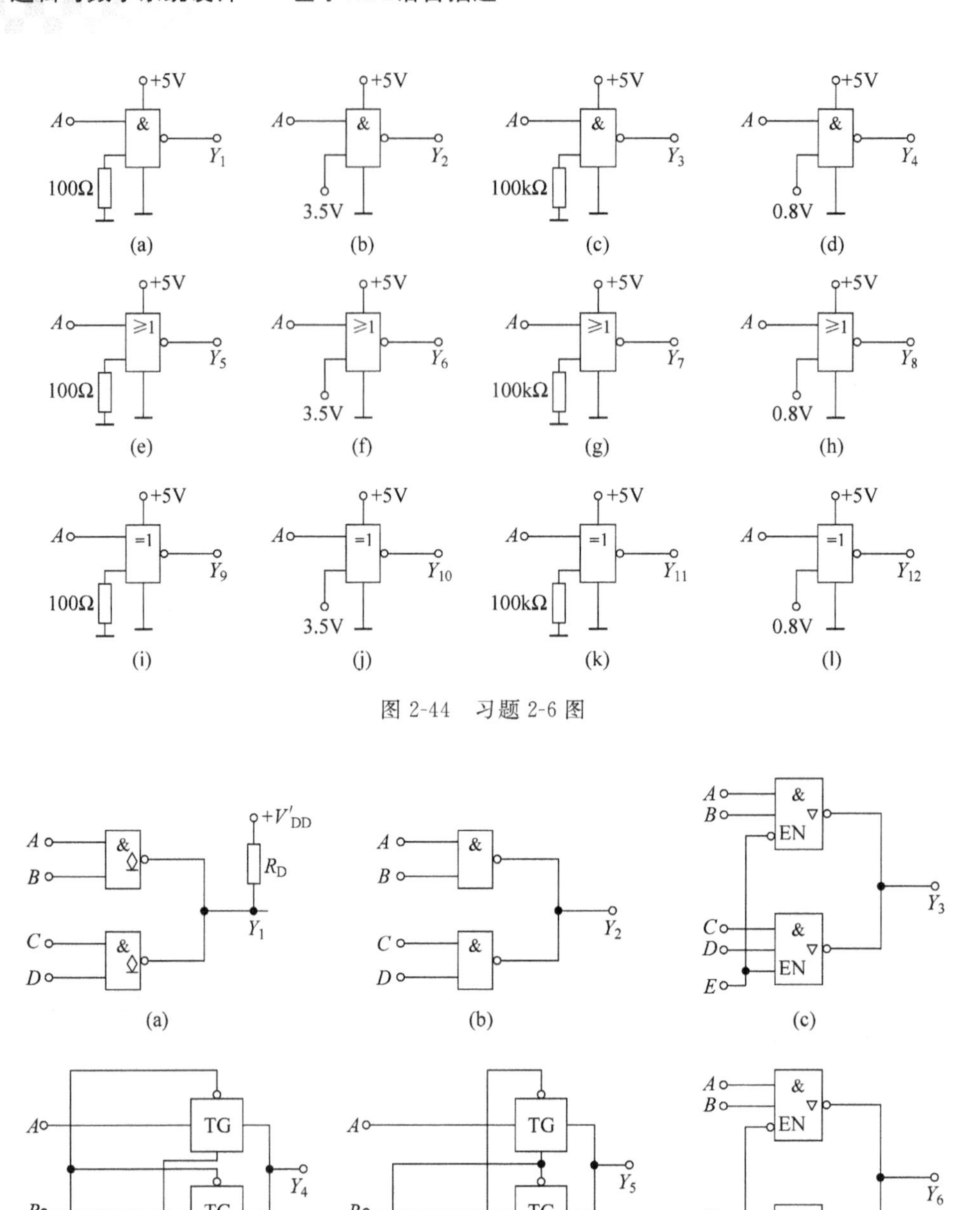

图 2-44　习题 2-6 图

图 2-45　习题 2-7 图

[2-8]　根据图 2-46(h)所示输入信号 A、B 的波形，对应画出图 2-46(a)～(g)中所示各电路输出信号的波形。

[2-9]　写出图 2-47 所示各电路输出信号的逻辑表达式。

[2-10]　分析图 2-48 所示各 CMOS 门电路，哪些能正常工作，哪些不能。写出能正常工作电路输出信号的逻辑表达式。

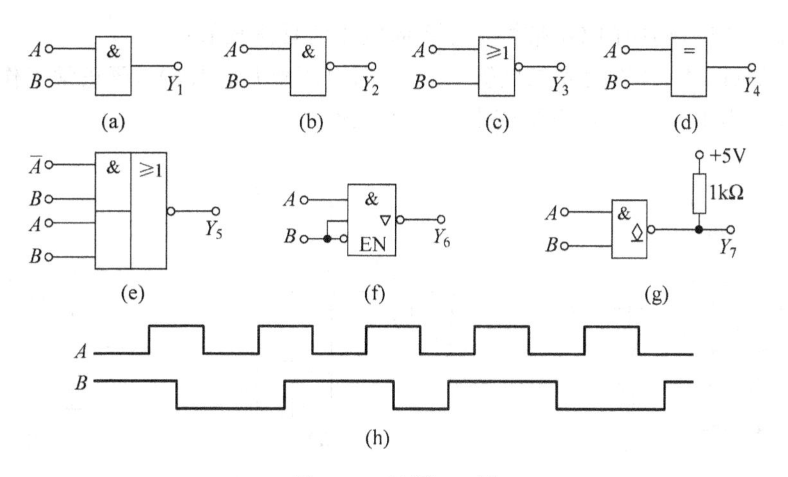

图 2-46　习题 2-8 图

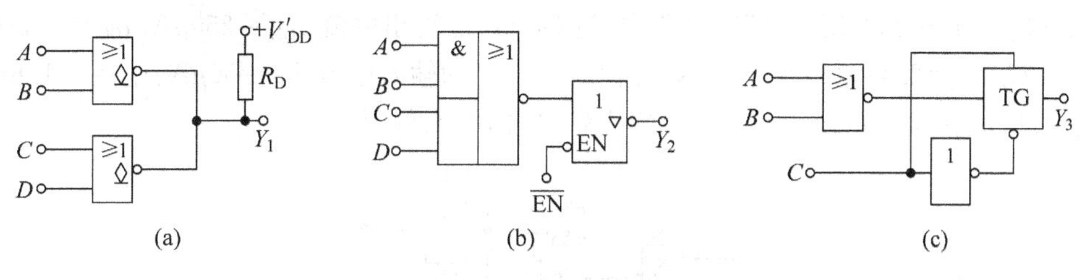

图 2-47　习题 2-9 图

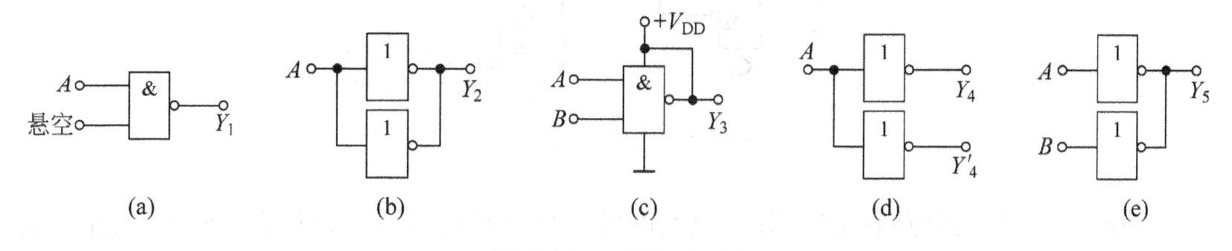

图 2-48　习题 2-10 图

［2-11］　图 2-49 是某 TTL"与非"门的输入端等效电路，试估算 $u_I=0.3V$ 和 $3.6V$ 时，T_1 的基极电流 i_{B1}，输入电流 I_{IL} 和 I_{IH}。

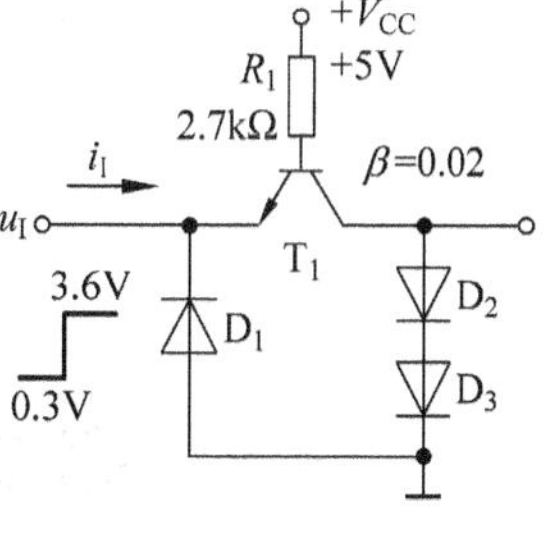

图 2-49　习题 2-11 图

［2-12］　用内阻为 20kΩ/V 的万用表，测量 TTL"与非"门一个悬空输入端的电压，试问在下列五种情况下，各应为多少伏？TTL 输入级等效电路如图 2-50 所示。

（1）其他输入端悬空；

（2）其他输入端接电源 V_{CC}；

（3）其他输入端有一个接地；

（4）其他输入端有一个接 0.3V；

（5）其他输入端有一个对地接 400Ω 电阻。

［2-13］　如图 2-51 中所示 TTL 门电路，其 $I_{IH}=40\mu A$，$I_{IL}=-1mA$，$I_{OL}=10mA$，$I_{OH}=-400\mu A$，$U_{OL}=0.2V$，$U_{OH}=3.6V$。

(1) 估算图 2-51(a)中门 G_1 带拉电流和灌电流的具体数值；

(2) 图 2-51(b)中，D 为发光二极管，其导通时电压降 $U_{D=}$ 1.8V，要正常工作，i_D 取值范围应大于 6mA、小于 12mA，估算限流电阻 R 的取值范围。

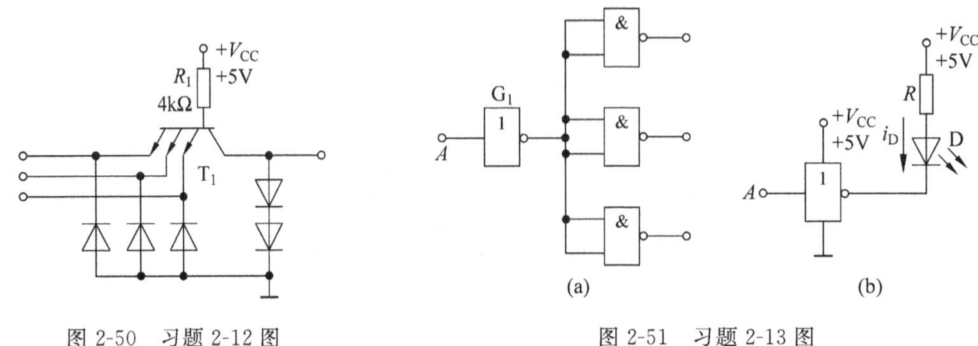

图 2-50　习题 2-12 图　　　　图 2-51　习题 2-13 图

[2-14]　如图 2-52 所示 TTL 电路中，门 G_1、G_2 的输出电流 $I_{OH}=250\mu A$、$I_{OL}=-13mA$，输出电压 $U_{OHmin}=2.4V$、$U_{OLmax}=0.4V$；门 G_3、G_4、G_5 的输入电流 $I_{IH}=50\mu A$、$I_{IL}=-1.6mA$，输入电压 $U_{IHmin}=2V$、$U_{ILmax}=0.8V$。试估算 R_C 的取值范围。

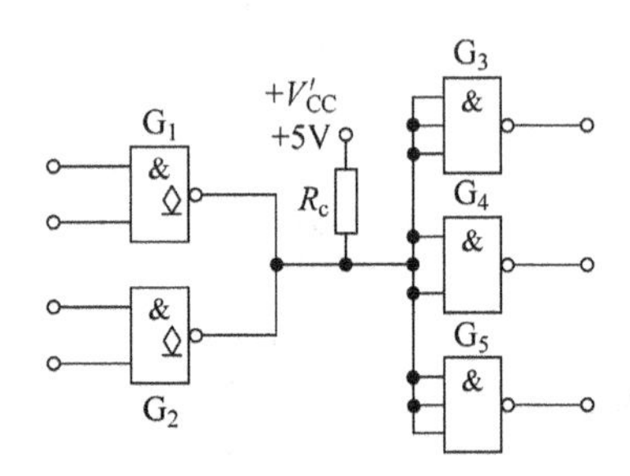

图 2-52　习题 2-14 图

[2-15]　TTL 门电路和 CMOS 门电路的输入特性有何区别？为什么 CMOS 电路的输入端不允许悬空，而 TTL 电路的输入端不准串接大电阻？

[2-16]　写出图 2-53 所示各 TTL 门电路输出信号的逻辑表达式。

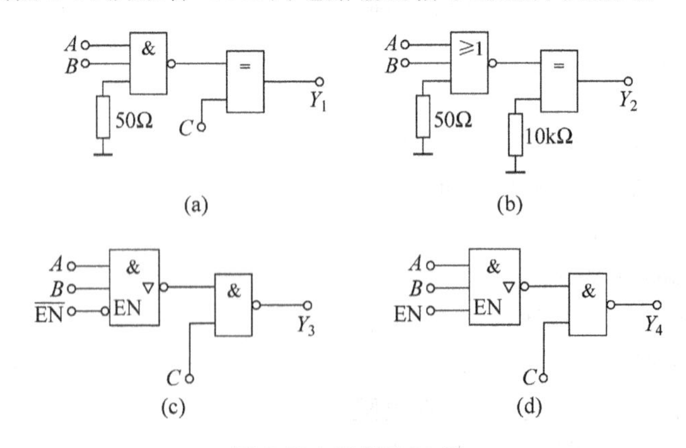

图 2-53　习题 2-16 图

[2-17] 画出图 2-54(a)～图 2-54(c)所示各电路输出信号的波形图，输入信号 A、B、C 的波形见图 2-54(d)。

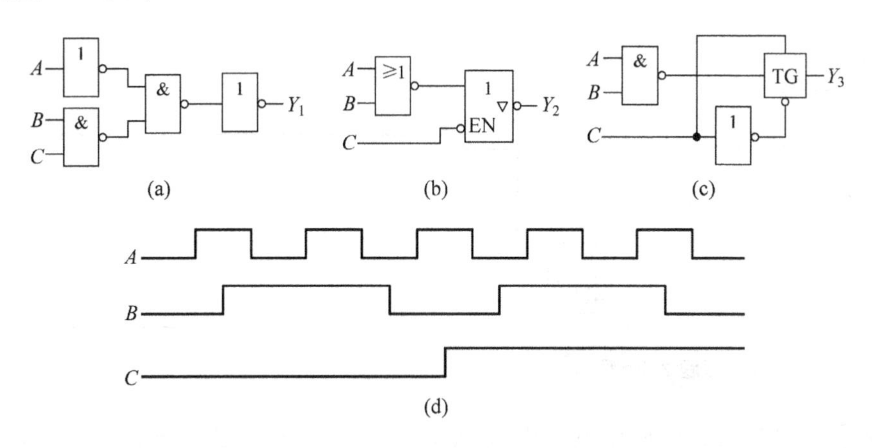

图 2-54 习题 2-17 图

[2-18] 在图 2-55 所示电路中，门 G_2 的输入电流 $I_{IH}=40\mu A$、$I_{IL}=-1mA$，输出电压 $U_{OH}=3.6V$、$U_{OL}=0.3V$；门 G_1 的输出电流 $I_{OH}=250\mu A$、$I_{OL}=16mA$，输出电压 $U_{OL}=0.3V$。半导体三极管 T 饱和导通时 $U_{BE}=0.7V$、$U_{CES}=0.3V$。

(1) 估算 $u_A=0.3$ 时的 u_P、u_C、u_Y；

(2) 估算 $u_A=u_B=3.6$ 时的 u_P、u_C、u_Y；

(3) 若 R_b 断开了，电路能正常工作吗？为什么？估算 u_Y；

(4) 若 R_c 断开了，电路能正常工作吗？为什么？估算 u_Y；

(5) 若将 G_1、G_2 位置互相换一换，行吗？为什么？

(6) 写出 Y 的逻辑表达式。

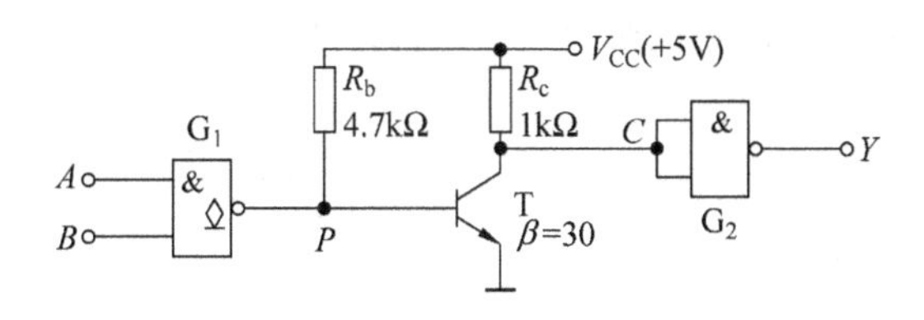

图 2-55 习题 2-18 图

[2-19] 在图 2-55 中，A、B 端的输入波形如图 2-56 所示，对应画出 u_P、u_C、u_Y 的波形，并注明相应电平的具体数值。

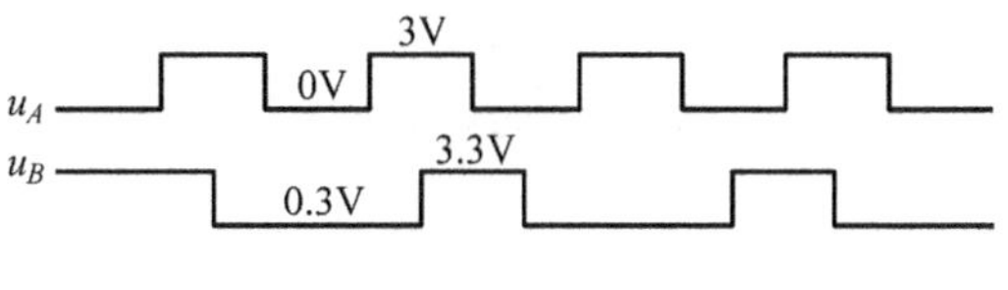

图 2-56 习题 2-19 图

[2-20]　分析图 2-57 所示电路的逻辑功能，并将结果填入表 2-9 中。

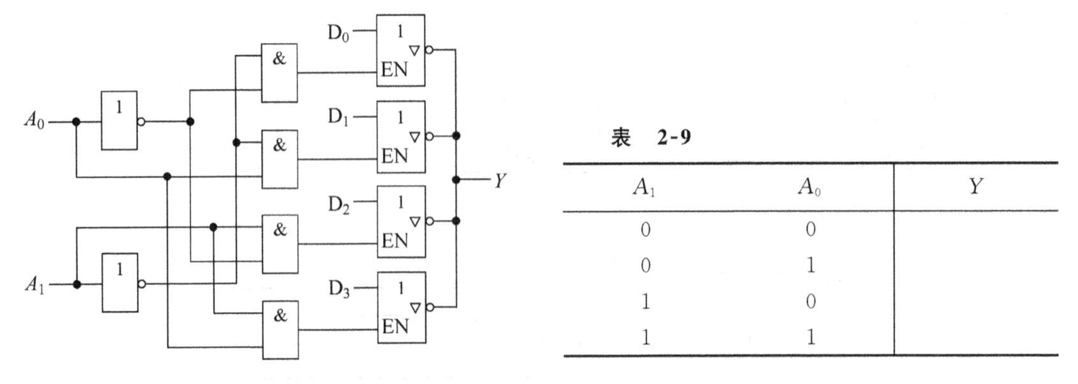

图 2-57　习题 2-20 图

表　2-9

A_1	A_0	Y
0	0	
0	1	
1	0	
1	1	

[2-21]　在图 2-58(a)所示电路中，每个门的平均传输延迟时间 $t_{pd}=20\text{ns}$，输入电压 u_{I1}、u_{I2} 的重复频率 $f=5\text{MHz}$，波形见图 2-58(b)，试对应画出：

(1) 不考虑传输延迟时间情况下 u_O 的波形；

(2) 考虑传输延迟时间后 u_O 的实际波形。

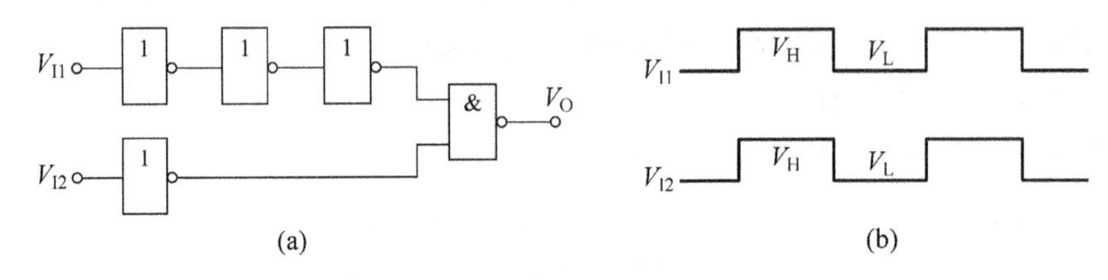

图 2-58　习题 2-21 图

[2-22]　在图 2-59(a)所示电路中，每个异或门的平均传输延迟时间 $t_{pd}=200\text{ns}$，输入信号 V_I 的重复频率 $f=1\text{MHz}$，试对应画出 V_{O1}、V_{O2} 的实际波形。

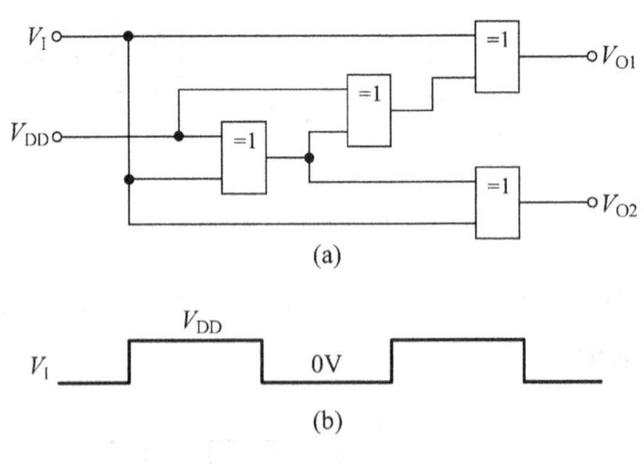

图 2-59　习题 2-22 图

第3章 VHDL基础

硬件描述语言(Hardware Description Language，HDL)是一种用于数字系统设计的高级语言，具有很强的电路描述和建模能力，大大简化了硬件设计任务，提高设计的效率和可靠性。以HDL语言设计，以CPLD/FPGA为硬件实现载体，以EDA软件为开发环境的现代数字系统设计方法已经被广泛采用。

本章将介绍常用硬件描述语言VHDL的基本知识，包括EDA、VHDL简介，基于VHDL的数字系统设计流程；VHDL程序的基本结构，数据对象、数据类型、运算符和表达式；顺序语句，并行语句；VHDL库和程序包等。

3.1 硬件描述语言VHDL介绍

3.1.1 EDA技术及发展

EDA是电子设计自动化(Electronic Design Automation)的缩写，是20世纪90年代初从计算机辅助设计(CAD)、计算机辅助制造(CAM)、计算机辅助测试(CAT)和计算机辅助工程(CAE)等概念基础上发展而来的新兴电子设计技术。

EDA技术以大规模可编程逻辑器件为设计的载体，依赖功能强大的计算机，在EDA开发软件平台上用软件的方法设计电子系统。采用硬件描述语言描述系统逻辑，生成系统设计文件，软件自动完成逻辑编译、逻辑化简、逻辑分割、逻辑综合及优化、布局布线、逻辑仿真测试，直至实现电子系统的功能。再针对指定的目标芯片适配编译、逻辑映射、编程下载等，最终完成对电子系统硬件功能的实现。

伴随着大规模集成电路制造技术、可编程逻辑器件、计算机辅助工程，以及电子系统设计技术的发展，EDA技术的发展经过了三个主要阶段。

1. 计算机辅助设计阶段(CAD)

20世纪70年代以后，利用计算机的图形编辑、分析和存储能力，辅助设计工程师进行IC版图设计、PCB布局布线等工作，取代了人工劳动。CAD设计技术初见雏形。

2. 计算机辅助工程阶段(CAE)

20世纪80年代出现的EDA工具除了具备图形绘制功能以外，还增加了结构设计和电路设计功能，代替了部分设计师的工作。在逻辑设计、逻辑仿真分析、布尔方程综合优化、自动布局布线等方面承担了重要的工作。

3. 电子系统设计自动化阶段(EDA)

进入 20 世纪 90 年代，出现了以高级语言描述、系统级仿真和综合技术为特征的新一代 EDA 工具。设计工程师采用结构化、自顶向下的设计方法，先对整个电子系统进行系统级设计和功能模块划分，采用硬件描述语言 HDL 对各个功能模块描述，再用 EDA 工具对设计进行行为描述和结构综合，系统仿真和测试验证，自动布局布线，最后编程下载到 CPLD/FPGA 中。采用这种设计方法后，大大提高了复杂电子系统设计能力，提高了设计效率，缩短了设计周期。

EDA 技术进入 21 世纪后，随着现代半导体精密加工技术发展，基于大规模或超大规模集成电路技术的定制或半定制 ASIC(Application Specific IC)器件大量涌现，SOC(System On Chip)技术成熟并得到应用。嵌入式处理器软核成熟，在单片 CPLD/FPGA 上能够实现功能完备的数字系统，使得 SOPC(System On Programmable Chip)进入实用阶段。现代电子技术全面融入到 EDA 技术中，数字系统建模理论、现代电子系统设计理论、软件无线电技术、数字信号处理技术、图像处理技术的应用，使得传统的电子系统设计理念发生重大变化。在设计和仿真中支持标准硬件描述语言的 EDA 软件，以及系统级硬件描述语言的出现使复杂电子系统的设计变得简单。

3.1.2 VHDL 语言简介

硬件描述语言是一种用形式化方法来描述数字电路和设计数字逻辑系统的语言，是 EDA 技术的重要组成部分。

在 HDL 语言出现前的高级语言，如 C、Pascal、Fortran、Basic 等，只适合用于描述过程和算法，无法用于硬件行为描述。随着 EDA 技术的发展，需要专用的硬件描述语言作为 EDA 工具的工作语言，于是各个 EDA 工具软件开发商都推出了相应的 HDL 语言。但是，这些语言一般各自面向特定的设计领域与层次，因此急需一种面向设计的多领域、多层次并得到普遍认同的标准硬件描述语言。

20 世纪 70 年代末和 80 年代初，面对各个电子系统承包商技术线路不一致，使得产品不兼容，采用各自的设计语言，信息交换和维护困难，设计不能重复利用等情况，由美国国防部牵头，来自 IBM、Texas Instruments 和 Intermetrics 公司的专家组成 VHDL(Very High Speed Integrated Circuit HDL)工作组，提出了新的硬件描述语言版本和开发环境。IEEE 标准化组织进一步发展，经过反复的修改与扩充，在 1987 年宣布了 VHDL 语言标准版本，即 IEEE STD 1076—1987 标准。1993 年，VHDL—87 标准被重新修订，更新为 IEEE STD 1076—1993 标准。现在公布的最新版本是 IEEE STD 1076—2002。

1995 年，我国国家技术监督局制定的《CAD 通用技术规范》推荐 VHDL 作为我国电子设计自动化硬件描述语言国家标准。从此，VHDL 语言在我国迅速普及，成为广大硬件工程师必须掌握的一项技术。

VHDL 语言能够成为标准化的硬件描述语言并获得广泛应用，是因为有其他硬件描述语言不具备的优点：

- 较强的系统级和电路描述能力。VHDL语言可用于描述系统级电路，采用多层次、模块化、自顶向下与自底向上或混合方式描述系统功能。也可以采用行为描述、寄存器传输描述或结构描述，或三者混合描述门级电路，同时，VHDL语言还支持同步、异步和随机电路设计，这是其他硬件描述语言难以比拟的。
- 与具体器件无关，可移植性强。VHDL语言是标准化硬件描述语言，同一个设计描述可以被不同的工具实现。设计人员采用VHDL语言设计硬件电路时，可以不针对某种具体的器件，也不需要熟悉器件的内部结构，设计人员只需集中精力进行系统设计和优化。设计完成后，再选用不同结构的器件实现其功能。
- 基于库的设计方式，便于复用。VHDL语言采用基于库(Library)的设计方式，使得设计不用从门电路一步步进行，可以直接复用以前设计中存放在库中的模块和元件，提高了设计效率。
- 语法规范、易于共享。VHDL的语法规范，可读性极强。用VHDL编写的代码文件既是程序，也是文档；既可以作为设计人员之间交流的内容，又可以作为签约双方的合同文本。另一方面，作为一种工业标准，VHDL易于共享，适合大规模协作开发。

常见的HDL语言还有Verilog HDL、ABEL、AHDL、SystemVerilog和SystemC等，其中VHDL和Verilog HDL是现在EDA设计中使用最多的两种HDL语言。

3.1.3 VHDL语言设计开发流程

以CPLD/FPGA为硬件载体，采用VHDL语言的EDA软件进行数字系统设计的完整流程包括设计方案制定、设计输入、逻辑综合、布局布线、仿真测试、编程下载等。其他硬件描述语言的设计过程也是类似。设计流程图如图3-1所示。

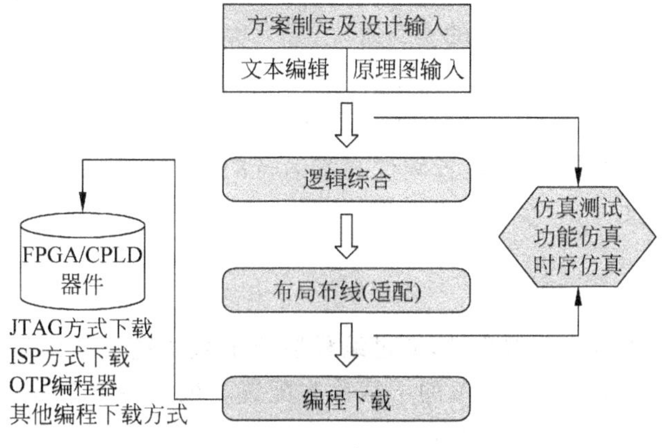

图3-1 设计流程图

1. 设计方案制定

采用自顶向下、模块化设计的设计方式，确定整个系统的设计方案，划分系统的各个逻辑模块，确定各个模块的功能，以及采用的设计方式。

2. 设计输入

利用EDA软件中的文本编辑器将系统功能或结构用VHDL语言描述出来，保存为

VHDL 文件格式,为后面的综合优化做准备。

现代大多数 EDA 软件除了可以使用 HDL 语言设计输入以外,通常还支持类似传统电子系统设计的原理图输入方式。原理图输入方式中使用的逻辑模块或符号,可以使用 EDA 软件库中预制的功能模块,也可以使用 VHDL 语言设计的模块或原件。

实际上,图形输入方式除了原理图输入外还有状态图输入和波形输入等常用方式。

采用模块化设计方式,完成各个功能模块设计后,将各个模块组合在一起,即完成对整个系统的设计。

3. 逻辑综合

所谓综合就是将较高层次的抽象描述转化为低层次描述的过程,是将软件设计转化为硬件电路的关键步骤。在完成设计输入后,根据硬件结构和约束条件进行编译、优化、综合,最终得到门级甚至更低层次的电路描述网表文件。网表文件就将软件描述和给定的硬件结构形成对应逻辑连接关系。

4. 布局布线(适配)

布局是指将网表文件中的逻辑连接关系合理地配置到目标器件内部的硬件结构上,通常需要在速度优先还是面积最优间选择。布线就是根据布局的拓扑结构,利用目标器件内部资源,合理地连接各个单元。适配后产生的仿真文件可用于精确的时序仿真,同时生成用于编程下载的文件。

5. 仿真测试

仿真是 EDA 设计过程中的重要步骤,通常 EDA 软件中会提供仿真工具,也可以使用第三方的专业仿真工具。根据不同的实施阶段,分为功能仿真和时序仿真。

功能仿真:在采用不同方式完成设计输入后,即可进行逻辑功能的仿真测试,以了解功能是否满足设计要求。这个阶段的仿真测试不涉及具体的硬件结构、特性。

时序仿真:又称后仿真,是最接近硬件真实运行的仿真。利用布局布线后生成的包含硬件特性参数的仿真文件,对系统和各个模块进行时序仿真,分析其时序关系和延迟信息。

6. 编程下载

将适配后生成的下载或配置文件,通过编程器或下载线缆下载到目标器件中。一般将对 CPLD 的下载称为编程,对 FPGA 的下载称为配置。最后将整个系统进行统一的测试,验证设计在目标系统上的实际工作情况。

3.2 VHDL 程序的基本结构

VHDL 程序是由库(library)、程序包(package)、实体(entity declaration)、结构体(architecture body)、配置(configuration)五部分组成。设计实体结构图如图 3-2 所示,其中设计实体必须有实体和结构体,其他部分根据设计需要来添加。

实体是 VHDL 程序的基本单元,类似原理图设计中的一个元件符号。其中实体说明部

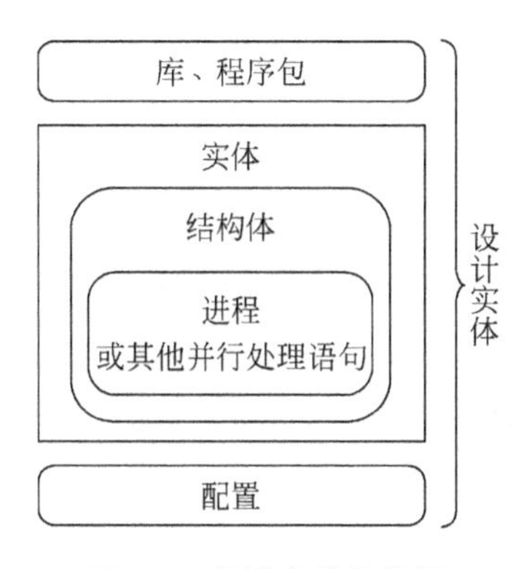

图 3-2 设计实体结构图

分规定了其与外界通信的引脚或接口信号。在实体内部有一个或多个结构体,用来描述设计的逻辑结构或功能。

【例 3-1】 VHDL 程序基本结构。

```
        LIBRARY  IEEE;                                    -- 库说明部分
        USE  IEEE.STD_LOGIC_1164.ALL;                     -- 程序包说明部分
        ENTITY  nand2  IS                                 -- 实体说明部分
实  端     PORT ( a,b: IN    STD_LOGIC;
体  口         y: OUT   STD_LOGIC);
    说
    明  END  nand2;
        ARCHITECTURE  arch_name  OF  nand2  IS            -- 结构体描述部分
        BEGIN
        PROCESS (a , b)
              VARIABLE  comb : STD_LOGIC_VECTOR ( 1 DOWNTO 0 );
          BEGIN
              comb : = a & b;
              CASE comb IS
结               WHEN "00"  => y <=  '1';
构  进            WHEN "01"  => y <=  '1';
体  程            WHEN "10"  => y <=  '1';
                 WHEN "11"  => y <=  '0';
                 WHEN OTHERS  => y <=  '0';
              END  CASE ;
          END  PROCESS ;
        END  arch_name ;
```

3.2.1 实体说明

实体说明部分的一般结构:

```
ENTITY 实体名 IS
    [GENERIC (类属表); ]
    [PORT (端口表); ]
END [ENTITY] 实体名;
```

1. 实体名

实体说明部分以“ENTITY 实体名 IS”开始，以“END [ENTITY] 实体名”结束。其中实体名由设计者自定义，一般根据所设计实体的功能来取名，ENTITY 是 VHDL 语法规定中的保留关键字。大多数 EDA 软件中的编译器和适配器是不区分 VHDL 语言大小写的，但为了保持良好的设计风格和便于阅读，通常将 VHDL 语言的标识符和保留关键字以大写表示，设计者自定义符号小写表示，如实体名、结构体名、变量名等。

2. 类属说明

类属参数用来在不同层次的设计模块间传递信息和参数，比如数组长度、位矢量长度、端口宽度、器件延时时间等。这些参数都要求是整数类型。

类属说明的一般格式如下：

```
  GENERIC (参数 1: 参数类型 [ : = 静态表达式];
           参数 2: 参数类型 [ : = 静态表达式];
           ⋮
           参数 n: 参数类型 [: = 静态表达式]);
ENTITY entity_name IS
   GENERIC (n: INTEGER : = 100 );
   PORT (A: IN STD_LOGIC_VECTOR ( n - 1 DOWNTO 0 );
         Y: OUT STD_LOGIC);
END entity_name;
```

3. 端口说明

端口说明是对设计实体和外部接口的描述，是设计实体和外部通信的通道，对应电路图上的引脚。一个端口就是一个数据对象，包括端口名、数据类型、通信模式。端口说明的一般格式如下：

```
PORT (端口名 1: 通信模式 数据类型;
      端口名 2: 通信模式 数据类型;
      ⋮
      端口名 n: 通信模式 数据类型;
      );
```

通信模式说明数据、信号通过端口的流动方向，主要有四种。

① IN：定义端口为单向只读模式。数据或信号从外部流向实体内部，或者从该端口读取外部数据。

② OUT：定义端口为单向输出模式。数据或信号只能从该端口流出，或者向该端口赋值。

③ BUFFER：定义端口为缓冲模式。该模式和输出模式类似，区别在于缓冲模式允许实体内部应用该端口信号即允许内部反馈，输出模式则不能用于内部反馈。缓冲模式的端口只能连接设计实体内部信号源，或者是其他实体的缓冲模式端口。

④ INOUT：定义端口为输入输出双向模式。在某些设计实体中，例如双向总线、RAM

数据口、单片机的 I/O 口等，数据是双向的，既可以流入实体内部，也可以从实体流出，这时需设计为双向模式。实体内部的信号和外部输入实体的信号都可以经过双向模式端口，也允许引入内部反馈，所以双向模式是一个完备的端口模式。

在 VHDL 语言中，任何一个数据对象都要对其数据类型做明确的说明，端口也是一样。EDA 工具软件支持的数据类型较多，在 3.3 节中将详细介绍相关数据类型。

3.2.2 结构体描述

结构体具体描述了设计实体行为，定义了实体的逻辑功能或内部电路结构关系，规定了该实体的数据流程，建立了实体输出与输入之间的关系。

结构体的一般格式如下：

```
ARCHITECTURE  结构体名  OF  实体名  IS
   [定义语句]内部信号,常数,数据类型,函数定义;        --说明语句
BEGIN
   [进程语句];                                      --功能描述语句
   [并行处理语句];
END [ARCHITECTURE] [结构体名];
```

“说明语句”用来说明和定义结构体内部使用的信号、常数、数据类型、函数、过程、元件调用声明等，这是结构体中必需的。

“功能描述语句”描述结构体的行为、功能、电路连接关系等，可以是并行语句、顺序语句或者它们的混合。其中并行语句是结构体描述的主要语句，并行语句间是并行的，没有顺序关系。进程语句是典型的并行语句，进程间是并行的，但进程内部的语句是有顺序的。

结构体功能可以用三种方式进行描述，即行为描述法、数据流描述法、结构描述法。

1. 行为描述法

行为描述表示输入与输出间转换的关系，是对设计实体按算法的路径来描述。采用进程语句，顺序描述设计实体的行为。这种描述方式通常是对整体设计功能的定义，不是对单一器件进行描述，是一种高层次的描述方法，如图 3-3(a)所示的半加器。

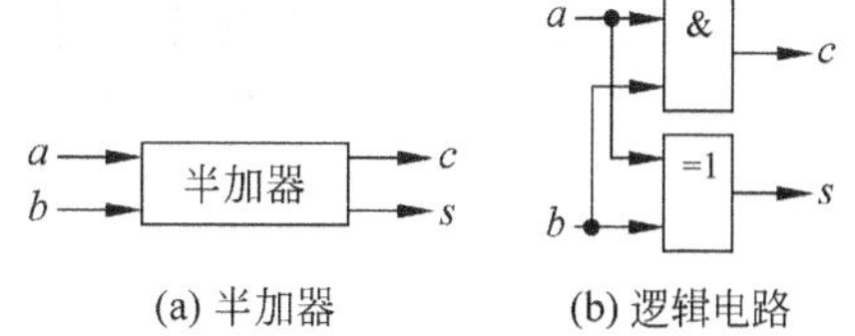

图 3-3 半加器及其逻辑电路

对半加器的行为描述：

```
ARCHITECTURE alg_ha OF half_adder IS
BEGIN
    PROCESS(a,b)
    BEGIN
        IF a = '0 ' AND b = '0 ' THEN
           c <= '0';
           s <= '0';
        ELSIF a = '1' AND b = '1' THEN
           c <= '1';
           s <= '0';
        ELSE
```

```
            c <=  '0';
            s <=  '1';
         END IF;
     END PROCESS
END alg_ha;
```

2. 数据流描述法

数据流描述法描述了数据流程的运动路径、运动方向和运动结果，采用进程语句顺序描述数据流在控制流作用下被加工、处理、存储的全过程。

由半加器的真值表可推导信号间逻辑关系，用逻辑表达式描述如下：

$$s = a \oplus b$$

$$c = a \cdot b$$

基于上述逻辑表达式的数据流描述为：

```
ARCHITECTURE dataflow_ha OF half_adder IS
BEGIN
    s <=  a XOR b;
    c <=  a AND b;
END dataflow_ha;
```

可见，结构体内的两条信号赋值语句之间是并行关系，每一赋值语句均相当于一个省略了“说明”的进程，描述了信号从输入到输出的路径。而行为描述中进程内的信号赋值语句是顺序语句。

3. 结构化描述法

结构化描述给出了实体内部结构组织、所包含的模块或元件及其互连关系。

结构化描述通常用于层次化结构设计。对于一个复杂的电子系统，将其分解成许多子系统，子系统再分解成各个功能模块。多层次设计的每个层次都可以作为一个元件，再构成一个模块或构成一个系统，每个元件分别仿真，然后再整体调试。

图 3-3(a)所示的半加器可以用图 3-3(b)所示的逻辑电路加以实现。对该电路结构采用结构化描述法的程序如下：

```
ARCHITECTURE struct_ha OF half_adder IS
  COMPONENT and_gate
      PORT (a1,a2: IN BIT;
              a3: OUT BIT );
  END COMPONENT;
  COMPONENT xor_gate
     PORT (x1,x2: IN BIT;
             x3: OUT BIT );
     END COMPONENT;
BEGIN
    g1: and_gate PORT MAP (a,b,c );
    g2: xor_gate PORT MAP (a,b,s );
END struct_ha;
```

其中 COMPONENT 为元件说明语句,说明元件的名称及端口特性。本结构体有两条并行的元件例化语句,被例化的元件为 and_gate 和 xor_gate。PORT MAP 为端口映射,指明元件之间以及元件与实体端口之间的连接关系。

3.3 数据对象、数据类型、运算符和表达式

在 VHDL 语言中可以赋值的客体叫做数据对象。每一种数据对象代表的物理含义和使用规则、允许赋值的数据类型、可以参与的运算等都有严格的规定。

3.3.1 数据对象

VHDL 语言的基本数据对象有三种:常量、变量和信号。变量、常量和其他高级语言中相应类型类似,信号则是硬件描述语言中特有的,它带有硬件特征。从硬件电路的角度来看,信号和变量相当于电路之间的连线或连线上的信号值,常量则相当于电源(VCC)、地(GND)等。

1. 常量

常量(Constant)是设计者在实体中给某一常量名定义数据类型和赋值,在程序中试图多次给常量赋值是错误的。常量定义的一般格式如下:

```
CONSTANT  常量名 : 数据类型 : = 表达式 ;
```

其中表达式的数据类型必须和定义的常量数据类型一致。

常量定义一般包含在实体、结构体、程序包、进程、函数、过程等设计单元中。

例如:

```
CONSTANT VCC : REAL : = 3.3 ;
```

该例子中,常量 VCC 被赋值为实型类型数据,在程序中该常量的值将不能再改变,并保持到程序结束。

```
CONSTANT ABUS : BIT_VECTOR : = "11000101" ;
```

常量 ABUS 的数据类型是 BIT_VECTOR,被赋初值为"11000101",在程序中被作为某一器件的固定地址。

2. 变量

变量(Variable)是个局部量,作为一个临时的数据存储单元,只能在进程、函数、过程等结构中使用,不能将信息带出它定义所在的当前结构。变量赋值是立即生效的,不存在延时。变量定义的一般格式如下:

```
VARIABLE 变量名 : 数据类型 : = 表达式;
```

其中表达式的数据类型必须和定义的变量数据类型一致。

例如:

```
VARIABLE a : STD_LOGIC : = '1 ';
                                        -- 定义标准逻辑位类型变量 a,初始值为'1 '
VARIABLE count: INTEGER RANGE 0 TO 255 ;
                                        -- 定义整数类型变量 count,取值范围为 0～255
```

在变量定义语句中可以给出和变量相同数据类型的初始值,但这不是必需的。由于硬件电路上电后的随机性,很多综合器并不支持初始值设定,这样可以在程序中通过赋值语句来赋予变量一个值。变量赋值的方式如下:

```
变量名 : = 表达式;
```

变量在赋值时不能产生附加延时。例如,tmp1、tmp2 是变量,那么下面产生延时的方式是不合法的:

```
tmp1 : = tmp2 AFTER 10 ns;
```

3. 信号

信号(Signal)是硬件系统描述中的基本数据类型,类似电路内部的连接线,实现实体和实体间、元件和元件间的连接。信号具有全局性特征,不但可以在一个设计实体内部各个单元间传递数据,还可以作为实体中并行语句模块间的信息通道,无须注明信息的流动方向。信号通常在实体、结构体、包集合中定义说明。注意,不允许在进程和过程的顺序语句中定义信号。信号定义的格式如下:

```
SIGNAL 信号名 : 数据类型 : = 表达式;
```

例如:

```
SIGNAL bus_enable : BIT : = '1 ';         -- 定义 BIT 类型信号,初始值为'1 '
SIGNAL data_bus : STD_LOGIC_VECTOR [ 7 DOWNTO 0 ] ;
                                        -- 定义 8 位宽度的数据总线
```

在给出信号的完整定义后,就可对信号赋值。信号赋值语句如下:

```
信号名 <= 表达式 AFTER 时间量;
```

"AFTER 时间量"表示数据信号的传入需延时给定的时间量,这与实际器件的硬件特征是吻合的。

3.3.2 数据类型

VHDL 语言对参与运算的各个量的数据类型有严格要求,相同类型的量之间才能互相传递。VHDL 语言要求设计实体中的常量、变量、信号都要指定数据类型,而且数据类型相同,而位长不同时也不能直接代入。这样就使得 VHDL 编译或综合工具能很容易地找出设计中的错误。

1. VHDL 的标准数据类型

VHDL 语言的标准数据类型共有十种,如表 3-1 所示。

表 3-1 标准数据类型

数据类型	含义
整数	整数 32 位，−2 147 483 647～2 147 483 647
实数	浮点数，−1.0E+38～+1.0E+38
位	逻辑…0 或…1
位矢量	位矢量
布尔量	逻辑“假”或逻辑“真”
字符	ASCII 字符
时间	时间单位 fs,ps,ns,us,ms,sec,min,hr
错误等级	NOTE,WARNING,ERROR,FAILURE
自然数,正整数	整数的子集(自然数：大于等于 0 的整数；正整数：大于 0 的整数)
字符串	字符矢量

1）整数

在 VHDL 语言中，整数(INTEGER)与数学中的整数的定义相同。整数的表示范围为 −2 147 483 647～2 147 483 647($-(2^{31}-1)\sim(2^{31}-1)$)，即 32 位有符号二进制整数。整数的例子如：+12 456、+13、−457……

尽管整数值是用一系列二进制位值来表示的，但是整数不能看作是位矢量，也不能按位进行操作，对整数不能用逻辑操作符。当需要进行位操作时，可以用转换函数，将整数转换成位矢量。

在电子系统的开发过程中，整数也可以作为对信号总线状态的一种抽象手段，用来准确地表示总线的某一种状态。

在使用整数时，VHDL 综合器要求用 RANGER 对定义的数限定范围，根据限定的范围决定此变量或信号的二进制位数。例如：

```
VARIABLE a : INTEGER RANGER - 128 TO 128 ;
```

2）实数

VHDL 语言的实数(REAL)类似于数学上的实数，实数值的范围为 −1.0E+38～+1.0E+38。实数有正负数，书写时一定要有小数点。例如：−1.0、+2.5、−1.0E38…

有些数可以用整数表示，也可以用实数表示。例如，数字 1 的整数表示为 1，而用实数表示则为 1.0。两个数的值是一样的，但数据类型却不一样。

大多数 EDA 工具只能在仿真器中使用实数类型数据，综合器则不支持实数，这是因为 VHDL 语言适用于硬件系统设计与开发的语言，实数类型的实现太复杂，电路规模上难以承受。

实数常量的书写方式举例如下：

2#11001011#	二进制浮点数
1.0	十进制浮点数
0.0	十进制浮点数
65 971.333 333	十进制浮点数
65_971.333_3333	与上一行等价
8#43.6#e+4	八进制浮点数

43.6E 4　　　　　　　　十进制浮点数

3）位

在数字系统中，信号值通常用位（b）来表示。位值的表示方法是用字符'0'或者'1'（将值放在单引号中）来表示。位与整数中的1和0不同，'1'和'0'仅仅表示一个位的两种取值。

在程序包STANDARD中的定义源代码是：

```
TYPE BIT IS ( '0', '1' );
```

4）位矢量

位矢量（BIT_VECTOR）是基于BIT数据类型的数字，在程序包STANDARD中的定义源代码是：

```
TYPE BIT_VECTOR IS ARRAY (Natural Ranger <> ) OF BIT;
```

使用位矢量时必须指明数据宽度，即数组元素个数和排列顺序，赋值是双引号括起来的一组位数据。例如：

```
VARIABLE a : BIT_VECTOR( 7 DOWNTO 0 ) : = "00110011"
```

用位矢量数据表示总线状态是最形象也最方便的方式，在以后的VHDL程序中将会经常遇到。

5）布尔量

布尔量（BOOLEAN）是二值枚举量，具有两种状态："真"或者"假"。布尔量与位不同，没有数值的含义，也不能进行算术运算，只能进行关系运算。例如在IF语句中被测试，测试结果产生一个布尔量值，TRUE或者FALSE。

如果某个信号或者变量被定义为布尔量，那么在仿真中将自动地对其赋值进行核查。一般布尔量数据的初始值为FALSE。

在程序包STANDARD中的定义源代码是：

```
TYPE BOOLEAN IS (FALSE , TRUE );
```

6）字符

字符（CHARACTER）类型数据通常用单引号括起来，如'A'。VHDL语言对大小写不敏感，但是对字符类型数据中的大小写是不同的，例如，'A'不同于'a'。

字符类型数据可以是a～z和A～Z中的任一个字母，0～9中的任一个数以及一些特殊字符，如$、@、%等。在程序包STANDARD中给出了预定义的128个ASCII码字符类型。

注意：字符'1'与整数1和实数1.0都是不相同的。当需要明确指出1是字符类型数据时，则可写为CHARACTER('1')。

7）字符串

字符串（STRING）是用双引号括起来的一个字符序列，也称字符矢量或字符串数组，例如："integer range"，字符串一般用于提示和说明。

例如：

```
VARIABLE string_var : STRING( 1 to 7 );
    ⋮
string_var : = "a b c d"
```

8）错误等级

错误等级(SEVERITY LEVEL)类型数据通常用来表征电子系统的状态，分为NOTE(注意)、WARNING(警告)、ERROR(出错)、FAILURE(失败)四个等级。

在系统仿真过程中用这四种状态来表示系统当前的工作情况，使开发者随时了解当前系统工作的情况，以采取相应的对策。

9）自然数和正整数

这两类数据都是整数的子类，自然数(NATURAL)类型数据取值0和0以上的正整数，正整数(POSITIVE)类型数据为大于0的整数。

10）时间

时间(TIME)类型也称为物理类型(PHYSICAL TYPE)。时间类型数据的范围是整数定义的范围，完整的时间量数据包含整数和单位两部分，整数和单位之间至少留一个空格，例如：

16 ns、25 ms、3 sec、162 min …

在程序包STANDARD中给出了时间的类型定义：

```
TYPE TIME IS RANGER - 2147483647 TO 2147483647
units
        fs ;                --飞秒,VHDL语言中的最小时间单位
        ps = 1000 fs ;      --皮秒
        ns = 1000 ps ;      --纳秒
        us = 1000 ns ;      --微妙
        ms = 1000 us ;      --毫秒
        sec = 1000 ms ;     --秒
        min = 60 sec ;      --分
        hr = 60 min ;       --时
END units ;
```

时间类型一般用于仿真，VHDL综合器不支持时间类型。在系统仿真时，用时间类型数据可以表示信号的延时，从而使模型系统能更接近实际的硬件特性。

2. IEEE标准数据类型

在IEEE库的程序包STD_LOGIC_1164中定义了两个非常重要的数据类型：标准逻辑位STD_LOGIC和标准逻辑矢量STD_LOGIC_VECTOR。

在程序中使用这两类数据类型时，必须在程序的开始部分加入下面的语句：

```
LIBRARY IEEE;
USE IEEE.STD_LOIGC_1164.ALL;
```

1）标准逻辑位STD_LOGIC

IEEE的STD_LOGIC标准逻辑位数据类型是设计中常用的数据类型，在STD_LOGIC_1164程序包中定义了该数据类型的9种取值。而传统的BIT类型只有'0'和'1'两种取值，因

此较少使用。在 IEEE 库程序包 STD_LOGIC_1164 中 STD_LOGIC 数据类型的定义如下所示：

```
TYPE STD_LOGIC IS
     ( 'U '                    -- 未初始化的
       'X '                    -- 强未知的
       '0 '                    -- 强 0
       '1 '                    -- 强 1
       'Z '                    -- 高阻态
       'W '                    -- 弱未知的
       'L '                    -- 弱 0
       'H '                    -- 弱 1
       '- '                    -- 忽略
     );
```

2）标准逻辑矢量 STD_LOGIC_VECTOR

在 IEEE 库程序包 STD_LOGIC_1164 中 STD_LOGIC_VECTOR 类型的定义如下所示：

```
TYPE STD_LOGIC_VECTOR IS ARRAY  ( NATURAL RANGE <> ) OF STD_LOGIC;
```

可见，STD_LOGIC_VECTOR 类型是在 STD_LOGIC_1164 程序包中定义的标准一维数组，数组中的每一个元素的数据类型都是标准逻辑位 STD_LOGIC 类型。向标准逻辑矢量 STD_LOGIC_VECTOR 类型的数据对象赋值的方式与普通的一维数组 ARRAY 数据对象赋值的方式是一样的，同位宽、同数据类型的矢量间才能进行赋值。

3. 用户定义数据类型

VHDL 语言也允许用户根据自己设计的需要自己定义数据类型，用户定义数据类型的一般格式为：

```
TYPE 数据类型名{,数据类型名} 数据类型定义;
```

用户定义数据类型可以有多种类型，如枚举(Enumerated)类型、整数(Integer)类型、实数(Real)类型、浮点数(Floating)类型、数组(Array)类型、记录(Recode)类型、存取(Access)类型、文件(File)类型等，下面介绍几种常用的用户定义数据类型。

1）枚举类型

枚举类型就是将类型中的所有元素都列出来。枚举类型定义的格式为：

```
TYPE 数据类型名 IS  (元素 1,元素 2, …);
TYPE my_state IS  ( state1 state2 state3 state4 state5 ) ;
```

但是，在逻辑电路中所有的数据都只能用 0 和 1 来表示，所以在综合过程中用符号名表示的元素都将被转化为二进制编码。枚举类型元素的编码是自动的，编码顺序是默认的，一般第一个枚举元素编码为 0，以后的依次加 1。

综合器在编码过程中自动将每一枚举元素转变成位矢量（简称位矢），位矢的长度将取所需表达的所有枚举元素的最小值。

在前面的举例中，用于表达五个状态的位矢长度应该为 3，编码默认值为如下方式：

```
state1 = '000'; state2 = '001'; state3 = '010'; state4 = '011'; state5 = '100';
```

2）整数类型、实数类型

在前面的基本类型中可以看到，整数和实数类型在标准程序包中已经定义过。但在实际应用中，这两种数据类型的取值范围太大，无法进行综合。因此，用户经常根据实际的需要重新定义，限定其取值范围。例如：

```
TYPE my_num  IS  RANGE -100 TO 100 ;
```

可见，整数或实数用户定义数据类型的格式如下：

```
TYPE 数据类型名 IS  数据类型定义约束范围;
```

3）数组类型

数组类型就是将相同类型的数据集合在一起所形成的新的数据类型。数组可以是一维的，也可以是二维或多维。

数组类型定义的格式如下：

```
TYPE 数据类型名 IS 范围 OF 原数据类型名;
```

“范围”这一项默认是整数，例如：

```
TYPE  word  IS  ARRAY (INTEGER 1 TO 8)  OF  STD_LOGIC;
TYPE  d_bus  IS  ARRAY ( 0 TO 9)  OF  STD_LOGIC;
TYPE  instruction  IS  (ADD,SUB,INC,SRL,SRF,LDA,LDB,XFR);
SUBTYPE  digit  IS INTEGER 0 TO 9;
TYPE  insflag  IS  ARRAY (instruction ADD TO SRF)  OF  digit;
```

多维数组需要用两个以上的范围来描述，而且多维数组不能生成逻辑电路，因此只能用于生成仿真图形及硬件的抽象模型。例如：

```
TYPE  memarray  IS  ARRAY (0 TO 5,7 DOWNTO 0)  OF  STD_LOGIC;
CONSTANT romdata : memarray : =
(( '0','0','0','0','0','0','0','0'),
( '0','1','1','0','0','0','0','1'),
( '0','0','0','0','0','0','0','0'),
( '1','0','1','0','1','0','1','0'),
( '1','1','0','1','1','1','1','0'),
( '1','1','1','1','1','1','1','1'));
SIGNAL data_bit : STD_LOGIC;
⋮
data_bit  <=  romdata( 3,7);
```

在代入初值时，各范围最左边所说明的值为数组的初始位脚标。在上例中(0,7)是起始位，接下去右侧范围向右移一位变为(0,6)，以后顺序为(0,5)，(0,4)直至(0,0)。然后，左侧范围向右移一位变为(1,7)，此后按此规律移动得到最后一位(5,0)。

4）记录类型

由不同类型的数据组织在一起形成的数据类型叫记录类型。记录类型定义的格式如下：

```
TYPE 数据类型名 IS RECODE
    元素名：数据类型名；
    元素名：数据类型名；
          ⋮
END RECORD;
```

从记录类型中提取元素的数据类型时应使用“.”。举例如下：

```
TYPE bank IS RECORD
addr0: STD_LOGIC_VECTOR(7 DOWNTO 0);
addrl: STD_LOGIC_VECTOR(7 DOWNTO 0);
r0: INTEGER;
inat: instruction;
END RECORD;
SIGNAL addbusl,addbus2: STD_LOGIC VECTOR(31 DOWNTO 0);
SIGNAL result: 1NTEGER;
SIGNAL alu_code: instruction;
SIGNAL r_bank: bank : = ( "00000000","00000000",0,add);
addbusl <= r_bank. addrl;
r_bank. inst <= alu_code;
```

5）用户定义的子类型

用户定义的子类型是用户对已定义的数据类型，做一些范围限制而形成的一种新的数据类型。子类型的名称通常采用用户较易理解的名字。子类型定义的格式为：

```
SUBTYPE 子类型名 数据类型名 [范围];
```

例如，在“STD_LOGIC_VECTOR”基础上所形成的子类：

```
SUBTYPE  a_bus  IS  STD_LOGIC_VECTOR ( 7 DOWNTO 0);
SUBTYPE  digit  IS  INTEGER RANGE 0 TO 9;
```

子类型可以通过对原数据类型指定范围而形成，也可以完全和原数据类型范围一致。例如：

```
SUBTYPE  abus  IS  STD_LOGIC_VECTOR (7 DOWNTO 0);
SIGNAL  aio: STD_LOGIC_VECTOR (7 DOWNTO 0);
SIGNAL  bio: STD_LOGIC_VECTOR (15 DOWNTO 0);
SIGNAL  cio: abvs;
aio <= cio; 正确操作
bio <= cio; 错误操作
```

新构造的数据类型及子类型通常在包集合中定义，再由 USE 语句装载到描述语句中。

3.3.3 VHDL 运算符与表达式

1. 常用运算符

VHDL 语言有四种运算符，分别是逻辑运算符、算术运算符、关系运算符和并置运算符。对于 VHDL 中的操作符与操作数间的运算有两点需要特别注意：

① 严格遵循在基本操作符间操作数是同数据类型的规则；

② 严格遵循操作数的数据类型必须与操作符所要求的数据类型完全一致。

1）逻辑运算符

VHDL 中共有 7 种逻辑运算，它们分别是：

NOT—— 逻辑非；

AND——逻辑与；

NAND——逻辑与非；

OR——逻辑或；

NOR——或非；

XOR——异或；

XNOR——异或非。

逻辑运算符适用的数据类型是 BIT、STD_LOGIC、BOOLEAN、BIT_VECTOR 以及 STD_LOGIC_VECTOR。如果运算符两边的值的类型是数组，则数组的尺寸，即位宽要相等。

在 7 种逻辑运算符中，运算符 NOT 的优先级最高，而其他 6 种运算符则具有相同的优先级。在高级编程语言中的逻辑运算符有自左向右或是自右向左的优先级顺序，但是 VHDL 语言的逻辑运算符则没有左右优先级差别，设计人员经常采用加括号的方法来解决逻辑表达式中没有左右优先级差别的问题。例如：

```
q <=  a AND b OR NOT c AND d;
```

在编译时将会给出语法出错的信息。对于这种情况，这里可以采用加括号的方法来解决，可以将其修改为：

```
q <=  (a AND b) OR (NOT c AND d);
```

通常情况下，对于逻辑表达式中只有 AND 或 OR 或 XOR 的情况下可以不加括号，因为对于这三种逻辑运算来说，改变运算顺序并不会改变结果的逻辑。例如：

```
q <=  a AND b AND c AND d;
q <=  a OR b OR c OR d;
q <=  a XOR b XOR c XOR d;
```

上面三个式子都是正确的，而下面的两个逻辑表达式在语法上是错误的。

```
q <=  a NAND b NAND c NAND d;
q <=  a NOR b NOR c NOR d;
```

2）算术运算符

在 VHDL 语言中，算术运算符主要包括 16 种，其中只有＋（加）、－（减）和 *（乘）能够被 EDA 开发工具综合为对应的逻辑电路，其余算术运算综合成逻辑电路将会很困难，甚至是完全不可能的。VHDL 中的 16 种算术运算符如下所示。

＋——加；

－ ——减；

* ——乘；

/——除；

MOD——取模；

REM——取余；

** ——乘方；

ABS——取绝对值；

+——正号；

-——负号；

SLL——逻辑左移；

SRL——逻辑右移；

SLA——算术左移；

SRA——算术右移；

ROL——逻辑循环左移；

ROR——逻辑循环右移。

算术运算符的使用规则如下：

- +(加)、-(减)、+(正号)、-(负号)四种运算符的操作与日常数值运算相同，可以用于整数、实数和物理类型。
- *(乘)、/(除)运算符的操作数可以为整数、实数。同时，物理类型可以被整数或实数相乘或相除，结果仍为物理类型；物理类型除以物理类型的结果是一个整数。
- MOD(取模)和 REM(取余)运算符只能用于整数类型。
- ABS(取绝对值)运算符可以用于任何数据类型。
- **(乘方)运算符的左操作数可以是整数或是实数，而右操作数必须是整数。只有在左操作数为实数时，其右操作数才可以是负整数。
- SLL(逻辑左移)、SRL(逻辑右移)、SLA(算术左移)、SRA(算术右移)、ROL(逻辑循环左移)和 ROR(逻辑循环右移)六种算术运算符为二元运算符，它们只能定义在一维数组上，并且其元素必须是 bit 和 boolean 型，左操作数必须为这种类型，而右操作数必须是整数类型。

下面是几个整数 REM(取余)和 MOD(取模)的小例子。通过这些例子，读者能够掌握 REM 和 MOD 运算的规则：

```
7 REM 2 = 1,   7 REM ( - 2 ) = 1,   - 7 REM 2 = - 1, - 7 REM (2) = - 1
7 MOD 2 = 1,  7 MOD ( - 2) = - 1, - 7 MOD 2 = 1,   - 7 MOD (2) = - 1
```

下面是移位运算的小例子，读者能够掌握 SLL(逻辑左移)、SRL(逻辑右移)、SLA(算术左移)、SLA(算术左移)、ROL(逻辑循环左移)和 ROR(逻辑循环右移)六种算术运算符的运算规则：

```
"10011011"  SLL  1 = "00110110"
"10011011"  SRL  1 = "01001101"
"10011011"  SLA  1 = "00110111"
"10011011"  SRA  1 = "11001101"
"10011011"  ROL  1 = "00110111"
"10011011"  ROR  1 = "11001101"
```

3) 关系运算符

VHDL 语言的关系运算符如下所示。

＝—— 相等；

/＝—— 不等于；

＜—— 小于；

＞—— 大于；

＜＝—— 小于等于；

＞＝—— 大于等于。

关系运算符有如下规则：

- 关系运算符两边数据类型必须一致(除＝、/＝)；
- ＝(等于)、/＝(不等于)适用于所有数据类型对象之间的比较；
- ＜＝符号有两种含义,赋值或小于等于,要根据上下文判断；
- ＞(大于)、＜(小于)、＞＝(大于等于)和＜＝(小于等于)适用于整数、实数、位矢量及数组之间的比较；
- 两个矢量比较时,自左向右,按位比较。

关系运算符应用举例：

```
PROCESS(num1,num2)
SIGNAL a: STD_LOGIC_VECTOR(4 DOWNTO 0);
SIGNAL b: STD_LOGIC_VECTOR(4 DOWNTO 0);
SIGNAL c: STD_LOGIC;
BEGIN
a <=  num 1;                    -- 赋值运算
b <=  num 2;                    -- 赋值运算
IF (a <=  b) THEN               -- 关系运算
c <=  '1';                      -- 赋值运算
ELSE
c <=  '0';                      -- 赋值运算
ENDIF;
END PROCESS;
```

4) 并置运算符

并置运算符 & 用于位的连接。并置运算的规则如下：

- 并置运算可用于位的连接,形成位矢量；
- 并置运算可用于矢量的连接,形成新的矢量,例如,两个 4 位矢量并置运算后,可以构成 8 位矢量；
- 并置运算可用于位和矢量的连接,形成新的矢量,例如,位和一个 4 位矢量并置运算后,可以构成 5 位矢量。

下面是一个使用了并置运算符的小例子,可见并置运算符的使用方法：

```
SIGNAL a,b : STD_LOGIC_VECTOR( 3 DOWNTO 0);
SIGNAL q : STD_LOGIC_VECTOR( 7 DOWNTO 0);
q <=  a&b;
```

在上面的小例子中,3 条程序语句的作用是将两个 4 位长度的位矢量 a 和 b 连接成一个 8 位长度的位矢量并将其赋给信号 q。

位的连接可以有不同的表示方法,下面进行介绍。先来看用并置运算符来连接 4 个 STD_LOGIC 类型的信号 a、b、c、d,然后看将连接后形成的位矢量赋给位矢量 q。

```
SIGNAL a,b,c,d : STD_LOGIC;
SIGNAL q   : STD_LOGIC_VECTOR( 3 DOWNTO 0);
q <=  a&b&c&d;
```

位的连接也可以采用聚合的方法，也称集体连接法，只要把上式的并置运算符换成逗号，再加个括号就可以了。例如：

```
q <=  (a,b,c,d);
```

应用并置运算符，可以将有用信号从矢量中抽出，形成新的矢量，例如：

```
SIGNAL a: STD_LOGIC_VECTOR(3 DOWNTO 0);
a <=  en&b(6)&b(5)&b(4);
```

2. 运算符优先级

在 VHDL 语言中，逻辑运算、关系运算、算术运算、并置运算优先级是不相同的，各种运算的操作不可能放在一个程序语句中，所以把各种运算符排成统一的优先顺序表意义不明显。其次，VHDL 语言的结构化描述，在综合过程中，程序是并行的，没有先后顺序之分，写在不同程序行的硬件描述程序同时并行工作。VHDL 语言程序设计者不要理解程序是逐行执行，运算是有先后顺序的，这样是不利于 VHDL 程序的设计。运算符的优先顺序仅在同一行的情况下有顺序、有优先，不同行的程序是同时的。各个运算符的优先级见表 3-2。

表 3-2 运算符优先级

高	逻辑运算符	NOT	↑	移位运算符	SLA
↑	算术运算符	ABS			SRL
		**			SLL
		REM		关系运算符	>=
		MOD			<=
		/			>
		*			<
		-(负)			/=
		+(正)			=
	并置运算符	&		逻辑运算符	XNOR
	算术运算符	-(减)			XOR
		+(加)			NOR
	移位运算符	ROR			NAND
		ROL			OR
		SRA	低		AND

3. 表达式

VHDL 语言中的表达式与其他高级程序设计语言非常相似，同样是由运算符将基本元素连接起来的式子。要成为一个表达式，需要有两个要素：运算符和基本元素。基本元素包括对象名、文字、函数调用及括起来的表达式。例如：a&b、b (6)&b (5)&b (4)、(A/B) * B+(A REM B)、7 REM (-2)等。

3.3.4 基本顺序描述语句

并行语句和顺序语句是 VHDL 语言中的两种基本描述语句,它们完整描述了数字系统的硬件结构和逻辑功能。

顺序语句的特点是按照书写的先后次序来执行,它们只能出现在进程、块和子程序中,子程序包括函数(FUNCTION)和过程(PROCEDURE)。

顺序语句有两类:一类是只能作为顺序语句使用;另一类是既可以做顺序语句也可以做并行语句,这类语句放在进程、子程序以外是并行语句,放在进程、子程序内是顺序语句。

VHDL 语言有六类基本顺序语句:赋值语句、流程控制语句、等待(WAIT)语句、子程序调用语句、返回(RETUEN)语句和空操作(NULL)语句。其中子程序调用语句在 3.4.4 节详细介绍。

1. 赋值语句

VHDL 语言中的赋值语句是指将一个值或一个表达式的运算结果传递给某一个数据对象,如信号或变量。在设计实体中,数据的传输以及对端口外部数据的读取都是通过赋值语句实现的。

1) 信号赋值语句

信号的说明要放在 VHDL 语言程序的并行部分进行,但可以在 VHDL 语言程序的并行部分和顺序部分同时使用。信号赋值语句的书写格式如下:

```
目标信号 <= 表达式;
```

该语句表示,将右边信号量表达式的值赋予左边的目的信号量。例如:

```
a <= b;
```

该语句表示将信号量 b 的当前值赋予目的信号量 a。需要指出的是,信号赋值语句的符号<=和关系操作的小于等于符<=非常相似,要正确判别不同的操作关系,应注意上下文的含义和说明。另外,赋值符号两边信号量的类型和位长度是应该一致的。

2) 变量赋值语句

在 VHDL 语言中,变量的说明和赋值语句只能在 VHDL 语言程序的顺序部分进行说明和使用,即只能出现在进程、过程和函数中。变量赋值语句的书写格式为:

```
目标变量 : = 表达式;
```

例如:

```
count : = 10;                    -- 向变量 count 赋值 10
```

2. IF 语句

IF 语句是根据指定的条件确定执行哪条语句。IF 语句的条件判断输出是布尔量,即是“真”(TRUE)或“假”(FALSE)。因此在 IF 语句的条件表达式中只能使用关系运算操作(=、/−、<、>、<=、>=)及逻辑运算操作的组合表达式。

IF 语句共有三种类型：

1）IF_THEN 语句

这种类型的语句书写格式如下：

```
IF  条件  THEN
顺序处理语句
END  IF;
```

执行到 IF 语句时，判断指定条件是否成立。如果条件成立，则执行顺序处理语句部分；如果条件不成立，则跳过顺序处理语句部分，向下执行 IF 语句后面的语句。

2）IF_THEN_ELSE 语句

这种类型的语句书写格式如下：

```
IF 条件 THEN
顺序处理语句 1;
ELSE
顺序处理语句 2;
END IF;
```

在这种格式的 IF 语句中，当 IF 语句所指定的条件成立时，将执行顺序处理语句 1 部分；当 IF 语句所指定的条件不成立时，将执行顺序处理语句 2 部分。也就是说，用条件来选择两条不同程序执行的路径。

这种描述的典型逻辑电路实例是二选一电路。例如，二选一电路的输入为 a 和 b，选择控制端为 sel，输出端为 c。用 IF 语句来描述该电路行为的程序如例 3-2 所示。

【例 3-2】 IF_THEN_ELSE 语句示例。

```
ARCHITECTURE rtl OF mux2 IS
BEGIN
   PROCESS( a,b,sel)
   BEGIN
      IF ( sel = '1') THEN
          c <= a;
      ELSE
          c <= b;
      END IF;
   END PROCESS;
END rtl;
```

3）IF_THEN_ELSEIF_ELSE 语句

IF 语句的多选择控制又称 IF 语句的嵌套，在这种情况下，它的书写格式为：

```
IF 条件 1 THEN
顺序处理语句 1;
ELSIF 条件 2 THEN
顺序处理语句 2;
 ⋮
ELSIF 条件 n THEN
顺序处理语句 n;
ELSE
```

```
顺序处理语句 n+1;
END IF;
```

在这种多选择控制的 IF 语句中，设置了多个条件，当满足所设置的多个条件之一时，就执行该条件后跟的顺序处理语句。如果所有设置的条件都不满足，则执行 ELSE 和 END IF 之间的顺序处理语句。

这种描述的典型逻辑电路实例是多选一电路。例如，四选一电路的描述如例 3-3 所示。

【例 3-3】 四选一电路示例。

```
LIBRARY IEEE;
USE IEEE.STD_LOGIC_1164.ALL;
ENTITY mux4 IS
   PORT(input: IN STD_LOGIC_VECTOR(3 DOWNTO 0);
          sel: IN STD_LOGIC_VECTOR(1 DOWNTO 0);
          y: OUT STD_LOGIC);
END mux4;
ARCHITECTURE rtl OF mux4 IS
BEGIN
   PROCESS(input,sel)
   BEGIN
      IF(sel = "00" ) THEN
           y <= input(0);
      ELSIF( sel = "01" ) THEN
           y <= input(1);
      ELSIF(sel = "10") THEN
           y <= input(2);
      ELSE
           y <= input(3);
      END IF;
   END PROCESS;
END rtl;
```

3. CASE 语句

CASE 语句常被用来描述总线或编码、译码的行为，用来从多个不同语句的序列中选择一个执行。虽然 IF 语句也有类似的功能，但是 CASE 语句的可读性比 IF 语句要强得多，程序的阅读者很容易找出条件式和动作的对应关系，但 CASE 语句比 IF 语句要耗费更多的硬件资源。CASE 语句的书写格式如下所示：

```
CASE 表达式 IS
WHEN 条件表达式 => 顺序处理语句;
END CASE;
```

当 CASE 和 IS 之间的表达式的取值满足指定的条件表达式的值时，程序将执行紧接着的，由符号=>所指的顺序处理语句。条件表达式的值有如下的四种不同的表示形式：

```
WHEN 值 => 顺序处理语句;
WHEN 值|值|值|…|值 => 顺序处理语句;
WHEN 值 TO 值 => 顺序处理语句;
```

```
WHEN OTHERS => 顺序处理语句;
```

当条件表达式取值为某一值时的CASE语句的使用实例如例3-4所示。

【例3-4】 CASE语句实例。

```
LIBRARY IEEE;
USE IEEE.STD_LOGIC_1164.ALL;
ENTITY mux4 IS
    PORT (a,b,i0,i1,i2,i3: IN STD_LOGIC;
                        q: OUT STD_LOGIC);
END mux4;
ARCHITECTURE mux4_behave OF mux4 IS
   SIGNAL sel: INTEGER RANGE 0 TO 3;
BEGIN
   PROCESS (a,b,i0,i1,i2,i3)
   BEGIN
      sel <= '0';
      IF (a = '1') THEN
          sel <= sel + 1;
      END IF;
      IF (b = '1')THEN
          sel <= sel + 2;
      END IF;
      CASE sel IS
          WHEN 0 => q <= i0;
          WHEN 1 => q <= i1;
          WHEN 2 => q <= i2;
          WHEN 3 => q <= i3;
      END CASE;
   END PROCESS;
END mux4_behave;
```

4. LOOP语句

LOOP语句与其他高级语句中的循环语句一样,使它所包含的顺序处理语句被循环执行,循环执行的次数由循环变量的取值范围决定。在VHDL语言中常用来描述位片逻辑及迭代电路的行为。

LOOP语句的书写格式一般有两种。

1) FOR_LOOP语句

这种LOOP语句的书写格式如下:

```
[标号]: FOR 循环变量 IN 离散范围 LOOP
顺序处理语句;
END LOOP[标号];
```

LOOP语句中的循环变量的值在每次循环中都将发生变化,而IN后跟的离散范围则表示循环变量在循环过程中依次取值的范围。例如:

```
ASUM: FOR i IN 1 TO 9 LOOP
```

```
sum = i + sum;              -- sum 初始值为 0
END LOOP ASUM;
```

在该例子中 i 是循环变量，它可取值为 1～9 共 9 个值，也就是说 sum = i + sum 的算式应循环计算 9 次。

【例 3-5】 8 位的奇偶校验电路的实例。

```
LIBRARY IEEE;
USE IEEE.STD_LOGIC_1164.ALL;
ENTITY parity_check IS
   PORT(a: IN STD_LOGIC_VECTOR(7 DOWNTO 0);
      y: OUT STD_LOGIC);
END parity_check IS
ARCHITECTURE rtl OF parity_check IS
BEGIN
   PROCESS (a)
      VARIABLE tmp: STD_LOGIC;
   BEGlN
      tmp : = '0';
      FOR i IN 0 TO 7 LOOP
          tmp : = tmp XOR a(i );
      END LOOP;
      y <= tmp;
   END PROCESS,
END rtl;
```

2）WHILE_LOOP 语句

这种 LOOP 语句的书写格式如下：

```
[标号]: WHILE 条件 LOOP
    顺序处理语句;
END LOOP[标号];
```

在该 LOOP 语句中，如果条件为“真”，则进行循环；如果条件为“假”，则结束循环。

例如：

```
i : = 1;
sum : = 0;
sbcd: WHILE (i<10) LOOP
      sum : = i + sum;
      i : = i + 1;
END LOOP sbcd;
```

该例和 FOR_LOOP 语句示例的行为是一样的，都是对 1～9 的数求累加和的运算。这里利用了 i < 10 的条件使程序结束循环，而循环控制变量 i 的递增是通过算式 i := i + 1 来实现的。虽然 FOR_LOOP 和 WHILE_LOOP 语句都可以用来进行逻辑综合，但是一般都不太常用 WHILE_LOOP 语句来进行 RTL 描述。

5. NEXT 语句

NEXT 语句是 LOOP 语句的内部循环控制语句，用来在 LOOP 语句中进行有条件或无条件的跳转控制。它的三种书写格式为：

```
NEXT;
NEXT [LOOP] 标号;
NEXT [LOOP] 标号 WHEN 条件表达式;
```

第一种格式，当 LOOP 语句内部的顺序处理语句执行到 NEXT 处时，无条件终止本次循环，跳回到本次循环 LOOP 语句处，开始下一次循环操作。

第二种格式，该格式的功能和第一种类似，只是当有多重 LOOP 语句嵌套时，跳转到指定标号的 LOOP 语句处，开始执行下一次循环操作。

第三种格式，当 WHEN 后的条件表达式的值为 TRUE 时，执行 NEXT 语句，否则继续向下执行。例如：

```
L1: WHILE i < 10 LOOP
    L2: WHILE j < 20 LOOP
       ⋮
    NEXT L1 WHEN i = j;
       ⋮
    END    LOOP L2;
END LOOP L1;
```

当 i = j 时，NEXT 语句被执行，程序将从内循环跳出，跳转到标号 L1 处，开始下一次循环操作。

6. EXIT 语句

EXIT 语句也是 LOOP 语句的内部循环控制语句，书写格式和跳转功能都和 NEXT 语句很类似。不过 EXIT 语句是跳转到 LOOP 标号指定的 LOOP 循环语句的结束处，即跳出 LOOP 循环语句。EXIT 语句的书写格式也有三种：

```
EXIT;
EXIT [LOOP] 标号;
EXIT [LOOP] 标号 WHEN 条件表达式;
```

【例 3-6】 EXIT 语句示例。

```
PROCESS(n)
   VARIABLE int_a: INTEGER;
BEGIN
   int_a : = a;
   FOR i IN 0 TO max_limit LOOP
      IF (int_a <= 0 )THEN
          EXIT;
      ELSE
          int_a : = int_a - 1;
          q (i) <= 3.1416/REAL(a * i);
      ENDIF;
   END LOOP;
   y <= q;
END PROCESS;
```

在该例中 int_a 通常代入大于 0 的正数值。如果 int_a 的取值为负值或零将出现错误状态，算式就不能计算。也就是说 int_a 小于或等于 0 时，IF 语句将返回"真"值，EXIT 语句得到执行，LOOP 语句执行结束。程序将向下执行 LOOP 语句后继的语句。

7. WAIT 语句

进程在仿真运行中总是处于两种状态之一：执行状态和等待状态。进程状态的变化受 WAIT 语句的控制，当进程执行到 WAIT 语句时，就将被挂起，直到满足此语句设置的结束条件后，才能重新开始执行。WAIT 语句可以设置四种不同的条件：无限等待、时间到、条件满足以及敏感信号量变化，这几类条件可以混用，其书写格式为：

```
WAIT                        -- 无限等待
WAIT ON 信号表              -- 敏感信号量变化
WAIT UNTIL 条件表达式       -- 条件满足
WAIT FOR 时间表达式         -- 时间到
```

例如：

```
WAIT ON a,b;
```

信号 a 或信号 b 发生变化，进程将结束挂起状态，而继续执行 WAIT ON 语句后继的语句。

```
WAIT UNTIL ((x * 10)< 100);
```

当信号量 x 的值大于或等于 10 时，进程执行到该语句将被挂起；当 x 的值小于 10 时进程再次被启动，继续执行 WAIT 语句的后继语句。

```
WAIT FOR 20 ms;
```

时间表达式是一个常数 20ms，当进程执行到该语句时将等待 20ms。一旦 20ms 时间到，进程将执行 WAIT FOR 语句的后继语句。

8. RETURN 语句

返回语句 RETURN 用于子程序体中(包括过程和子函数)，执行返回语句将结束子程序的执行，无条件地跳转到子程序的 END 处。RETURN 语句有两种语句格式：

```
RETURN;
RETURN 表达式;
```

第一种格式用于结束过程，不返回任何值；第二种格式用于结束函数，并返回表达式的值。

9. NULL 语句

空操作语句 NULL 不执行任何操作，唯一的功能就是使逻辑运行流程跨入下一步语句的执行。NULL 语句常见于 CASE 语句中，利用 NULL 来表示剩下的不满足条件下的操作。例如下面的译码器的示例：

```
CASE decode IS
   WHEN "001" => tmp : = rega AND regb;
   WHEN "101" => tmp : = rega OR regb;
   WHEN "110" => tmp : = NOT rega;
   WHEN OTHERS => NULL;
END CASE;
```

3.3.5 基本并行描述语句

VHDL 语言是并行执行的语言，这是它和其他高级程序设计语言不同的地方，也是符合硬件运行特点的。

在 VHDL 语言中有多种并行语句，各种并行语句间的执行是同步的，它们的执行顺序与书写顺序无关。在并行语句执行时，并行语句间可以有信息的往来，也可以是独立、互不相关的。每一种并行语句内部的语句运行方式也是有并行执行方式（如块语句）和顺序执行方式（如进程语句）两种。

在 VHDL 语言中能进行并行处理的语句有进程语句、并行信号赋值语句、块语句、条件信号赋值语句、元件例化语句、生成语句、并行过程调用语句、参数传递映射语句、端口说明语句、并行断言语句等。下面介绍一些常用的并行语句，其他并行语句请读者查阅其他相关资料。

1. 进程语句

进程语句在前面的例子中已多次见到，它是 VHDL 语言程序中使用最频繁，最能体现 VHDL 语言特点的语句。在一个结构体中可以有多个进程语句同时并行执行，而进程语句内部则是由顺序语句组成的。进程语句与结构体中其他并行语句通过信号进行信息交流。进程语句有敏感信号表，当敏感信号表中任意信号发生变化时将启动进程语句执行内部的顺序语句。

进程语句 PROCESS 的一般书写格式如下：

```
[进程名: ] PROCESS [敏感信号表]
    变量说明语句;
BEGIN
    ⋮
    顺序处理语句;
    ⋮
END PROCESS [进程名];
```

可见，进程语句实际上是一段程序，在这段程序中从进程标识符开始，到 END PROCESS 结束。这段程序描述了硬件模块的功能或工作流程，靠敏感信号触发硬件模块的反复执行。

2. 并行信号赋值语句

并行信号赋值语句有三种形式：简单信号赋值语句、条件信号赋值语句和选择信号赋值语句。

信号赋值语句可以在进程内部使用，此时它作为顺序语句形式出现；并行赋值语句也可以在结构体的进程之外使用，此时它作为并行语句形式出现。在这里所讲的信号赋值语句，冠以“并行”的词句，主要是强调该语句的并发性。

1）简单信号赋值语句

简单信号赋值语句是在VHDL语言中最基本的语句，它的格式为：

```
信号 <= 表达式;
```

赋值号右边的表达式的数据类型必须与左边信号的数据类型一致。

一个并行信号赋值语句实际上是一个进程的缩写。例如：

```
ARCHlTECTURE behav OF var IS
BEGIN
   output t <= a + i;
END behav;
```

可以等效于：

```
ARCHITECTURE behav OF var IS
BEGIN
   PROCESS (a,i)
   BEGIN
      output t <= a + i;
   END PROCESS;
END behave;
```

当赋值符号＜＝右边的表达式值发生任何变化时，赋值操作就会立即发生，新的值将赋予赋值符号＜＝左边的信号。从进程语句描述来看，在PROCESS语句的括号中列出了敏感信号量表，例中是a和i。由PROCESS语句的功能可知，在仿真时进程一直在监视敏感信号量表中的敏感信号量a和i。一旦任何一个敏感信号量发生新的变化，使其值有了一个新的改变，进程将得到启动，赋值语句将被执行，新的值将从output信号量输出。所以在这种情况下，并行赋值语句和进程语句是等效的。

2）条件信号赋值语句

条件信号赋值语句根据不同条件将不同的多个表达式的值代入信号量，其书写格式为：

```
目的信号量 <= 表达式 1  WHEN 条件 1  ELSE
              表达式 2  WHEN 条件 2  ELSE
              表达式 3  WHEN 条件 3  ELSE
                 ⋮
              表达式 n;
```

在每个表达式后面都跟有用WHEN所指定的条件，如果满足该条件，则该表达式值赋值给目的信号量；如果不满足条件，则再判别下一个表达式所指定的条件。最后一个表达式可以不跟条件，它表明在上述表达式所指明的条件都不满足时，则将该表达式的值代入目标信号量。例3-7就是利用条件赋值语句的四选一逻辑电路。

【例 3-7】 四选一逻辑电路示例。

```
ENTITY mux4 lS
   PORT (i0,i1,i2,i3,a,b: IN STD_LOGIC;
                       q: OUT STD_LOGIC);
END mux4;
ARCHITECTURE rtl OF mux4 IS
   SIGNAL sel: STD_LOGIC_VECTOR(1 DOWNTO 0);
BEGIN
   ssel <= b&a;
   q <= i0 WHEN  sel = "00"  ELSE
        i1 WHEN  sel = "01"  ELSE
        i2 WHEN  sel = "10"  ELSE
        i3 WHEN  sel = "11"  ELSE
        'X';
END rtl;
```

3）选择信号赋值语句

选择信号赋值语句类似于 CASE 语句，它对表达式进行测试，当表达式取值不同时将使不同的值赋值给目的信号量。选择赋值语句的书写格式如下：

```
WITH 表达式 SELECT
目的信号量 <= 表达式 1 WHEN 条件 1,
             表达式 2 WHEN 条件 2,
                 ⋮
             表达式 n WHEN 条件 n;
```

下面仍以四选一电路为例说明该语句的使用方法。

【例 3-8】 四选一逻辑电路示例。

```
LIBRARY IEEE;
USE IEEE.STD_LDGIC_1164.ALL;
ENTITY mux IS
   PORT (i0,i1,i2,i3,a,b: IN STD_LOGIC;
                           q: OUT STD_LOOIC);
END mux:
ARCHITECTURE behav OF mux IS
   SIGNAL sel: INTEGER;
BEGIN
   sel <= 0 WHEN a = '0' AND b = '0' ELSE
          1 WHEN a = '1' AND b= '0' ELSE
          2 WHEN a = '0' AND b= '1' ELSE
          3 WHEN a = '1' AND b= '1' ELSE
          4;
   WITH sel SELECT
        q <= i0 WHEN 0,
             i1 WHEN 1,
             i2 WHEN 2,
             i3 WHEN 3.
             'X' WHEN OTHERS;
END behav;
```

3. 端口说明语句

PORT 端口说明语句是对设计实体和外部电路的接口通道的说明，包含对每一个接口通道的名称、模式和数据类型的说明。在 3.2.1 节实体说明中已对端口说明语句做过详细说明，这里不再累述。

4. 元件例化语句

在 3.2.2 节结构体描述中，介绍结构化描述法时，程序中使用了元件例化语句。元件例化实际上是一种描述连接关系的方法。将已经设计好的实体定义为一个元件，利用特定的语句将该元件与当前设计实体的指定端口连接，以完成一个高层的设计。类似于在一块电路板上插入一个芯片，设计实体中的指定端口就是连接芯片(元件)的插座。

在设计中被元件例化语句声明并调用的元件，可以是一个设计好的 VHDL 设计实体，也可以是元件库中的元件，甚至还可以是其他硬件设计语言设计的元件。

元件例化语句主要由两个部分组成，首先是将一个现成的设计实体定义成一个元件，它的格式如下：

```
COMPONENT 元件名 IS
    PORT (端口名表);
END COMPONENT 元件名;
```

元件的定义语句必须放在结构体的 ARCHITECTURE 和 BEGIN 之间。这里相当于对现有的设计实体进行封装，PORT()语句定义出元件和外部通信的各个端口，就像封装的集成芯片的外部引脚一样。

元件例化语句的第二个部分是将此元件的端口信号映射成当前设计实体中的信号，各个元件间的连接关系就是利用信号映射来实现的。这种端口映射的格式如下：

```
元件名 PORT  MAP([端口名 => ] 连接端口名, …);
```

这里的端口名是元件的端口信号，连接端口名是连接的当前设计实体的端口名。如果是依次顺序连接，则 MAP()映射表中直接列出连接端口名即可。

3.4 VHDL 的库和包

在利用 VHDL 语言进行设计时，为了提高设计效率，常将一些有用的数据类型、子程序等设计单元、设计单元的集合(程序包)等放在一个或几个库中以供调用。如果在某个设计中需要用到某个程序包，必须先在设计的开始位置调用对应的库，并打开这个程序包，这样就可以随时使用这个程序包中的内容。

3.4.1 库的使用和种类

1. 库的使用

在 VHDL 中，库主要存放已经编译过的实体说明、结构体、程序包和配置。在库中的各个设计单元,实体说明、结构体、程序包和配置可以用作进行其他设计的资源,一个设计可以使用多个库中的设计单元。当一个设计需要使用库中的已编译单元时,必须要在每个设计的 VHDL 程序的起始部分说明要引用的库,这样被声明的库和库中的元件对本设计才是“可见”的。

在 VHDL 语言中,库说明语句的格式如下所示:

```
LIBRARAY  库名;
```

在设计的 VHDL 程序的起始部分对库进行说明以后,还要说明要使用库中的哪一个设计单元,这时使用 USE 子句来进行说明:

```
USE  库名.程序包名.ALL;
```

库名就是前面库说明语句中已经说明过的库,程序包名就是实际设计要使用的设计单元所在程序包的名,ALL 表示使用程序包中的所有项目。

2. 库的种类

在 VHDL 程序设计中常用的库有 IEEE 库、STD 库、WORK 库和用户定义的库等。

1) IEEE 库

IEEE 库是 VHDL 设计中最常用的库,包含 IEEE 标准的程序包和其他一些支持工业标准的程序包。在 IEEE 库中有一个叫 STD_LOGIC_1164 的程序包,它是 IEEE 正式认可的标准包集合,也是最重要和最常用的程序包。一些著名的 EDA 工具公司自有的资源包,如 SYNOPSYS 公司的包集合 STD_LOGIC_ARITH、STD_LOGIC_ UNSIGNED、STD_LOGIC_ SIGNED 等,尽管它们没有得到 IEEE 的承认,但是仍汇集在 IEEE 库中。

IEEE 库及其程序包的使用举例:

```
LIBRARY  IEEE;
USE  IEEE.STD_LOGIC_1164.ALL;
USE  IEEE.STD_LOGIC_ARITH.ALL;
```

2) STD 库

STD 库是 VHDL 的标准库,库中有两个 VHDL 语言标准程序包:STANDARD 和 TEXTIO。设计者可以随时调用这两个程序包中的所有内容,即在编译和综合过程中,都自动将该包包含进去,在设计中不必再使用 USE 子句显式说明。

3) WORK 库

WORK 库是 VHDL 设计的现行作业库,用于存放用户设计和定义的设计单元和程序包,用户设计项目中的成品、半成品和以设计好的原件存放在该库中。

在利用 VHDL 语言进行项目设计时,不允许在根目录下进行,必须建立一个文件夹,该项目中的所有设计文件都保存在该文件夹中。VHDL 综合器将该文件夹默认为 WORK 库。WORK 库对本设计项目是“可见”的,所以也不用显式说明。

4) 用户定义库

用户为自身设计需要所开发的共用程序包和实体等,也可以汇集在一起定义成一个库,这就是用户定义库或称用户库。在使用时同样要首先说明库名。

3.4.2 程序包

1. 程序包定义

VHDL 标准中的程序包包含两个部分：程序包首说明部分和程序包包体部分。程序包说明部分的书写格式为：

```
PACKAGE  程序包名  IS
   程序包首说明部分;
END  [PACKAGE]  [程序包名];
```

该部分以保留字 PACKAGE 开始，在保留字 IS 与 END 之间是一些 VHDL 设计所需的公共信息，包括数据类型说明、子程序说明、常量说明、元件说明、信号说明、文件说明、属性说明和属性指定等，最后以保留字 END 结束程序包说明部分。

程序包包体部分的书写格式为：

```
PACKAGE BODY  程序包名  IS
   程序包包体说明部分及包体内子程序定义体;
END  [EPACKAGE BODY]  [程序包名];
```

程序包包体部分以保留字 PACKAGE BODY 开始，在保留字 IS 与 END 之间主要是程序包首中已说明的子程序的子程序体，同时还可包括 USE 子句、数据类型说明、子类型说明和常数说明等，它们对外是不可见的，最后以保留字 END 结束程序包包体部分。

程序包首说明部分是主设计单元，它可以独立进行编译并插入到设计库中；程序包包体部分是次级设计单元，它也可以在其对应的主设计单元编译并插入到设计库之后，独立进行编译并也插入到设计库中。

如果程序包首中仅仅包含定义数据类型或定义数据对象等内容，程序包体是不必要的，程序包首可以独立地被使用；但在程序包中若有子程序说明，则必须有对应的子程序包体，这时子程序体必须放在程序包体中。

2. 常用程序包

VHDL 语言提供的常见程序包主要包括 STANDARD、TEXTIO、STD_LOGIC_1164、NUMERIC_STD 和 NUMERIC_BIT。

1）程序包 STANDARD

程序包 STANDARD 预先在 STD 库中编译，它主要定义了布尔类型、BIT 类型、CHARACTER 类型、出错级别、实数类型、整数类型、时间类型、延迟长度子类型、自然数子类型、正整数子类型、STRING 类型、BIT_VECTOR 子类型、文件打开方式类型和文件打开状态类型。

IEEE 标准 1076 规定，程序包 STANDARD 对所有的设计实体均可见。也就是说，所有的 VHDL 程序的开始部分都隐含了下面的程序行：

```
LIBRARAY  STD;
USE  STD.STANDARD.ALL;
```

2）程序包 TEXTIO

程序包 TEXTIO 也是预先在 STD 库中进行了编译，它主要定义了与文本文件操作有关的数据类型和子程序，定义了 LINE 类型、TEXT 类型、SIDE 类型、操作宽度 WIDTH 子类型、文件 INPUT、文件 OUTPUT、READLINE 过程、对应于不同数据类型的 READ 过程、WRITELINE 过程和对应于不同数据类型的 WRITE 过程。程序包 TEXTIO 对所有设计实体都是不可见的，在使用该程序包的时候，应在 VHDL 程序的开始部分添加以下的程序行：

```
LIBRARAY  STD;
USE  STD.TEXTIO.ALL;
```

3）程序包 STD_LOGIC_1164

程序包 STD_LOGIC_1164 预先在 IEEE 库中进行了编译，它是使用最广泛的程序包，它定义了设计人员经常采用的一些数据类型和函数，定义 STD_ULOGIC 类型、STD_ULOGIE_VECTOR 类型、STD_LOGIC 子类型、STD_LOGIC_VECTOR 类型、决断函数 RE_SOLVED、X01 子类型、X01Z 子类型、UX01 子类型、UX01Z 子类型、对应于不同数据类型的 AND、NAND、OR、NOR、XOR、XNOR、NOT 函数、对应于不同数据类型的 TO_BIT、TO_BITVECTOR、TO_STDULOGIC、TO_STDLOGICVECTOR、TO_STDULOGICVECTOR、T0_X01、TO_X01Z、TO_UXOL 转换函数、上升沿函数 RISING_EDGE、下降沿函数 FALLING_EDGE 和对应于不同类型的 IS_X 函数。

由于程序包 STD_LOGIC_1164 对所有设计实体都是不可见的，因此在使用该程序包的时候，应在 VHDL 程序的开始部分添加以下的程序行：

```
LIBRARAY IEEE;
USE IEEE.STD_LOGIC_1164.ALL;
```

4）程序包 NUMERIC_STD

程序包 NUMERIC_STD 定义了用于综合的数据类型和算术函数。具体地说，程序包 NUMERIC_STD 中定义了两种数据类型：UNSIGNED 和 SIGNED，其中 UNSIGNED 表示无符号的位矢量，SIGNED 表示带符号的位矢量，其最左端是最高位。此外，程序包 NUMERIC_STD 中含有所有 UNSIGNED 和 SIGNED 类型的重载算术运算，还含有一些有用的类型转换函数、时钟检测函数和其他一些实用的函数。

5）程序包 NUMERIC_BIT

VHDL 综合程序包 NUMERLE_BIT 与程序包 NUMERIC_STD 基本相同，不同之处在于它的基本元素类型是 BIT 类型，而不是 STD_LOGIC 类型。

3.4.3 函数和过程

在 VHDL 语言中，子程序是一个 VHDL 程序模块，利用内部的顺序语句来定义和实现算法。子程序供主程序调用并将处理结果返回给主程序。因此在 VHDL 语言中，子程序的含义与其他高级编程语言中的子程序相同，它同样具有高级编程语言中的子程序所具有的优点，如使用灵活、程序模块化清晰易懂、可反复调用执行等。

子程序的使用方式并不像进程那样，从同一结构体的其他块语句或进程语句中读取信号值或向信号赋值，它只能通过子程序调用及与子程序的界面端口进行通信。子程序可以在程序包、结构体和进程这三个位置定义。

在 VHDL 语言中，子程序有两种类型：过程(PROCEDURE)和函数(FUNCTION)，它们广泛应用于数值计算、数据类型转换、运算符重载或设计元件的高层设计中。过程与函数的主要区别体现在以下几个方面：

- 过程可以具有多个返回值，而函数只能有一个返回值。
- 过程通常用来定义一个算法，而函数往往用来产生一个特定的值。
- 过程中的参数可以具有三种端口模式，即 IN、OUT、INOUT；而函数中的参数只具有一种端口模式，即 IN。
- 过程中允许使用 WAIT 语句和顺序赋值语句，而函数则不能使用这两种语句。

1. 过程

1) 过程的结构

VHDL 语言中，过程首说明部分的书写结构如下所示：

```
PROCEDURE  过程名(参数表);
```

过程体定义部分的书写结构如下所示：

```
PROCEDURE  过程名(参数表) IS
   [过程说明部分]
BEGIN
   <过程语句部分; >;
END  [PROCEDURE]  过程名;
```

过程首说明部分不是必需的，过程体定义部分可以独立存在和使用。在进程或结构体中可以省略过程首说明部分，但在程序包中必须有。

过程首说明部分和过程体定义部分的参数表中的每个参数的格式是：

```
[对象类型]参数名[,参数名,…]:[端口模式]数据类型;
```

其中对象类型、端口模式是可选项。参数的对象类型包括常量、信号和变量，参数名是用来表示参数的唯一标识，端口模式包括 IN、OUT 和 INOUT 三种模式，数据类型用来指明参数所属的数据类型。

过程体定义部分保留字 IS 后的过程说明部分主要是对过程中要用到的变量、常量和数据类型进行说明，并且这些说明只对该过程可见。接下来跟着的是以保留字 BEGIN 开始的过程语句部分，用来描述该过程的具体功能，注意这部分都是顺序语句。

2) 过程的调用

VHDL 语言中的过程调用与其他高级编程语言中的子程序调用十分类似。过程被调用时主程序先要对过程进行初始化，即需要将初始值传递给过程的输入参数，从而启动过程语句；过程启动后，将会按照语句的顺序自上而下执行过程中的各条语句。过程执行完毕后，输出值将会传递给调用主程序所定义的变量或者信号中。

过程调用语句有两种方式：并行过程调用语句和顺序过程调用语句。其中：并行过程调用语句主要用于结构体的并行处理语句部分，它位于其他子程序和进程语句的外部；而顺序过程调用语句则位于进程语句或者另一个子程序的内部。

过程调用的格式如下：

```
过程名 ([形参名 1 =>] 实参表达式 1,[形参名 2 =>] 实参表达式 2,…);
```

【例 3-9】 过程定义与调用完整示例。

```
LIBRARY IEEE;
USE IEEE.STD_LOGIC_1164.ALL;
PACKAGE pro_exam IS                                      --程序包首说明
   PROCEDURE nand4a(SIGNAL a,b,c,d: IN STD_LOGIC;
                    SIGNAL y: OUT STD_LOGIC );           --过程首说明
END pro_exam;
PACKAGE BODY pro_exam IS                                 --程序包体定义
   PROCEDURE nand4a(SIGNAL a,b,c,d: IN STD_LOGIC;
                    SIGNAL y: OUT STD_LOGIC );           --过程体定义
   BEGIN
      y <= NOT(a AND b AND c AND d);
   END nand4a;
END pro_exam;

LIBRARY IEEE;
USE IEEE.STD_LOGIC_1164.ALL;
USE WORK. pro_exam.ALL;
ENTITY example IS
   PORT(e,f,g,h: IN STD_LOGIC;
              x: OUT STD_LOGIC);
END;
ARCHITECTURE bhv OF example IS
BEGIN
   nand4a(e,f,g,h);                                      --并行过程调用语句
END;
```

2. 函数

1) 函数的定义

与过程一样，函数也包括函数首说明和函数体定义两个部分：函数首说明部分定义了主程序调用函数时的接口，函数体定义部分则描述了该函数具体逻辑功能的实现。函数也是在程序包、结构体和进程中进行定义。

函数首说明部分的书写结构如下所示：

```
FUNCTION  函数名(参数表)RETURN  数据类型;
```

函数体定义部分的书写结构如下所示：

```
FUNCTION 函数名(参数表)RETURN  数据类型 IS
   [函数说明部分; ]
BEGlN
   <函数语句部分>;
   RETURN(表达式);
END [FUNCTION]<函数名>;
```

函数首说明部分和函数体定义部分的参数表中的每个参数的格式是：

[对象类型]参数名[,参数名…].[IN]数据类型;

保留字 RETURN 返回函数的值,它后面的数据类型用来指明函数返回值的类型。

保留字 IS 开始的函数说明部分,主要是对函数中要用到的变量、常量和类型进行说明,而且这些说明只对该函数可见。与过程中的参数稍有不同,函数参数的数据类型只能包括常量和信号;参数的端口模式只能是 IN,因此参数的端口模式可以省略。如果函数中的参数没有指明对象类型和端口模式,那么此时参数将被默认为端口模式为 IN 的常量。注意:与过程一样,函数说明部分中也不能定义新的信号。

2)函数的调用

函数调用与过程调用十分类似,不同之处是,函数调用将返回一个指定数据类型的值。

【例 3-10】 函数定义与调用完整示例:

```
LIBRARY IEEE;
USE IEEE.STD_LOGIC_1164.ALL;
PACKAGE packexp IS                                    --程序包首说明
   FUNCTION max( a,b: IN STD_LOGIC_VECTOR)            --函数首说明
      RETURN STD_LOGIC_VECTOR;
END;
PACKAGE BODY packexp IS                               --程序包体定义
   FUNCTION max(a,b: IN STD_LOGIC_VECTOR)             --函数体定义
      RETURN STD_LOGIC_VECTOR IS
   BEGIN
      IF a > b THEN
          RETURN a;
      ELSE
          RETURN b;
      END IF;
   END FUNCTION max;
END;
LIBRARY IEEE;
USE IEEE.STD_LOGIC_1164.ALL;
USE WORK.packexp.ALL;
ENTITY example IS
   PORT(dat1,dat2: IN STD_LOGIC_VECTOR(3 DOWNTO 0);
        dat3,dat4: IN STD_LOGIC_VECTOR(3 DOWNTO 0);
        out1,out2: OUT STD_LOGIC_VECTOR(3 DOWNTO 0));
END;
ARCHITECTURE bhv OF example IS
BEGIN
   out1 <= max(dat1,dat2);         --用在赋值语句中的并行函数调用语句
   PROCESS(dat3,dat4)
   BEGIN
      out2 <= max(dat3,dat4);      --用在赋值语句中的顺序函数调用语句
   END PROCESS;
END;
```

本章小结

本章主要介绍了 EDA 技术的基本概念、VHDL 语言技术特点和采用 VHDL 语言进行数字系统设计的流程，详细介绍了 VHDL 程序的基本结构、三种结构体描述方法，以及 VHDL 语言的数据对象、运算符及其优先级、常用的顺序描述语句和并行描述语句、VHDL 语言中库和包的使用方法。

采用 VHDL 语言的数字系统设计完整流程要经过设计方案制定、设计输入、逻辑综合、布局布线、仿真测试、编程下载等步骤。

本章中详细介绍了 VHDL 语言的基本语法知识。一个 VHDL 程序包括库、程序包、实体、结构体和配置，其中实体和结构体是基本组成部分。实体是基本 VHDL 程序的设计单元定义，定义了和外界通信的方式和引脚。实体内的一个或多个结构体实现实体的逻辑功能。结构体功能的描述采用行为描述、数据流描述和结构化描述三种方法。VHDL 语言中可以赋值的数据对象、参与运算的数都有数据类型，可以是 VHDL 语言的标准数据类型，也可以是在 IEEE 库的程序包中定义的数据类型，用户还可以根据需要自定义相应的数据类型。VHDL 语言的四种运算符、运算符的优先级别以及表达式。

VHDL 语言是并发执行的设计语言，大部分是并行语句，但在进程、块、过程和函数中需要顺序语句。本章中详细介绍了常用的并行语句和顺序语句的书写格式和使用方法。

在程序开始位置声明库和库中的程序包，在程序中就可以直接调用已经存在的设计单元。VHDL 语言中的子程序包括过程和函数，常将过程体或函数体定义放在程序包中，声明程序包后，就可在程序中的任意位置进行调用。

习题 3

[3-1] 什么是 EDA？EDA 的发展经过了哪几个阶段？

[3-2] 和其他高级程序设计语言相比，VHDL 语言有什么特点？

[3-3] 简述采用 VHDL 语言的 CPLD/FPGA 设计流程。

[3-4] 简述 VHDL 程序的基本结构。

[3-5] 已知 a、b、c 三个整型变量，试仿照例 3-1 编写找出之中最大数的完整程序。

[3-6] 简述三种通信模式 INPUT、OUTPUT 和 BUFFER 的异同点。

[3-7] 简述结构体功能描述的三种方式，每种描述方式的特点。

[3-8] 什么叫数据对象？VHDL 语言中有哪三种数据对象？简述它们的功能特点及其使用方法。

[3-9] 简述信号和变量之间的区别。

[3-10] 定义一个整型变量 a，取值范围为 0～9，写出定义语句。

[3-11] 定义一个 4 位二进制的标准逻辑矢量类型信号，写出定义语句。

[3-12] VHDL 语言中有哪几类运算符？请简述它们之间的优先级关系。

[3-13] 在一个表达式中如果有多种运算符，应该按照什么样的规则来进行运算？

［3-14］ 编写使用 CASE 语句描述四选一数据选择器的程序。

［3-15］ 简述进程语句的启动过程。

［3-16］ 两个进程 P1、P2 定义如下：

```
P1: PROCESS(a,b,c)
   VARIABLE: STD_LOGIC;
BEGIN
   d := a;
   x <= b + d;
   d := c;
   y <= b+d;
END PROCESS;

P2: PROCESS(a,b,c,d)
BEGIN
   d := a;
   x <= b + d;
   d := c;
   y <= b+d;
END PROCESS;
```

进程 1 执行后 x 和 y 的结果是什么？进程 2 执行后 x 和 y 的结果是什么？根据前面的结果可以得出什么结论？

［3-17］ 哪些常用库和程序包总是可见不用显式说明？

［3-18］ 数据类型 INTEGER、BIT 和 STD_LOGIC 分别定义在哪个库和程序包中？如何让相应的库和程序包可见？

［3-19］ 函数和过程在功能和定义上有什么区别？它们是如何调用的？

［3-20］ 编写实现四输入与非门功能的函数，并将其放入自定义的程序包中。

第4章 组合逻辑电路

数字系统是由具有各种功能的逻辑部件组成的，这些逻辑部件按照工作特点和其结构可以分为两类：一类是组合逻辑电路，简称组合电路；一类是时序逻辑电路，简称时序电路。

在组合逻辑电路中，电路任一时刻的输出仅仅取决于该时刻电路的输入信号，而与电路该时刻前的输出无关。

从电路结构上看，组合逻辑电路是由各种门电路构成的，只有从输入到输出的通路，没有从输出到输入的反馈回路，电路中也不存在存储部件。

图 4-1 是一个多输入多输出的组合逻辑电路框图，图中 $X_1, X_2, \cdots, X_n$ 表示输入变量，$F_1, F_2, \cdots, F_n$ 表示输出逻辑函数。组合电路的输出信号可以用输入信号的函数式表示：

$$F_1 = f_1(X_1, X_2, \cdots X_n)$$

$$F_2 = f_2(X_1, X_2, \cdots X_n)$$

$$\vdots$$

$$F_n = f_m(X_1, X_2, \cdots X_n)$$

X_1 X_2 ⋮ X_n 组合逻辑电路 F_1 F_2 ⋮ F_n

图 4-1　组合逻辑电路框图

本章主要介绍组合逻辑电路及其 VHDL 语言描述。

4.1　小规模组合逻辑电路的分析与设计

4.1.1　组合逻辑电路的分析

组合逻辑电路的分析就是根据已知的逻辑电路图，找出组合逻辑电路的输出信号和输入信号之间的关系，最后总结出其功能的过程。

组合逻辑电路的分析步骤：

① 根据给定的逻辑电路图，从输入到输出逐级推导，写出输出信号的逻辑函数表达式。

② 在需要时，利用公式法或卡诺图法对逻辑函数表达式进行化简。

③ 由化简后的函数表达式列出电路真值表，或画出电路的工作波形图。

④ 归纳总结电路的逻辑功能。

根据上面的分析步骤，可得出组合电路的分析过程，见图 4-2。

【例 4-1】 分析如图 4-3 所示电路的逻辑功能，要求写出逻辑表达式，列出真值表。

解：由图 4-3 写出逻辑表达式为

$$F_1 = \overline{A}B$$

$$F_2=\overline{\overline{A}B+A\overline{B}}=\overline{A\oplus B}$$

$$F_3=A\overline{B}$$

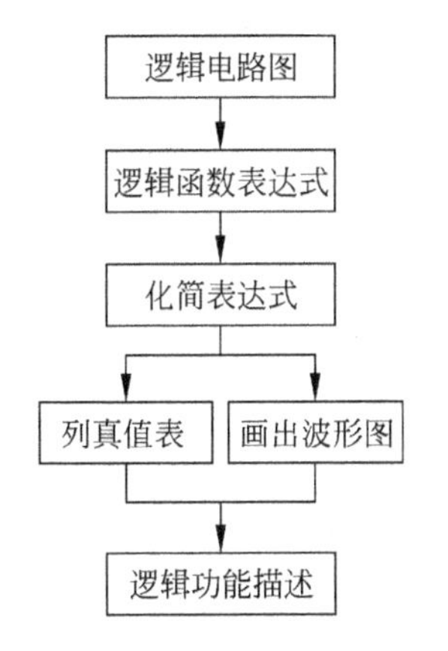

图 4-2　组合逻辑电路的分析过程

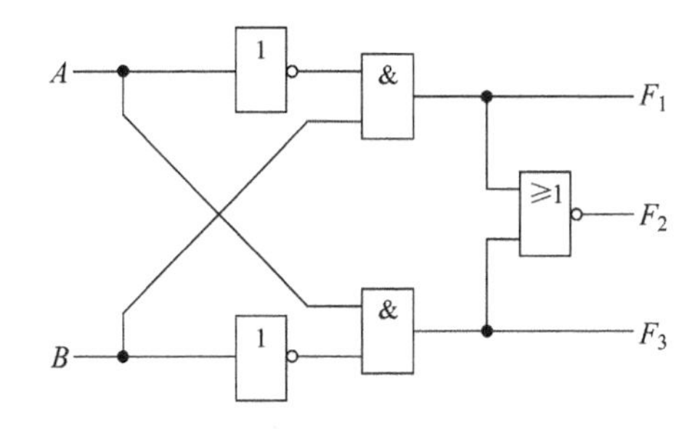

图 4-3　例 4-1 电路图

根据逻辑表达式列出真值表如表 4-1，由表看出当 $AB=00$ 或 11 时，$F_2=1$，其他输出为 0；当 $AB=01$ 时，$F_1=1$，其他输出为 0；当 $AB=10$ 时，$F_3=1$，其他输出为 0。该电路实现了一位比较器的功能，F_1 表示 $A<B$，F_2 表示 $A=B$，F_3 表示 $A>B$。

表 4-1　例 4-1 真值表

A	B	F_1	F_2	F_3
0	0	0	1	0
0	1	1	0	0
1	0	0	0	1
1	1	0	1	0

【例 4-2】　分析如图 4-4 所示的逻辑电路，要求写出逻辑表达式，列出真值表。

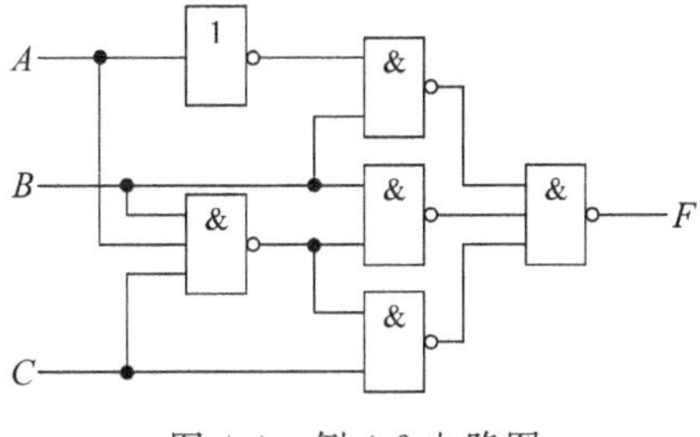

图 4-4　例 4-2 电路图

解：由图 4-4 写出逻辑表达式为：

$$\begin{aligned}F&=\overline{\overline{\overline{A}B}\cdot\overline{B\,\overline{ABC}}\cdot\overline{C\,\overline{ABC}}}\\&=\overline{A}B+B\,\overline{ABC}+C\,\overline{ABC}\\&=\overline{A}B+B(\overline{A}+\overline{B}+\overline{C})+C(\overline{A}+\overline{B}+\overline{C})\\&=\overline{A}B+\overline{B}C+\overline{A}C+B\overline{C}\\&=\overline{A}B+\overline{B}C+B\overline{C}\end{aligned}$$

真值表如表4-2所示。当A=0时,B、C实现或运算;当A=1时,B、C实现异或运算。

表4-2 例4-2真值表

A	B	C	F
0	0	0	0
0	0	1	1
0	1	0	1
0	1	1	1
1	0	0	0
1	0	1	1
1	1	0	1
1	1	1	0

4.1.2 组合逻辑电路的设计

组合逻辑电路的设计是分析的逆过程,它要求根据给定的逻辑功能,设计出能够实现该逻辑功能的逻辑电路。

组合逻辑电路的设计步骤如下:

① 根据以文字或其他形式所描述的逻辑命题,分析其中的因果关系,将设计问题转化成逻辑问题。列出输入输出变量并进行赋值,以事件发生的条件作为输入变量,事件的结果作为输出变量,用二值逻辑的0、1分别表示输入输出的不同状态。

② 根据因果关系和状态赋值的形式,列出表示逻辑关系的真值表。

③ 根据真值表写出输出函数的逻辑表达式。

④ 利用公式法或卡诺图法对逻辑函数表达式进行化简。

⑤ 根据化简后的表达式,画出对应的逻辑电路图。如果命题规定了实现的逻辑器件,还要将最简表达式转化成相应的形式,再设计相应的逻辑电路。

组合逻辑电路的设计步骤如图4-5所示。

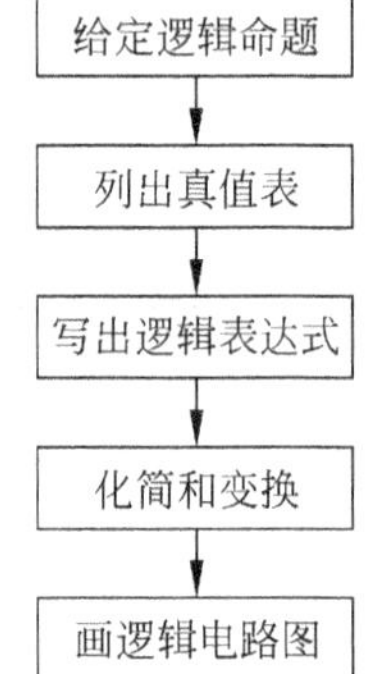

图4-5 组合逻辑电路的设计过程

【例4-3】 设 X、Y 都是两位二进制数,用"与非"门设计一个判断 $X>Y$ 的逻辑电路。

解:① 设置逻辑变量并且赋值。根据题意,设两位二进制数 $X=AB$,两位二进制数 $Y=CD$;比较结果为输出变量 F,当 $X>Y$ 时 $F=1$,当 $X\leqslant Y$ 时 $F=0$。

② 列出真值表如表4-3所示。

③ 由真值表得到输出 F 的最小项表达式。$F=\sum_m(4,8,9,12,13,14)$

④ 使用卡诺图法化简,如图4-6所示。化简后得到最简与或式,用反演律将最简与或式变成与非的形式。最后根据转换后的表达式画出逻辑电路图如图4-7所示。

$$F=A\overline{C}+AB\overline{D}+B\overline{C}\overline{D}=\overline{\overline{A\overline{C}}\cdot\overline{AB\overline{D}}\cdot\overline{B\overline{C}\overline{D}}}$$

表 4-3 例 4-3 真值表

A	B	C	D	F	A	B	C	D	F
0	0	0	0	0	1	0	0	0	1
0	0	0	1	0	1	0	0	1	1
0	0	1	0	0	1	0	1	0	0
0	0	1	1	0	1	0	1	1	0
0	1	0	0	1	1	1	0	0	1
0	1	0	1	0	1	1	0	1	1
0	1	1	0	0	1	1	1	0	1
0	1	1	1	0	1	1	1	1	0

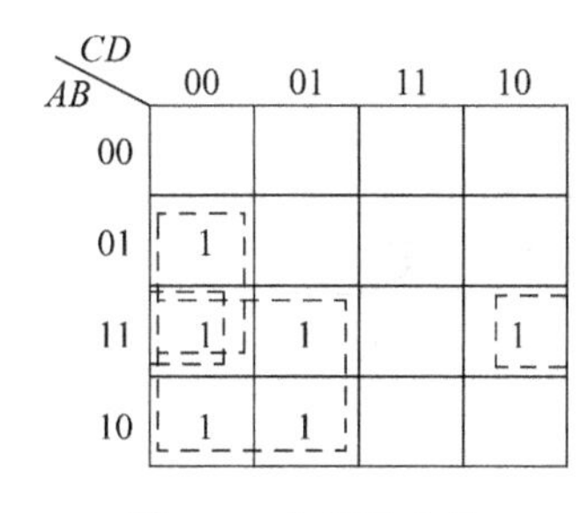

图 4-6 卡诺图化简

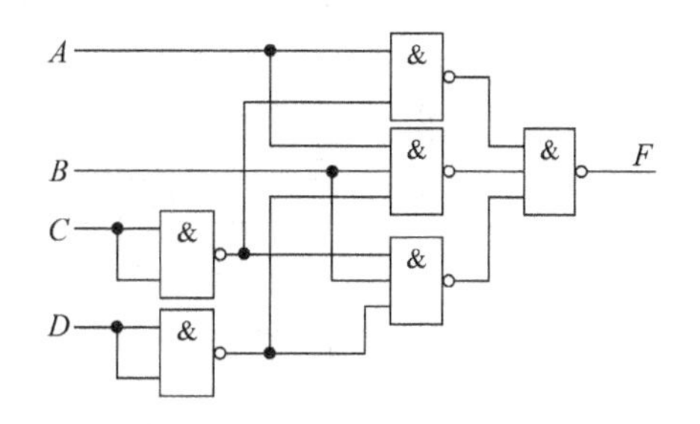

图 4-7 逻辑电路图

【例 4-4】 某雷达站有 3 部雷达 A、B、C，其中 A 和 B 功率消耗相等，C 的功率为 A 的两倍。这些雷达由 2 台发电机 X、Y 供电，发电机 X 的最大输出功率等于雷达 A 的功率消耗，发电机 Y 的最大输出功率是 X 的 3 倍。设计一个组合逻辑电路，能够根据各雷达的启动和关闭信号，以最节约电能的方式启、停发电机。

解：① 设 3 部雷达 A、B、C 为输入变量，工作用 1 表示，不工作用 0 表示；发电机 X、Y 为输出变量，启动为 1，不启动为 0。

② 根据题意，按照上述赋值列出真值表如表 4-4 所示。

表 4-4 例 4-4 真值表

A	B	C	X	Y
0	0	0	0	0
0	0	1	0	1
0	1	0	1	0
0	1	1	0	1
1	0	0	1	0
1	0	1	0	1
1	1	0	0	1
1	1	1	1	1

③ 采用卡诺图化简，不用写出逻辑表达式，可以直接由真值表填入卡诺图中并化简，如图 4-8 所示。

④ 化简后得到最简与或式，要求用与非门设计实现该逻辑电路，所以用反演律将最简

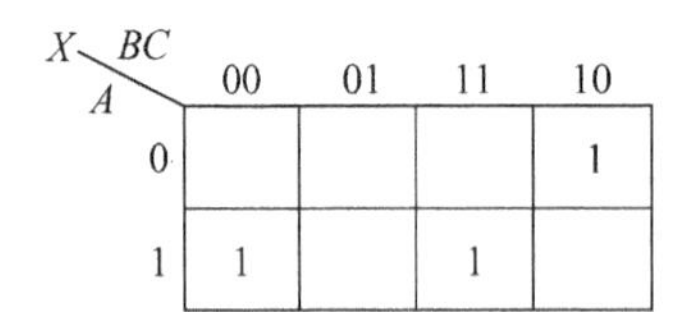

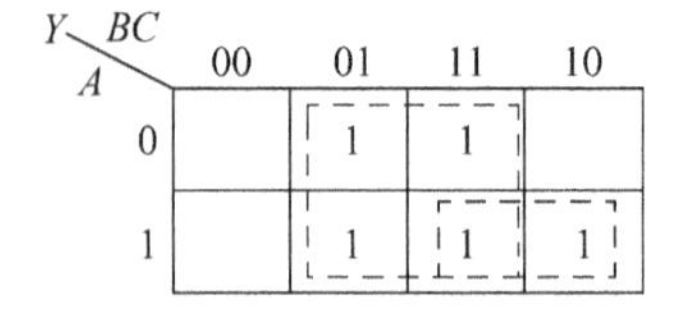

图 4-8 卡诺图化简

“与或”式变成与“非-与非”的形式。最后根据转换后的表达式画出逻辑电路图如图 4-9 所示。

$$X=\overline{A}B\overline{C}+A\overline{B}\overline{C}+ABC=\overline{\overline{\overline{A}B\overline{C}}\cdot\overline{A\overline{B}\overline{C}}\cdot\overline{ABC}}$$

$$Y=\overline{A}\overline{B}C+\overline{A}BC+A\overline{B}C+AB\overline{C}+ABC=C+AB=\overline{\overline{C}\cdot\overline{AB}}$$

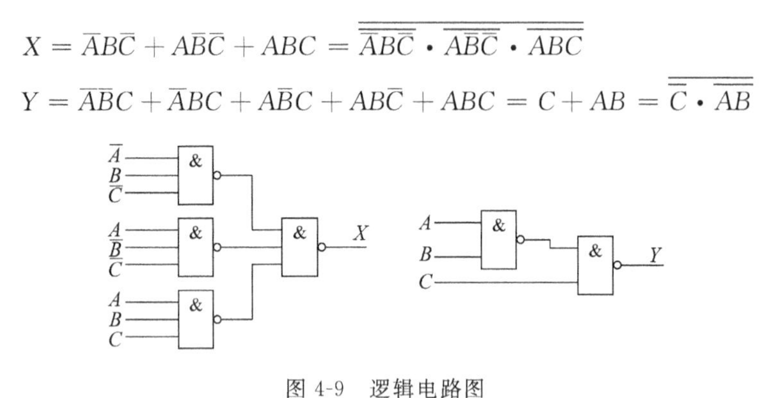

图 4-9 逻辑电路图

4.1.3 小规模组合逻辑电路的 VHDL 描述

小规模组合逻辑电路的 VHDL 语言描述比较简单的方法是，按照信号间的逻辑关系写出相应的 VHDL 运算表达式。如例 4-3，化简后得到了逻辑表达式 $F=A\overline{C}+AB\overline{D}+B\overline{C}\overline{D}$，即可写出 VHDL 程序：

```
LIBRARY IEEE;
USE IEEE.STD_LOGIC_1164.ALL;
ENTITY example IS
  PORT ( A,B,C,D: IN STD_LOGIC
        F: OUT STD_LOGIC);
END example;
ARCHITECTURE rtl OF example IS
BEGIN
        F <= ( A AND NOT(C)) OR ( A AND B AND NOT(D)) OR( B AND NOT(C)
             AND NOT(D));
END rtl;
```

4.2 常用中规模组合逻辑电路

在实际应用中可发现，有一些组合逻辑电路形式经常、大量的出现在各种数字系统当中，比如译码器、编码器、数据分配器、数据选择器、数值比较器、加法器等。为了方便使用，市场上均有相应的中、小规模标准化集成器件产品。

4.2.1　编码器原理及 VHDL 描述

在数字系统中，用特定的 n 位二进制代码表示某一信息的过程称为编码。实现编码功能的数字电路称为编码器。

编码器的输入是表示不同信息的一组信号，输出是对应的二进制代码。

常见的编码器主要是普通编码器和优先编码器两类。

1. 普通编码器

在普通编码器中，任何时刻只允许输入一个编码信号，即输入端只允许有一个有效信号输入，否则输出将发生混乱。

以 3 位二进制普通编码器为例，分析 3 位普通编码器的工作原理。图 4-10 是一个 3 位二进制普通编码器逻辑图，$I_0 \sim I_7$ 为 8 个输入端，输出的 3 位二进制编码 $Y_2Y_1Y_0$。因此，它又叫做 8 线-3 线编码器。利用编码的唯一性，即任何时刻输入端只允许有一个有效信号输入，其余均为无效信号，可以写出输出 $Y_2Y_1Y_0$ 的逻辑表达式：

$$Y_2 = I_4 + I_5 + I_6 + I_7$$
$$Y_1 = I_2 + I_3 + I_6 + I_7$$
$$Y_0 = I_1 + I_3 + I_5 + I_7$$

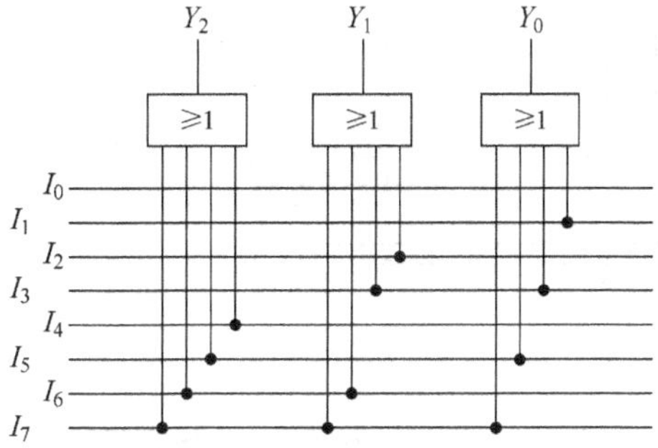

图 4-10　3 位二进制普通编码器

由输出逻辑表达式可以得到如表 4-5 所示的真值表。

表 4-5　3 位二进制普通编码器真值表

输入								输出		
I_0	I_1	I_2	I_3	I_4	I_5	I_6	I_7	Y_2	Y_1	Y_0
1	0	0	0	0	0	0	0	0	0	0
0	1	0	0	0	0	0	0	0	0	1
0	0	1	0	0	0	0	0	0	1	0
0	0	0	1	0	0	0	0	0	1	1
0	0	0	0	1	0	0	0	1	0	0
0	0	0	0	0	1	0	0	1	0	1
0	0	0	0	0	0	1	0	1	1	0
0	0	0	0	0	0	0	1	1	1	1

2. 优先编码器

普通编码器对输入端的信号是有限制的，要求任意时刻，只允许有一个输入端是有效输入信号，否则编码器将发生混乱。为了解决这个问题，可以使用优先编码器，它允许输入端同时有多个有效信号输入，每个输入端都有优先级别，任意时刻只对优先级高的输入信号编码，优先级低的输入信号不予理睬。

图 4-11 给出了常用的 8 线-3 线优先编码器 74LS148 的逻辑图，表 4-6 是常用的 8 线-3 线优先编码器 74LS148 的真值表。从表中可以看出输入有效信号是低电平，输入端 $\bar{I}_7$ 的优先级最高，依次降低，输入端 $\bar{I}_0$ 的优先级最低；$\overline{\mathrm{EI}}$是输入使能端，为 0 时优先编码器工作，为 1 时所有输出端都输出为 1；输出为反码形式，即当 $\bar{I}_7=0$ 时，对 $\bar{I}_7$ 编码，输出$\bar{D}_2\bar{D}_1\bar{D}_0=000$（7 的反码）；$\overline{\mathrm{GS}}$、$\overline{\mathrm{EO}}$是输出扩展端口，用于多片连接。

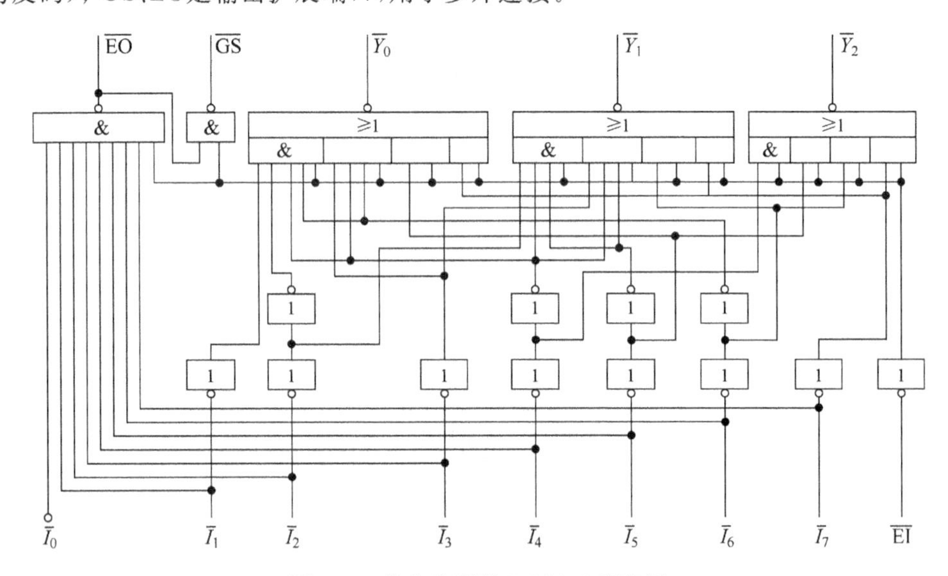

图 4-11 优先编码器 74LS148 逻辑图

表 4-6 优先编码器 74LS148 真值表

输入									输出				
$\overline{\mathrm{EI}}$	$\bar{I}_0$	$\bar{I}_1$	$\bar{I}_2$	$\bar{I}_3$	$\bar{I}_4$	$\bar{I}_5$	$\bar{I}_6$	$\bar{I}_7$	$\bar{Y}_2$	$\bar{Y}_1$	$\bar{Y}_0$	$\overline{\mathrm{GS}}$	$\overline{\mathrm{EO}}$
1	×	×	×	×	×	×	×	×	1	1	1	1	1
0	1	1	1	1	1	1	1	1	1	1	1	1	0
0	×	×	×	×	×	×	×	0	0	0	0	0	1
0	×	×	×	×	×	×	0	1	0	0	1	0	1
0	×	×	×	×	×	0	1	1	0	1	0	0	1
0	×	×	×	×	0	1	1	1	0	1	1	0	1
0	×	×	×	0	1	1	1	1	1	0	0	0	1
0	×	×	0	1	1	1	1	1	1	0	1	0	1
0	×	0	1	1	1	1	1	1	1	1	0	0	1
0	0	1	1	1	1	1	1	1	1	1	1	0	1

3. 优先编码器的 VHDL 描述

根据前面介绍的 8 线-3 线优先编码器 74LS148 的工作原理，使用 VHDL 语言实现其全部功能的程序如下：

```
LIBRARY IEEE;
USE IEEE.STD_LOGIC_1164.ALL;
ENTITY coder8_3 IS
  PORT(EI: IN STD_LOGIC;
      I: IN STD_LOGIC_VECTOR(7 DOWNTO 0);
      Y: OUT STD_LOGIC_VECTOR(2 DOWNTO 0);
      GS,EO: OUT STD_LOGIC);
END coder8_3;
ARCHITECTURE rtl OF coder8_3 IS
BEGIN
    PROCESS (EI,I)
    BEGIN
        IF ( EI = '0') THEN
            IF( I(7) = '0') THEN
                Y <= "000";
                GS <= '0';
                EO <= '1';
            ELSIF( I(6) = '0') THEN
                Y <= "001";
                GS <= '0';
                EO <= '1';
            ELSIF( I(5) = '0') THEN
                Y <= "010";
                GS <= '0';
                EO <= '1';
            ELSIF( I(4) = '0') THEN
                Y <= "011";
                GS <= '0';
                EO <= '1';
            ELSIF( I(3) = '0') THEN
                Y <= "100";
                GS <= '0';
                EO <= '1';
            ELSIF( I(2) = '0') THEN
                Y <= "101";
                GS <= '0';
                EO <= '1';
            ELSIF( I(1) = '0') THEN
                Y <= "110";
                GS <= '0';
                EO <= '1';
            ELSIF( I(0) = '0') THEN
                Y <= "111";
                GS <= '0';
                EO <= '1';
```

```
            ELSE
                Y<="111" ;
                GS<='1';
                EO<='0';
            END IF;
        ELSE
            Y<="111" ;
            GS<='1';
            EO<='1';
        END IF;
    END PROCESS;
END rtl;
```

4.2.2 译码器原理及 VHDL 描述

译码是编码的逆过程，是将二进制编码中的含义“翻译”过来的过程。实现译码功能的电路叫做译码器。

译码器的输入是一组多位二进制编码，不同的编码对应不同的输出信号，即输出只有一个是有效状态。它是数字系统中最常用的一种逻辑器件。

1. 3 线-8 线译码器

图 4-12 给出了 3 线-8 线译码器 74LS138 的逻辑图，有三个高电平有效的编码输入端 A_2、A_1、A_0，8 个低电平有效的译码输出端 $\overline{F}_0 \sim \overline{F}_7$。3 个输入使能端 S_1、$\overline{S}_2$、$\overline{S}_3$ 必须满足 $S_1=1, \overline{S}_2=\overline{S}_3=0$ 的条件，74LS138 才能实现译码器功能。否则，译码器处于禁止状态，所有的输出端全是高电平。

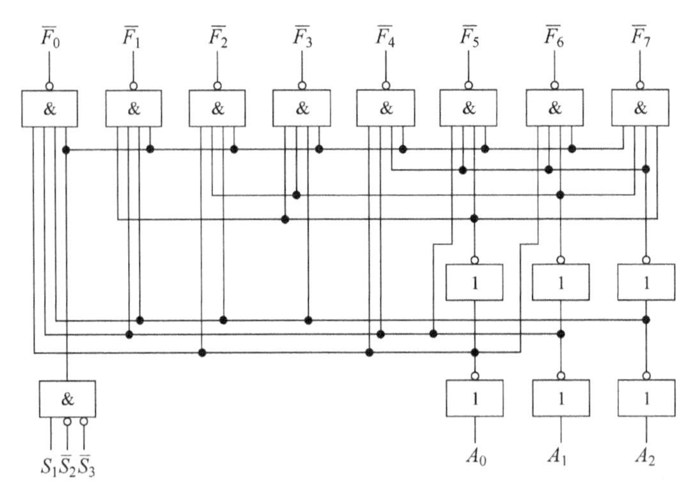

图 4-12 3 线-8 线译码器 74LS138 逻辑图

由 74LS138 的逻辑图可以写出在满足 $S_1=1, \overline{S}_2=\overline{S}_3=0$ 的条件下各个输出端的逻辑表达式：

$$\overline{F}_0=\overline{\overline{A}_2\overline{A}_1\overline{A}_0} \quad \overline{F}_1=\overline{\overline{A}_2\overline{A}_1A_0} \quad \overline{F}_2=\overline{\overline{A}_2A_1\overline{A}_0} \quad \overline{F}_3=\overline{\overline{A}_2A_1A_0}$$

$$\overline{F}_4=\overline{A_2\overline{A}_1\overline{A}_0}\quad \overline{F}_5=\overline{A_2\overline{A}_1A_0}\quad \overline{F}_6=\overline{A_2A_1\overline{A}_0}\quad \overline{F}_7=\overline{A_2A_1A_0}$$

表 4-7 是 74LS138 的真值表。

表 4-7 74LS138 真值表

使能输入		代码输入			译码输出							
S_1	$\overline{S}_2+\overline{S}_3$	A_2	A_1	A_0	$\overline{F}_0$	$\overline{F}_1$	$\overline{F}_2$	$\overline{F}_3$	$\overline{F}_4$	$\overline{F}_5$	$\overline{F}_6$	$\overline{F}_7$
0	×	×	×	×	1	1	1	1	1	1	1	1
×	1	×	×	×	1	1	1	1	1	1	1	1
1	0	0	0	0	0	1	1	1	1	1	1	1
1	0	0	0	1	1	0	1	1	1	1	1	1
1	0	0	1	0	1	1	0	1	1	1	1	1
1	0	0	1	1	1	1	1	0	1	1	1	1
1	0	1	0	0	1	1	1	1	0	1	1	1
1	0	1	0	1	1	1	1	1	1	0	1	1
1	0	1	1	0	1	1	1	1	1	1	0	1
1	0	1	1	1	1	1	1	1	1	1	1	0

【例 4-5】 试用 74LS138 实现逻辑函数 $F=\overline{A}\overline{B}C+A\overline{B}\overline{C}+BC$。

解：

$$\begin{aligned}F&=\overline{A}\overline{B}C+A\overline{B}\overline{C}+BC\\&=\overline{A}\overline{B}C+A\overline{B}\overline{C}+(A+\overline{A})BC\\&=\overline{A}\overline{B}C+\overline{A}BC+A\overline{B}\overline{C}+ABC\\&=\overline{\overline{\overline{A}\overline{B}C}\cdot\overline{\overline{A}BC}\cdot\overline{A\overline{B}\overline{C}}\cdot\overline{ABC}}\end{aligned}$$

令 $A_2=A,A_1=B,A_0=C$,则上式变换为：

$$F=\overline{\overline{\overline{A}\overline{B}C}\cdot\overline{\overline{A}BC}\cdot\overline{A\overline{B}\overline{C}}\cdot\overline{ABC}}=\overline{\overline{F}_1\cdot\overline{F}_3\cdot\overline{F}_4\cdot\overline{F}_7}$$

根据上式可以画出由 74LS138 实现的逻辑函数，逻辑图如图 4-13 所示。

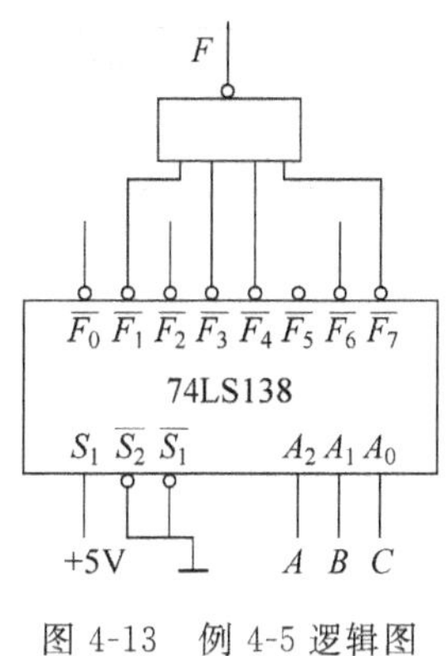

图 4-13 例 4-5 逻辑图

2. 七段数字译码/驱动器

在数字系统中，常常要用数码管显示测量或运算的结果，这就需要相应的显示译码器去驱动。图 4-14 是采用七段数码管的显示系统，它是由七段数码管和对应的显示译码器组成。

常用的半导体数码管是由 7 个条形发光二极管组成字形来显示数字的。当发光二极管外加正向电压时，电能转化为光能，发出光线。半导体数码管按连接方式的不同分为共阴极和共阳极两类。共阴极数码管是将 7 个发光二极管的阴极接在一起，实际使用时接地，阳极是独立的。共阳极数码管和共阴极数码管相反，7 个发光二极管的阳极接在一起，实际使用时接高电平(如正+5V 电源)，阴极是独立的，如图 4-15 所示。

共阴极数码管由于 7 个发光二极管的阴极一起接地，要使二极管发光，要用输出高电平有效地显示译码器来驱动。相应的共阳极数码管要用输出低电平有效地显示译码器来驱动。

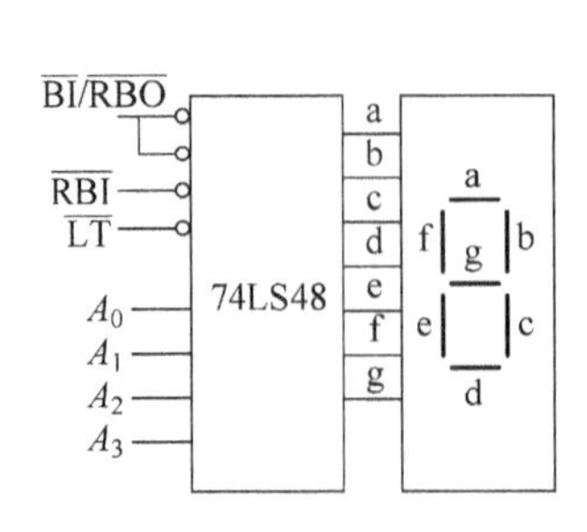

图 4-14 七段数码管显示系统

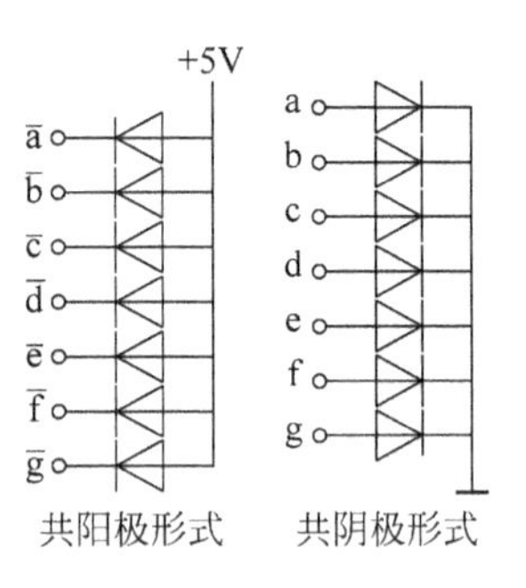

图 4-15 半导体数码管

74LS48 是中规模 BCD 码七段显示译码/驱动器，表 4-8 列出了的其功能表，从表中可以看到 7 个输出信号 a～g 以高电平有效，配合共阴极数码管使用。

74LS48 除了 4 个编码数据输入端 $A_3A_2A_1A_0$ 以外，还有其他功能输入端。

1）试灯输入 LT

试灯输入用来检查数码管的各段是否工作正常。当 LT=0 时，无论数据输入端 $A_3A_2A_1A_0$ 是什么状态，显示译码/驱动器的输出端均为高电平，七段数码管被全点亮。

表 4-8 74LS48 功能表

输入							输出							
$\overline{LT}$	$\overline{RBI}$	A_3	A_2	A_1	A_0	$\overline{BI}/\overline{RBO}$	a	b	c	d	e	f	g	显示字符
1	1	0	0	0	0	1	1	1	1	1	1	1	0	0
1	×	0	0	0	1	1	0	1	1	0	0	0	0	1
1	×	0	0	1	0	1	1	1	0	1	1	0	1	2
1	×	0	0	1	1	1	1	1	1	1	0	0	1	3
1	×	0	1	0	0	1	0	1	1	0	0	1	1	4
1	×	0	1	0	1	1	1	0	1	1	0	1	1	5
1	×	0	1	1	0	1	0	0	1	1	1	1	1	6
1	×	0	1	1	1	1	1	1	1	0	0	0	0	7
1	×	1	0	0	0	1	1	1	1	1	1	1	1	8
1	×	1	0	0	1	1	1	1	1	0	0	1	1	9
×	×	×	×	×	×	0	0	0	0	0	0	0	0	熄灭
1	0	0	0	0	0	0	0	0	0	0	0	0	0	熄灭
0	×	×	×	×	×	1	1	1	1	1	1	1	1	8

2）灭灯输入 $\overline{BI}$

当 $\overline{BI}=0$ 时，无论 $\overline{LT}$ 和数据输入端 $A_3A_2A_1A_0$ 是什么状态，显示译码/驱动器的输出端均为低电平，七段数码管被全灭。

3）灭零输入 $\overline{RBI}$

在现实多位数据时，整数部分的高位 0 和小数部分的低位 0 是不显示的，要将其熄灭。当数据输入端 $A_3A_2A_1A_0$ 全是 0，并且 $\overline{RBI}=0$ 时，显示译码/驱动器的输出端均为低电平，将该位的 0 熄灭。

4）灭零输出$\overline{RBO}$

灭零输出$\overline{RBO}$和灭灯输入$\overline{BI}$共用同一端。当数据输入端 $A_3A_2A_1A_0$ 全是 0，并且$\overline{RBI}=0$时，该位的 0 熄灭，同时$\overline{RBO}$输出 0。$\overline{RBO}$连接到次高位的灭零输入$\overline{RBI}$上，作为次高位的灭零判断。

在实际由 74LS48 和共阴极数码管构成的显示系统中，要在 74LS48 和共阴极数码管的引脚间加上限流电阻，防止电流过大，烧毁数码管。

3. 译码器的 VHDL 描述

1）3 线-8 线译码器的 VHDL 描述

根据前面介绍的 3 线-8 线译码器 74LS138 的工作原理，使用 VHDL 语言实现其全部功能的程序如下：

```
LIBRARY IEEE;
USE IEEE.STD_LOGIC_1164.ALL;
ENTITY decoder3_8 IS
    PORT (A0,A1,A2,S1,S2,S3: IN STD_LOGIC;
        F: OUT STD_LOGIC_VECTOR(7 DOWNTO 0));
END decoder3_8;
ARCHITECTURE rtl OF decoder3_8 IS
    SIGNAL indata: STD_LOGIC_VECTOR (2 DOWNTO 0);
BEGIN
    indata<= A2 & A1 & A0;
    PROCESS (indata,S1,S2,S3)
    BEGIN
        IF (S1 = '1' AND S2 = '0' AND S3 = '0' ) THEN
            CASE indata IS
                WHEN "000"  => F <= "11111110" ;
                WHEN "001"  => F <= "11111101" ;
                WHEN "010"  => F <= "11111011" ;
                WHEN "011"  => F <= "11110111" ;
                WHEN "100"  => F <= "11101111" ;
                WHEN "101"  => F <= "11011111" ;
                WHEN "110"  => F <= "10111111" ;
                WHEN "111"  => F <= "01111111" ;
                WHEN OTHERS  => F <= "XXXXXXXX" ;
            END CASE;
        ELSE
            F <= "11111111" ;
        END IF;
    END PROCESS;
END rtl;
```

2）七段显示译码器的 VHDL 描述

```
LIBRARY IEEE;
USE IEEE.STD_LOGIC_1164.ALL;
ENTITY dis_coder IS
    PORT (LT,RBI: IN STD_LOGIC;
```

```
            A: IN STD_LOGIC_VECTOR(3 DOWNTO 0);
            a,b,c,d,e,f,g: OUT STD_LOGIC;
            BIRBO: INOUT STD_LOGIC);
END dis_coder;
ARCHITECTURE rtl OF dis_coder IS
    SIGNAL outdata: STD_LOGIC_VECTOR (6 DOWNTO 0);
BEGIN
    outdata <= a & b & c & d & e & f & g;
    PROCESS (A,LT,RBI,BIRBO)
    BEGIN
        IF( BIRBO = '0') THEN
            outdata <= "0000000";
    ELSE
        IF( LT = '0') THEN
            outdata <= "1111111";
            BIRBO <= '1';
        ELSE
            IF( RBI = '0' AND A = "0000") THEN
                outdata <= "0000000";
                BIRBO <= '0';
            ELSIF( RBI = '1' AND A = "0000") THEN
                outdata <= "1111110";
                BIRBO <= '1';
            ELSIF( A = "0001") THEN
                outdata <= "0110000";
                BIRBO <= '1';
            ELSIF( A = "0010") THEN
                outdata <= "1101101";
                BIRBO <= '1';
            ELSIF( A = "0011") THEN
                outdata <= "1111001";
                BIRBO <= '1';
            ELSIF( A = "0100") THEN
                utdata <= "0110011";
                BIRBO <= '1';
            ELSIF( A = "0101") THEN
                outdata <= "1011011";
                IRBO <= '1';
            ELSIF( A = "0110") THEN
                outdata <= "0011111";
                BIRBO <= '1';
            ELSIF( A = "0111") THEN
                outdata <= "1110000";
                BIRBO <= '1';
            ELSIF( A = "1000") THEN
                outdata <= "1111111";
                BIRBO <= '1';
            ELSIF( A = "1001") THEN
                outdata <= "1110011";
                BIRBO <= '1';
            ELSE
```

```
                outdata <= "0000000";
                BIRBO <= '1';
            END IF;
        END IF;
    END IF;
  END PROCESS;
END rtl;
```

4.2.3 数据选择器和数据分配器原理及 VHDL 描述

1. 数据选择器

数据选择器(MUX)又称多路转换器或多路开关,它是一种多输入单输出的逻辑器件。在地址选择信号的控制下,从输入端的多路输入信号中选择一路作为输出信号。常有二选一、四选一、八选一、十六选一等形式。

以四选一数据选择器为例,图 4-16 给出了四选一数据选择器的逻辑图,其功能表如表 4-9 所示。四路输入信号 $D_3D_2D_1D_0$,在地址选择信号 A_1A_0 的控制下,输出 F 是 $D_3D_2D_1D_0$ 中某一个。输入使能端 $\overline{E}$ 低电平有效。由功能表可以得到数据选择器的输出函数表达式:

$$F=\overline{A}_1\overline{A}_0D_0+\overline{A}_1A_0D_1+A_1\overline{A}_0D_2+A_1A_0D_3=\sum_{i=0}^{3}m_iD_i$$

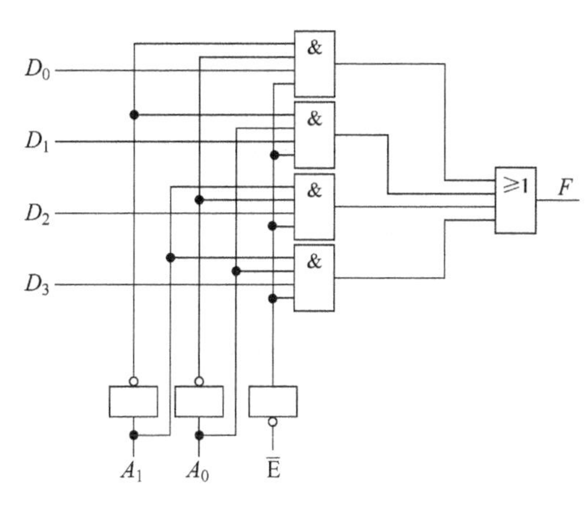

图 4-16 四选一数据选择器逻辑图

表 4-9 四选一数据选择器功能表

选择输入		输出选择	数据输入				输出
A_1	A_0	$\overline{E}$	D_0	D_1	D_2	D_3	F
×	×	1	×	×	×	×	0
0	0	0	D_0	×	×	×	D_0
0	1	0	×	D_1	×	×	D_1
1	0	0	×	×	D_2	×	D_2
1	1	0	×	×	×	D_3	D_3

2. 数据分配器

数据分配器(DEMUX)的功能和数据选择器功能相反。它是单输入多输出的逻辑器件,将一路输入数据在地址选择信号的控制下分配不同的输出通道上。4路数据分配器的逻辑图如图4-17所示,逻辑功能见表4-10。

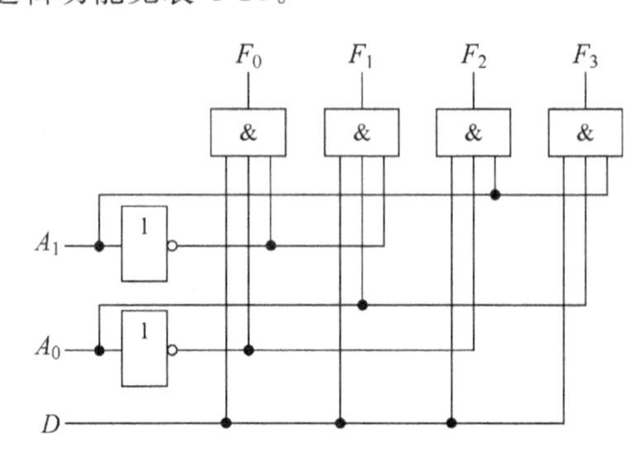

图4-17 4路数据分配器逻辑图

表4-10 4路数据分配器功能表

选择输入		数据输出			
A_1	A_0	F_0	F_1	F_2	F_3
0	0	D_0	0	0	0
0	1	0	D_1	0	0
1	0	0	0	D_2	0
1	1	0	0	0	D3

3. 数据选择器和数据分配器的VHDL描述

1) 数据选择器的VHDL描述

以四选一数据选择器为例,其VHDL程序如下:

```
LIBRARY IEEE;
USE IEEE.STD_LOGIC_1164.ALL;
ENTITY mux4 IS
PORT(D0,D1,D2,D3,A1,A0,E: IN STD_LOGIC;
            Q: OUT STD_LOGIC);
END mux4;
ARCHITECTURE example OF mux4 IS
    SIGNAL SEL: STD_LOGIC_VECTOR(1 DOWNTO 0);
BEGIN
    SEL<= A1 & A0;
    PROCESS(D0,D1,D2,D3,SEL,E)
    BEGIN
        IF( E='1') THEN
            Q<= '0';
        ELSE
            IF( SEL="00") THEN
```

```
            Q <= D0;
        ELSIF( SEL = "01") THEN
            Q <= D1;
        ELSIF( SEL = "10") THEN
            Q <= D2;
        ELSIF( SEL = "11") THEN
            Q <= D3;
        END IF;
    END IF;
  END PROCESS;
END example;
```

2）数据分配器的 VHDL 描述

```
LIBRARY IEEE;
USE IEEE.STD_LOGIC_1164.ALL;
ENTITY demux4 IS
    PORT(D,A1,A0: IN STD_LOGIC;
        Q0,Q1,Q2,Q3: OUT STD_LOGIC);
END demux4;
ARCHITECTURE example OF demux4 IS
    SIGNAL SEL: STD_LOGIC_VECTOR(1 DOWNTO 0);
BEGIN
    SEL <= A1 & A0;
    PROCESS( D,SEL)
BEGIN
        CASE SEL IS
            WHEN "00" => Q0 <= D;
            WHEN "01" => Q1 <= D;
            WHEN "10" => Q2 <= D;
            WHEN "11" => Q3 <= D;
            WHEN OTHERS => Q0 <= 'Z'; Q1 <= 'Z'; Q2 <= 'Z'; Q3 <= 'Z';
        END CASE;
    END PROCESS;
END example;
```

4.2.4 加法器原理及 VHDL 描述

加法器是数字电路中运算器的重要组成部分，两个二进制数之间的加、减、乘、除等算术运算都是化做若干步加法运算的。

1. 半加器

不考虑低位向本位的进位，只将两个一位二进制数相加的运算电路，称为半加器。按照二进制加法运算的规则，得到如表 4-11 所示的半加器真值表。A、B 是两个加数，S 是和，C 是向本位向高位的进位。由真值表得到 S 和 C 的逻辑表达式。

$$S = \overline{A}B + A\overline{B} = A \oplus B$$

$$C = AB$$

可见，半加器是由异或门和与门构成的，如图 4-18 所示。

表 4-11 半加器真值表

输入		输出	
A	B	S	C
0	0	0	0
0	1	1	0
1	0	1	0
1	1	0	1

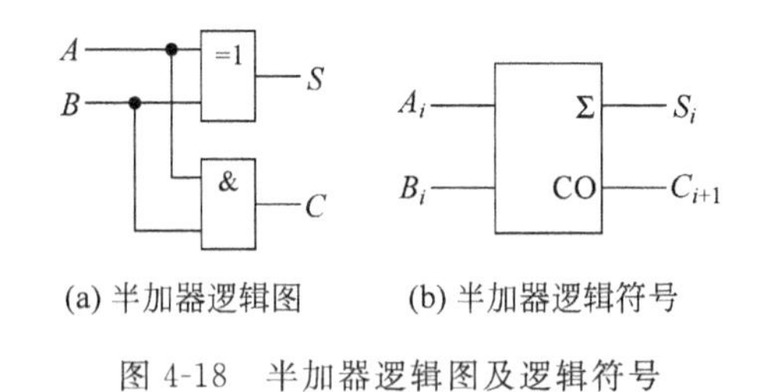

图 4-18 半加器逻辑图及逻辑符号

2. 全加器

两个多位二进制数相加，除了最低位外，将两个对应位的加数和来自低位的进位相加。实现这种运算的电路称为全加器。

根据二进制加法运算规则可列出 1 位全加器的真值表，如表 4-12 所示。

表 4-12 全加器真值表

输入			输出	
A	B	C	S	C
0	0	0	0	0
0	0	1	1	0
0	1	0	1	0
0	1	1	0	1
1	0	0	1	0
1	0	1	0	1
1	1	0	0	1
1	1	1	1	1

由真值表得到和、进位信号的逻辑表达式，化简后得：

$$S_i = A_i \oplus B_i \oplus C_i$$

$$C_{i+1} = A_iB_i + (A_i \oplus B_i)C_i$$

由上两式可以画出全加器的逻辑框图如图 4-19 所示。

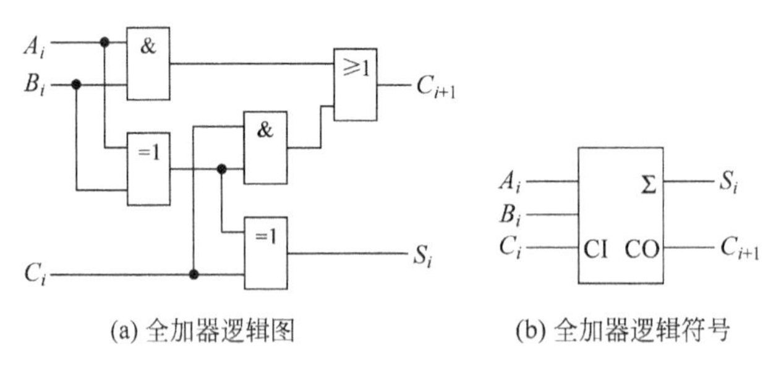

图 4-19 全加器逻辑图及逻辑符号

3. 多位加法器

实现多位二进制数相加的运算电路称为多位加法器。按照进位方式的不同分为串行进位和并行进位两种类型。它们都是在多个全加器的基础上，构成实现的多位加法电路。

图 4-20 是一种串行进位加法器，它由 4 个全加器串行连接而成。由于每一位相加的结果，必须等到低一位的进位信号产生后才能得到，所以延时和参与运算的位数有关，电路运算速度慢。

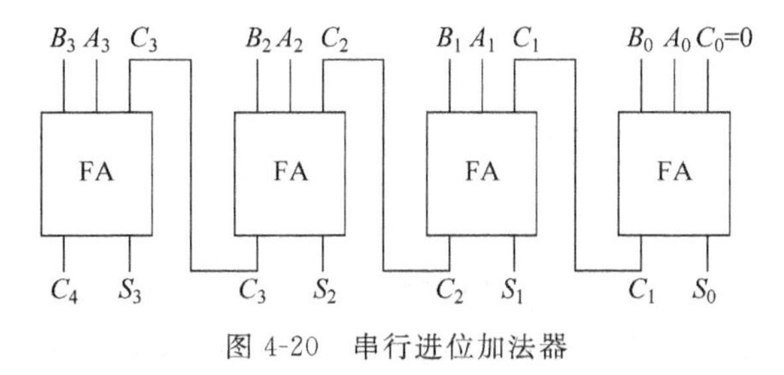

图 4-20 串行进位加法器

图 4-21 是超前进位并行加法器 74LS283。为了提高运算的速度，必须减小或消除进位信号主机传递的时间。所以在该电路中加入了超前进位判断部分，使得在相加运算的开始就已经得到了进位信号。

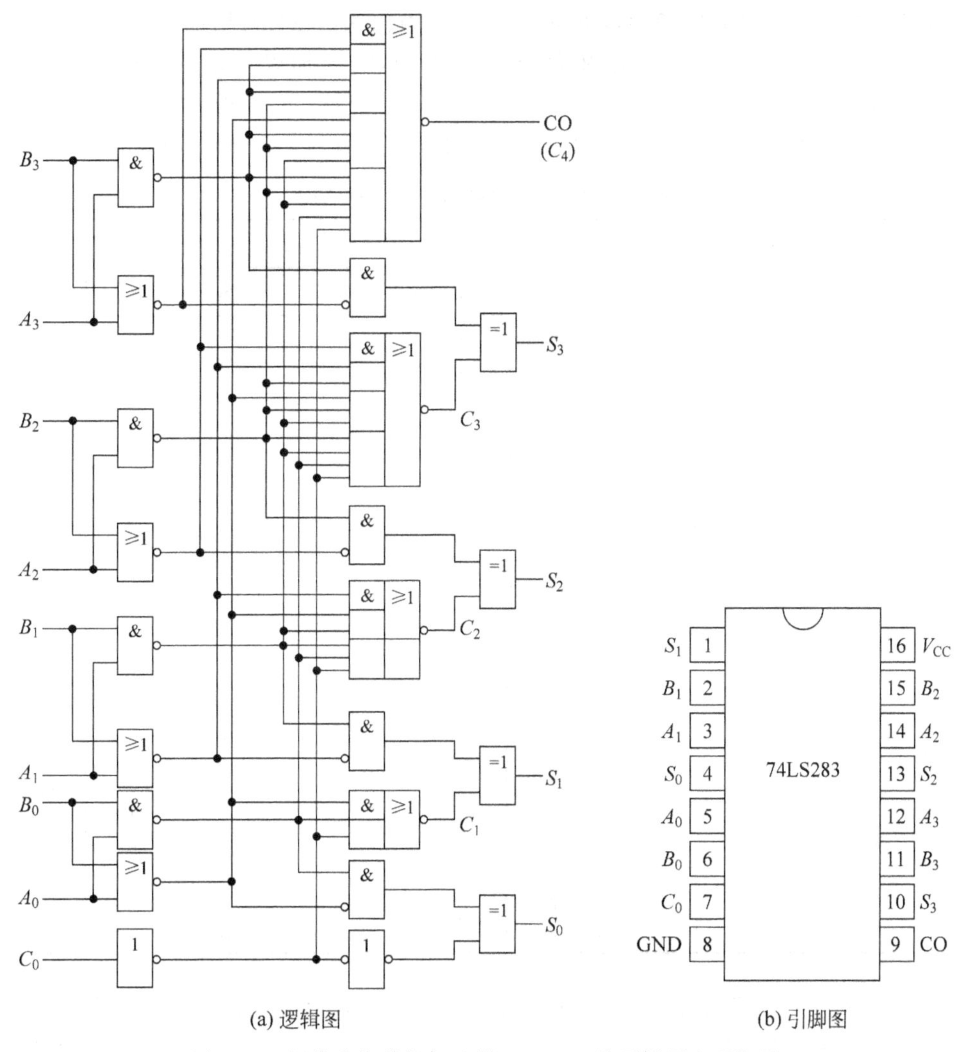

(a) 逻辑图 (b) 引脚图

图 4-21 超前进位并行加法器 74LS283 的逻辑图和引脚图

设加数 $A=A_3A_2A_1A_0$，加数 $B=B_3B_2B_1B_0$，G_i 为进位生成项，P_i 为进位传递项，则将公式可以转换为：

$$G_i=A_iB_i,\quad P_i=A_i\oplus B_i,\quad C_{i+1}=G_i+P_iC_i$$

由此可推导出每位的进位信号逻辑表达式：

$$C_1=G_0+P_0C_0$$

$$C_2=G_1+P_1C_1=G_1+P_1G_0+P_1P_0C_0$$

$$C_3=G_2+P_2C_2=G_2+P_2G_1+P_2P_1G_0+P_2P_1P_0C_0$$

$$C_4=G_3+P_3C_3=G_3+P_3G_2+P_3P_2G_1+P_3P_2P_1G_0+P_3P_2P_1P_0C_0$$

由进位表达式可见，每位的进位信号与和数信号同时产生，大大提高了运算速度。随着加数器位数的增加，电路的复杂程度也急剧上升，所以电路运算时间的缩短是以增加电路的复杂程度为代价的。

【例 4-6】 试用 74LS283 实现两个一位 8421BCD 码的加法运算。

解：两个一位 8421 码相加之和，最小数是 0000+0000=0000，最大数是 1001+1001=11000(8421 码的 18)。74LS283 为四位二进制加法器，用它进行 8421 码相加时，若和数小于等于 9 时，无须修正(即加 0000)，亦即 74LS283 输出为 8421 码相加之和，例如 0011+0110=1001。可是，两个 8421 码之和大于等于 10 时，需要加以修正，即和为 10 时，对于 74LS283，$S_3S_2S_1S_0=1010$，而对于 8421 码，应为 10000。要想由 1010 得到 10000，必须在 1010 基础上加 0110。这时十位上为 1，个位上为 0。自然二进制数与 8421 码对应表见表 4-13。

表 4-13 自然二进制数与 8421 码对照表

自然二进制数					8421 码					说明
CO	S_3	S_2	S_1	S_0	C	S_3	S_2	S_1	S_0	
0	0	0	0	0	0	0	0	0	0	加 0000
0	0	0	0	1	0	0	0	0	1	
0	0	0	1	0	0	0	0	1	0	
0	0	0	1	1	0	0	0	1	1	
0	0	1	0	0	0	0	1	0	0	
0	0	1	0	1	0	0	1	0	1	
0	0	1	1	0	0	0	1	1	0	
0	0	1	1	1	0	0	1	1	1	
0	1	0	0	0	0	1	0	0	0	
0	1	0	0	1	0	1	0	0	1	
0	1	0	1	0	1	0	0	0	0	加 0110
0	1	0	1	1	1	0	0	0	1	
0	1	1	0	0	1	0	0	1	0	
0	1	1	0	1	1	0	0	1	1	
0	1	1	1	0	1	0	1	0	0	
0	1	1	1	1	1	0	1	0	1	
1	0	0	0	0	1	0	1	1	0	
1	0	0	0	1	1	0	1	1	1	
1	0	0	1	0	1	1	0	0	0	
1	0	0	1	1	1	1	0	0	1	

问题的关键就是要得出和大于 10 的逻辑表达式，也即十位 C 的表达式。观察表 4-13 可看出：当 CO 为 1 时，C 为 1；当 $S_3S_2=11$ 时，C 为 1；当 $S_3S_1=11$ 时，C 为 1，故可写出 C

的表达式可写为：$C=CO+S_3S_2+S_3S_1$。

当 $C=0$ 时，不需要调整，加 0000；当 $C=1$ 时，需要调整，要在加法结果上加 0110。这样，作为调整电路的第 2 个加法器的 B_0 和 B_3 应接 0，B_1 和 B_2 应接 C。由此，逻辑电路图如图 4-22 所示。

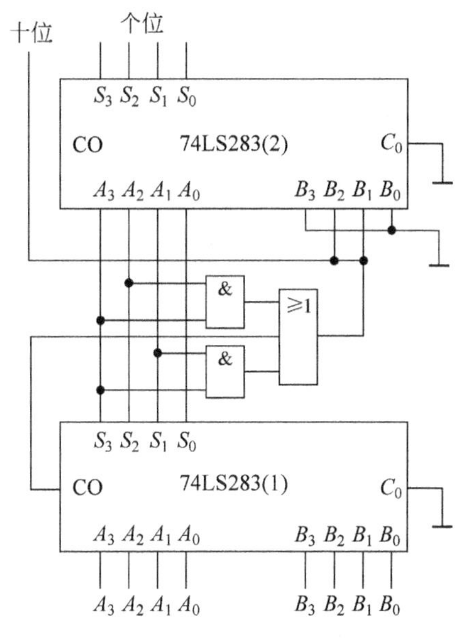

图 4-22 例 4-7 的逻辑图

4. 加法器的 VHDL 描述

1）半加器的 VHDL 描述

```
LIBRARY IEEE;
USE IEEE.STD_LOGIC_1164.ALL;
ENTITY h_adder IS
    PORT ( A,B: IN STD_LOGIC;
        SUM,CO: OUT STD_LOGIC);
END h_adder;
ARCHITECTURE rtl OF h_adder IS
BEGIN
    SUM <= A XOR B;
    CO <= A AND B;
END rtl;
```

2）全加器的 VHDL 描述

通过分析表 4-12，采用基本的逻辑关系写出全加器的 VHDL 程序如下：

```
LIBRARY IEEE;
USE IEEE.STD_LOGIC_1164.ALL;
ENTITY f_adder IS
    PORT ( A,B,CI: IN STD_LOGIC;
        SUM,CO: OUT STD_LOGIC);
END f_adder;
ARCHITECTURE rtl OF f_adder IS
```

```
BEGIN
    SUM <= A XOR B XOR CI;
    CO <= (A AND B) OR (A AND CI) OR (B AND CI);
END rtl;
```

除了采用基本的逻辑关系来实现全加器外，还可以直接利用前面已经实现的半加器，将半加器作为基本元件，来设计实现全加器，其原理图如图 4-23 所示。

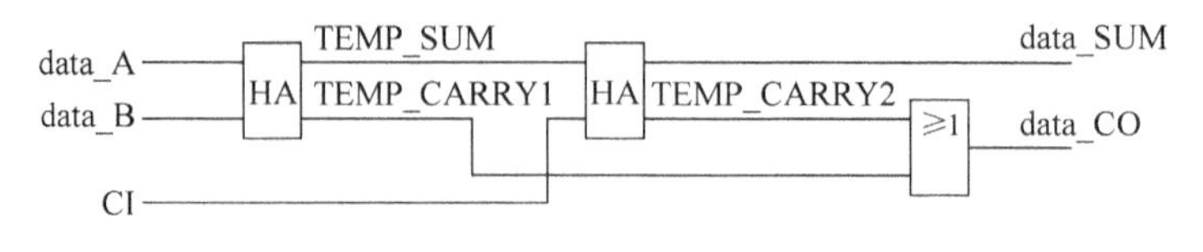

图 4-23　由半加器构成的全加器

```
LIBRARY IEEE;
USE IEEE.STD_LOGIC_1164.ALL;
ENTITY f_adderA IS
    PORT (data_A,data_B,CI: IN STD_LOGIC;
        data_SUM,data_CO: OUT STD_LOGIC);
END f_adderA;
ARCHITECTURE rtl OF f_adderA IS
    COMPONENT h_adder
        PORT (A,B: IN STD_LOGIC;
            SUM,CO: OUT STD_LOGIC);
    END COMPONENT;
    SIGNAL TEMP_SUM,TEMP_CARRY1,TEMP_CARRY2 : STD_LOGIC;
BEGIN
    u1: h_adder PORT MAP(data_A,data_B,TEMP_SUM,TEMP_CARRY1);
    u2: h_adder PORT MAP(TEMP_SUM,CI,data_SUM,TEMP_CARRY2);
    data_CO <= TEMP_CARRY1 OR TEMP_CARRY2;
END rtl;
```

4.2.5　算术逻辑单元(ALU)及 VHDL 描述

算术逻辑单元简称 ALU。它既可以做加、减等算术运算，又可实现“与”、“与非”、“或”、“或非”、“异或”等逻辑运算，是计算机 CPU 中必用的功能器件。

1. 一位简单算术逻辑单元

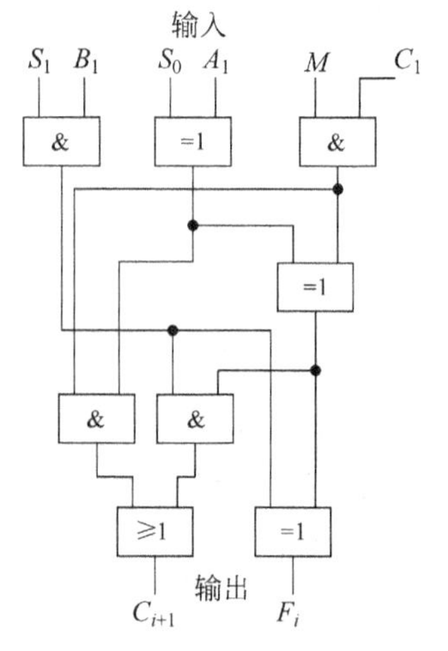

图 4-24　一位简单 ALU 原理图

图 4-24 给出一位简单算术逻辑单元的原理图，它是在全加器的基础上，增加控制门和功能选择控制端构成的。

在图 4-24 所示电路中，M 端为方式控制端，$M=1$ 执行算术运算，$M=0$ 执行逻辑运算。S_1、S_0 为操作选择端，它决定 ALU 执行何种算术运算或逻辑运算。A_i 和 B_i 是两个数据输入端，作算术运算时是数据，作逻辑运算时则是二值代码。F_i 为输出端。C_i 为算术运算的进位输入端。C_{i+1}

为进位输出端。图 4-24 所示电路的逻辑功能列于表 4-14 中,“加”为算术加法运算。

表 4-14 图 4-24 所示电路的逻辑功能

操作选择		M=0	M=1
S_1	S_0	逻辑运算	算术运算
0	0	$F_i=A_i$	$F_i=A_i$ 加 C_i
0	1	$F_i=\overline{A_i}$	$F_i=\overline{A_i}$加 C_i
1	0	$F_i=A_i\oplus B_i$	$F_i=A_i$ 加 B_i 加 C_i
1	1	$F_i=\overline{A_i\oplus B_i}$	$F_i=\overline{A_i}$加 B_i 加 C_i

2. 集成算术逻辑单元

集成四位算术逻辑单元的典型产品有 74181 等。图 4-25 给出了 74181 的引脚图。74181 是在 4 位超前进位加法器的基础上发展起来的。有 16 种算术运算和 16 种逻辑运算。在图 4-25 中,$A_3A_2A_1A_0$ 和 $B_3B_2B_1B_0$ 为二值代码或二进制数;$F_3F_2F_1F_0$ 为输出,作逻辑运算时是逻辑值,作算术运算时是二进制数;M 为方式控制端;$S_3\sim S_0$ 为操作选择端;G 和 P 是超前进位输出端,供扩展位数时片间连接使用;$\overline{C_{-1}}$ 为算术运算时,来自低位的进位输入;$\overline{C_3}$ 为算术运算时的进位输出;当 $A_3A_2A_1A_0=B_3B_2B_1B_0$ 时,$F_{A=B}$ 端为 1。

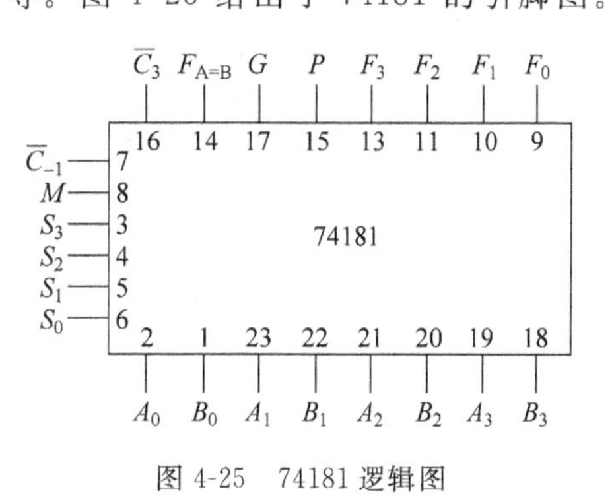

图 4-25 74181 逻辑图

74181 的功能列入表 4-15 中。表中的+为逻辑加,加、减为算术加、减;加 1 和减 1 均指对最低位加 1 或减 1。

表 4-15 74181 四位算术逻辑单元功能表

选择				M=H	M=L 算术运算	
S_3	S_2	S_1	S_0	逻辑功能	$G_i=L$(无进位)	$G_i=H$(有进位)
0	0	0	0	$F=\overline{A}$	$F=A$	$F=A$ 加 1
0	0	0	1	$F=\overline{A+B}$	$F=A+B$	$F=(A+B)$加 1
0	0	1	0	$F=\overline{A}\cdot B$	$F=A+\overline{B}$	$F=A+\overline{B}$ 加 1
0	0	1	1	$F=0$	$F=$减 1	$F=0$
0	1	0	0	$F=\overline{AB}$	$F=A$ 加 $A\overline{B}$	$F=A$ 加 $A\overline{B}$ 加 1
0	1	0	1	$F=\overline{B}$	$F=(A+B)$加 $A\overline{B}$	$F=(A+B)$加 $A\overline{B}$ 加 1
0	1	1	0	$F=A\oplus B$	$F=A$ 减 B 减 1	$F=A$ 减 B
0	1	1	1	$F=A\overline{B}$	$F=A\overline{B}$ 减 1	$F=A\overline{B}$
1	0	0	0	$F=\overline{A}+B$	$F=A$ 加 AB	$F=A$ 加 AB 加 1
1	0	0	1	$F=\overline{A\oplus B}$	$F=A$ 加 B	$F=A$ 加 B 加 1
1	0	1	0	$F=B$	$F=(A+\overline{B})$加 AB	$F=(A+\overline{B})$加 AB 加 1
1	0	1	1	$F=AB$	$F=AB$ 减 1	$F=AB$
1	1	0	0	$F=1$	$F=A$ 加 $A(A\times 2)$	$F=A$ 加 A 加 1
1	1	0	1	$F=A+\overline{B}$	$F=(A+B)$ 加 A	$F=(A+B)$ 加 A 加 1
1	1	1	0	$F=A+B$	$F=(A+\overline{B})$加 A	$F=(A+\overline{B})$加 A 加 1
1	1	1	1	$F=A$	$F=A$ 减 1	$F=A$

3. 一位简单算术逻辑单元的 VHDL 描述

```
LIBRARY IEEE;
USE IEEE.STD_LOGIC_1164.ALL;
ENTITY ALU_1 IS
    PORT ( A,B,M,S1,S0,CI: IN STD_LOGIC;
        F,CO: OUT STD_LOGIC);
END ALU_1;
ARCHITECTURE rtl OF ALU_1 IS
    SIGNAL SEL: STD_LOGIC_VECTOR (1 DOWNTO 0);
BEGIN
    SEL<=S1 & S0;
    PROCESS (M,SEL,A,B)
    BEGIN
        IF ( M='0' ) THEN
            CASE SEL IS
                WHEN "00" =>F<=A;
                WHEN "01" =>F<=NOT( A);
                WHEN "10" =>F<=A XOR B;
                WHEN "11" =>F<=NOT( A XOR B);
                WHEN OTHER S=>F<='Z';
            END CASE;
        ELSE
            CASE SEL IS
                WHEN "00" =>
                    F<=A XOR CI;
                    CO<=A AND CI;
                WHEN "01" =>
                    F<=NOT( A) XOR CI;
                    CO<=NOT( A) AND CI;
                WHEN "10" =>
                    F<=A XOR B XOR CI;
                    CO<=(A AND B) OR (A AND CI) OR (B AND CI);
                WHEN "11" =>
                    F<=NOT(A) XOR B XOR CI;
                    CO<=(NOT(A)AND B) OR (NOT(A)AND CI) OR (B AND CI);
                WHEN OTHERS =>F<='Z'; CO<='Z';
            END CASE;
        END IF;
    END PROCESS;
END rtl;
```

4.2.6 数值比较器原理及 VHDL 描述

1. 4 位数值比较器 74LS85

能实现比较两个数大小或是否相等的运算的逻辑电路称为数值比较器。图 4-26 所示的 4 位数值比较器 74LS85，输入的两组二进制数是 $A_3A_2A_1A_0$ 和 $B_3B_2B_1B_0$，输出是两组数比较的结果 $A>B$、$A<B$ 和 $A=B$。

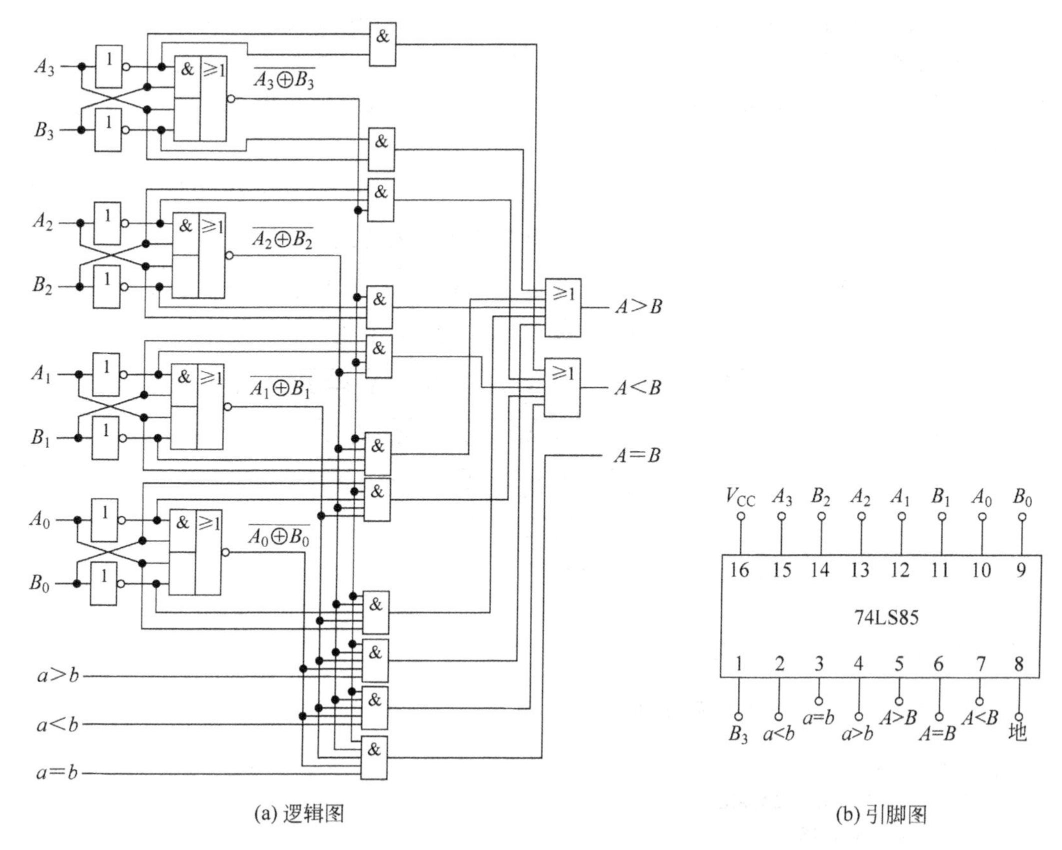

(a) 逻辑图　　　　(b) 引脚图

图 4-26　4 位数值比较器 74LS85 的逻辑图和引脚图

4 位数值比较器的真值表如表 4-16 所示。

表 4-16　4 位数值比较器 74LS85 真值

比较输入								级联输入			比较输出		
A_3	B_3	A_2	B_2	A_1	B_1	A_0	B_0	$a>b$	$a<b$	$a=b$	$A>B$	$A<B$	$A=B$
$A_3>B_3$		×	×	×	×	×	×	×	×	×	1	0	0
$A_3<B_3$		×	×	×	×	×	×	×	×	×	0	1	0
$A_3=B_3$		$A_2>B_2$		×	×	×	×	×	×	×	1	0	0
$A_3=B_3$		$A_2<B_2$		×	×	×	×	×	×	×	0	1	0
$A_3=B_3$		$A_2=B_2$		$A_1>B_1$		×	×	×	×	×	1	0	0
$A_3=B_3$		$A_2=B_2$		$A_1<B_1$		×	×	×	×	×	0	1	0
$A_3=B_3$		$A_2=B_2$		$A_1=B_1$		$A_0>B_0$		×	×	×	1	0	0
$A_3=B_3$		$A_2=B_2$		$A_1=B_1$		$A_0<B_0$		×	×	×	0	1	0
$A_3=B_3$		$A_2=B_2$		$A_1=B_1$		$A_0=B_0$		1	0	0	1	0	0
$A_3=B_3$		$A_2=B_2$		$A_1=B_1$		$A_0=B_0$		0	1	0	0	1	0
$A_3=B_3$		$A_2=B_2$		$A_1=B_1$		$A_0=B_0$		0	0	1	0	0	1

当两数的最高位不等时，若 $A_3>B_3$，则输出 $(A>B)=1,(A<B)=0,(A=B)=0$；若 $A_3<B_3$，则输出 $(A<B)=1,(A>B)=0,(A=B)=0$。

当两数的最高位相等时，即 $A_3=B_3$，则比较次高位 A_2 和 B_2 的大小关系。

若两数的各位都相等，输出结果取决于级联输入端：$(a>b)$端输入为1，则$(A>B)=1$，其余两输出端为0；$(a<b)$端输入为1，则$(A<B)=1$，其余两输出端为0；$(a=b)$端输入为1，则$(A=B)=1$，其余两输出端为0。

综上所述，$A_i>B_i$ 即 $A_i=1, B_i=0$，可以写成 $A_i\overline{B_i}=1$。同理，$A_i<B_i$ 可以写成 $\overline{A_i}B_i=1$，$A_i=B_i$ 可以写成 $\overline{A_i\oplus B_i}=1$。所以，3个输出端的逻辑表达式为：

$$
\begin{aligned}
(A>B)=&A_3\overline{B_3}+\overline{A_3\oplus B_3}\cdot A_2\overline{B_2}+\overline{A_3\oplus B_3}\cdot\overline{A_2\oplus B_2}\cdot A_1\overline{B_1}\\
&+\overline{A_3\oplus B_3}\cdot\overline{A_2\oplus B_2}\cdot\overline{A_1\oplus B_1}\cdot A_0\overline{B_0}\\
&+\overline{A_3\oplus B_3}\cdot\overline{A_2\oplus B_2}\cdot\overline{A_1\oplus B_1}\cdot\overline{A_0\oplus B_0}\cdot(a>b)\\
(A=B)=&\overline{A_3\oplus B_3}\cdot\overline{A_2\oplus B_2}\cdot\overline{A_1\oplus B_1}\cdot\overline{A_0\oplus B_0}\cdot(a=b)\\
(A<B)=&\overline{A_3}B_3+\overline{A_3\oplus B_3}\cdot\overline{A_2}B_2+\overline{A_3\oplus B_3}\cdot\overline{A_2\oplus B_2}\cdot\overline{A_1}B_1\\
&+\overline{A_3\oplus B_3}\cdot\overline{A_2\oplus B_2}\cdot\overline{A_1\oplus B_1}\cdot\overline{A_0}B_0\\
&+\overline{A_3\oplus B_3}\cdot\overline{A_2\oplus B_2}\cdot\overline{A_1\oplus B_1}\cdot\overline{A_0\oplus B_0}\cdot(a<b)
\end{aligned}
$$

2. 数值比较器的 VHDL 描述

4位数值比较器的 VHDL 程序如下：

```
LIBRARY IEEE;
USE IEEE.STD_LOGIC_1164.ALL;
ENTITY comparator IS
  PORT ( A,B: IN STD_LOGIC_VECTOR(3 DOWNTO 0);
         GTI,EQI,LTI: IN STD_LOGIC;
         GTO,EQO,LTO: OUT STD_LOGIC);
END comparator;
ARCHITECTURE rtl OF comparator IS
BEGIN
    GTO <= '0' WHEN A < B OR (( A = B) AND EQI = '1') OR (( A = B) AND LTI = '1')
                  ELSE '1' WHEN A > B OR (( A = B) AND GTI = '1')
                  ELSE 'Z';
    EQO <= '0' WHEN A > B OR A < B OR (( A = B) AND GTI = '1') OR (( A = B)
AND LTI = '1')
                  ELSE '1' WHEN (( A = B) AND EQI = '1')
                  ELSE 'Z';
    LTO <= '0' WHEN A > B OR (( A = B) AND EQI = '1') OR (( A = B) AND GTI = '1')
                  ELSE '1' WHEN A < B OR (( A = B) AND LTI = '1')
                  ELSE 'Z';
END rtl;
```

4.2.7 奇偶校验器原理及 VHDL 描述

数字系统在工作过程中，大量的数据要进行传输，而传输时又可能会产生错误，因此需要进行检验。奇偶校验电路(Parity Circuit)就是根据传输代码的奇偶性质，用于检查数据传递过程中是否出现错误的电路。

1. 奇偶校验的原理

图 4-27 是 n 位奇偶校验的原理图。为了能够检测到数据在传输过程中有没有发生错误，通常在发送端的有效数据位(信息码)之外，用奇偶发生器再增加一位奇偶校验位(又称监督码)，一起构成传输码。校验位的加入，使传输码中 1 的个数为奇数(奇校验)，或者是偶数(偶校验)。在接收端通过奇偶校验器检查接收到的传输码中 1 的个数的奇偶性，以此判断在传输过程中是否发生了错误。若传输正确，则向接收端发出接收命令，否则发出报警信号。

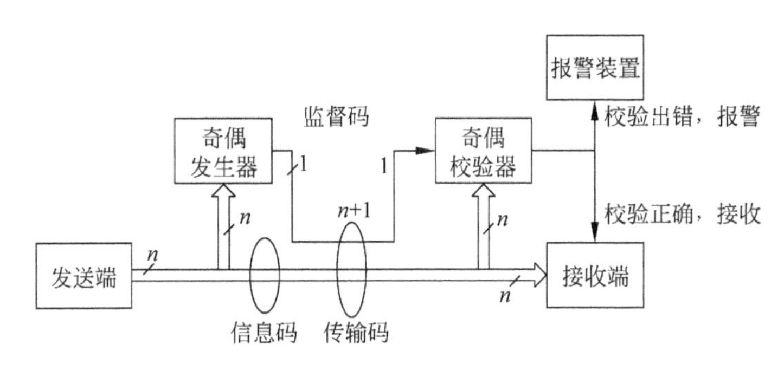

图 4-27 奇偶校验的原理图

【例 4-7】 结合图 4-27 所示的原理图，试设计 3 位二进制信息码的并行奇校验发生器及校验电路。

解：设 3 位二进制信息码用 A、B、C 组合表示，奇偶发生器产生的奇校验位用 W_{OD1} 表示，奇偶校验器的奇校验输出用 W_{OD2} 表示。根据传输原理，列出如表 4-17 所示的 3 位二进制信息码的奇校验传输码表。

表 4-17 3 位二进制奇校验传输码表

发送码			监督码	传输码				检验码
A	B	C	W_{OD1}	W_{OD1}	A	B	C	W_{OD2}
0	0	0	1	1	0	0	0	1
0	0	1	0	0	0	0	1	1
0	1	0	0	0	0	1	0	1
0	1	1	1	1	0	1	1	1
1	0	0	0	0	1	0	0	1
1	0	1	1	1	1	0	1	1
1	1	0	1	1	1	1	0	1
1	1	1	0	0	1	1	1	1

由表 4-17 可得奇偶发生器奇校验输出表达式可表示为：

$$W_{OD1}=\overline{A\oplus B\oplus C}$$

同理可得奇偶校验器的奇校验输出表达式为：

$$W_{OD2}=W_{OD1}\oplus A\oplus B\oplus C$$

由上面的表达式画出的 3 位二进制码的奇校验发生电路和奇校验电路如图 4-28 所示。

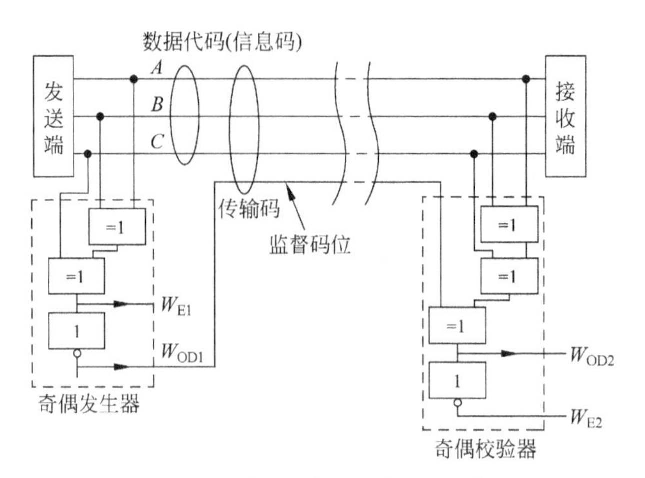

图 4-28　3 位二进制码的奇校验逻辑图

2. 奇偶发生器的 VHDL 描述

```
LIBRARY IEEE;
USE IEEE.STD_LOGIC_1164.ALL;
ENTITY odd_even IS
  PORT ( A,B,C: IN STD_LOGIC);
        WOD1,WOD2: OUT STD_LOGIC);
END odd_even;
ARCHITECTURE rtl OF odd_even IS
BEGIN
    WOD1 <= NOT(A XOR B XOR C);
    WOD2 <= WOD1 XOR A XOR B XOR C;
END rtl;
```

3. 中规模集成奇偶发生器/校验器

图 4-29 是中规模集成奇偶发生器/校验器 74LS280 引脚功能图。其中 A～I 是 9 位信息码的输入端，ΣODD 是奇校验位输出端，ΣEVEN 是偶校验位输出端。表 4-18 是 74LS280 的功能表。

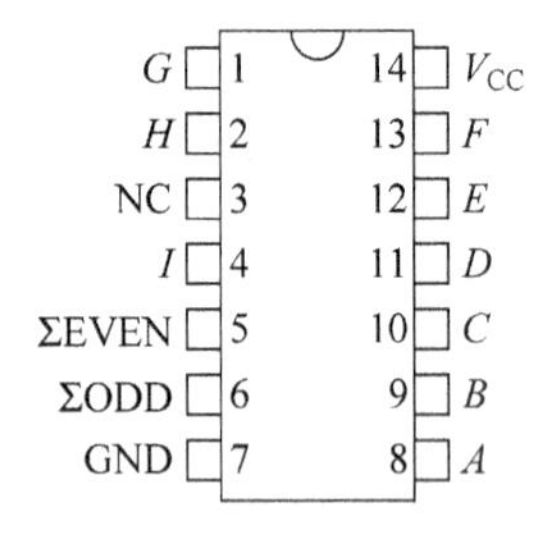

图 4-29　74LS280 引脚功能图

表 4-18　74LS280 的功能表

输　入	输　出	
A～I 中 1 的个数	ΣODD	ΣEVEN
偶数个	0	1
奇数个	1	0

74LS280 既可作为奇偶发生器，也可作为奇偶校验器。图 4-30 是一个由两片 74LS280 构成的 8 位偶校验系统，假设在传输中不会同时发生两位以上信息码的误传。在发送端若 8 位信息码 A～H 中有偶数个 1，奇偶发生器 74LS280 的ΣODD 一定发出 0 信号。在接收端奇偶校验器 74LS280 的 I 端接收监督码位，若传输正确，奇偶校验器 74LS280 的ΣODD 端应输出 1 信号，否则说明传输有错误。

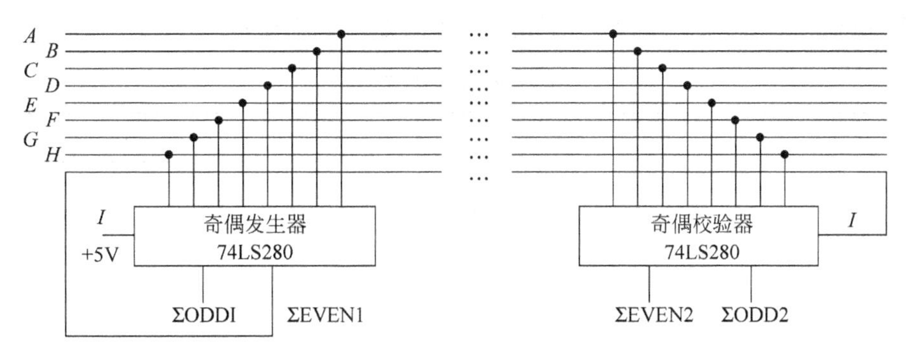

图 4-30 8 位偶校验系统

4.3 中规模组合逻辑电路设计

在实际应用中，直接使用这些中规模集成器件可以简化设计过程，加快设计速度。使用中规模集成电路设计逻辑电路的方法和小规模逻辑电路设计的方法有所不同。

用中规模集成电路设计组合逻辑电路的步骤如下：

(1) 根据以文字或其他形式所描述的逻辑命题，列出真值表。

(2) 写出逻辑函数表达式。

(3) 将得到的逻辑函数表达式转化成和所用中规模集成电路的逻辑函数表达式类似的形式，并作比较，确定输入输出信号的连接方法。

(4) 画出逻辑电路图。

【例 4-8】 试用八选一数据选择器 74LS151 实现下面的逻辑函数：

$$F(A,B,C,D)=\sum_m(1,3,5,9,12)$$

解：

$$\begin{aligned}F(A,B,C,D)&=\sum_m(1,3,5,9,12)\\&=\overline{A}\overline{B}\overline{C}D+\overline{A}\overline{B}CD+\overline{A}B\overline{C}D+A\overline{B}\overline{C}D+AB\overline{C}\overline{D}\end{aligned}$$

八选一数据选择器的输出逻辑函数为：

$$F=\sum_{i=0}^{7}m_iD_i=\overline{A_2}\,\overline{A_1}\,\overline{A_0}D_0+\overline{A_2}\,\overline{A_1}A_0D_0+\overline{A_2}A_1\overline{A_0}D_0+\overline{A_2}A_1A_0D_0$$
$$+A_2\overline{A_1}\,\overline{A_0}D_0+A_2\overline{A_1}A_0D_0+A_2A_1\overline{A_0}D_0+A_2A_1A_0D_0$$

将数据选择器的使能端始终有效($\overline{E}=0$)，通过对比以上的两个式子，可得到：

$$A_2=A,\quad A_1=B,\quad A_0=C,\quad D_0=D_1=D_2=D_4=D$$
$$D_6=\overline{D},\quad D_3=D_5=D_7=0$$

图 4-31 给出了采用八选一数据选择器 74LS151 实现逻辑函数的逻辑图。

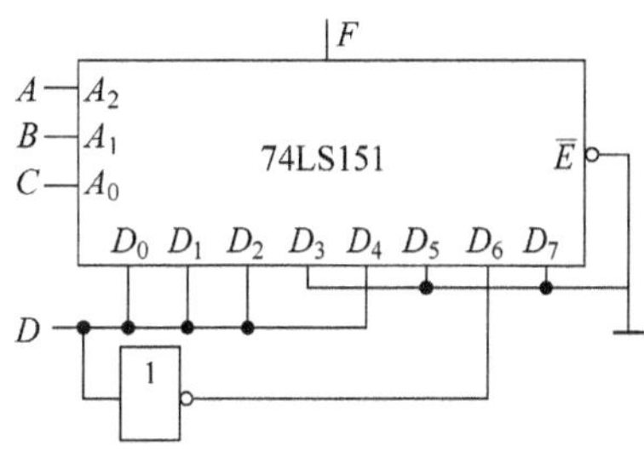

图 4-31 例 4-8 逻辑图

【例 4-9】 试用 74LS138 和逻辑门设计一个组合电路。该电路的输入 X，输出 F 均为 3 位二进制数。两者之间的关系如下：

① 当 $3\leqslant X\leqslant 5$ 时，$F=X+2$；②当 $X<3$ 时，$F=2$；③当 $X>5$ 时，$F=1$

解：由题所给出的逻辑关系，可列出其真值表如表 4-19 所示。

表 4-19 例 4-9 真值表

输入			输出		
X_2	X_1	X_0	F_2	F_1	F_0
0	0	0	0	1	0
0	0	1	0	1	0
0	1	0	0	1	0
0	1	1	1	0	1
1	0	0	1	1	0
1	0	1	1	1	1
1	1	0	0	0	1
1	1	1	0	0	1

由真值表写出 3 位输出的逻辑表达式：

$$F_2 = m_3 + m_4 + m_5 = \overline{X_2}X_1X_0 + X_2\overline{X_1}\,\overline{X_0} + X_2\overline{X_1}X_0$$

$$F_1 = m_0 + m_1 + m_2 + m_4 + m_5$$
$$= \overline{X_2}\,\overline{X_1}\,\overline{X_0} + \overline{X_2}\,\overline{X_1}X_0 + \overline{X_2}X_1\overline{X_0} + X_2\overline{X_1}\,\overline{X_0} + X_2\overline{X_1}X_0$$

$$F_0 = m_3 + m_5 + m_6 + m_7 = \overline{X_2}X_1X_0 + \overline{X_2}X_1\overline{X_0} + X_2X_1\overline{X_0} + X_2X_1X_0$$

令 $A_2=X_2$，$A_1=X_1$，$A_0=X_0$，对比 74LS138 的各输出端表达式，则上面的式子可变换为：

$$F_2 = \overline{A_2}A_1A_0 + A_2\overline{A_1}\,\overline{A_0} + A_2\overline{A_1}A_0$$
$$= \overline{\overline{Y_3}\cdot\overline{Y_4}\cdot\overline{Y_5}}$$

$$F_1 = \overline{A_2}\,\overline{A_1}\,\overline{A_0} + \overline{A_2}\,\overline{A_1}A_0 + \overline{A_2}A_1\overline{A_0} + A_2\overline{A_1}\,\overline{A_0} + A_2\overline{A_1}A_0$$
$$= \overline{\overline{Y_0}\cdot\overline{Y_1}\cdot\overline{Y_2}\cdot\overline{Y_4}\cdot\overline{Y_5}}$$

$$F_0 = \overline{A_2}A_1A_0 + \overline{A_2}A_1\overline{A_0} + A_2A_1\overline{A_0} + A_2A_1A_0$$
$$= \overline{\overline{Y_3}\cdot\overline{Y_5}\cdot\overline{Y_6}\cdot\overline{Y_7}}$$

由此，可以得到对应的逻辑图如图 4-32 所示。

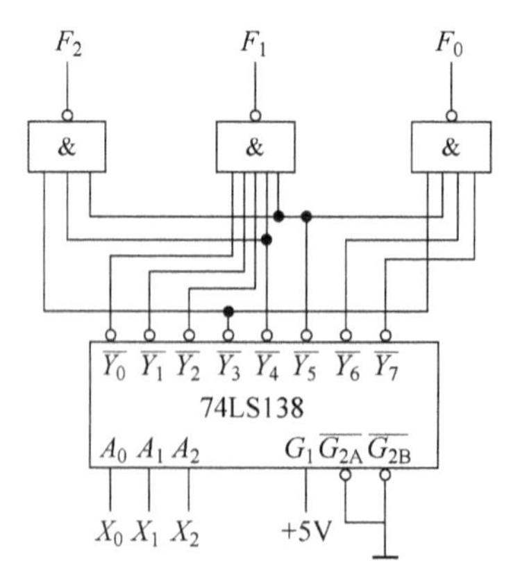

图 4-32 例 4-9 逻辑图

【例 4-10】 试用两片 4 位数值比较器 74LS85 和必要的门电路实现 3 个 4 位二进制数 A、B、C 的比较电路，并能判别：

(1) A、B、C 3 个数是否相等；

(2) 若不等，A 数是否最大或最小。

解：要实现 3 个 4 位二进制数的比较，并按要求作出判别，可将数 A 与 B，A 与 C 分别在两片 74LS85 器件上进行比较，并用门电路将两片比较器的输出组合成 A 最大、A 与 B 和 C 相等、A 最小 3 种结果，分别用 Y_1、Y_2、Y_3 表示。电路如图 4-33 所示。

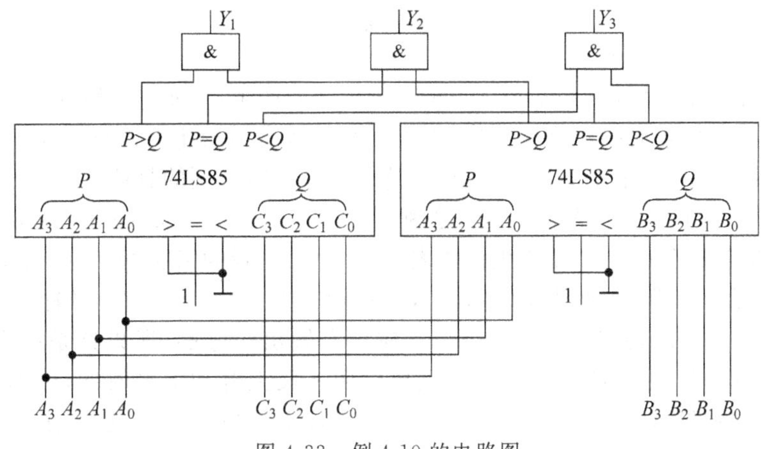

图 4-33　例 4-10 的电路图

4.4　组合逻辑电路中的竞争—冒险现象

4.4.1　竞争—冒险的概念及其产生原因

1. 竞争—冒险的概念

在组合逻辑电路中，当输入信号改变状态时，输出端可能出现虚假信号——过渡干扰脉冲的现象，叫做竞争—冒险。如果后续负载电路是对脉冲信号十分敏感的电路(如触发器)，有时会产生十分严重的后果，因此，必须应采取一定的措施消除竞争—冒险。

2. 竞争—冒险产生的原因

在数字电路中，任何一个门电路只要有两个输入信号同时向相反方向变化(即由 01 变为 10，或者相反)，其输出端就可能产生干扰脉冲，现以图 4-34 所示 TTL“与”门为例进行简要说明。在图 4-34(a)中，因 $Y=A\cdot B$，当 AB 取值为 01 或 10 时，Y 的值应恒为 0，然而在 AB 由 01 变为 10 过程中，却产生了干扰脉冲。出现这种现象的原因是：

① 信号 A、B 不可能突变，状态改变都要经历一段极短的过渡时间；

② 信号 A、B 改变状态的时间有先有后，因为它们经过的传输路径长短不同，门电路的传输时间也不可能完全一样。从而使得信号 A 先上升到关门电平 U_{OFF}，信号 B 后下降到开门电平 U_{ON}，这样在与门的输出端 Y 就产生了正向干扰脉冲。当然，如果是 B 先下降到开门电平，A 后上升到关门电平，由于在信号改变状态过程中与门始终被封住了，显然不会产生干扰脉冲。

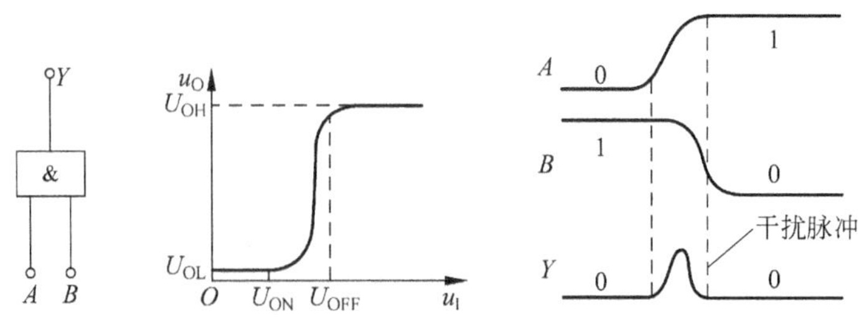

(a) TTL　　(b)“与”门的电压传输特性　　(c) 因竞争冒险产生的干扰脉冲

图 4-34　“与”门的竞争—冒险

电路中存在竞争—冒险，并不等于一定有干扰脉冲产生，然而，在设计时，既不可能知道传输路径和门电路传输时间的准确数值，也无法知道各个波形上升时间和下降时间的微小差异，因此只能说有产生干扰脉冲的可能性，这也就是冒险一词的具体含义。

图 4-35 是一个由竞争—冒险产生干扰脉冲的例子。在图 4-35(a)中，两位二进制译码器中，如果输入信号 A 和 B 的变化规律如表 4-20 中第一列的箭头所示，则由于 G_5 和 G_6 的传输时间不同，在 BA 从 01 变为 10 过程中，门 G_1 将会输出一个很窄的脉冲，见图 4-35(b) Y_0。而根据逻辑设计的要求，这时 Y_0 端是不应该有输出信号的，所以这是一个干扰脉冲。此外，还可以看到，由于 A、B 改变状态分别要经历一段上升和下降时间，因而在转换过程中，可能出现 G_4 的两个输入信号同时处于开门电平以上的情况，这时也会在门 G_4 的输出端形成干扰脉冲，见图 4-35(b)Y_3。

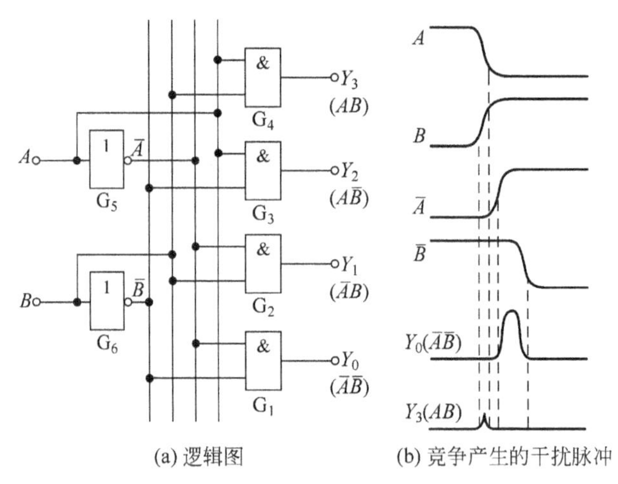

(a) 逻辑图　　(b) 竞争产生的干扰脉冲

图 4-35　两位二进制译码器中产生的竞争—冒险

表 4-20　图 4-35 电路的真值表

A		B	$\bar{A}$	$\bar{B}$	$\bar{A}\bar{B}$	$\bar{A}B$	$A\bar{B}$	AB
0		0	1	1	1	0	0	0
	↓							
0		1	1	0	0	1	0	0
	↓				⊓			⊓
1		0	0	1	0	0	1	0
	↓							
1		1	0	0	0	0	0	1

4.4.2 消除竞争—冒险的方法

判断一个组合电路中是否存在竞争—冒险，有多种方法，其中最直观的方法就是逐级列出电路的真值表，并找出哪些门的输入信号会发生竞争——一个从0变为1，而另一个同时从1变为0，然后，判断是否会在整个电路的输出端产生干扰脉冲。如果可能产生则有竞争—冒险，否则就没有。下面是几种常用的消除竞争—冒险的方法。

1. 引入封锁脉冲

为了消除因竞争—冒险所产生的干扰脉冲，可以引入一个负脉冲，在输入信号发生竞争的时间内，把可能产生干扰脉冲的门封住，图4-36中的负脉冲 P_1 就是这样的封锁脉冲。

从图4-36(b)的波形图上可以看到，封锁脉冲必须与输入信号同步，而且它的宽度不应小于电路从一个稳态到另一个稳态所需要的过渡时间 Δt。

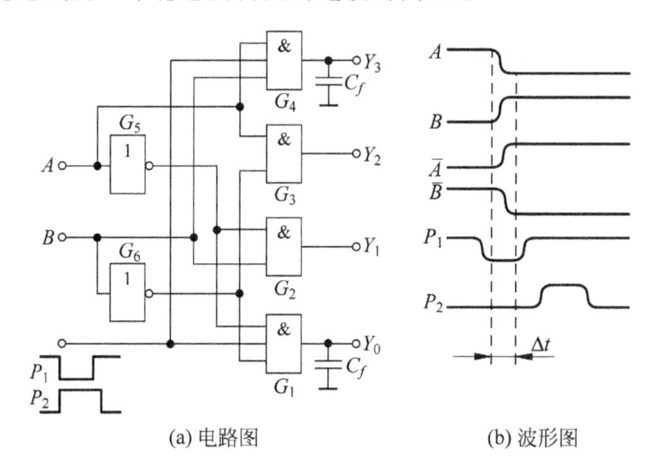

(a) 电路图　　(b) 波形图

图4-36 消除竞争—冒险现象的几种方法

2. 引入选通脉冲

第二种可行的方法是在电路中引进一个选通脉冲，如图4-36中的 P_2。由于 P_2 的作用时间取在电路到达新的稳定状态之后，所以 G_1、G_4 的输出端不再会有干扰脉冲出现。不过，这时 G_1、G_4 正常的输出信号也变成脉冲形式了，而且它们的宽度也与选通脉冲相同。例如，当输入信号变为11以后，Y_3 并不马上变成高电平，而要等到 P_2 出现时，它才给出一个正脉冲。

3. 接入滤波电容

因为竞争—冒险所产生的干扰脉冲一般很窄，所以可以采用在输出端并接一个不大的滤波电容的方法，消除干扰脉冲。图4-36(a)中的 C_f 就是滤波电容。由于干扰脉冲通常与门电路的传输时间属于同一个数量级，所以在TTL电路中，只要 C_f 有几百微微法的数量，就足以把干扰脉冲削弱至开门电平以下。

4. 修改逻辑设计增加冗余项

当竞争—冒险是由单个变量改变状态引起时，则可用增加冗余项的方法予以消除。例如给定逻辑函数是：

$$Y=AB+\overline{A}C$$

则可以画出它的逻辑图，如图 4-37 所示。不难发现，当 $B=C=1$ 时，有

$$\begin{aligned} Y &= AB+\overline{A}C \\ &= A\cdot 1+\overline{A}\cdot 1 \\ &= A+\overline{A} \end{aligned}$$

若 A 从 1 变为 0(或从 0 变 1)，则在门 G_4 的输入端会发生竞争，因此输出可能出现干扰脉冲。根据前面介绍的冗余定理，增加冗余项 BC，即将函数表达式改写为 $Y=AB+\overline{A}C+BC$，并在电路中相应地增加门 G_5，则当 A 改变状态时，由于门 G_5 输出的低电乎封住了门 G_4，故不会再发生竞争—冒险。

在组合电路中，当单个输入变量改变状态时，分析有无竞争—冒险存在的一个简便方法，就是写出逻辑函数的与或表达式，画出函数的卡诺图，检查有无几何相邻的乘积项(卡诺圈相切)的情况，若没有则无竞争—冒险，反之则有见图 4-38。函数 $Y=AB+\overline{A}C$ 中之所以有竞争—冒险存在，原因在于乘积项 AB 和 $\overline{A}C$ 是几何相邻。如果在表达式中增加一项由这两个相邻最小项组成的乘积项 BC，即可消除由单个变量 A 改变状态而产生的竞争—冒险。

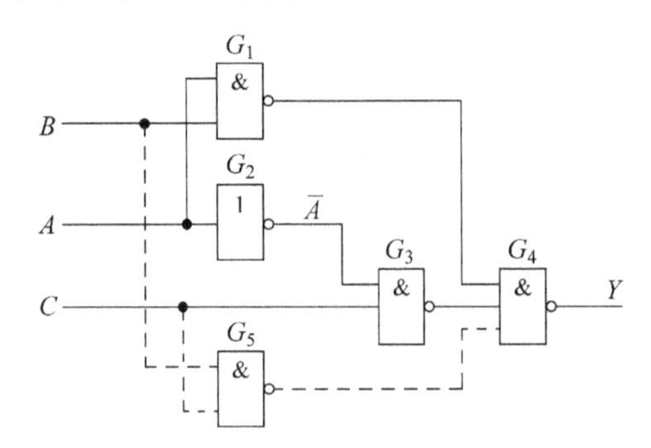

图 4-37 修改逻辑设计消除竞争—冒险

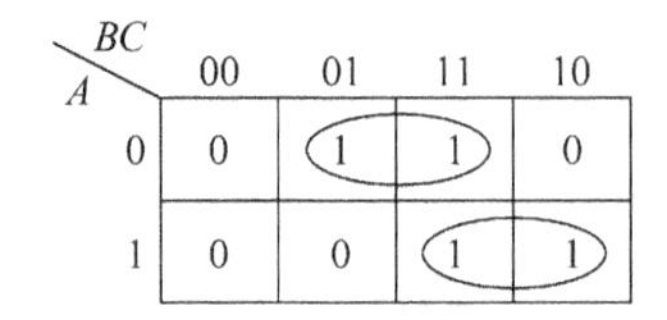

图 4-38 Y 的卡诺图(卡诺圈相切)

对上述四种方法比较可以看出，前面两种方法比较简单，而且不增加器件数目。但产生的时间是有严格要求的。接入滤波电容的方法同样也具备简单易行的优点，其缺点是导致输出波形的边沿变坏，这在有些情况下是不可取的。至于修改逻辑设计的方法，如果运用得当，有时可以收到最理想的结果。

本章小结

本章主要介绍了组合逻辑电路的基本概念、组合逻辑电路的分析与设计方法、常用中规模组合逻辑电路及其 VHDL 描述、基于中规模组合电路的设计以及组合逻辑电路中存在的竞争与冒险问题。

组合逻辑电路一般是由若干基本逻辑单元组合而成的，其特点是不论任何时候，输出信

号仅仅取决于当时的输入信号，而与电路原来所处的状态无关。它的分析基础是逻辑代数和门电路。

本章必须重点掌握组合逻辑电路分析与设计的一般方法。本章有选择地介绍了加法器、数值比较器、编码器、译码器、数据选择器和分配器、算术逻辑单元等几种常见的组合逻辑电路，通过对它们的分析，具体地讲述组合逻辑电路的分析方法和设计方法。

在分析给定的组合逻辑电路时，可以逐级地写出输出的逻辑表达式，然后进行化简，力求获得一个最简单的逻辑表达式，以使输出与输入之间的逻辑关系能一目了然。

组合电路的设计步骤在本章做了详细介绍，值得注意的是，在许多情况下，如果用中规模集成电路实现组合函数，则可以获得事半功倍的效果。需要说明的是，若负载电路对脉冲信号敏感时，需要检查电路中是否存在竞争—冒险。如果发现有竞争—冒险存在，则应采取措施加以消除。如果负载电路只接受输出的直流电平信号，则这一步可以省略。

逻辑函数的化简具有重要的意义：因为函数表达式化简恰当与否，将决定能否得到最经济的逻辑电路。如果是用 MSI 进行设计，则实现的均是标准"与或"式或标准"与非-与非"式，此时化简的重要性就降低了。

习题 4

[4-1]　电路如图 4-39 所示。

(1) 该电路是组合逻辑电路吗?

(2) 写出 S、C、P、L 的逻辑表达式。

(3) 当取 S、C 作为输出信号时，该电路实现何功能?

[4-2]　电路如图 4-40 所示。

(1) 写出 X、Y、Z 的逻辑表达式并列出真值表。

(2) 指出电路的逻辑功能。

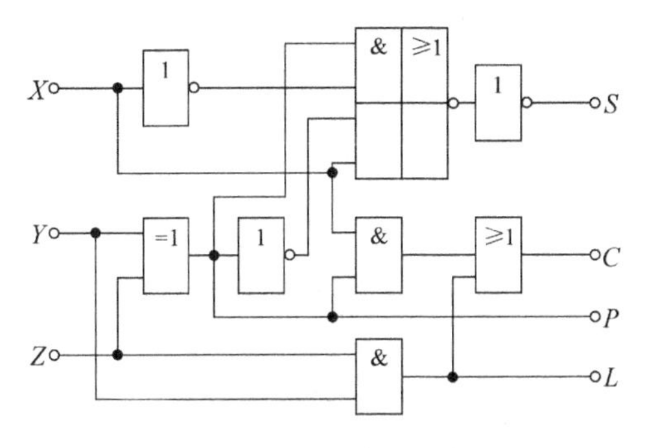

图 4-39　习题 4-1 图

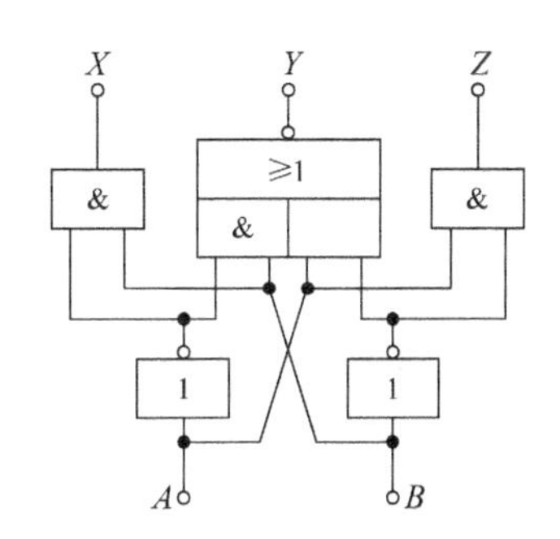

图 4-40　习题 4-2 图

[4-3]　试用 74LS138 和必要的"与非"门，实现下面的逻辑函数：

(1) $Y_1 = \overline{A}\overline{B} + AB\overline{C}$

(2) $Y_2 = \sum_{m}(0,3,6,9)$

(3) $Y_3 = \sum_{m}(0,2,3,6,7,8) + \sum_{d}(10,11,12,13,14,15)$

［4-4］ 试用集成数据选择器 74LS151 或 74LS153 分别实现下面的逻辑函数：

(1) $Y_1 = AB\overline{C} + \overline{A}\overline{B}\overline{C} + A\overline{B}\overline{C}D + \overline{A}\overline{B}D + ABC + A\overline{B}C\overline{D}$

(2) $Y_2 = AB + \overline{A}\overline{B}C$

(3) $Y_3 = \sum_m (3,5,6,7)$

(4) $Y_4 = \sum_m (1,2,3,7)$

［4-5］ 写出下面图 4-41 所示各电路的逻辑函数表达式，并说明各电路的功能。

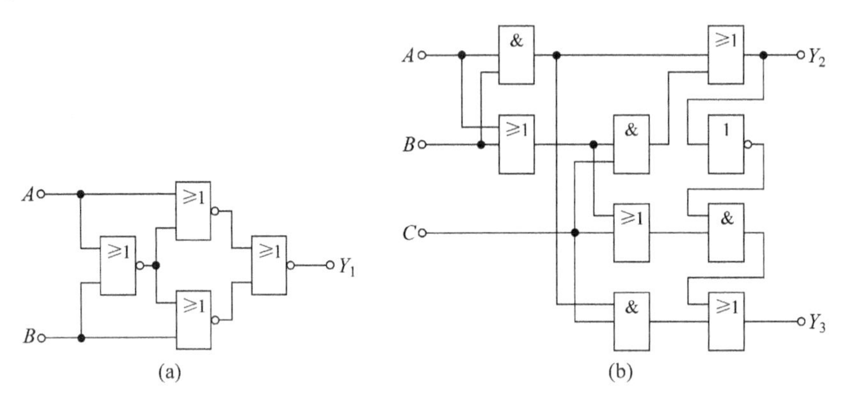

图 4-41 习题 4-5 图

［4-6］ 写出图 4-42 所示各电路的逻辑函数表达式，并说明其功能。

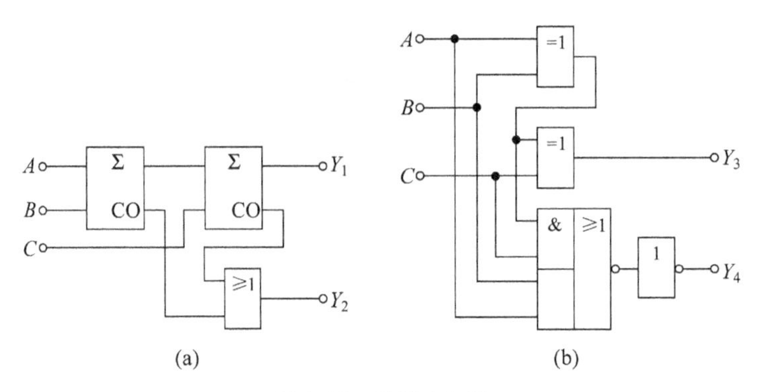

图 4-42 习题 4-6 图

［4-7］ 写出图 4-43 所示电路输出信号的逻辑函数表达式，并用最少的与非门实现。

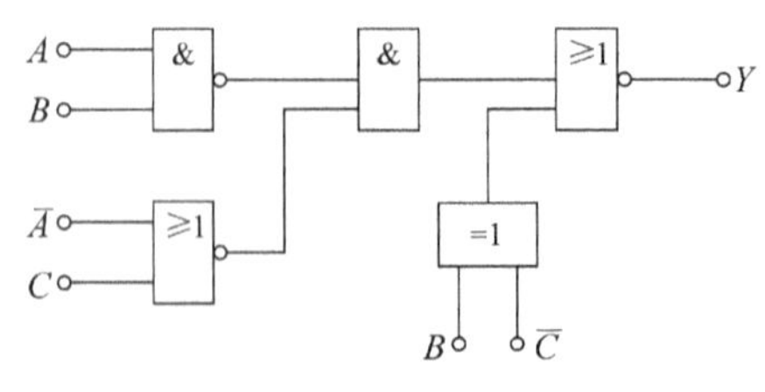

图 4-43 习题 4-7 图

［4-8］ 写出图 4-44 所示电路的逻辑函数表达式，列出其真值表，说明其逻辑功能。

［4-9］ 分析图 4-45 所示电路的逻辑功能。图中 S_3、S_2、S_1、S_0 是控制信号，可用列真

值表的方法说明。

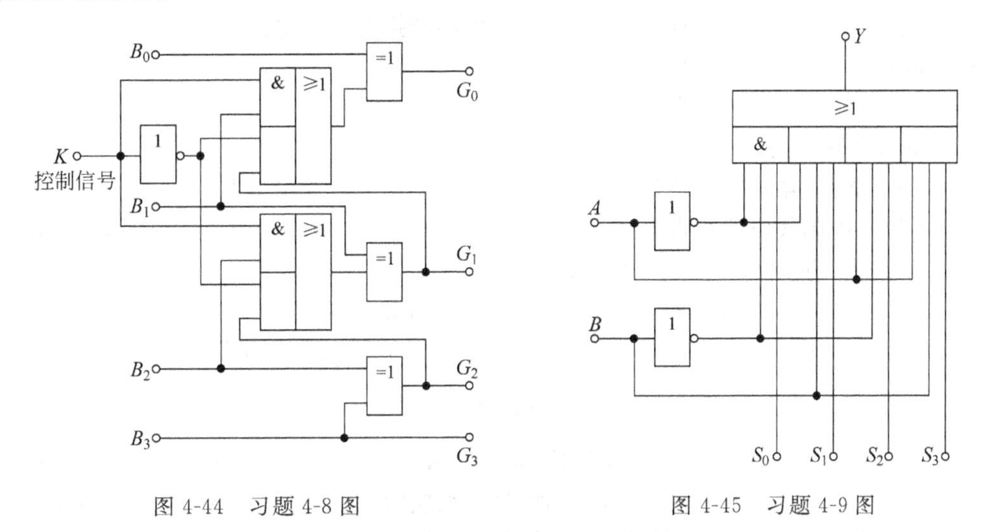

图 4-44　习题 4-8 图　　　　图 4-45　习题 4-9 图

[4-10]　试设计一个组合电路，其输入是 4 位二进制数，当该数大于或等于$(8)_{10}$时输出为 1，否则输出为 0，要求用"与非"门实现。

[4-11]　分别用"与非"门设计能实现下列功能的组合电路。

(1) 四变量表决电路——输出与多数变量的状态一致。

(2) 四变量不一致电路——四个变量状态不相同时输出为 1，相同时输出为 0。

(3) 四变量判奇电路——四个变量中有奇数个 1 时输出为 1，否则输出为 0。

[4-12]　设计一个组合逻辑电路，其输入是一个 2 位二进制数 $B=B_1B_0$，其输出是 $Y_1=2B$、$Y_2=B^2$。Y_1、Y_2 也是二进制数。

[4-13]　分别设计能够实现下列要求的组合电路。输入是 4 位二进制正整数 $B=B_3B_2B_1B_0$。

(1) 能被 2 整除时输出为 1，否则为 0；

(2) 能被 5 整除时输出为 1，否则为 0；

(3) 大于或等于 5 时输出为 1，否则为 0；

(4) 小于或等于 10 时输出为 1，否则为 0。

[4-14]　根据下面图 4-46 所示的波形图设计一个组合逻辑电路。其中 A、B、C、D 是输入变量，Y 是输出变量。

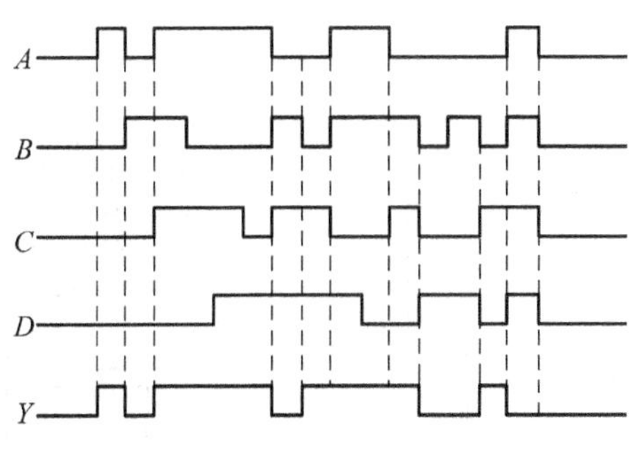

图 4-46　习题 4-14 图

［4-15］ 画出用 3 片 4 位数值比较器组成 12 位数值比较器的连线图。

［4-16］ 用与"非门"分别设计能实现下列代码转换的组合电路：

(1) 将 8421BCD 码转换成为余 3 码；

(2) 将 8421BCD 码转换成为余 3 循环码；

(3) 将余 3 码转换成为余 3 循环码。

［4-17］ 试用"异或"门分别设计能实现下列功能的组合逻辑电路：

(1) 8 位二进制代码的检奇电路——代码中有奇数个 1 时输出为 1，否则输出为 0。

(2) 将 4 位二进制码转换成 4 位循环码。

［4-18］ 用 74LS138 译码器和"与非"门实现下列逻辑函数，画出电路图。

(1) $Y_1 = ABC + \overline{A}(B + C)$　　(2) $Y_2 = \overline{(A + B)(\overline{A} + \overline{C})}$

(3) $Y_3 = \sum_m (3,4,5,6)$　　(4) $Y_4 = \sum_m (7,8,13,14)$

［4-19］ 用二-十进制编码器、译码器、发光二极管七段显示器组成一个 1 位数码显示电路。当 0～9 十个输入端中某一个接地时，显示相应数码。选择合适的器件，画出连线图。

［4-20］ 用中规模集成电路，设计一个路灯控制电路。要求能在四个不同的地方，都可以独立地控制灯的亮灭。

［4-21］ 电话室需要对四种电话进行编码控制，优先级别最高的是火警电话 119，其次是急救电话 120，第三是工作电话，第四是生活电话，试用"与非"门设计该控制电路。

［4-22］ 药房里有常用药 30 种，编号为 1～30。在配方时必须遵守下列规定：

(1) 第 3 号与第 16 号不能同时用；

(2) 第 5 号与第 21 号不能同时用；

(3) 第 12、22、30 号不能同时用；

(4) 用第 7 号时，必须同时用第 17 号；

(5) 当第 10 号和第 20 号一起使用时，必须同时用第 6 号。

设计一个组合逻辑电路，要求在违反上述任何一项规定时，都能给出报警信号。

［4-23］ 检查下面函数在单个变量改变状态时，有无竞争—冒险，若有请设法消除。

(1) $Y_1 = \overline{A}\overline{B} + ACB\overline{C}$　　(2) $Y_2 = \overline{A}B + \overline{B}\overline{C} + AC\overline{D}$

(3) $Y_3 = \overline{B}\overline{D} + \overline{A}\overline{C}\overline{D} + \overline{A}\overline{B}C + A\overline{B}\overline{C} + AC\overline{D}$

［4-24］ 试写出图 4-47 由四选一数据选择器构成的输出 Z 的最简与或表达式。

［4-25］ 试写出如图 4-48 由 3 线-8 线译码器实现的输出 Z_1、Z_2 的最简与或表达式。

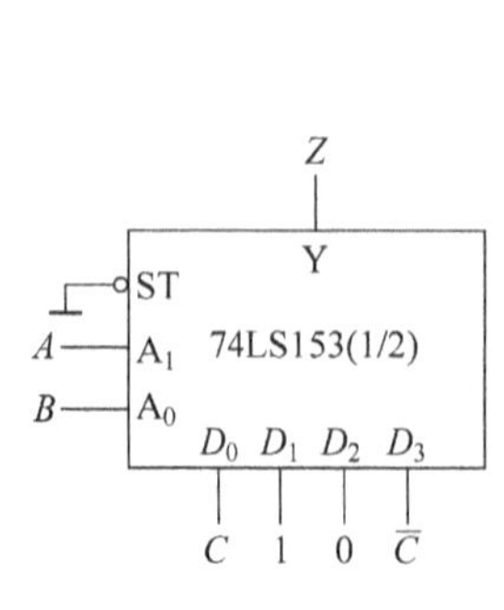

图 4-47　习题 4-24 图

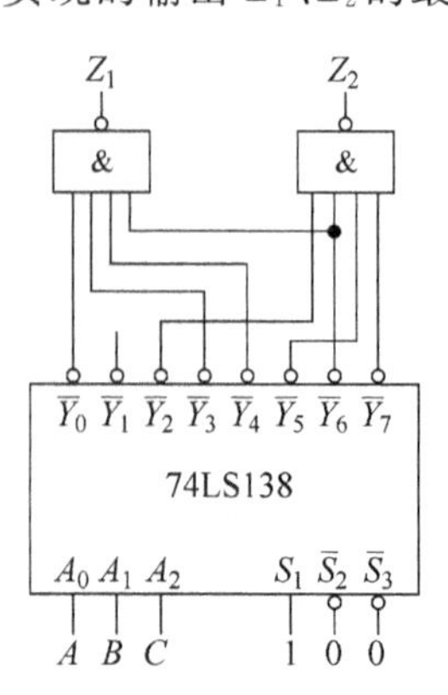

图 4-48　习题 4-25 图

［4-26］ 试分析图4-49所示电路的逻辑功能。

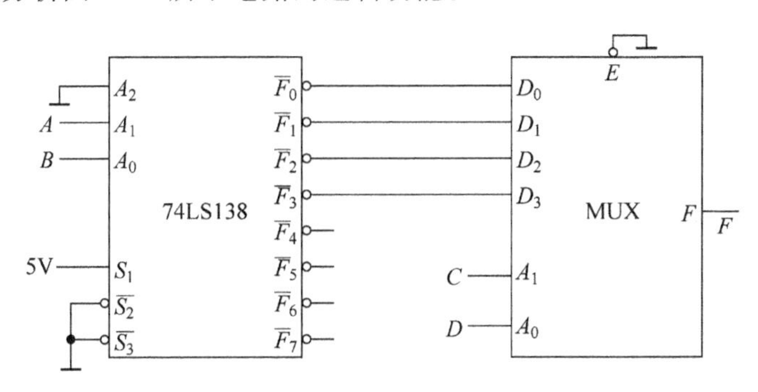

图4-49 习题4-26图

［4-27］ 试设计一个带控制端的半加/半减器，控制端 $X=0$ 时为半加器，$X=1$ 时为半减器。

［4-28］ 试用3线-8线译码器74LS138和必要的门电路，设计一个具有控制端 M 的一位全减运算电路。当 $M=1$ 时，全减运算被禁止；当 $M=0$ 时，做全减运算。

［4-29］ 试用74LS283实现二进制数10001110和11000111的加法运算，画出逻辑电路图。

［4-30］ 试用4位数据比较器74LS85设计一个判别电路。若输入的8421BCD码 $D_3D_2D_1D_0>0110$ 时，电路输出为1，否则输出为0。

［4-31］ 试用逻辑门设计一个满足表4-21要求的监督码产生电路。

表4-21 题4-31的传输码表

数据			监督码	传输码			
A	B	C	W_{OD}	W_{OD}	A	B	C
0	0	0	1	1	0	0	0
0	0	1	0	0	0	0	1
0	1	0	0	0	0	1	0
0	1	1	1	1	0	1	1
1	0	0	0	0	1	0	0
1	0	1	1	1	1	0	1
1	1	0	1	1	1	1	0
1	1	1	0	0	1	1	1

［4-32］ 编程题：

(1) 画出与下列实体描述对应的端口图。

```
ENTITY mux4sl IS
    PORT( in0,inl,in2,in3,sel0,sel1: IN STD_LOGIC;
        output: OUT STD_LOGIC);
END mux4sl;
```

(2) 画出与下列实体描述对应的端口图。

```
ENTITY encod IS
PORT( d: IN STD_LOGIC_VECTOR(0 TO 3);
        y: OUT STD_LOGIC_VECTOR(0 TO 1));
END encod;
```

(3) 用 CAES 语句重写实现七段显示译码器 74LS48 功能的 VHDL 程序。

(4) 用 VHDL 语言描述逻辑表达式 $y=ab+b\bar{c}+\bar{a}c$。

(5) 用 VHDL 语言描述 8 位求补器。

第5章 触发器

在数字系统中，不仅要对二进制信号进行算术和逻辑运算，还需要将输入信号的状态和运算结果保存起来，以备下次运算使用。因此，需要具有记忆功能的逻辑部件。能够存储一位二进制信号的基本逻辑部件就是触发器(Flip-Flop,FF)。

本章主要介绍触发器的电路结构、工作原理和功能特点。

5.1 概述

5.1.1 对触发器的基本要求

在数字系统中，基本的工作信号是二进制数字信号和两状态逻辑信号，触发器就是存放这些信号的基本单元电路。由于二进制数字信号只有0、1两个符号，两状态逻辑信号只有0、1两种可能取值，都具有两状态性质。所以对于存放这些信号的单元电路——触发器的基本要求是：

① 应具有两个稳定的状态：0状态和1状态；

② 能够接收、保存和输出这些信号。

5.1.2 现态和次态

触发器接收输入信号之前的状态叫做现态，用Q^n表示。触发器接收输入信号之后的状态叫次态，用Q^{n+1}表示。现态和次态是两个相邻离散时间里触发器输出端的状态。触发器次态输出Q^{n+1}与现态Q^n和输入信号之间的逻辑关系是贯穿本章的基本问题，获得、描述与理解这种逻辑关系是本章的学习重点。

5.1.3 触发器的分类

① 按照电路结构和工作特点的不同，触发器可分为基本触发器、同步触发器、主从触发器和边沿触发器。

② 按照在时钟脉冲控制下逻辑功能的不同，时钟触发器可分成RS触发器、JK触发器、D触发器、T触发器和T′触发器。这种分类是针对时钟触发器而言的。

③ 按电路使用开关元件的不同，触发器可分为TTL触发器和CMOS触发器。

④ 按是否有集成电路，触发器可分为分立元件触发器和集成触发器等。

5.2 基本触发器

基本触发器(又称锁存器,Latch)包括基本 RS 触发器、电平触发 RS 触发器、电平触发 D 触发器、电平触发 JK 触发器。

5.2.1 基本 RS 触发器

基本 RS 触发器的逻辑结构如图 5-1 所示,它是由两个交叉耦合的"与非"门组成,也可以由"或非"门或"与或非"门组成。

以由"与非"门组成的基本 RS 触发器为例,由于在两个"与非"门的输入和输出间连接成反馈的形式,两个"与非"门一个处于导通状态,另一个就处于截止状态。输出 Q 和 $\overline{Q}$ 端电压高低相反,即输出的状态相反。

规定当 $Q=0$、$\overline{Q}=1$ 时,触发器处于 0 状态,$Q=1$、$\overline{Q}=0$ 时,触发器处于 1 状态。在驱动信号 $\overline{S}_D$ 和 $\overline{R}_D$ 的作用下,触发器处于两个状态中的一个。

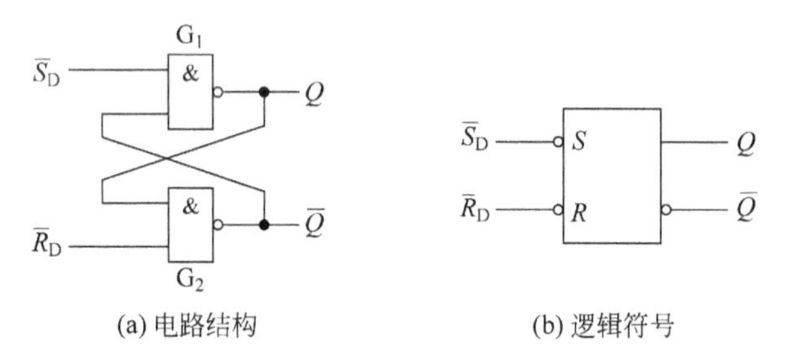

(a) 电路结构　　(b) 逻辑符号

图 5-1　由"与非"门构成的基本 RS 触发器

(1) $\overline{R}_D=0$,$\overline{S}_D=1$ 时,则 $Q=0$,$\overline{Q}=1$,触发器置 0 态;

(2) $\overline{R}_D=1$,$\overline{S}_D=0$ 时,则 $Q=1$,$\overline{Q}=0$,触发器置 1 态;

(3) $\overline{R}_D=1$,$\overline{S}_D=1$ 时,则触发器保持原有状态不变;

(4) $\overline{R}_D=0$,$\overline{S}_D=0$ 时,则 $Q=1$,$\overline{Q}=1$,触发器两个输出端均为 1,违背了输出相反的要求。如果当输入端$\overline{S}_D$ 和 $\overline{R}_D$ 随后同时由 0 变成 1,两个"与非"门的输出同时由 1 向 0 变化,就出现了竞争现象。假若"与非"门 G_1 的延迟时间小于 G_2 门的延迟时间,触发器的输出最终稳定在 $\overline{Q}=0$、$Q=1$;若"与非"门 G_2 的延迟时间小于 G_1 门的延迟时间,触发器的输出最终稳定在 $\overline{Q}=1$,$Q=0$。所以,$\overline{R}_D=0$,$\overline{S}_D=0$ 时,电路的输出状态是不确定的。基本 RS 触发器的特性表如表 5-1 所示。

表 5-1　基本 RS 触发器特性表

$\overline{R}_D$	$\overline{S}_D$	Q	$\overline{Q}$	说　明
0	1	0	1	置 0 态
1	0	1	0	置 1 态
1	1	0 或 1	1 或 0	保持原有状态不变
0	0	1	1	触发器状态不确定

基本 RS 触发器逻辑符号中的 $\bar{S}_D$ 端和 $\bar{R}_D$ 端各有一个小圆圈，表示置 0 和置 1 信号都是低电平有效。当置 0、置 1 负脉冲出现时，引起触发器状态改变，属于负脉冲触发。

如图 5-2 所示，$\bar{R}_D$、$\bar{S}_D$ 为"与非"门组成的基本 RS 触发器的输入波形，根据其真值表，可确定输出端 Q 和 $\bar{Q}$ 的波形(设 Q 的初始状态为 0)。

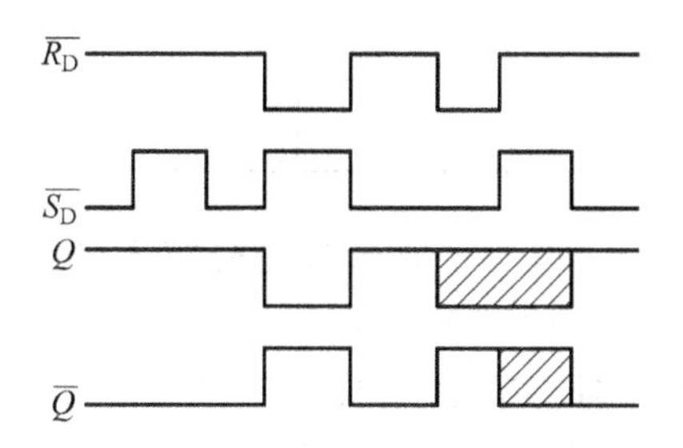

图 5-2 "与非"门组成的基本 RS 触发器的波形图

5.2.2 RS 触发器

在各种数字设备与数字系统中，为协调各部分动作，通常需要某些触发器在同一时刻动作。为此引入同步信号，使这些触发器只在同步信号到达时才按输入信号改变状态。通常把这一同步信号称作时钟脉冲，用 CP(Clock Pulse)或 CLK(Clock)表示。而受时钟脉冲控制的触发器统称为时钟触发器。

1. 钟控 RS 触发器

基本 RS 触发器，只要输入信号发生变化，触发器状态就会转换。在实际应用中，常常需要增加一个时钟脉冲信号控制触发器的状态翻转时刻。在时钟脉冲信号(CP 或 CLK)作用下，触发器状态根据当时输入端激励信号发生状态转换。

在有多个触发器的电路中，各个触发器常常共用同一个时钟脉冲信号，触发器同时发生状态翻转，所以叫同步触发器。钟控 RS 触发器也叫同步触发器。

钟控 RS 触发器的电路结构如图 5-3(a) 所示。该电路由两部分构成："与非"门 G_1、G_2 组成基本 RS 触发器，"与非"门 G_3、G_4 组成控制电路，图 5-3(b)为其逻辑符号。

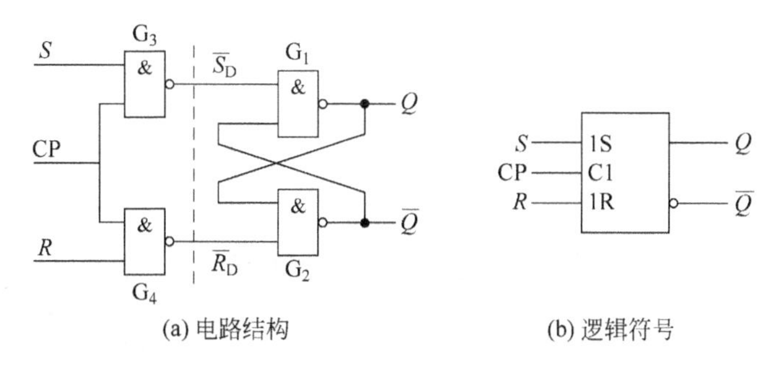

图 5-3 钟控 RS 触发器

由图可见，当 CP=0 时，触发器状态维持不变，只有 CP=1 时，触发器状态才会发生转移。钟控 RS 触发器的特性表如表 5-2 所示。

表 5-2 钟控 RS 触发器特性表

CP	S	R	Q^{n+1}	说　明
0	×	×	Q^n	状态不变
1	0	0	Q^n	状态不变
1	0	1	0	置 0 态
1	1	0	1	置 1 态
1	1	1	×	状态不确定

但是，当 CP=1 时，如果输入信号中有干扰信号窜入，触发器可能出现多次翻转——“空翻”，而且，输入信号也须遵循约束条件 SR=0。

为了灵活使用钟控 RS 触发器，实际使用的钟控 RS 触发器通常具有异步直接置位端(置 1)和异步的直接复位端(置 0)，如图 5-4 所示。电路中的 $\bar{S}_D$ 端和 $\bar{R}_D$ 端只要加入低电平，即可使触发器置 1 或置 0，而不受时钟脉冲和输入信号的控制。触发器在时钟脉冲控制下正常工作时，应将 $\bar{S}_D$ 端和 $\bar{R}_D$ 端置为高电平状态。

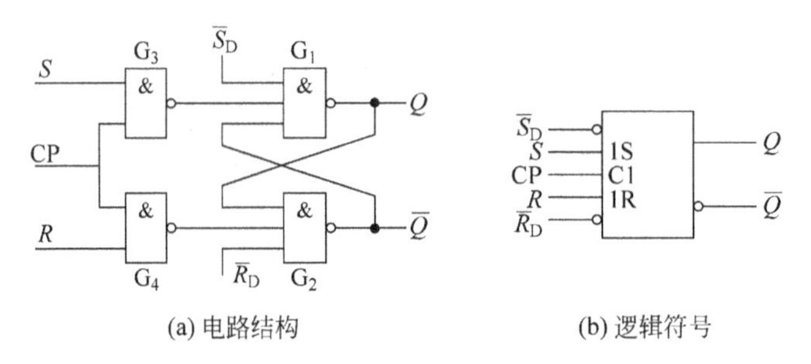

图 5-4 有异步置位和复位的钟控 RS 触发器

2. 主从 RS 触发器

主从 RS 触发器是在钟控 RS 触发器的基础上改造而来的。该触发器的输出状态在时钟脉冲有效期间只能改变一次，有效地提高了触发器的工作可靠性。

主从 RS 触发器由两个同样的钟控 RS 触发器构成，但它们的时钟信号相位相反，见图 5-5。

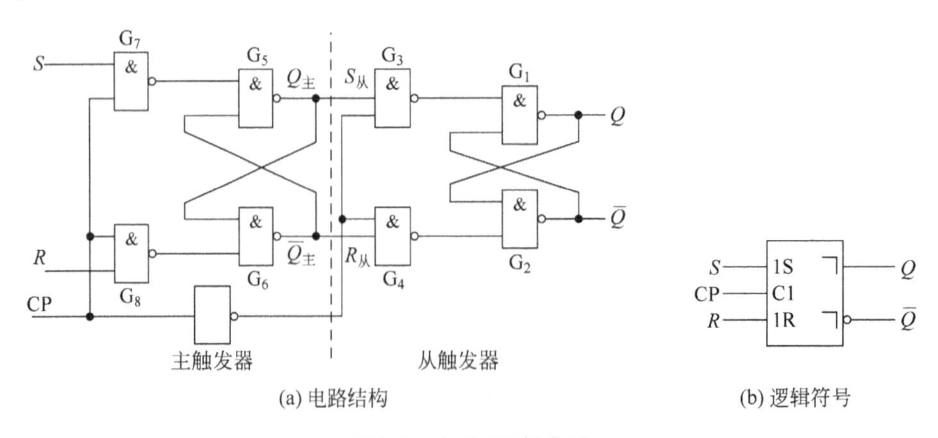

图 5-5 主从 RS 触发器

当 CP=1 时，G_7、G_8 门被打开，G_3、G_4 门被封锁，此时主触发器按照 S 和 R 的状态翻转，从触发器由于时钟 CP 为 0 而保持原来的状态不变。当主触发器的 CP 由高电平返回低电平时，G_7、G_8 门被封锁，此时 S、R 的状态无论如何改变，主触发器的输出始终保持原来状态不再改变。与此同时 G_3、G_4 门被打开，从触发器的状态由主触发器的输出决定，即按照与主触发器相同的状态翻转。由此可见，在时钟脉冲的一个变化周期内，主从 RS 触发器的状态只能改变一次。

根据主从 RS 触发器的工作过程分析可知，该触发器为脉冲触发的触发器。逻辑符号中的“¬”表示“延迟输出”，即 CP 返回 0 后输出状态才能发生改变，所以主从触发器状态发生改变是在时钟脉冲由 1 变 0 的时刻。图 5-6 为主从 RS 触发器的工作波形图。主从 RS 触发器的特性表如表 5-3 所示。

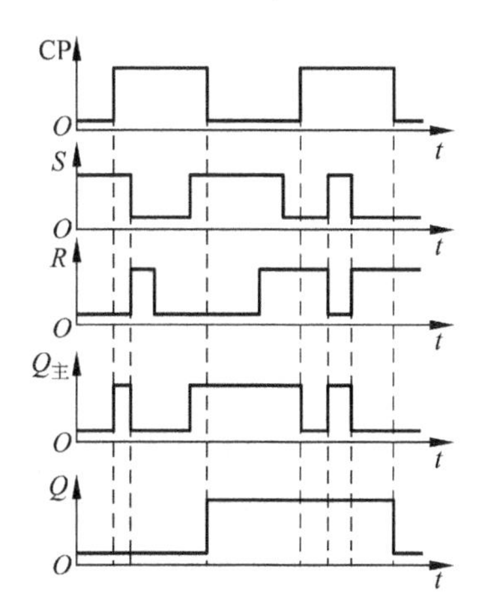

图 5-6 主从 RS 触发器工作波形

表 5-3 主从 RS 触发器的特性表

CP	S	R	Q^n	Q^{n+1}
0	×	×	×	Q
$\downarrow$	0	0	0	0
$\downarrow$	0	0	1	1
$\downarrow$	1	0	0	1
$\downarrow$	1	0	1	1
$\downarrow$	0	1	0	0
$\downarrow$	0	1	1	0
$\downarrow$	1	1	0	1^*
$\downarrow$	1	1	1	1^*

注：* 表示若 S、R 信号不变，CP 回到低电平后状态不定。

主从 RS 触发器克服了同步 RS 触发器在 CP=1 期间有干扰信号时可能多次翻转的问题，但由于主触发器是钟控 RS 触发器，所以在 CP=1 期间，主触发器的状态仍然会随 S、R 的状态变化而变化，因此从触发器的输出状态决定于 CP=0 前一刻的 R、S 状态。此外，输入信号也必须遵守约束条件 RS=0。

3. 边沿触发 RS 触发器

主从 RS 触发器解决了触发器作为时序电路中记忆电路时的不稳定问题，但是所有主从 RS 触发器都需要时钟的上升、下降两个时钟沿才能正常工作，而且在主触发器的控制门被打开期间，主触发器可以多次地接受输入信号的触发，因而主触发器最后状态的确定是和控制门打开期间的全部触发过程有关的。

下面介绍的边沿触发 RS 触发器是一种只需要一个时钟上升沿或下降沿就能工作的触发器。边沿 RS 触发器从触发方式上可分为上升沿触发和下降沿触发，从结构上分为维持阻塞边沿触发器和利用传输延迟时间的边沿触发器等。

图 5-7 是维持阻塞型 RS 触发器的电路结构和逻辑符号。

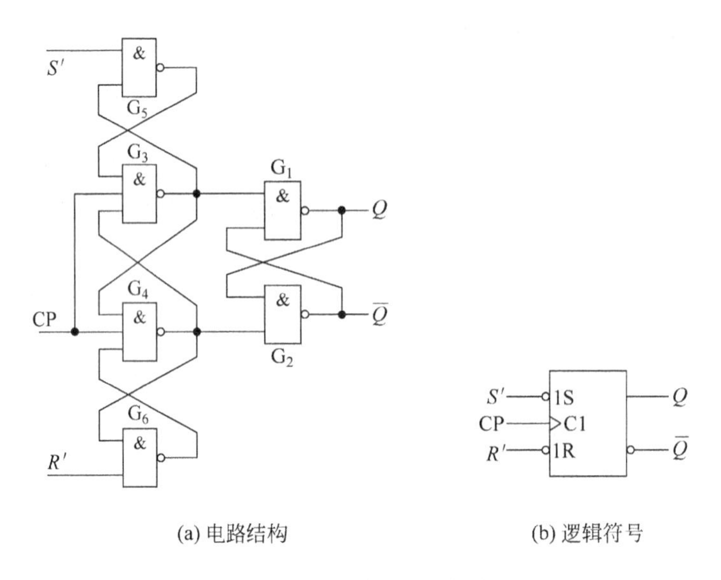

(a) 电路结构　　(b) 逻辑符号

图 5-7　维持阻塞型 RS 触发器

从图中可以看出，该电路由三部分构成，G_3 和 G_5 组成电平触发 RS 触发器，G_4 和 G_6 组成另一个电平触发 RS 触发器，G_1 和 G_2 组成基本 RS 触发器，作为维持阻塞 RS 触发器的从触发器，其状态随 G_3 和 G_4 的输出变化而变化。

① 在 CP=0 时，G_3 和 G_4 两个门被关闭，它们的输出 G_{3OUT}、$G_{4OUT}=1$，使 G_5、G_6 两个门的输出随 R' 和 S' 变化，但是由于 CP=0，所以 R'、S' 无论怎样变化，这两个同步触发器都不会受 R'、S' 信号的影响。由于此时 $G_{3OUT}=G_{4OUT}=1$，所以从触发器保持输出状态不变。

② 当 $S'=1$、$R'=1$ 时，无论 CP=0，还是 CP=1，触发器的输出状态均不变。

③ 当 CP 出现上升沿时，G_3 和 G_4 两个门被打开，它们的输出只与 CP 上升沿瞬间 R' 或 S' 端的信号有关。

• 若此时 $R'=0$，则 $G_{6OUT}=1$，$G_{4OUT}=0$；当 $S'=1$，则 $G_{5OUT}=0$，$G_{3OUT}=1$。

在 CP=1 期间，由于 G_4 的输出到 G_6 的连线（又称置 0 维持线）的作用，使 $R'=1$ 时，仍维持 $G_{4OUT}=0$。由于 G_4 的输出到 G_3 的连线（又称置 1 阻塞线）的作用，即使 $S'=0$，使 $G_{5OUT}=1$，仍维持 $G_{3OUT}=1$ 不变。此时，从触发器置 0。

• 若 CP 上升沿时 $R'=1$，则 $G_{6OUT}=0$，$G_{4OUT}=1$；当 $S'=0$ 时，$G_{5OUT}=1$，$G_{3OUT}=0$。

在 CP=1 期间，由于 G_3 的输出到 G_5 的连线（又称置 1 维持线）的作用，使 $S'=1$ 时，仍维持 $G_{3OUT}=0$。由于 G_3 的输出到 G_4 的连线（又称置 0 阻塞线）的作用，即使 $R'=0$ 后使 $G_{6OUT}=1$，$G_{4OUT}=1$ 仍维持不变。此时，从触发器置 1。

由以上分析可知，该边沿 RS 触发器为上升沿触发（正边沿触发），若时钟脉冲输入端加入一个“非”门，则成为下降沿（负边沿）触发，其逻辑符号应在 CP 输入端加一个表示负逻辑的小圆圈。维持阻塞型 RS 触发器的特性表如表 5-4 所示。

表 5-4 维持阻塞型 RS 触发器的特性表

CP	S'	R'	Q^n	Q^{n+1}
0	×	×	×	Q
↑	1	1	0	0
↑	1	1	1	1
↑	1	0	0	0
↑	1	0	1	0
↑	0	1	0	1
↑	0	1	1	1
↑	0	0	0	1*
↑	0	0	1	1*

注：* 表示若 S、R 信号不变，CP 回到低电平后状态不定。

5.2.3 D 触发器

1. 电平触发 D 触发器

将电平触发 RS 触发器的 R、S 两端经一非门后相连接，即可构成电平触发的 D 触发器，如图 5-8 所示。

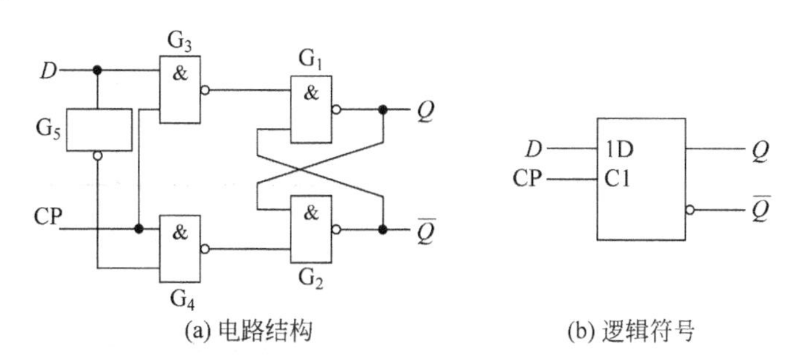

(a) 电路结构　　(b) 逻辑符号

图 5-8 电平触发 D 触发器

由于将原电平触发 RS 触发器的输入端 R、S 经反相器后相连接，当 D 端有输入信号时，原钟控 RS 触发器的输入端 R、S 互反，所以 D 触发器不可能出现输出端不稳定的状态，自然就无须约束条件。

由图 5-8 可见，CP=0 时，D 触发器保持原来的输出状态。当 CP=1 时，若 $D=1$，则触发器输出 $Q^{n+1}=1$；若 $D=0$，则触发器输出 $Q^{n+1}=0$。

可见，在 CP=1 期间，D 触发器的状态随输入端 D 的状态变化而变化，因此同样具有电平触发的特点。表 5-5 是电平触发 D 触发器的特性表。

表 5-5 电平触发 D 触发器特性表

CP	D	Q^n	Q^{n+1}
0	×	0	0
0	×	1	1
1	0	×	0
1	1	×	1

2. 主从结构的D触发器

用两个电平触发的D触发器可以构成一个主-从结构的D触发器，如图5-9所示。两个D触发器分别由CP信号控制，当CP=0时，主D触发器控制门被打开，主D触发器输出状态由当前输入端D的状态决定，从D触发器控制门被关闭，保持原输出状态；当CP=1时，主D触发器控制门被关闭，从D触发器控制门被打开，输出状态由前一时刻主D触发器的状态决定。主-从结构D触发器特性表如表5-6所示。

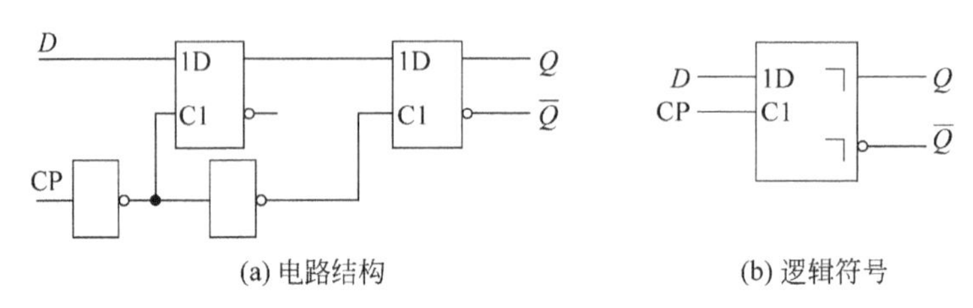

(a) 电路结构　　(b) 逻辑符号

图5-9　主从结构的D触发器

表5-6　主从结构的D触发器特性表

CP	D	Q^n	Q^{n+1}
0	×	0	0
0	×	1	1
⊓↓	0	×	0
⊓↓	1	×	1

3. 边沿触发的D触发器

边沿触发的D触发器在时钟脉冲的上升沿或下降沿时刻改变输出状态，并且只在边沿前一瞬间的输入信号有效。图5-10为边沿触发的D触发器的逻辑符号。逻辑符号中，>表示CP为边沿触发，以区分电平触发，∘表示下降沿触发。

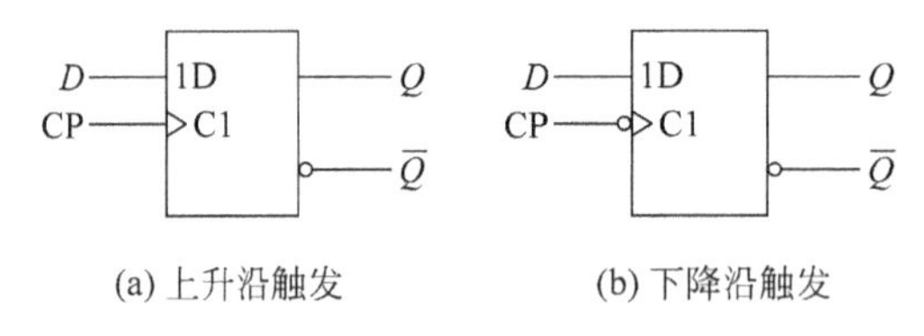

(a) 上升沿触发　　(b) 下降沿触发

图5-10　边沿触发的D触发器逻辑图

边沿触发的D触发器的特性方程表达式及特性表仍与电平触发D触发器的特性方程及特性表相同，只是输出状态发生变化的时刻不同。它在时钟脉冲的上升沿或下降沿时刻，将上升沿或下降沿前一瞬间的输入D数据传输到输出端。

【例5-1】 边沿D触发器构成的电路如图5-11(a)所示，设触发器的初始状态$Q_1Q_0=00$，确定Q_0及Q_1在时钟脉冲作用下的波形。

解： 由于两个D触发器的输入信号分别为另一个D触发器的输出，因此在确定它们的输出端波形时，应分段交替画出 Q_0 及 Q_1 的波形，如图 5-11(b)所示。

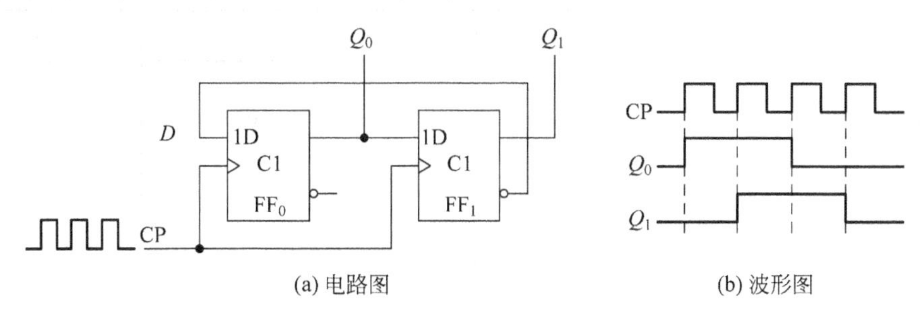

(a) 电路图　(b) 波形图

图 5-11　例 5-1 的电路与波形图

5.2.4 JK 触发器

1. 电平触发 JK 触发器

将电平触发 RS 触发器的 Q 和 $\bar{Q}$ 端作为控制信号反馈到输入端，就构成了电平触发 JK 触发器。为区别于电平触发 RS 触发器，将原 S、R 端对应改为 J、K 端(J、K 无特定含义)。该电路由于工作性能不稳定，一般不被采用。电平触发 JK 触发器见图 5-12。

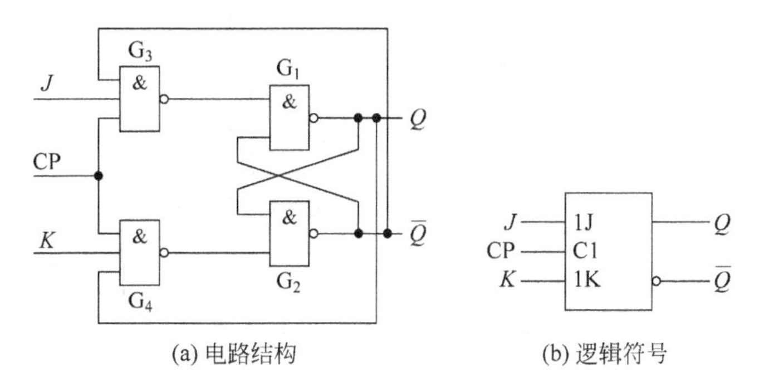

(a) 电路结构　(b) 逻辑符号

图 5-12　电平触发 JK 触发器

① 当 CP=0 时，无论 J、K 为何值，触发器保持原输出状态不变。

② 当 CP=1 时。

- 若 $J=0$、$K=0$，则 G_3、G_4 门被封锁，触发器保持原状态不变。
- 若 $J=1$、$K=0$，如果此时 $Q=0$,$\bar{Q}=1$，则 $G_{3OUT}=0$,$G_{4OUT}=1$，触发器被置 1；如果此时 $Q=1$,$\bar{Q}=0$，则 $G_{3OUT}=1$,$G_{4OUT}=1$，触发器状态不变，仍为 1。即无论触发器原状态如何，此时都将被置为 1。
- 若 $J=0$、$K=1$，如果此时 $Q=0$,$\bar{Q}=1$，则 $G_{3OUT}=1$,$G_{4OUT}=1$，触发器保持原状态 0 态；如果此时 $Q=1$,$\bar{Q}=0$，则 $G_{3OUT}=1$,$G_{4OUT}=0$，触发器被置为 0 态。即无论触发器原状态如何，此时都将被置 0。
- 若 $J=1$、$K=1$，如果此时 $Q=0$,$\bar{Q}=1$，则 $G_{3OUT}=0$,$G_{4OUT}=1$，触发器被置为 1；如果此时 $Q=1$,$\bar{Q}=0$，则 $G_{3OUT}=1$,$G_{4OUT}=0$，触发器被置为 0。即无论触发器原状态如何，都将被翻转。

由此可得电平触发 JK 触发器的特性表如表 5-7 所示。

表 5-7 电平触发 JK 触发器的特性表

CP	J	K	Q^n	Q^{n+1}
0	×	×	×	Q
1	0	0	0	0
1	0	0	1	1
1	1	0	0	1
1	1	0	1	1
1	0	1	0	0
1	0	1	1	0
1	1	1	0	1
1	1	1	1	0

2. 主从 JK 触发器

将主从 RS 触发器的 Q 和 $\bar{Q}$ 端作为控制信号反馈到输入端，就构了主从 JK 触发器。其电路图如图 5-13(a) 所示。

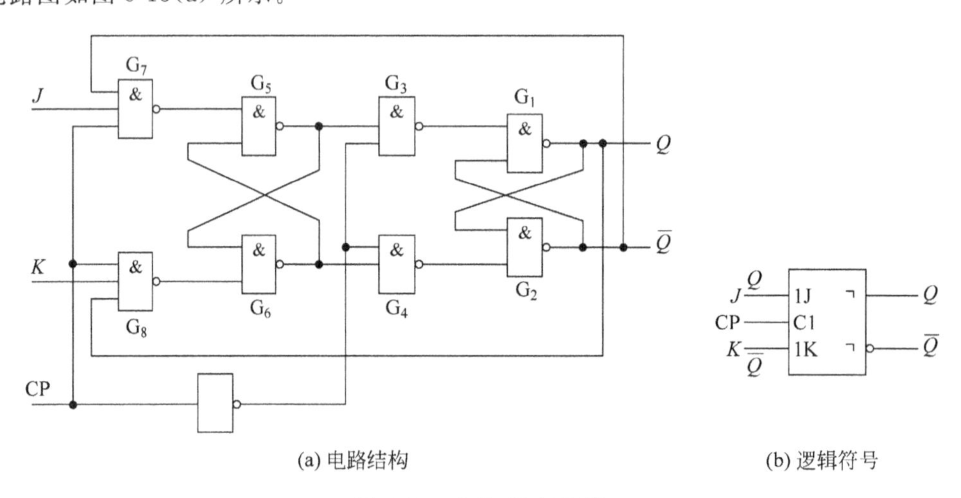

(a) 电路结构　　(b) 逻辑符号

图 5-13　主从 JK 触发器

① 当 CP=0 时，主触发器被封锁，无论输入端 J、K 为何值，从触发器的状态保持原状态不变。

② 当 CP=1 时。

- 若 $J=0$、$K=0$，G_7、G_8 被封锁，触发器保持原状态不变。
- 若 $J=1$、$K=0$，则无论主触发器原状态如何，都将被置 1。当 CP 由 1 返回 0 时，从触发器也随之被置为 1。
- 若 $J=0$、$K=1$，则无论主触发器原状态如何，都将被置 0。当 CP 由 1 返回 0 时，从触发器也随之被置为 0。
- 若 $J=1$、$K=1$，G_7、G_8 均被打开，从触发器初始状态就成为触发器次态的决定因素，此时有两种情况：

第一种情况是 $Q=0$。此时 G_8 被 Q 封锁。当 CP=1 时，仅 G_7 输出低电平信号，所以主触发器被置 1。CP=0 后，从触发器随后被置为 1。

第二种情况是 $Q=1$。此时 G_7 被 $\bar{Q}$ 封锁。当 CP=1 时，仅 G_8 输出低电平信号，所以主触发器被置 0。CP=0 后，从触发器随后被置为 0。

综合以上两种情况，当 $J=1$、$K=1$ 时，无论触发器初始状态如何，CP 下降沿到达后，触发器的次态均与初态相反，即触发器翻转。

由以上分析可得主从 JK 触发器的特性表如表 5-8 所示。

表 5-8　主从 JK 触发器的特性表

CP	J	K	Q^n	Q^{n+1}
0	×	×	×	Q
↓	0	0	0	0
↓	0	0	1	1
↓	1	0	0	1
↓	1	0	1	1
↓	0	1	0	0
↓	0	1	1	0
↓	1	1	0	1
↓	1	1	1	0

主从 JK 触发器工作波形图见图 5-14。

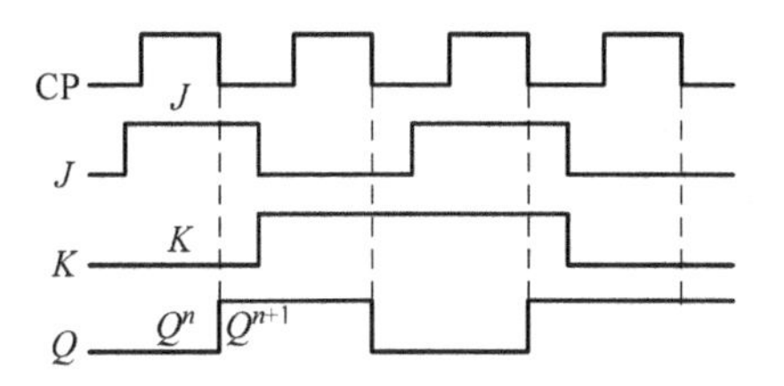

图 5-14　主从 JK 触发器工作波形图

主从 JK 触发器的一次变化现象：

前面分析主从 JK 触发器时，假定在 CP=1 期间 J、K 信号是不变的，因此在 CP 脉冲的下降沿时，从触发器达到的状态是 CP=1 期间主触发器所接收的状态。但在 CP=1 期间，若 J、K 信号发生变化，可能会导致主触发器的状态发生变化，但只能变化一次。这种现象称为一次变化现象。它最终会造成从触发器的错误翻转。

只有在下面两种情况下会发生一次变化现象：一是触发器状态为 0 时，J 信号的变化；二是触发器状态为 1 时，K 信号的变化。因此，为避免产生一次变化现象，必须保证在 CP=1 期间 J、K 信号保持不变。但在实际使用中，干扰信号往往会造成 CP=1 期间 J 或 K 信号的变化，从而导致主从 JK 触发器的抗干扰能力变差。为了减少接收干扰的机会，应使 CP=1 的宽度尽可能窄。

在 CP=1 期间，若 J、K 信号发生了变化，就不能根据上述特性表来决定输出 Q，但可按以下方法来处理：

① 若原态 $Q=0$，则由 J 信号决定其次态，而与 K 无关。此时只要 CP=1 期间出现过 $J=1$，则 CP 下降沿时 Q 为 1；否则 Q 仍为 0。

② 若原态 $Q=1$，则由 K 信号决定其次态，而与 J 无关。此时只要 CP＝1 期间出现过 $K=1$，则 CP 下降沿时 Q 为 0；否则 Q 仍为 1。

【例 5-2】 设主从 JK 触发器的初态为 1，CP 及 J、K 的波形如图 5-15 所示，试画出它的输出波形。

解：在图 5-15 所示的波形图中，第 5、第 6 个 CP 脉冲的高电平期间，J、K 信号发生了变化，其他 CP 脉冲的高电平期间，J、K 信号没发生变化。针对这两种情况分别采用前面介绍的两种方法画出它的输出波形，如图 5-15 所示。

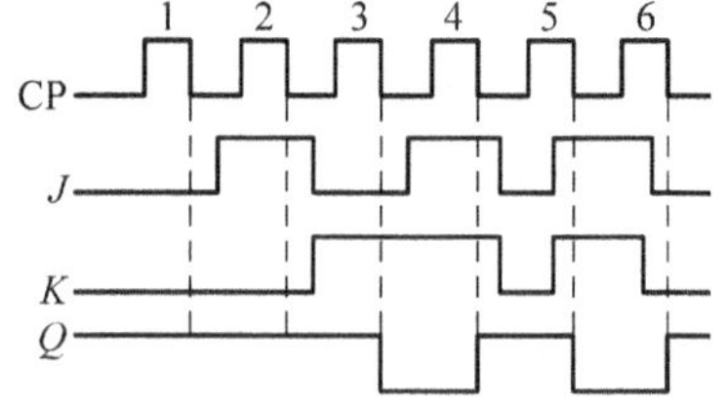

图 5-15　例 5-2 的波形图

3. 边沿 JK 触发器

图 5-16 为利用门传输延迟时间构成的负边沿 JK 触发器逻辑电路。图中的两个“与或非”门构成基本 RS 触发器，两个“与非”门（G_1、G_2）作为输入信号引导门，在制作时已保证“与非”门的延迟时间大于基本 RS 触发器的传输延迟时间。

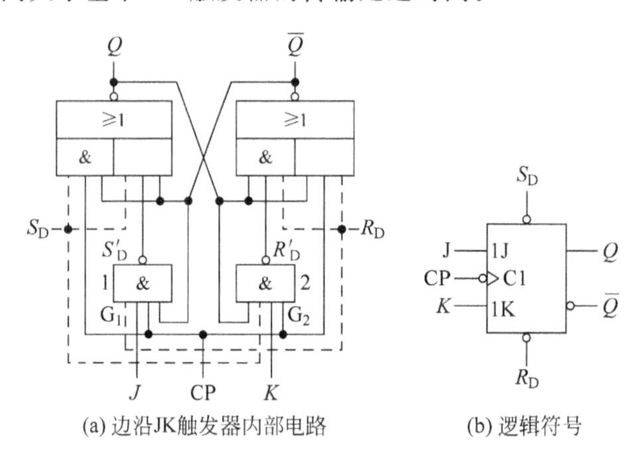

图 5-16　边沿 JK 触发器

边沿 JK 触发器具有以下特点：

① 边沿 JK 触发器在 CP 下降沿时产生翻转，CP 下降沿前瞬间的 J、K 输入信号为有效输入信号。

② 对于主从 JK 触发器，在 CP＝1 的全部时间内，J、K 输入信号均为有效输入信号。故与主从 JK 触发器相比，边沿 JK 触发器大大减少了干扰信号可能作用的时间，从而增强了抗干扰能力。

③ 边沿 JK 触发器的特性表、特性方程与主从 JK 触发器完全相同。

④ 无“一次变化”的问题。

【例 5-3】 设边沿 JK 触发器的初态为 0，输入信号波形如图 5-17 所示，试画出它的输出波形。

解：此题中要特别注意异步置 0、置 1 端 R_D、S_D 的操作不受时钟 CP 的控制。其输出波形如图 5-17 所示。

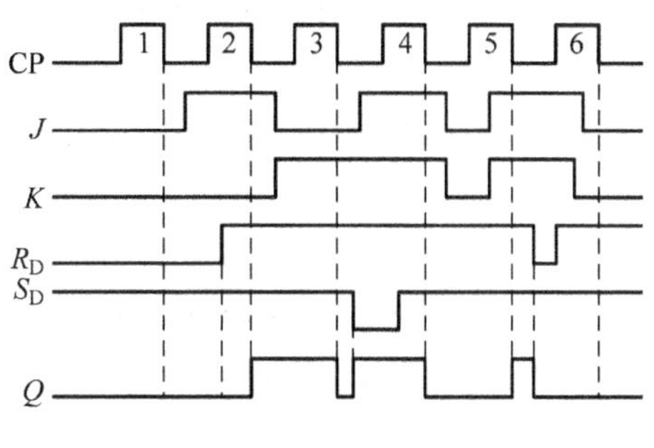

图 5-17 例 5-3 的波形图

5.2.5 各种不同触发器触发方式比较

时钟控制的触发器，其触发方式是由触发器的结构决定的。不同的结构，触发方式也不同；不同的触发方式，导致触发器特性也有差别。

1. 电平触发方式

电平触发方式是指触发器的控制信号是时钟的有效电平。该触发方式有以下特点：

① 只有当 CP 变为有效电平时，触发器才能接收输入信号，并按照输入信号将触发器的输出置成相应的状态。

② 在 CP 有效期间，输入信号一直影响输出状态，所以触发器保存的是 CP 无效前一时刻的状态。

因此，电平触发的触发器抗干扰能力较差，在 CP 有效期间，易受干扰信号影响而出现误动作，触发器状态有可能会发生多次翻转。这种在一个 CP 有效电平期间，触发器发生两次或两次以上翻转的现象称为“空翻”。由此可知，无论哪种逻辑功能的电平触发的触发器，都存在“空翻”问题。

电平触发方式的 VHDL 语言描述比较简单，在程序中增加一个 IF 语句判断，如高电平有效时的判断：

```
IF( CP = 1) THEN
     ⋮
END IF;
```

2. 脉冲触发方式

所有主从结构的触发器都是脉冲触发方式，即要求适当的脉冲宽度，该触发方式有下列特点：

① 触发器翻转分两步动作。若采用正逻辑，第一步，在 CP＝1 期间打开主触发器，使主触发器被输入信号置成相应的状态，而从触发器被封锁；第二步，时钟脉冲的下降沿来到时封锁主触发器，打开从触发器，从触发器状态按照主触发器的状态翻转，触发器的状态改变在下降沿。若采用负逻辑，则刚好相反。

② 由于主触发器采用电平触发，所以主触发器的状态由时钟脉冲下降沿的前一时刻决定，即输入信号在时钟脉冲下降沿的前一刻有效。

应特别注意的是，对于主从JK触发器，在CP高电平期间如J、K有变化，则不能简单地以CP下降沿时刻的J、K状态来确定触发器的状态，因为在CP高电平期间，主触发器只翻转一次，即存在“一次翻转”现象。所以主从结构的JK触发器在使用时也应注意抗干扰问题。

3. 边沿触发方式

边沿触发方式触发器的次态仅取决于时钟脉冲有效触发沿到来时输入端的逻辑状态，而在之前或以后输入信号的任何变化，都不影响输出状态。这一特点使边沿触发器的抗干扰性能大大提高，其电路工作的可靠性也加强了。

当上升沿到来时，表示发生了一个事件，用VHDL语言描述是：CP'EVENT。上升沿后时钟信号为'1'，即CP='1'。所以用VHDL语言描述完整的上升沿触发即是：

```
IF(CP 'EVENT AND CP = '1' ) THEN
    ⋮
END IF;
```

下降沿触发类似，判断条件为：(CP 'EVENT AND CP='0')。

5.3 触发器逻辑功能描述方法

前面阐述了各种触发器的电路结构和工作原理。由于每种触发器的输入信号个数不一，有单端输入，也有多端输入；触发器随输入信号翻转的规则也不一样，所以其逻辑功能也各不相同。按照逻辑功能的不同，通常将时钟控制的触发器分为RS触发器、D触发器、JK触发器、T触发器和T′触发器等。触发器逻辑功能的描述方法除前面提到的特性表外，还有特性方程、状态转换图、波形图及VHDL语言描述等。

5.3.1 RS触发器

1. 特性表

在时钟信号控制下，所有符合表5-9规定的逻辑功能的触发器，都称为RS触发器。由于基本RS触发器不是在时钟信号控制下工作的，所以不属于这里定义的RS触发器。

表5-9 RS触发器的特性表

S	R	Q^n	Q^{n+1}
0	0	0	0
0	0	1	1
1	0	0	1
1	0	1	1
0	1	0	0
0	1	1	0
1	1	0	1*
1	1	1	1*

注：* 若S、R信号不变，CP返回无效后状态不定。

2. 特性方程

根据特性表规定的逻辑关系，将触发器的次态写成逻辑函数式，得：

$$\begin{cases} Q^{n+1}=\bar{S}\bar{R}Q^n+S\bar{R}\,\bar{Q}^n+S\bar{R}Q^n=S\bar{R}+\bar{S}\bar{R}Q^n \\ SR=0 \quad \text{（约束条件）} \end{cases}$$

利用约束条件将上式化简，得：

$$\begin{cases} Q^{n+1}=S+\bar{R}Q^n \\ SR=0 \quad \text{（约束条件）} \end{cases} \tag{5-1}$$

式(5-1)称为 RS 触发器的特性方程。

3. 状态转换图

所谓状态转换图，是将触发器可能出现的两个状态以两个圆圈表示，用箭头表示状态转换方向，在箭头的一侧标明状态转换的条件。图 5-18 为 RS 触发器的状态转换图。状态转换图形象地描述了触发器状态变化的过程。

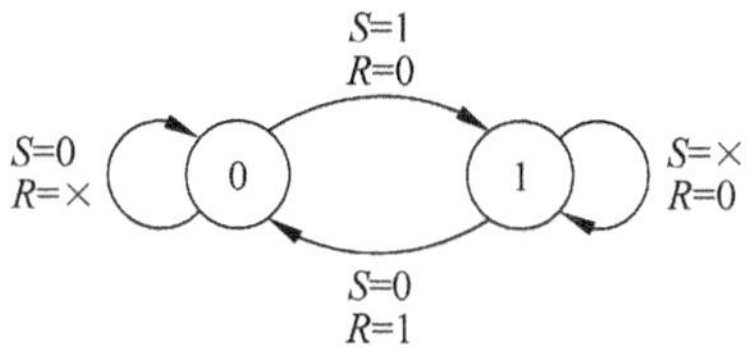

图 5-18　RS 触发器的状态转换图

4. VHDL 语言描述 RS 触发器

用 VHDL 语言描述钟控 RS 触发器的程序如下：

```
LIBRARY IEEE;
USE IEEE.STD_LOGIC_1164.ALL;
ENTITY rsff IS
    PORT ( R,S,CP: IN STD_LOGIC;
          Q,NQ: OUT STD_LOGIC);
END rsff:
ARCHITECTURE rtl OF rsff IS
    SIGNAL q_temp,nq_temp: STD_LOGIC;
BEGIN
    PROCESS(CP)
    BEGIN
        IF( CP = '1' ) THEN
            IF( S = '1' AND R = '0' ) THEN
                q_temp <= '1';
                nq_temp <= '0';
            ELSIF( S = '0' AND R = '1' ) THEN
                q_temp <= '0';
                nq_temp <= '1';
            ELSIF( S = '1' AND R = '1' ) THEN
                q_temp <= 'X';
                nq_temp <= 'X';
            END IF;
        END IF;
    END PROCESS;
    Q <= q_temp;
```

```
    NQ<=nq_temp;
END rtl;
```

其他方式触发的RS触发器用VHDL语言描述时，只需将程序中的触发条件修改为对应方式即可。如主从RS触发器中，将触发条件(CP='1')修改为(CP 'EVENT AND CP='0')。

5.3.2 JK触发器

1. 特性表

在时钟信号作用下，逻辑功能符合表5-10的触发器，无论其触发方式如何，都称为JK触发器。

表5-10 JK触发器的特性表

J	K	Q^n	Q^{n+1}
0	0	0	0
0	0	1	1
1	0	0	1
1	0	1	1
0	1	0	0
0	1	1	0
1	1	0	1
1	1	1	0

2. 状态方程

根据表5-10规定的逻辑关系，将触发器的次态写成逻辑函数式，得：

$$Q^{n+1}=\bar{J}\bar{K}Q^n+J\bar{K}\bar{Q}^n+J\bar{K}Q^n+JK\bar{Q}^n \tag{5-2}$$

化简整理后得：

$$Q^{n+1}=J\bar{Q}^n+\bar{K}Q^n$$

3. 状态转换图

JK触发器的状态转换图如图5-19所示。

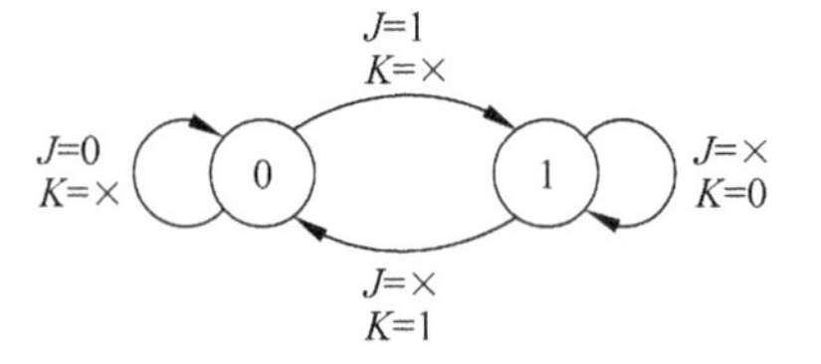

图5-19 JK触发器的状态转换图

4. VHDL语言描述JK触发器

用VHDL语言描述下降沿触发JK触发器的程序如下：

```
LIBRARY IEEE;
USE IEEE.STD_LOGIC_1164.ALL;
ENTITY jkff IS
    PORT ( J,K,CP: IN STD_LOGIC;
           Q,NQ: OUT STD_LOGIC);
END jkff:
ARCHITECTURE rtl OF jkff IS
```

```
SIGNAL q_temp,nq_temp: STD_LOGIC;
BEGIN
    PROCESS( CP)
    BEGIN
        IF( CP 'EVENT AND CP = '0' ) THEN
            IF( J = '1' AND K = '0' ) THEN
                q_temp <= '1';
                nq_temp <= '0';
            ELSIF( J = '0' AND K = '1' ) THEN
                q_temp <= '0';
                nq_temp <= '1';
            ELSIF( J = '1' AND K = '1' ) THEN
                q_temp <= NOT q_temp;
                nq_temp <= NOT nq_temp;
            END IF;
        END IF;
    END PROCESS;
    Q <= q_temp;
    NQ <= nq_temp;
END rtl;
```

5.3.3 D触发器

在时钟信号CP的作用下,逻辑功能符合表5-11的触发器,无论其触发方式如何,都称为D触发器。

表5-11 D触发器特性表

D	Q^n	Q^{n+1}
0	0	0
0	1	0
1	0	1
1	1	1

由表5-11规定的逻辑关系,将触发器的次态写成逻辑函数式,得:

$$Q^{n+1}=D \tag{5-3}$$

D触发器的状态转换图如图5-20所示。

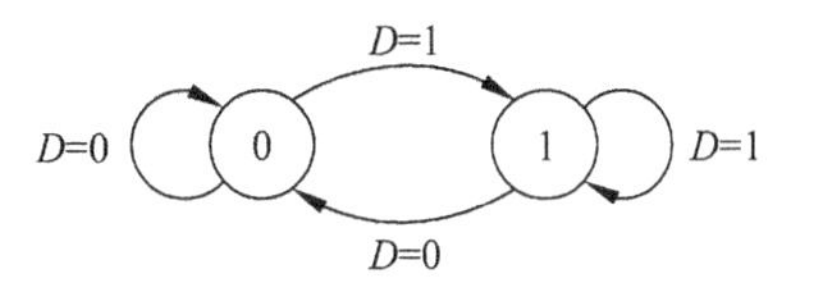

图5-20 D触发器的状态转换图

用VHDL语言描述下降沿触发D触发器的程序如下:

```
LIBRARY IEEE;
USE IEEE.STD_LOGIC_1164.ALL;
ENTITY dff IS
    PORT ( D,CP: IN STD_LOGIC;
           Q,NQ: OUT STD_LOGIC);
END dff:
ARCHITECTURE rtl OF dff IS
BEGIN
```

```
    PROCESS( CP)
    BEGIN
        IF(CP 'EVENT AND CP = '0' ) THEN
            Q <= D;
            NQ <= NOT D;
        END IF;
    END PROCESS;
END rtl;
```

5.3.4 T 触发器

所谓 T 触发器，就是有一个控制信号 T，当 T 信号为 1 时，触发器每来一个时钟脉冲，T 型触发器就翻转一次，而当 T 信号为 0 时，触发器状态保持不变。因此当 $T=1$ 时，T 触发器可以记录时钟脉冲的个数。T 触发器逻辑符号如图 5-21 所示，其状态转换图如图 5-22 所示。

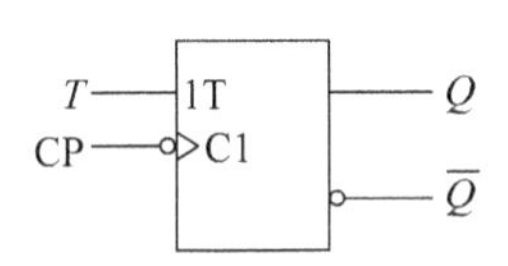

图 5-21 T 触发器逻辑符号

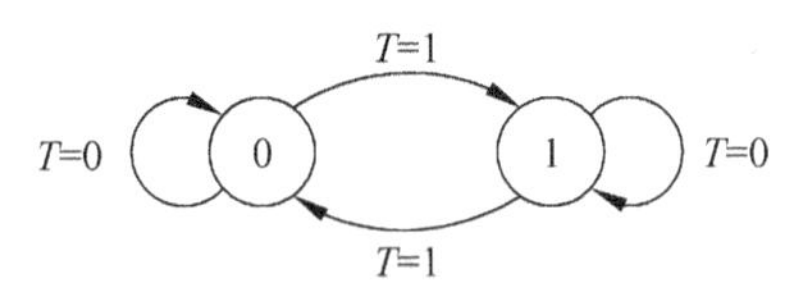

图 5-22 T 触发器的状态转换图

T 触发器的特性表如表 5-12 所示。

表 5-12 T 触发器特性表

T	Q^n	Q^{n+1}
0	0	0
0	1	1
1	0	1
1	1	0

根据表 5-12 规定的逻辑关系，写出 T 触发器的次态方程如下：

$$Q^{n+1} = \overline{T}Q^n + T\overline{Q^n} = T \oplus Q^n \tag{5-4}$$

用 VHDL 语言描述下降沿触发 T 触发器程序如下：

```
LIBRARY IEEE;
USE IEEE.STD_LOGIC_1164.ALL;
ENTITY tff IS
    PORT ( T,CP: IN STD_LOGIC;
           Q,NQ: OUT STD_LOGIC);
END tff:
ARCHITECTURE rtl OF tff IS
    SIGNAL q_temp: STD_LOGIC;
BEGIN
    PROCESS( CP)
    BEGIN
        IF(CP 'EVENT AND CP = '0' ) THEN
            IF(T = '1') THEN
```

```
                q_temp <= NOT q_temp;
            ELSE
                q_temp <= q_temp;
            END IF;
        END IF;
    END PROCESS;
    Q <= q_temp;
    NQ <= NOT q_temp;
END rtl;
```

5.3.5 T′触发器

把 T 触发器 T 端恒接 1，即是 T′触发器。其特性方程为：

$$Q^{n+1} = \bar{Q}^n \tag{5-5}$$

它表示每输入一个时钟脉冲，触发器就翻转一次，该触发器在 CP 作用下处于计数状态，所以称它为计数型触发器。由于 Q 端的状态随 CP 以计数规律变化，例如设 $Q=0$，来一个 CP 脉冲、Q 由 0 变 1，再来一个 CP 脉冲，Q 又由 1 变 0，即两个 CP 脉冲周期对应一个 Q 变化周期，所以 Q 端波形的频率为时钟频率的一半，故这种触发器可作为二分频器使用。

用 VHDL 语言描述下降沿触发 T′触发器程序如下：

```
LIBRARY IEEE;
USE IEEE.STD_LOGIC_1164.ALL;
ENTITY tlff IS
    PORT ( CP: IN STD_LOGIC;
          Q,NQ: OUT STD_LOGIC);
END tlff:
ARCHITECTURE rtl OF tlff IS
    SIGNAL q_temp: STD_LOGIC := '0';
BEGIN
PROCESS( CP)
    BEGIN
        IF(CP 'EVENT AND CP = '0' ) THEN
            q_temp <= NOT q_temp;
        END IF;
    END PROCESS;
    Q <= q_temp;
    NQ <= NOT q_temp;
END rtl;
```

5.4 不同类型触发器逻辑功能的转换

5.4.1 概述

在所有触发器中，D 触发器和 JK 触发器具有较完善的功能，实际中常用的集成触发器大多也是 D 触发器和 JK 触发器，它们的逻辑功能是可以相互转换的。

转换方法是根据“已有触发器和待求触发器的特性方程相等”的原则，求出已有触发器的输入信号与待求触发器之间的转换逻辑关系。

5.4.2 D触发器转换为JK、T和T′触发器

1. D触发器转换成JK触发器

分别写出D触发器和JK触发器的特性方程

$$Q^{n+1}=D \qquad Q^{n+1}=J\overline{Q}^n+\overline{K}Q^n$$

比较上述二式可得：$D=J\overline{Q}^n+\overline{K}Q^n$，由此式可得如图5-23所示JK触发器电路。

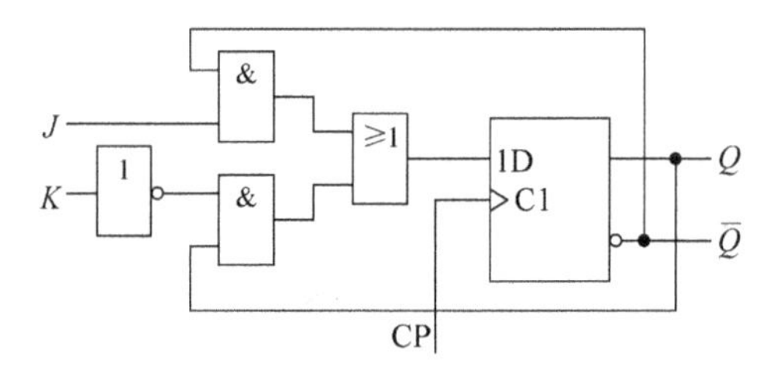

图5-23 由D触发器构成的JK触发器

2. D触发器转换成T、T′触发器

在实际集成电路中没有T、T′触发器，它们一般由其他触发器转换而来。

D触发器转换为T触发器，采用与D触发器构成JK触发器相同的方法，由此可得：$Q^{n+1}=\overline{T}Q^n+T\overline{Q^n}=T\oplus Q^n$，故$D=T\oplus Q^n$。按照此式，可得如图5-24所示T触发器电路。D触发器转换为T′触发器，同样可得：$D=\overline{Q}^n$。由此可得如图5-25所示T′触发器电路。

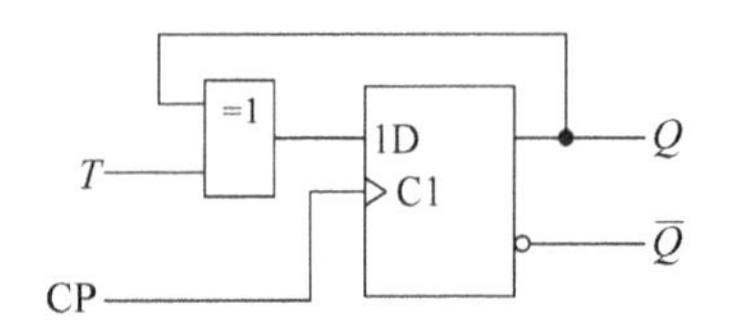

图5-24 由D触发器构成的T型触发器

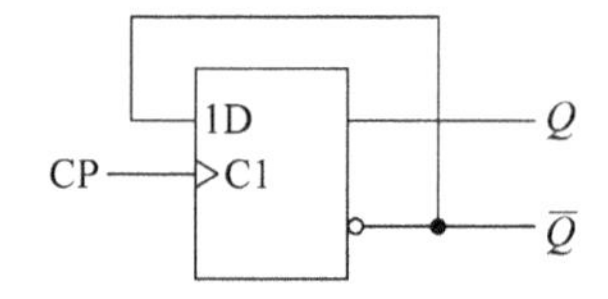

图5-25 由D触发器构成的T′型触发器

5.4.3 JK触发器转换为D触发器

首先写出待求D触发器的特性方程，并进行变换，使之与已有的JK触发器特性方程的形式一致：$Q^{n+1}=D=D(Q^n+\overline{Q}^n)=DQ^n+D\overline{Q}^n$，再与JK触发器的特性方程$Q^{n+1}=J\overline{Q}^n+\overline{K}Q^n$进行比较，可得：$J=D,K=\overline{D}$，所以可得D触发器的电路如图5-26所示。

JK触发器转换成T和T′触发器的方法与此相同，不再重复。

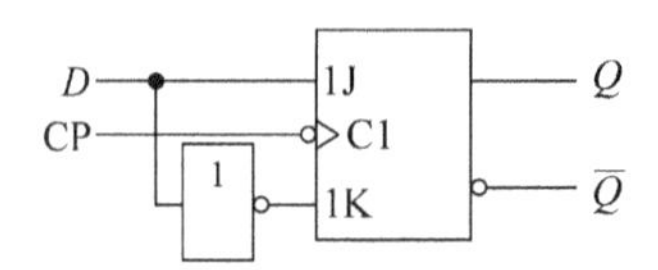

图5-26 由JK触发器构成的D触发器

5.5 集成触发器

前面主要介绍了由“与非”门、“或非”门等门电路构成的触发器的基本形式，本节介绍集成触发器。国内外集成触发器系列产品很多，作为能存储一位二进制信息的基本单元，触发器应用相当广泛，尤其是在包含有时序关系且又没有相适应的中规模集成电路可采用时，作为基本存储单元的触发器就显得必不可少了。

集成触发器按照基本的逻辑功能进行分类，一般可分为RS型、D型、JK型。在每种类型触发器中，又可按触发方式的不同，分为时钟控制主从触发、边沿触发等类型。

5.5.1 集成基本RS触发器74LS279

集成基本RS触发器74LS279的内部包含4个基本RS触发器，输入信号均为低电平有效，其引脚图和内部逻辑图如图5-27所示。应该注意的是，图中基本RS触发器1、3具有两个输入端S_1和S_2，这两个输入端的逻辑关系为与逻辑，每个基本RS触发器只有一个Q输出端。其功能表见表5-13。

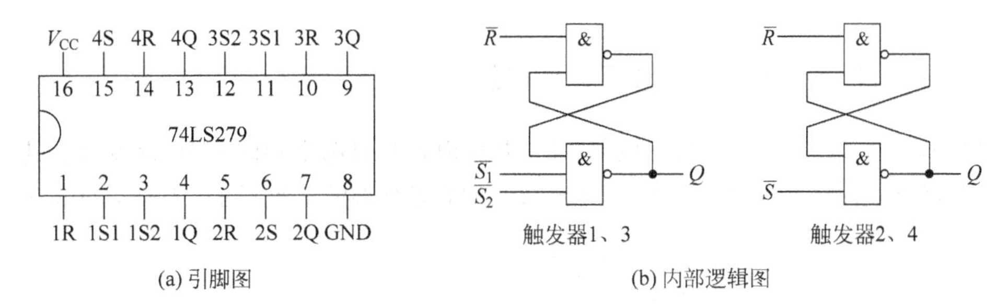

图5-27 74LS279引脚图和内部逻辑图

表5-13 74LS279功能表

输入		输出	说明
$\bar{S}$*	$\bar{R}$	Q	
0	0	1#	Q_0：建立稳态输入条件之前的Q电平； *：表示触发器1和3，有两个输入$1S_1$和$1S_2$； #：这种情况是不稳定的，即当$\bar{S}$和$\bar{R}$输入回到高电平时，状态将不能保持
0	1	1	
1	0	0	
1	1	Q_0	

5.5.2 集成D触发器74HC/HCT74

74HC/HCT74是最常使用的集成D触发器，芯片内包括两个相同的D触发器。74HC/HCT74内部电路为COMS主从结构，CP正边沿触发。引脚图如图5-28所示。图中$\bar{S}_D$、$\bar{R}_D$分别为异步置1端和异步置0端(或异步复位端)，其逻辑功能为：当异步置1端或异步置0端有效时，触发器的输出状态将立即被置1或置0，而不受CP脉冲和输入信号的控制。其功能表见表5-14。

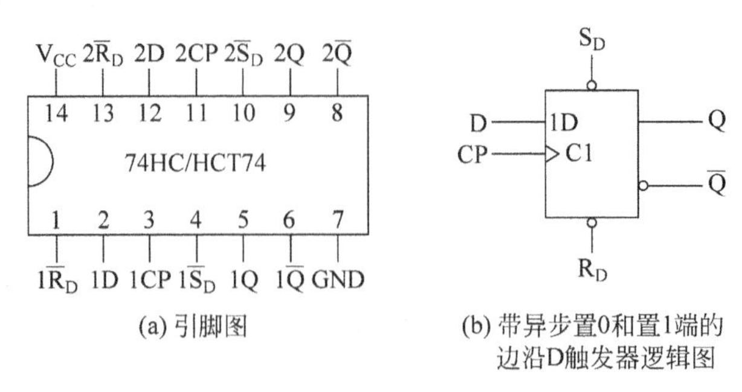

图 5-28 MSI 集成触发器 74HC/HCT74

表 5-14 74HC/HCT74 功能表

输出				输入	
$\bar{R}_D$	$\bar{S}_D$	CP	D	Q^{n+1}	$\overline{Q^{n+1}}$
0	1	×	×	0	1
1	0	×	×	1	0
1	1	↑	0	0	1
1	1	↑	1	1	0

5.5.3 集成 JK 触发器 74LS112

74LS112 是最常用的集成 JK 触发器，单个芯片内封装有两个相同的 JK 触发器。其内部电路为传输延迟结构，CP 负边沿触发。74LS112 的引脚排列如图 5-29 所示。功能表见表 5-15。

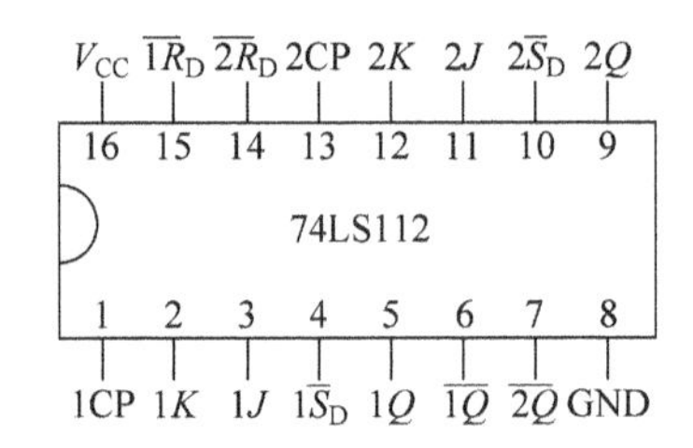

图 5-29 74LS122 外部引脚图

表 5-15 74LS112 功能表

输出					输入	
$\bar{R}_D$	$\bar{S}_D$	CP	J	K	Q^{n+1}	$\overline{Q^{n+1}}$
0	1	×	×	×	0	1
1	0	×	×	×	1	0
1	1	↓	0	0	Q^n	$\overline{Q^n}$
1	1	↓	0	1	0	1
1	1	↓	1	0	1	0
1	1	↓	1	1	$\overline{Q^n}$	Q^n

从功能表可知，74LS112 除具有普通 JK 触发器的功能外，还带有异步清零端 $\bar{R}_D$ 和异步置位端 $\bar{S}_D$，且均为低电平有效。

本章小结

本章首先介绍了作为时序电路基本元件的触发器的要求、现态和次态的概念以及分类，然后介绍了触发器的电路结构、逻辑功能、触发方式、功能描述方法以及各种触发器之间逻辑功能的相互转换。

触发器按逻辑功能分为 RS 触发器、D 触发器、JK 触发器、T 触发器和 T′触发器。不同逻辑功能的触发器配以相应的逻辑门，可以实现相互转换。JK 触发器逻辑功能最强，可以转换成任何一种其他类型的触发器。

触发器按电路结构分为同步触发器、异步触发器、主从触发器和维持阻塞型触发器等。不同的结构使触发器的触发方式不同，分为电平触发、脉冲触发和边沿触发，其中边沿触发的触发器抗干扰能力最强。

描述触发器逻辑功能的方法有特性表、特性方程、状态转换图、波形图和 VHDL 语言。不同的描述方法是等价的，可以相互转换。

本章最后介绍了几种常用的集成触发器。

习题 5

[5-1] 写出 RS、JK、D、T、T′触发器的特性方程并列出它们的特性表。

[5-2] 简述基本触发器、同步触发器、主从触发器及边沿触发器各自的主要特点。

[5-3] 试说明描述触发器的逻辑功能通常有哪几种方法？

[5-4] 电路及 $\bar{R}$、$\bar{S}$ 的波形如图 5-30 所示，试画出 Q、$\bar{Q}$ 端的波形。

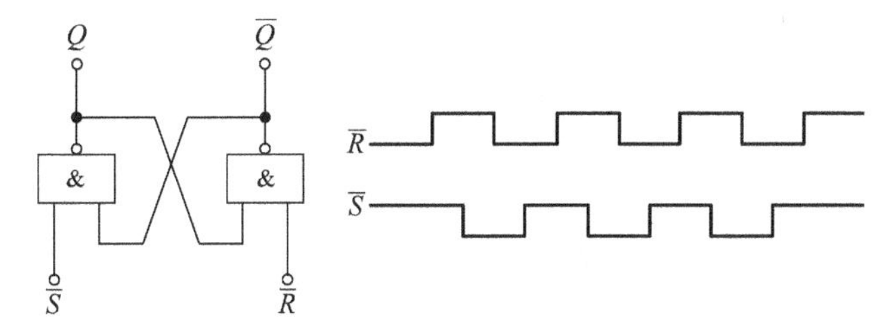

图 5-30 习题 5-4 图

[5-5] 电路及 CP、S、R 的波形如图 5-31 所示，试画出 Q、$\bar{Q}$ 端的波形。

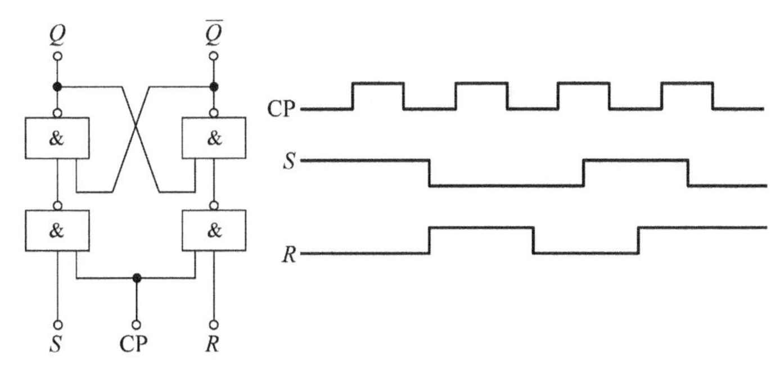

图 5-31 习题 5-5 图

［5-6］ 触发器及 CP、J、K 的波形如图 5-32 所示，试画出 Q、$\bar{Q}$ 端的波形。

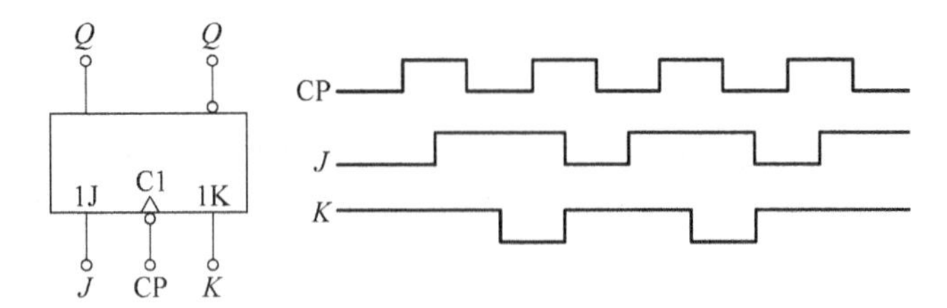

图 5-32 习题 5-6 图

［5-7］ 触发器及 CP 和 D 的波形如图 5-33 所示，试画出 Q、$\bar{Q}$ 端的波形。

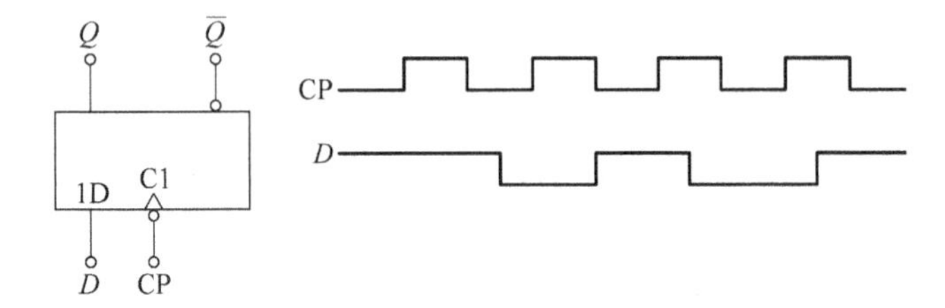

图 5-33 习题 5-7 图

［5-8］ 电路及 CP 和 M 的波形如图 5-34 所示：

(1) 写出电路次态输出 Q^{n+1} 的逻辑表达式；

(2) 对应画出 Q、$\bar{Q}$ 端的波形。

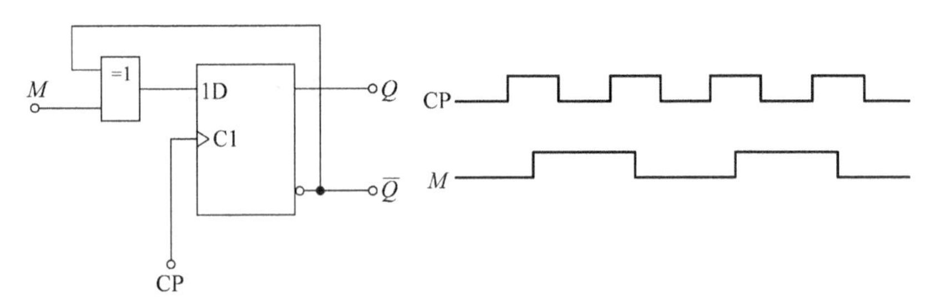

图 5-34 习题 5-8 图

［5-9］ 试画出图 5-35(a)所示电路中输出端的波形。CP、u_I 的波形见图 5-35(b)。

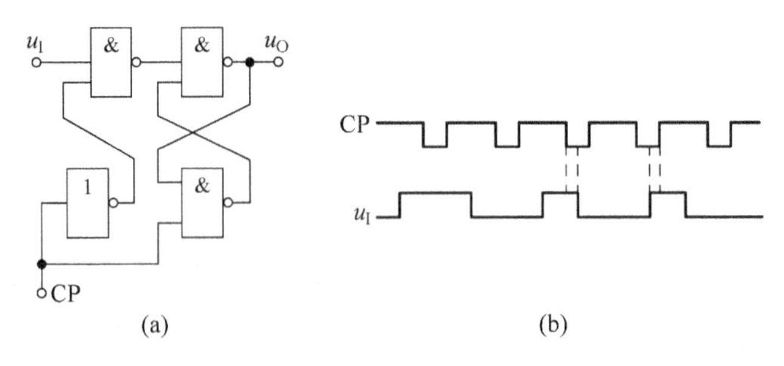

图 5-35 习题 5-9 图

[5-10] 试画出图 5-36(a)所示电路输出端的波形。CP、u_I的波形见图 5-36(b)。

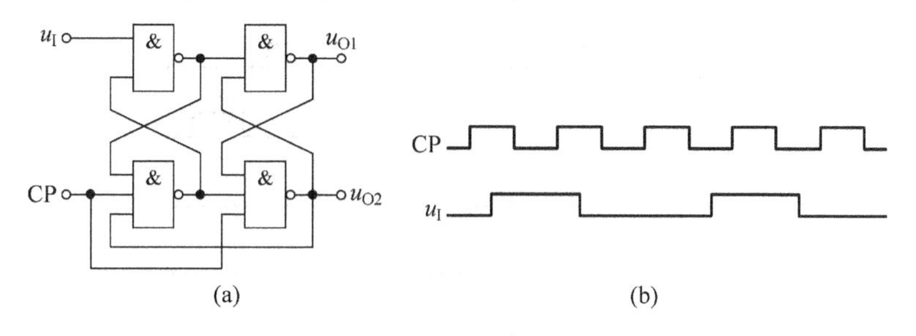

图 5-36 习题 5-10 图

[5-11] 电路及 A、B、C 的波形见图 5-37，试写出 Q_1、Q_2、Q_3 的次态函数表达式，并画出它们的波形图。

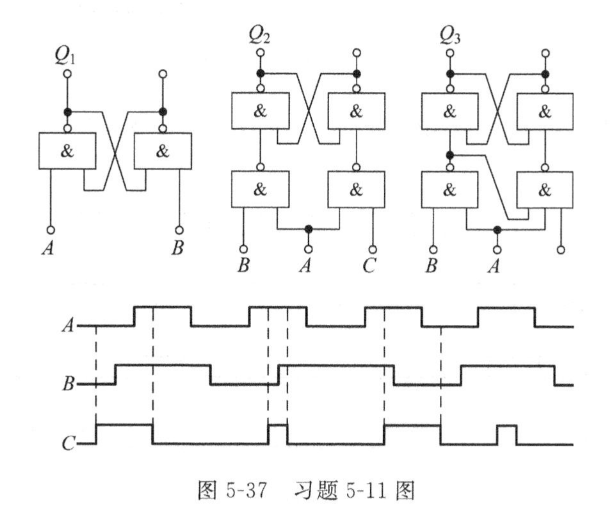

图 5-37 习题 5-11 图

[5-12] 在主从 JK 触发器中，CP、J、K 的波形见图 5-38。试画出 Q 端的波形。设触发器起始状态为 0。

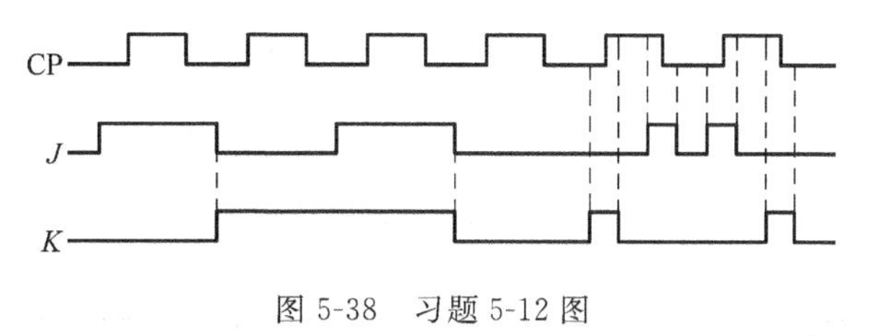

图 5-38 习题 5-12 图

[5-13] 主从 JK 触发器的逻辑图见图 5-13(a)：

(1) 说明什么是"一次变化"现象？结合等效逻辑图简要说明；

(2) CP、J、K 的波形见图 5-39，试分别画出下列两种不同 J、K 情况下 Q 的波形。设 Q 起始状态为 0。

[5-14] 有一主从结构的负边沿 D 触发器中，CP、D 的波形见图 5-40，试画出 Q、$\bar{Q}$ 端的波形。

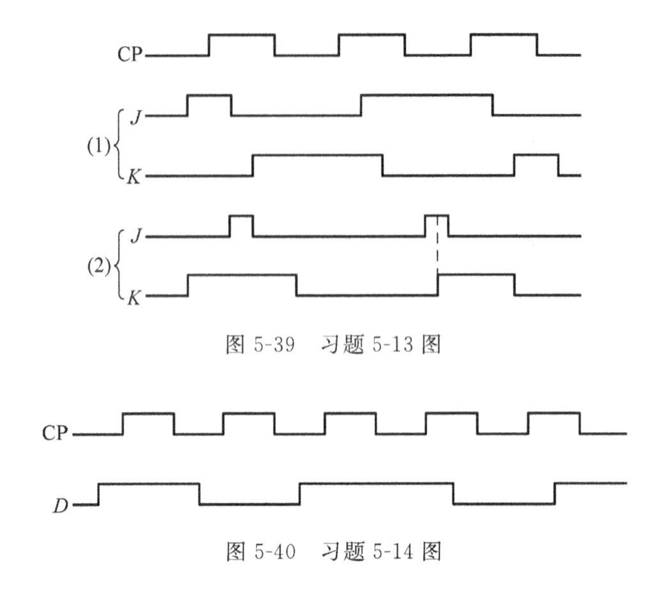

图 5-39　习题 5-13 图

图 5-40　习题 5-14 图

[5-15]　在 5-28 图所示的 CMOS D 触发器中，CP、D、S_D、R_D 的波形见图 5-41，试画出 Q、$\overline{Q}$ 端的波形。

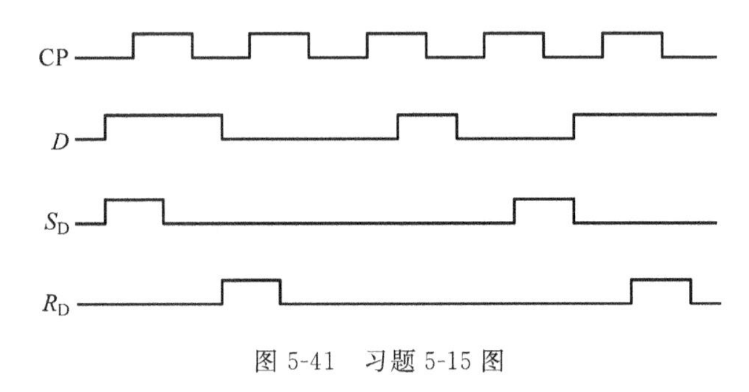

图 5-41　习题 5-15 图

[5-16]　试画出图 5-42 所示电路中 Q_1、Q_2 端的波形。

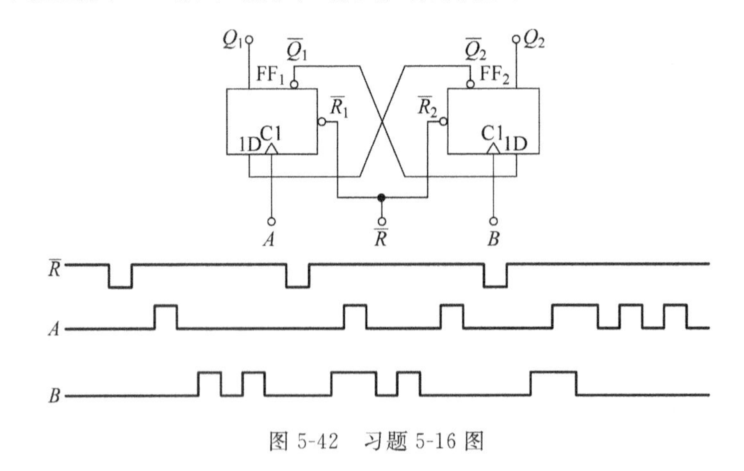

图 5-42　习题 5-16 图

[5-17]　试画出主从 RS 触发器转换成 D、T、T'及 JK 触发器的电路。

[5-18]　试画出图 5-43 所示电路中输出端 B 的波形(设触发器起始状态为零)。A 是

输入端，比较 A 和 B 的波形，由此说明电路的功能。

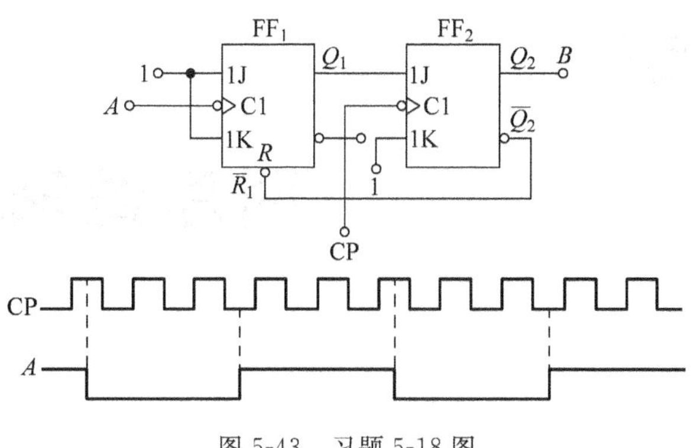

图 5-43 习题 5-18 图

[5-19] 常见触发器中都会有复位信号(清零信号)，用来设置触发器的初始状态，根据复位信号的不同操作方式分为同步复位和异步复位。请查找资料说明两种方式的区别。

[5-20] 用 VHDL 语言描述带有异步复位的 8 位 D 触发器，其端口图如图 5-44 所示。其中 CLK 为时钟信号，CLR 为高电平有效的复位信号。

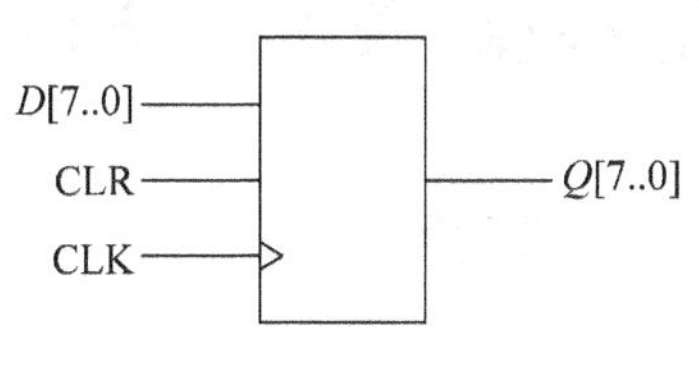

图 5-44 习题 5-20 图

第6章 时序逻辑电路

由第 4 章的讨论可知,组合逻辑电路的特点是任一时刻的输出仅仅取决于当前的输入,与电路过去的状态没有关系。除此之外,还存在着另外一类逻辑电路,其特点是电路在某一时刻的输出,不仅与当前的输入有关,而且还与过去的输入有关。这一类逻辑电路叫时序逻辑电路,简称时序电路。

6.1 时序逻辑电路的特点、表示方法和分类

6.1.1 时序逻辑电路的特点

时序电路的一般结构如图 6-1 所示。

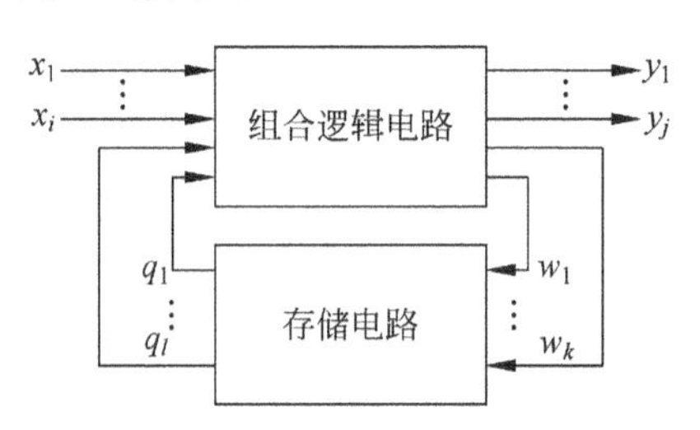

图 6-1 时序逻辑电路示意图

由图 6-1 可知,时序电路由两部分组成,一部分是第 4 章中介绍过的组合逻辑电路,另一部分是由第 5 章中学习过的触发器构成的存储电路。

1. 逻辑功能特点

时序逻辑电路中,任何时刻电路的稳态输出,不仅和该时刻的输入信号有关,而且还取决于电路原来状态。这既是时序逻辑电路的定义,也是其逻辑功能特点。

2. 电路组成特点

时序逻辑电路的状态是由存储电路来记忆和表示的,所以从电路组成看,时序电路中一定包含有作为存储单元的触发器。实际上,时序电路的状态,就是依靠触发器记忆和表示的,时序电路中可以没有组合电路,但不能没有触发器。

6.1.2　时序逻辑电路的表示方法

由于时序逻辑电路包含有组合电路和存储电路，因此时序电路的描述方法和组合逻辑电路的描述也有所不同。时序逻辑电路的表示方法除了逻辑表达式之外，还有状态转换真值表、状态转换图、时序波形图等表示方法，可以使时序电路功能更直观、更完整地表现出来。

1. 逻辑表达式

在图6-1中，如果用 $X(x_1,x_2,\cdots,x_i)$、$Y(y_1,y_2,\cdots,y_j)$、$W(w_1,w_2,\cdots,w_k)$和 $Q(q_1,q_2,\cdots,q_l)$分别代表时序电路的现在输入信号、现在输出信号、存储电路的现在输入和输出信号，那么这些信号之间的逻辑关系就可用下面三个向量函数来表示：

$$Y(t_n)=F[X(t_n),Q(t_n)] \tag{6-1}$$

$$W(t_n)=G[X(t_n),Q(t_n)] \tag{6-2}$$

$$Q(t_{n+1})=H[W(t_n),Q(t_n)] \tag{6-3}$$

式中 t_n、t_{n+1}是相邻的两个离散时间。由于 y_1、$y_2\cdots y_j$ 是电路的输出信号，故把式(6-1)叫做输出方程；而 w_1、$w_2\cdots w_k$ 是存储电路的驱动或激励信号，所以把式(6-2)称为驱动或激励方程；式(6-3)叫做状态方程，因为 q_1、$q_2\cdots q_l$ 表示的是存储电路的状态，并称为状态变量。

2. 状态转换真值表、状态转换图、时序图和卡诺图

所谓状态转换真值表，是指反映时序电路中的输出 $Y(t_n)$、次态 $Q(t_{n+1})$和输入 $X(t_n)$及现态 $Q(t_n)$之间对应关系的表格，简称为状态表。状态转换图是指反映时序电路状态转换规律及相应输入输出取值情况的几何图形，状态转换图可以由状态转换表变换而成。时序图是在时钟脉冲序列作用下，电路状态、输出状态随时间变化的波形图，时序波形图也称工作波形图，它反映了输入信号、输出信号、电路状态的取值在时间上的对应关系。

6.1.3　时序逻辑电路的分类

① 按逻辑功能划分有计数器、寄存器、移位寄存器、读写存储器、顺序脉冲发生器等。在生产、科研、生活中，完成各种各样操作的时序电路不胜枚举，本章只学习少数几种比较典型的电路。

② 按电路中触发器状态变化是否同步可分为同步时序电路和异步时序电路。

同步时序电路：电路状态改变时，电路中要更新状态的触发器是同步翻转的。因为在这种时序电路中，其状态的改变受同一个时钟脉冲控制，各个触发器的CP信号都是输入时钟脉冲。

异步时序电路：电路状态改变时，电路中要更新状态的触发器，有的先翻转，有的后翻转，是异步进行的。因为在这种时序电路中，有的触发器的CP信号就是输入时钟脉冲，有的触发器则不是，而是其他触发器的输出。

③ 按电路输出信号的特性可分为 Mealy 型和 Moore 型。

Mealy 型电路：其输出不仅与现态有关，而且还决定于电路的输入，图 6-2(a)是其电路的一般模型。其输出方程为：$Y(t_n)=F[X(t_n),Q(t_n)]$。

Moore 型电路：其输出仅决定于电路的现态，即 $Y(t_n)=F[Q(t_n)]$，电路模型见图 6-2(b)。

此外，按能否编程有可编程和不可编程时序电路之分；按集成度不同又有 SSI、MSI、LSI、VLSI 之别；按使用的开关元件类型还有 TTL 和 CMOS 等时序电路之分。

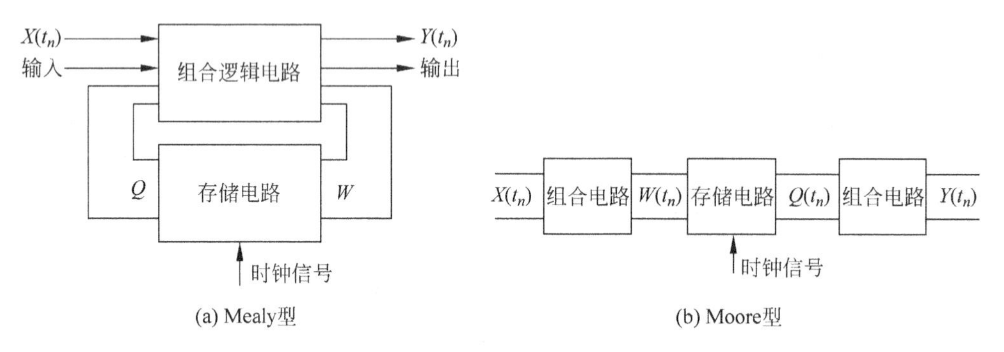

图 6-2 Mealy 型和 Moore 型时序电路的一般模型

6.2 基于触发器的时序逻辑电路的分析

时序逻辑电路的分析，就是根据已经给定的逻辑电路图，找出在输入信号和时钟信号作用下电路状态和电路输出的变化规律，从而得到电路的逻辑功能。时序电路分为同步时序电路和异步时序电路两类，相应地，时序电路分析方法也分为同步时序电路分析法和异步时序电路分析法。它们的基本分析方法是一致的，不同之处在于分析异步时序电路时，必须分析各触发器的时钟是否到来，只有时钟到来之后，方可求出次态。

基于触发器的时序逻辑电路的分析通常按以下步骤进行。

1. 分析电路组成，写出三个向量函数

根据给定电路，写出各触发器的驱动方程和时钟方程，并写出输出方程。

2. 求状态方程

将步骤 1 中得到的各触发器的驱动方程代入各自的特性方程中，求出每个触发器的状态方程。状态方程反映了触发器的次态与现态及外部输入之间的逻辑关系。

3. 列状态转换真值表，画状态转换图

将任何一组外部输入变量及电路的初始状态的取值代入状态方程和输出方程，即可求出电路的次态值和相应输出值，然后继续这个过程，直到考虑了所有可能的状态为止。将这些结果列成真值表的形式，就得到状态转换真值表，进而还可以画出状态转换图或时序波形图。在状态转换图中以圆圈形式表示电路的各个状态。用箭头表示状态转移的方向，在箭头旁注明转换时的外部输入变量和电路输出变量的值。

4. 分析逻辑功能

根据状态转换真值表或状态转换图，经过分析，确定电路的逻辑功能。

【例 6-1】 分析图 6-3 所示同步时序逻辑电路，说明该电路功能。

解：① 根据图 6-3 所示逻辑图写出各个方程：

时钟方程：$CP_0=CP_1=CP_2=CP$ （对于同步时序电路，时钟方程一般略去不写。）

输出方程：$Y=\overline{Q_2^n\bar{Q}_1^n\bar{Q}_0^n}$，显然，图 6-3 是一个比较简单的 Moore 型时序电路，其输出仅与电路现态有关。

驱动方程：

$$J_0=\bar{Q}_2^n,\quad K_0=Q_2^n$$
$$J_1=Q_0^n \quad K_1=\bar{Q}_0^n$$
$$J_2=Q_1^n \quad K_2=\bar{Q}_1^n$$

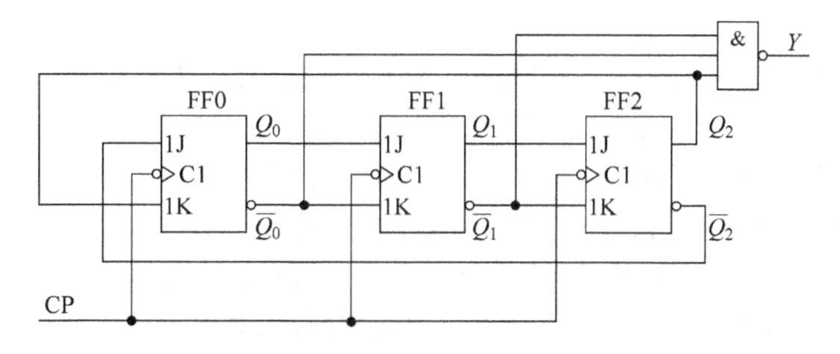

图 6-3 例 6-1 的时序电路

② 求状态方程：

把上面的驱动方程代入到 JK 触发器的特性方程 $Q^{n+1}=J\bar{Q}^n+\bar{K}Q^n$ 中，即可得：

$$Q_0^{n+1}=J_0\bar{Q}_0^n+\bar{K}_0Q_0^n=\bar{Q}_2^n\bar{Q}_0^n+\bar{Q}_2^nQ_0^n=\bar{Q}_2^n$$
$$Q_1^{n+1}=J_1\bar{Q}_1^n+\bar{K}_1Q_1^n=Q_0^n\bar{Q}_1^n+\bar{\bar{Q}}_0^nQ_1^n=Q_0^n$$
$$Q_2^{n+1}=J_2\bar{Q}_2^n+\bar{K}_2Q_2^n=Q_1^n\bar{Q}_2^n+\bar{\bar{Q}}_1^nQ_2^n=Q_1^n$$

③ 列状态转换真值表，画状态转换图。

依次假设电路的现态 $Q_2^nQ_1^nQ_0^n$，代入上面的状态方程和输出方程中，进行计算，求出次态和输出，列出状态转换真值表(见表 6-1)。

表 6-1 例 6-1 的状态表

现态 $Q_2^nQ_1^nQ_0^n$			次态 $Q_2^{n+1}Q_1^{n+1}Q_0^{n+1}$			输出 Y
0	0	0	0	0	1	1
0	0	1	0	1	1	1
0	1	0	1	0	1	1
0	1	1	1	1	1	1
1	0	0	0	0	0	0
1	0	1	0	1	0	1
1	1	0	1	0	0	1
1	1	1	1	1	0	1

画出状态图与时序图，见图 6-4 和图 6-5。

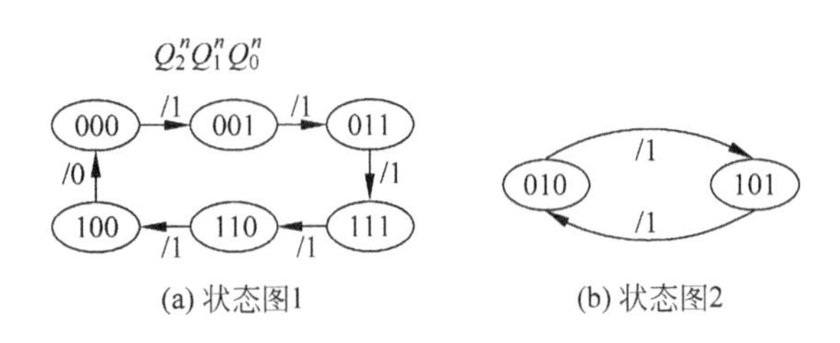

图 6-4 例 6-1 状态图

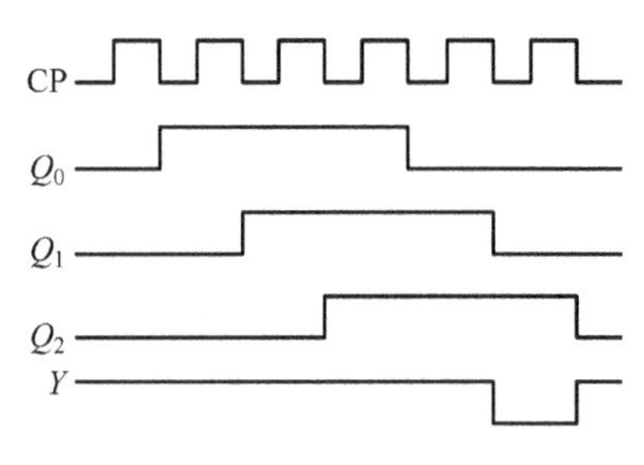

图 6-5 例 6-1 的波形图

④ 功能描述：从上述分析看出，每加入 6 个时钟脉冲信号以后，电路的状态循环变化一次。可见，这个电路具有对时钟脉冲信号计数的功能，因此，图 6-3 所示的电路是一个六进制计数器。

⑤ 关于有效状态、有效循环、无效状态、无效循环、能自启动和不能自启动的概念。

有效状态与有效循环：在时序电路中，凡是被利用了的状态，都叫做有效状态。由有效状态形成的循环，称为有效循环。如图 6-4(a)所示的循环，就是有效循环。

无效状态与无效循环：在时序电路中，凡没有被利用的状态，都叫做无效状态。如果无效状态形成了循环，那么这种循环就称为无效循环。图 6-4(b)所示的循环就是无效循环。

能自启动与不能自启动：在时序电路中，虽然存在无效状态，但它们没有形成循环，这样的时序电路叫做能自启动的时序电路。如果既有无效状态存在，它们之间又形成了循环，这样的时序电路被称为不能自启动的时序电路。例如，图 6-4 所示的状态图中，既存在无效状态 010、101，又形成了无效循环，因此，图 6-4 所示的时序电路是一个不能自启动的时序电路。在这种时序电路中，一旦因某种原因，例如干扰而落入无效循环，就再也回不到有效状态了，当然，再要正常工作也就不可能了。

【例 6-2】 试分析图 6-6 所示的同步时序电路。

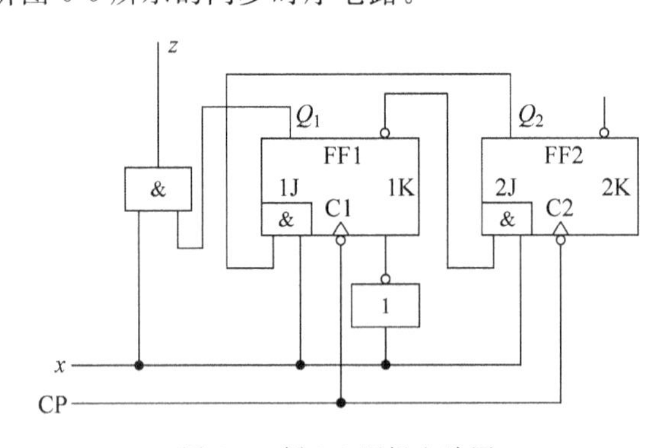

图 6-6 例 6-2 逻辑电路图

解：① 写时序电路的输出方程及激励方程如下：

$$Z = xQ_1^n$$

$$J_1 = xQ_2^n, \quad K_1 = \bar{x}$$

$$J_2 = x\bar{Q}_1^n, \quad K_2 = 1$$

② 根据 JK 触发器的特征方程写出状态方程。

$Q_1^{n+1}=J_1\,\overline{Q}_1^n+\overline{K}_1Q_1^n=xQ_2^n\,\overline{Q}_1^n+xQ_1^n$　　$Q_2^{n+1}=J_2\,\overline{Q}_2^n+\overline{K}_2Q_2^n=x\overline{Q}_1^n\,\overline{Q}_2^n$

③ 画出状态转移真值表如表 6-2 所示。由表 6-2 可做表 6-3 所示的状态转移表。

表 6-2　例 6-2 的状态转移真值表

输入变量			输出函数					次态	
x	Q_2^n	Q_1^n	J_2	K_2	J_1	K_1	Z	Q_2^{n+1}	Q_1^{n+1}
0	0	0	0	1	0	1	0	0	0
0	0	1	0	1	0	1	0	0	0
0	1	0	0	1	0	1	0	0	0
0	1	1	0	1	0	1	0	0	0
1	0	0	1	1	0	0	0	1	0
1	0	1	0	1	0	0	1	0	1
1	1	0	1	1	1	0	0	0	1
1	1	1	0	1	1	0	1	0	1

④ 画状态转移图。根据表 6-3 画状态转移图如图 6-7 所示。

表 6-3　状态转移表

$Q_2^nQ_1^n$ \ x	0	1
00	00/0	10/0
01	00/0	01/1
10	00/0	01/0
11	00/0	01/1

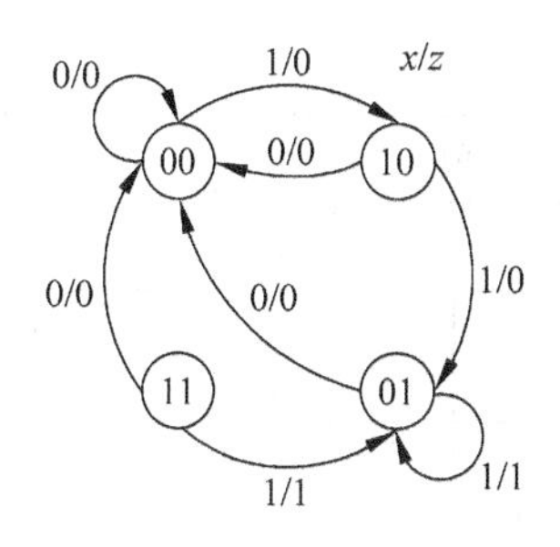

图 6-7　例 6-2 的状态转移图

由图 6-7 可见，只要输入 0，电路就回到原始状态(00 状态)，只有在连续输入 3 个 1 后，电路才输出 1。故该电路是 111 序列检测器，图中状态 11 是多余状态。

【例 6-3】 分析图 6-8 所示时序逻辑电路。

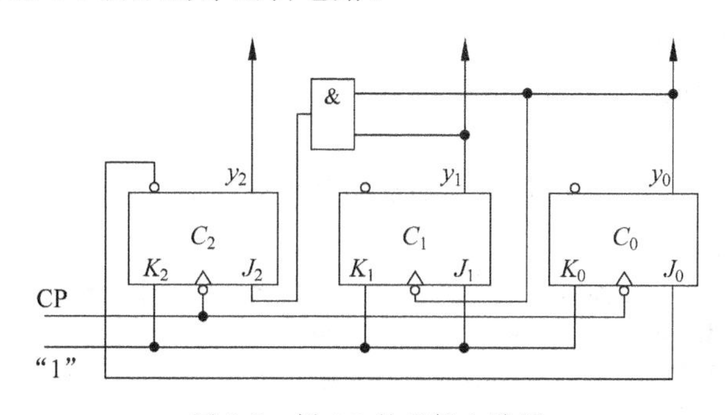

图 6-8　例 6-3 的逻辑电路图

① 指出该电路属于同步时序电路还是异步时序电路？属于 Mealy 型电路还是 Moore 型电路？

② 作出该电路的状态图和时序图，说明该电路功能。

解：图 6-8 所示逻辑电路由三个 JK 触发器和一个与门构成，根据题中要求进行以下分析。

① 由于电路中三个时钟控制触发器的时钟端有两个与 CP 相连，而另一个与 y_0 相连，故三个触发器不受统一时钟控制，该电路的输出即为触发器状态，所以，该电路属于 Moore 型脉冲异步时序逻辑电路。

② 为了评价电路功能，可按照脉冲异步时序逻辑电路分析的方法和步骤，对该电路作进一步分析：

- 写出激励函数表达式。

$$J_2 = y_1 y_0 \qquad K_2 = 1 \qquad C_2 = CP$$
$$J_1 = 1 \qquad K_1 = 1 \qquad C_1 = y_0$$
$$J_0 = \bar{y}_2 \qquad K_0 = 1 \qquad C_0 = CP$$

- 列出电路次态真值表。

根据激励函数表达式，可作出电路的次态真值表如表 6-4 所示。

作次态真值表时注意，由于状态 y_1 对应的触发器时钟端与 y_0 相连，而且 JK 触发器仅当时钟端有下跳时才能发生翻转，因此，仅当 y_0 从 1 变为 0 时，y_1 才能发生状态转移。

表 6-4 例 6-3 的次态真值表

输入	现 态			激励函数									次 态		
CP	y_2	y_1	y_0	J_2	K_2	C_2	J_1	K_1	C_1	J_0	K_0	C_0	y_2^{n+1}	y_1^{n+1}	y_0^{n+1}
1	0	0	0	0	1	↓	1	1		1	1	↓	0	0	1
1	0	0	1	0	1	↓	1	1	↓	1	1	↓	0	1	0
1	0	1	0	0	1	↓	1	1		1	1	↓	0	1	1
1	0	1	1	1	1	↓	1	1	↓	1	1	↓	1	0	0
1	1	0	0	0	1	↓	1	1		0	1	↓	0	0	0
1	1	0	1	0	1	↓	1	1	↓	0	1	↓	0	1	0
1	1	1	0	0	1	↓	1	1		0	1	↓	0	1	0
1	1	1	1	1	1	↓	1	1	↓	0	1	↓	0	0	0

- 作出状态图和时序图。

根据次态真值表，作出状态图和时序图分别如图 6-9(a)和图 6-9(b)所示。

- 功能说明。

由状态图和时序图可知，该电路是一个脉冲异步模 5 加 1 计数器，且具有自启动功能。

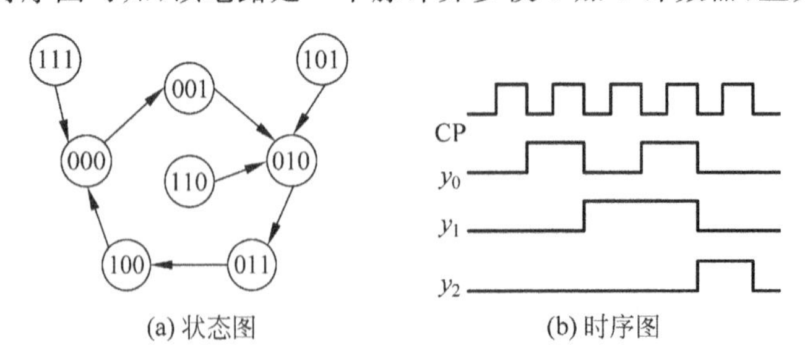

(a) 状态图　(b) 时序图

图 6-9 例 6-3 的状态图和时序图

6.3　基于触发器的时序逻辑电路的设计

时序电路的设计是分析的逆过程，要求设计者根据给出的具体逻辑问题，求出实现这一逻辑功能的逻辑电路。

用触发器设计时序逻辑电路时，一般按如下步骤进行。

1. 画出原始状态转换图

在把一个文字描述的实际逻辑关系转换为状态转换图时，一般要经过逻辑抽象。首先分析给定的逻辑问题，确定输入变量、输出变量以及电路的状态数。其次定义输入输出逻辑状态的含义，并将电路状态顺序编号。最后按照题意，画出原始状态转换图。

2. 状态化简

在确定了原始状态转换图之后，若在状态转换图中出现了等价状态，就需要进行化简。所谓等价状态，是指在相同的输入条件下状态转换具有相同的次态及同样的输出。由于等价状态是重复的，因此可以合并为一项，从而达到了状态的简化。

3. 选择触发器，并进行状态分配(状态编码)

每个触发器有两个状态 0 和 1，n 个触发器能表示 2_n 个状态。若用 N 表示时序电路的状态数，则有：$2^{n-1}<N\leqslant 2^n$。

因此通过上式可以确定触发器的数目。由于不同类型的触发器驱动方式不同，设计出的电路也不一样。因此，在设计具体的电路时，要选定触发器的类型。状态分配也叫状态编码，是指对原始状态转换图中的每个状态进行编码。编码方案选择得当，可以使设计结果简单。

4. 求状态方程、驱动方程、输出方程

由编码后的状态转换图(或状态转换表)画出次态卡诺图，从次态卡诺图可以求得状态方程。如果设计中的输出量不是触发器的直接输出，还需要写出输出方程。然后根据状态方程与选定的触发器的特征方程相比较，求出驱动方程。而对于异步时序逻辑电路还要写出时钟方程。

5. 画逻辑电路图

根据得到的驱动方程和输出方程，可以画出逻辑电路图。

6. 检查电路能否自启动

时序电路设计完成后，一般要求上电后能自启动。所谓自启动是指上电后，经过若干 CP 时钟脉冲返回到有效循环中。如果电路不能自启动，则需要修改设计使之能自启动。

【例 6-4】 试设计一个五进制加法计数器。

解：由于计数器能够在时钟脉冲作用下，自动地依次从一个状态转换到下一个状态。假设计数器没有外界控制逻辑信号输入，只有进位输出信号。令进位输出 $C=1$ 表示有进位输出，而 $C=0$ 则表示无进位输出。

五进制加法计数器应有 5 个有效状态。它的状态转换图如图 6-10 所示。

由于五进制计数器必须用 5 个不同的电路状态来表示输入的时钟脉冲数，所以不会存在等价状态：当然就无须状态化简。

由于五进制计数器的状态数是 5，所以应选 3 个触发器。选 000～100 等 5 个自然二进制数作为 S_0～S_4 的编码。编码之后的状态转换图如图 6-11 所示。

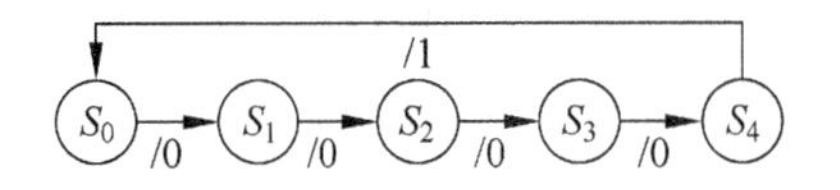

图 6-10　例 6-4 的原始状态图

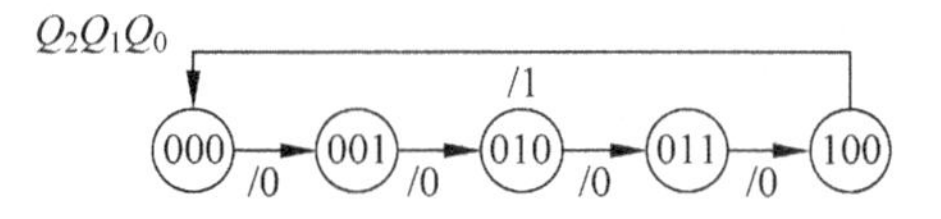

图 6-11　例 6-4 中二进制编码后的状态转换图

根据图 6-11 可以画出表示次态逻辑函数和进位输出函数的卡诺图，如图 6-12 所示。这种卡诺图常称为次态卡诺图。将次态和输出状态填在相应现态所对应的方格内，不出现的状态可按约束项处理，在相应方格内画×，便可得到次态卡诺图。

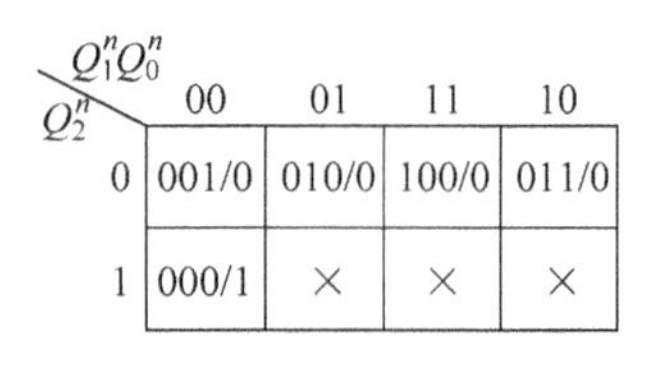

Q_2^n \ $Q_1^nQ_0^n$	00	01	11	10
0	001/0	010/0	100/0	011/0
1	000/1	×	×	×

图 6-12　例 6-4 次态卡诺图

由次态卡诺图很容易写出电路的状态方程。为了看起来方便，将图 6-12 分解为图 6-13 所示的 4 个卡诺图。

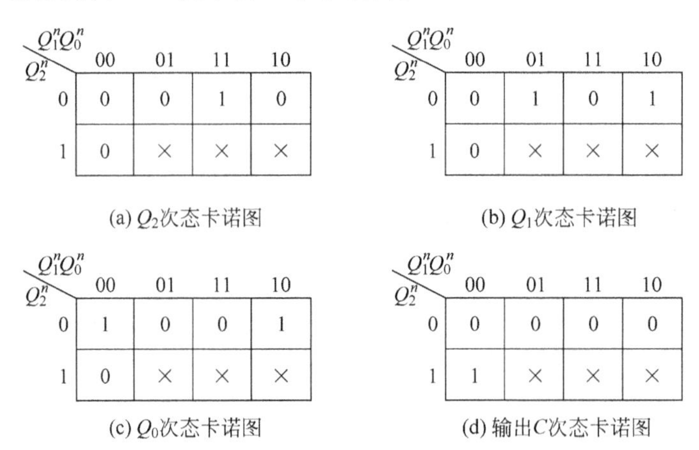

Q_2^n \ $Q_1^nQ_0^n$	00	01	11	10
0	0	0	1	0
1	0	×	×	×

(a) Q_2次态卡诺图

Q_2^n \ $Q_1^nQ_0^n$	00	01	11	10
0	0	1	0	1
1	0	×	×	×

(b) Q_1次态卡诺图

Q_2^n \ $Q_1^nQ_0^n$	00	01	11	10
0	1	0	0	1
1	0	×	×	×

(c) Q_0次态卡诺图

Q_2^n \ $Q_1^nQ_0^n$	00	01	11	10
0	0	0	0	0
1	1	×	×	×

(d) 输出C次态卡诺图

图 6-13　分解的次态卡诺图

由次态卡诺图写出的触发器的状态方程的形式，应与选用的触发器的特性方程的形式相似，以便于状态方程和特性方程对比，求出驱动方程。对于 D 触发器，由于 $Q^{n+1}=D$，所以要求状态方程尽量简单。对于 JK 触发器，状态方程的形式应和 $Q^{n+1}=J\bar{Q}^n+\bar{K}Q^n$ 方便比较。本例选用 JK 触发器，通过次态卡诺图化简，求得状态方程：

$$Q_2^{n+1}=Q_0^nQ_1^n\bar{Q}_2^n \qquad Q_1^{n+1}=Q_0^n\bar{Q}_1^n+\bar{Q}_0^nQ_1^n \qquad Q_0^{n+1}=\bar{Q}_2^n\bar{Q}_0^n$$

输出方程：　$C=Q_2^n$

将状态方程和JK触发器的特性方程对比，求得的驱动方程为：

$$J_2 = Q_0^n Q_1^n \quad K_2 = 1; \quad J_1 = Q_0^n \quad K_1 = Q_0^n; \quad J_0 = \bar{Q}_2^n \quad K_0 = 1$$

根据驱动方程和输出方程画出的逻辑图，如图6-14所示。

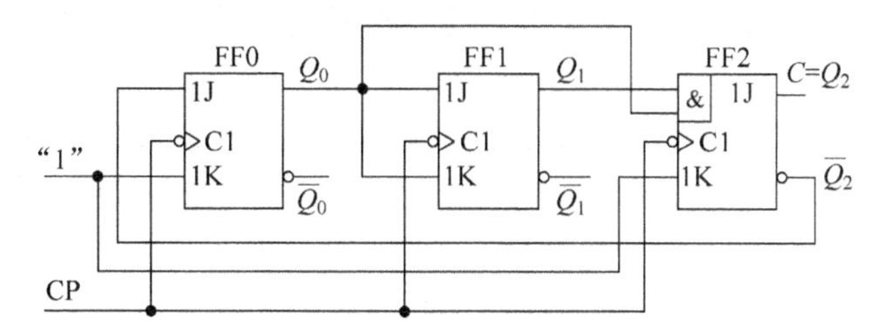

图6-14 JK触发器构成的五进制加法计数器

检查的结果是该电路能够自启动。其状态转换图如图6-15所示。

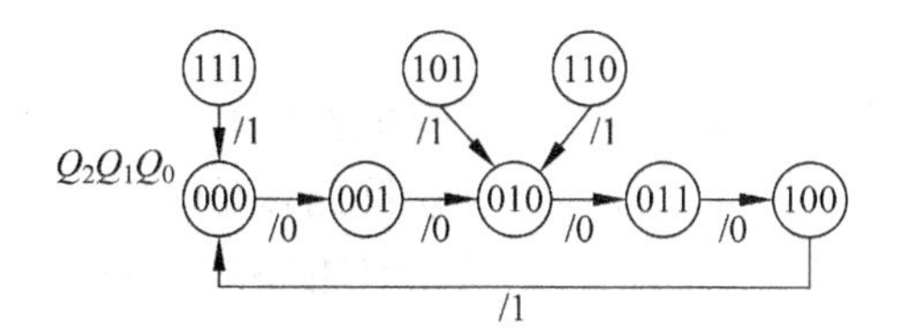

图6-15 例6-4中的状态转换图

如果选用D触发器，状态方程应为：

$$Q_2^{n+1} = Q_0^n Q_1^n \qquad Q_1^{n+1} = Q_0^n \bar{Q}_1^n + \bar{Q}_0^n Q_1^n = Q_0^n \oplus Q_1^n \qquad Q_0^{n+1} = \bar{Q}_2^n \bar{Q}_0^n$$

进而求得驱动方程：

$$D_2 = Q_0^n Q_1^n \qquad D_1 = Q_0^n \oplus Q_1^n \qquad D_0 = \bar{Q}_2^n \bar{Q}_0^n$$

根据驱动方程和输出方程画出的由D触发器构成的计数器，如图6-16所示。

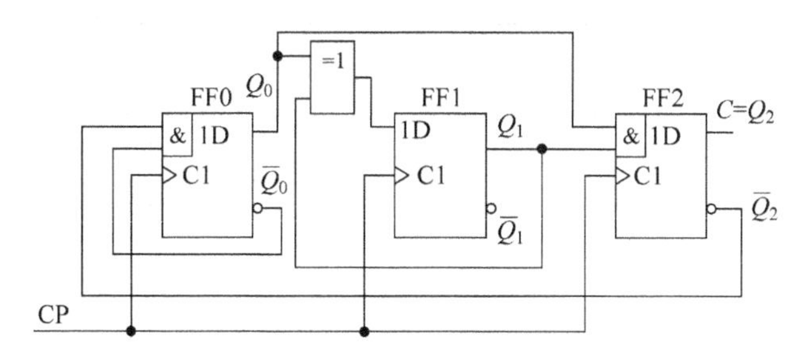

图6-16 D触发器构成的五进制加法计数器

检查结果是图6-16所示电路能够自启动，状态转换图如图6-17所示。

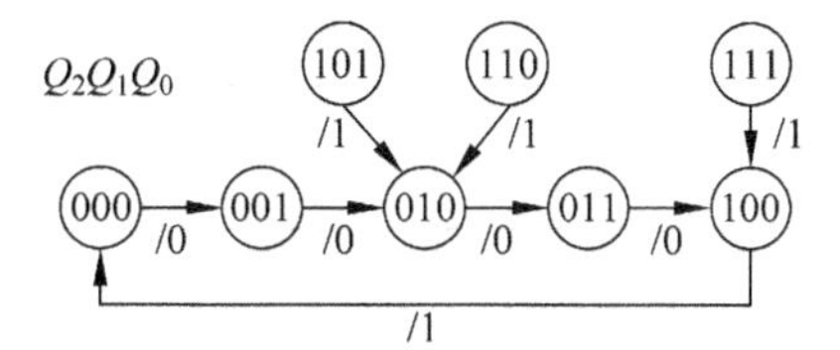

图6-17 例6-4中的状态转换图

【例 6-5】 设计一个同步时序电路,用于检测一条数据线上的数据,如果连续测试串行输入的三位数据中有奇数个1时,电路产生一个输出脉冲。

解: ① 设串行输入数据为输入变量 X,产生的输出脉冲为输出变量 Z。分析题目要求,连续测试输入的三位数据,待设计电路中的状态对输入数据情况的"记忆",有如下几种可能:

- 电路初始状态,也就是没有接收到测试数据之前的状态,假设此状态为 A。
- 若电路接收到第一个数据是0,则设该状态为 B;若电路接收到第一个数据是1,则设该状态为 C。
- 电路接收到第一和第二个数据都是0,设状态为 D。
- 电路接收到第一个数据是0,第二个数据是1,则设该状态为 E。
- 电路接收到第一个数据是1,第二个数据是0,设该状态为 F。
- 电路接收到第一个数据是1,第二个数据也是1,则设该状态为 G。
- 电路接收到第三个输入数据后,不论是0还是1,都应回到初始状态 A,因为题目要求连续测试输入三位数据。由此,经过分析可知,待设计电路应有 A、B、C、D、E、F、G 七种状态。

② 画出原始状态转换图和原始状态转换表。

根据①的分析和题目要求,可以先画出原始状态转换图如图6-18所示。然后根据原始状态转换图,可以列出原始状态转换表如表6-5所示。

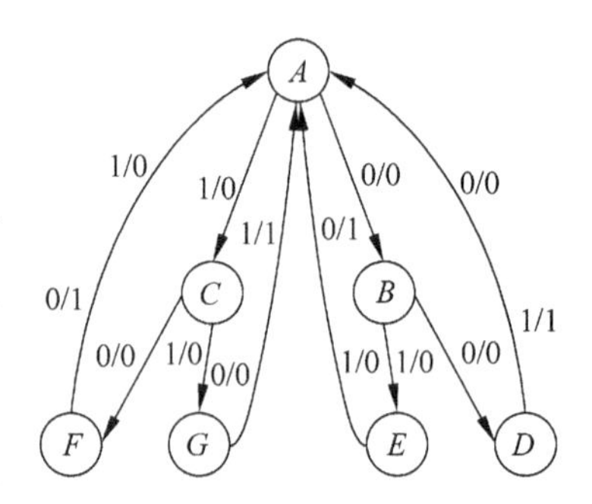

图 6-18 例 6-5 的原始状态转换图

表 6-5 例 6-5 的原始状态表

现态	输入	次态	输出
A	0	B	0
	1	C	0
B	0	D	0
	1	E	0
C	0	F	0
	1	G	0
D	0	A	0
	1	A	1
E	0	A	1
	1	A	0
F	0	A	1
	1	A	0
G	0	A	0
	1	A	1

③ 状态化简。

观察原始状态转换表,可以发现状态 D 和 G 是等价状态,状态 E 和 F 是等价状态。消

去状态 G 和 F，并分别用 D 和 E 替代 G 和 F。简化后的状态转换表如表 6-6 所示。

表 6-6 简化后的状态转换表

现态	输入	次态	输出
A	0	B	0
	1	C	0
B	0	D	0
	1	E	0
C	0	E	0
	1	D	0
D	0	A	0
	1	A	1
E	0	A	1
	1	A	0

④ 确定触发器数目和状态分配。

由表 6-6 可见，电路中共有 5 个状态，因此需要 3 个触发器。设三个触发器状态组合为 $Q_0Q_1Q_2$，且触发器状态编码采用格雷码形式，状态 A～E 的状态编码表如表 6-7 所示。

根据表 6-6 和表 6-7 重新编制电路状态转换表如表 6-8 所示。凡表 6-7 状态编码表未使用的码组 100、101、111，在表 6-7 所示的次态和输出栏中均填入×，做无关项处理。

表 6-7 状态编码表

状态	状态编码		
	Q_0	Q_1	Q_2
A	0	0	0
B	0	0	1
C	0	1	1
D	0	1	0
E	1	1	0

表 6-8 例 6-5 的状态转换表

Q_0^n	Q_1^n	Q_2^n	X	Q_0^{n+1}	Q_1^{n+1}	Q_2^{n+1}	Z
0	0	0	0	0	0	1	0
0	0	0	1	0	1	1	0
0	0	1	0	0	1	0	0
0	0	1	1	1	1	0	0
0	1	0	0	0	0	0	0
0	1	0	1	0	0	0	1
0	1	1	0	1	1	0	0
0	1	1	1	0	1	0	0
1	0	0	0	×	×	×	×
1	0	0	1	×	×	×	×
1	0	1	0	×	×	×	×
1	0	1	1	×	×	×	×
1	1	0	0	0	0	0	1
1	1	0	1	0	0	0	0
1	1	1	0	×	×	×	×
1	1	1	1	×	×	×	×

⑤ 触发器选型。选用 D 触发器。

⑥ 确定触发器输入方程。

根据表 6-8 状态转换表，确定 $D_2D_1D_0$ 的方程。先求出触发器的状态方程 $Q_2^{n+1}Q_1^{n+1}Q_0^{n+1}$，根据表 6-8 可分别填写出 Q_2^{n+1}、Q_1^{n+1}、Q_0^{n+1} 三个卡诺图如图 6-19 所示。

$Q_0^nQ_1^n$ \ Q_2^nX	00	01	11	10
00	0	0	1	0
01	0	0	0	1
11	0	0	×	×
10	×	×	×	×

(a) Q_0次态卡诺图

$Q_0^nQ_1^n$ \ Q_2^nX	00	01	11	10
00	0	1	1	1
01	0	0	1	1
11	0	0	×	×
10	×	×	×	×

(b) Q_1次态卡诺图

$Q_0^nQ_1^n$ \ Q_2^nX	00	01	11	10
00	1	1	0	0
01	0	0	0	0
11	0	0	×	×
10	×	×	×	×

(c) Q_2次态卡诺图

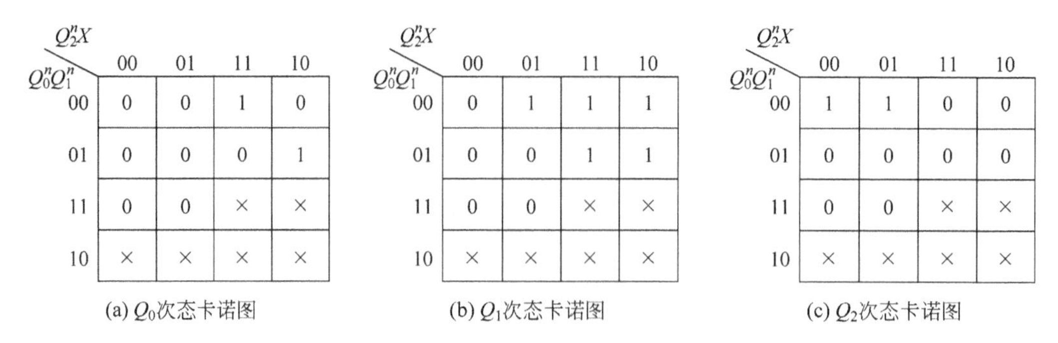

图 6-19　例 6-5 中 Q_2 Q_1 Q_0 的次态卡诺图

由卡诺图可分别得出状态方程：

$$Q_0^{n+1} = \bar{Q}_1^nQ_2^nX + Q_1^nQ_2^n\bar{X} = Q_2^n(Q_1^n \oplus X)$$

$$Q_1^{n+1} = Q_2^n + \bar{Q}_1^nX$$

$$Q_2^{n+1} = \bar{Q}_1^n\bar{Q}_2^n$$

根据 D 触发器特性方程 $Q^{n+1}=D$，可得出

$$D_0 = Q_2^n(Q_1^n \oplus X)$$

$$D_1 = Q_2^n + \bar{Q}_1^nX$$

$$D^2 = \bar{Q}_1^n\bar{Q}_2^n$$

⑦ 确定输出方程。

根据表 6-8，可填写输出 Z 的卡诺图如图 6-20 所示。由卡诺图可得出

$Q_0^nQ_1^n$ \ Q_2^nX	00	01	11	10
00	0	0	0	0
01	0	1	0	0
11	1	0	×	×
10	×	×	×	×

图 6-20　例 6-5 中 Z 的卡诺图

$$Z = \bar{Q}_0Q_1\bar{Q}_2X + Q_0\bar{X}$$

⑧ 画逻辑电路图。

根据触发器输入方程和输出方程，可画出逻辑电路图如图 6-21 所示。

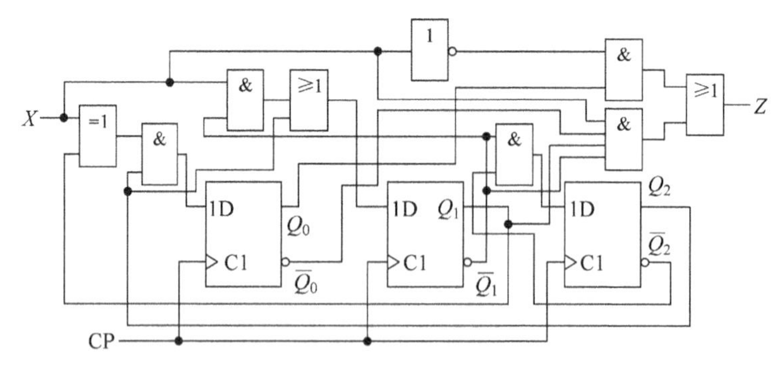

图 6-21　例 6-5 逻辑电路图

⑨ 验证电路逻辑功能。

根据状态方程和输出方程，重新填写表 6-8 电路状态转换表，用 1 或 0 替换所有的无关

项×，可得到完整的状态转换表。由状态转换表可画出状态转换图，检验电路逻辑功能，是否与设计要求一致。如果不一致，则要重新检查设计过程，直到与设计要求一致为止。

6.4 寄存器

6.4.1 寄存器的主要特点和分类

1. 寄存器的概念和主要特点

1）寄存器的概念

（1）寄存

把二进制数据或代码暂时存储起来的操作叫做寄存。其实，人们随处都可遇到寄存的问题，例如去超市购物，要将自带物品暂存在超市提供的寄存处；外出旅行住酒店，需要将贵重物品交由酒店暂时保管等都是寄存的例子。

（2）寄存器

具有寄存功能的电路称为寄存器。寄存器是一种基本时序电路，在各种数字系统中，几乎是无所不在。因为任何现代数字系统，都必须把需要处理的数据、代码先寄存起来，以便随时取用。

2）寄存器的主要特点

图6-22是寄存器的结构示意框图。

从电路组成看：寄存器是由具有存储功能的触发器组合起来构成的，使用的可以是基本触发器、同步触发器、主从触发器或边沿触发器，电路结构比较简单。

从基本功能看：寄存器的任务主要是暂时存储二进制数据或代码，一般情况下，不对存储内容进行处理，逻辑功能比较单一。

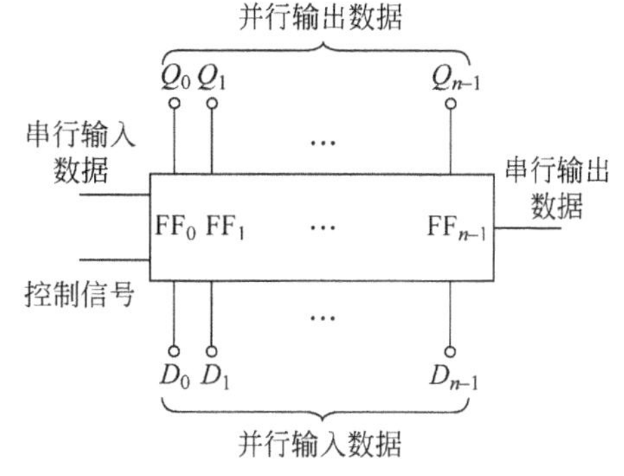

图6-22　n位寄存器结构示意图

2. 寄存器分类

1）按功能分

按照功能差别，常把寄存器分成两大类：

① 基本寄存器：数据或代码只能并行送入寄存器中，需要时也只能并行输出。存储单元用基本触发器、同步触发器、主从触发器及边沿触发器均可。

② 移位寄存器：存储在寄存器中的数据或代码，在移位脉冲的操作下，可以依次逐位右移或左移，而数据或代码，既可以并行输入、并行输出，也可以串行输入、并行输出，十分灵活，用途也很广。存储单元则只能用主从触发器或者边沿触发器。

2）按使用开关元件不同分

按照器件内部使用开关元件不同可分成许多种，目前使用最多的是TTL寄存器和CMOS寄存器。它们都是中规模集成电路。

(1) TTL寄存器

表6-9给出了一些常用的TTL寄存器的型号。

表 6-9 TTL寄存器的分类

数码寄存器				
基本寄存器			移位寄存器	
多位D触发器	锁存器	寄存器阵列	单向移位寄存器	双向移位寄存器
74175	74LS375	74170	74164	74194
74LS175	74278	74LS170	74165	74LS194
74173	74116	74LS670	74166	7495
74LS173	74LS373	74172	74195	74LS95
74174			74199	74198
74LS174			74LS195	
74177			74LS395	
74LS374				

(2) CMOS寄存器

表6-10给出了几种常用CMOS寄存器的型号。

表 6-10 CMOS寄存器的分类

数码寄存器		
基本寄存器	移位寄存器	
多位D触发器	单向移位寄存器	双向移位寄存器
CC4042	CC4014	CC40194
CC40174	CC4015	CC4034
CC4508	CC4021	
	CC4035	
	CC14006	
	CC40195	

6.4.2 基本寄存器

一个触发器可以存储1位二进制信号,寄存 n 位二进制数,需要 n 个触发器。

1. 4边沿D触发器

1) 电路组成

图6-23是4边沿D触发器74175、74LS175的逻辑电路图。$D_0 \sim D_3$ 是并行数码输入端,$\overline{CR}$是清零端,CP是控制时钟脉冲端,$Q_0 \sim Q_3$ 是并行数码输出端。

2) 工作原理

表6-11是4边沿D触发器74175、74LS175的功能表。

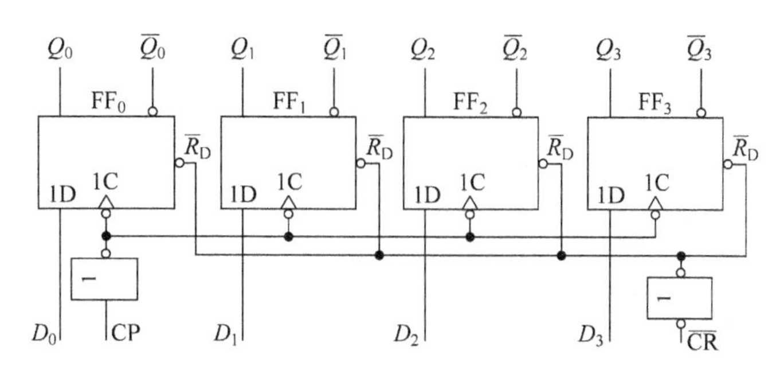

图 6-23 4 边沿 D 触发器

表 6-11 74175、74LS175 的功能表

输入						输出				注
$\overline{CR}$	CP	D_0	D_1	D_2	D_3	Q_0^{n+1}	Q_1^{n+1}	Q_2^{n+1}	Q_3^{n+1}	
0	×	×	×	×	×	0	0	0	0	清零
1	↑	d_0	d_1	d_2	d_3	d_0	d_1	d_2	d_3	送数

① 清零：$\overline{CR}=0$，异步清零。无论寄存器中原来的内容是什么，只要$\overline{CR}=0$，就立即通过异步输入端将 4 个边沿 D 触发器复位到 0 状态。

② 送数：当$\overline{CR}=1$时，CP 上升沿送数。无论寄存器中原来存储的数码是什么，在$\overline{CR}=1$时，只要送数控制时钟脉冲 CP 上升沿到来，加在并行数码输入端的数码 $d_0\sim d_3$ 立即被送入进寄存器中，即：

$$\begin{cases} Q_0^{n+1}=d_0 \\ Q_1^{n+1}=d_1 \\ Q_2^{n+1}=d_2 \\ Q_3^{n+1}=d_3 \end{cases} \quad \text{CP 上升沿时刻有效}$$

③ 保持：当$\overline{CR}=1$、CP 上升沿以外时间，寄存器保持内容不变，即各个输出端 Q、$\overline{Q}$ 的状态与 d 无关，都将保持不变。

用边沿 D 解发器作寄存器，其 D 端具有很强的抗干扰能力。

2. 8 位 D 锁存器 74LS373

锁存器也是一种存放数码的部件，它的特点是：当锁存信号没有到来时，锁存器的输出状态随输入信号变化而变化（相当于输出直接接到输入端，即所谓“透明”）；当锁存信号到达时，锁存器输出状态保持锁存信号跳变时的状态。常用的锁存器有双二位锁存器、4 位锁存器、双 4 位锁存器、8 位透明锁存器、8 位可寻址锁存器和多模式缓冲锁存器等。这里介绍 8 位 D 锁存器 74LS373。

1）8 位 D 锁存器的逻辑图和引脚图

图 6-24 (a)是 8 位 D 锁存器的逻辑图，图 6-24 (b)是其引脚图。图 6-24 (c)是一位 D 锁存器逻辑图。$\overline{E}$ 是使能端，1D～8D 是数码并行输入端，1Q～8Q 是并行输出端。

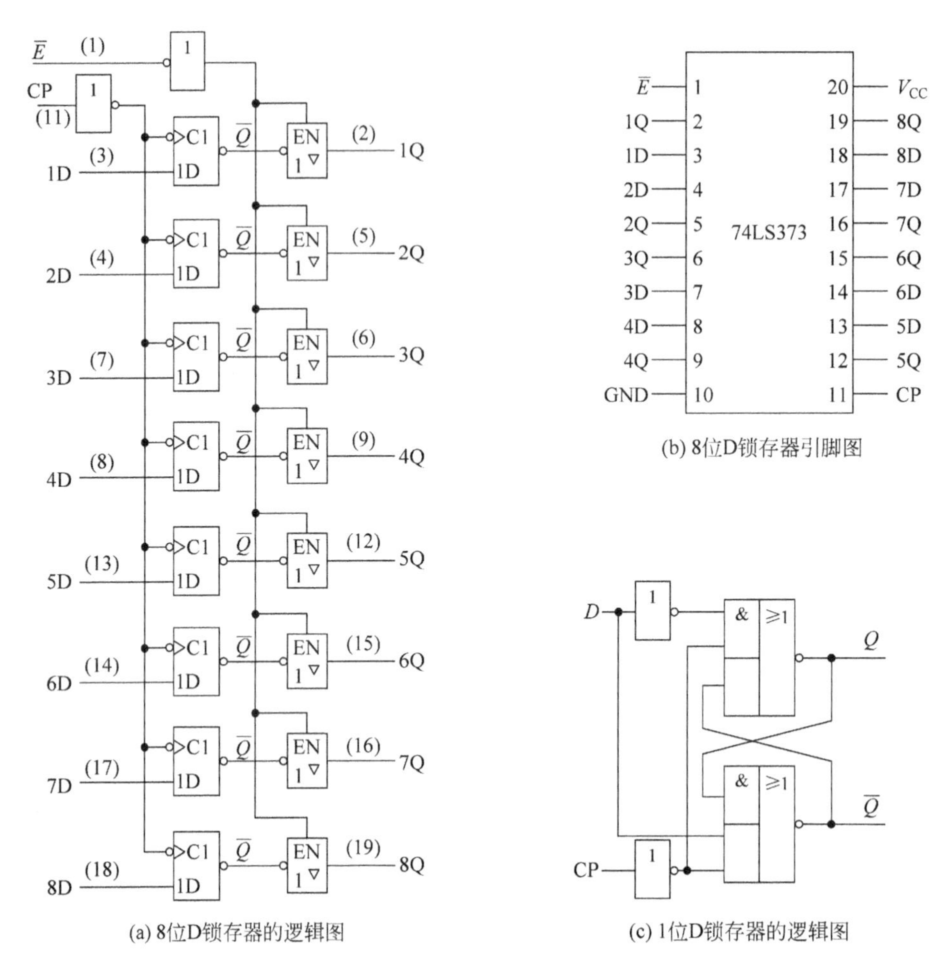

(a) 8位D锁存器的逻辑图

(b) 8位D锁存器引脚图

(c) 1位D锁存器的逻辑图

图 6-24 8 位 D 锁存器的逻辑图、引脚图和 1 位 D 锁存器逻辑图

2）逻辑功能

表 6-12 是 74LS373 的功能表，该表说明芯片具有下列功能：

74LS373 的输出级为三态非门。只有输出使能信号 $\bar{E}=0$ 时，才有信号输出；而 $\bar{E}=1$ 时，输出为高组态；当 CP=1，$\bar{E}=0$ 时，$Q=D$。当 CP 由 1 变 0 时，即锁存信号到达时，Q 的状态被锁存，保持 CP 下降沿到来时输入信号的状态。

表 6-12 74LS373 的功能表

输入			输出
CP	$\bar{E}$	D_n	Q_n
×	H	×	高阻
H	L	L	L
H	L	H	H
L	L	×	Q_0

3. 基本寄存器的 VHDL 描述

1）4 位边沿 D 触发器

```
LIBRARY IEEE;
USE IEEE.STD_LDGIC_1164.ALL;
ENTITY dff_4 IS
    PORT ( D: IN STD_LOGIC_VECTOR( 3 DOWNTO 0);
           CR,CP: IN STD_LOGIC;
           Q: OUT STD_LOGIC_VECTOR( 3 DOWNTO 0));
END dff_4;
ARCHITECTURE rtl OF dff_4 IS
    SIGNAL q_temp: STD_LOGIC_VECTOR( 3 DOWNTO 0);
BEGIN
    PROCESS(CP,CR,D)
    BEGIN
        IF( CR = '0' ) THEN
            q_temp <= "0000";
        ELSE
            IF(CP'EVENT AND CP = '1' ) THEN
                q_temp <= D;
            ELSE
                q_temp <= q_temp;
            END IF;
        END IF;
    END PROCESS;
    Q <= q_temp;
END rtl;
```

2）8 位 D 锁存器 74LS373

```
LIBRARY IEEE;
USE IEEE.STD_LDGIC_1164.ALL;
ENTITY latch_8 IS
    PORT ( D: IN STD_LOGIC_VECTOR( 7 DOWNTO 0);
           NE,CP: IN STD_LOGIC;
            Q: OUT STD_LOGIC_VECTOR( 7 DOWNTO 0));
END latch_8;
ARCHITECTURE rtl OF latch_8 IS
    SIGNAL q_temp: STD_LOGIC_VECTOR( 7 DOWNTO 0);
BEGIN
    PROCESS(CP,NE,D)
    BEGIN
        IF( NE = '0' ) THEN
            IF( CP = '1' ) THEN
                q_temp <= D;
            ELSE
            q_temp <= q_temp;
            END IF;
        ELSE
            q_temp <= "ZZZZZZZZ";
```

```
        END IF;
    END PROCESS;
    Q<=q_temp;
END rtl;
```

6.4.3 移位寄存器

移位寄存器是数字系统和计算机中的重要部件。移位寄存器除了具有存储代码的功能以外，还具有移位功能。在移位操作时，要求每来一个时钟脉冲（即移位命令），寄存器中存储的数据就顺次向左或向右移动一位。

移位寄存器的输入方式有两种：串行输入和并行输入。串行输入方式是在同一个时钟脉冲作用下，每输入一个时钟脉冲，输入数据就移入一位到寄存器中，同时已存入的数据继续右移或左移。若将多位数据存入串行移位寄存器，需要多个时钟脉冲，因此串行输入方式的寄存器工作速度慢。并行输入方式是把全部数据同时输入寄存器，工作速度快。

移位寄存器的输出方式有两种：串行输出和并行输出。串行输出方式的移位寄存器是在时钟脉冲作用下一位一位对外输出的。并行输出方式的移位寄存器是通过其输出端同时对外输出的。因此，移位寄存器包括有串行输入、串行输出寄存器、并行输入转串行输出移位寄存器和串行输入转并行输出寄存器等。

移位寄存器通常用来寄存数据代码、实现数据的串行-并行转换。

1. 单向移位寄存器

1）电路组成

图6-25是用边沿D触发器构成的单向移位寄存器。从电路结构看，它有两个基本特征：一是由相同存储单元组成，存储单元个数就是移位寄存器的位数；二是各个存储单元共用一个时钟信号——移位操作命令，电路工作是同步的，属于同步时序电路。

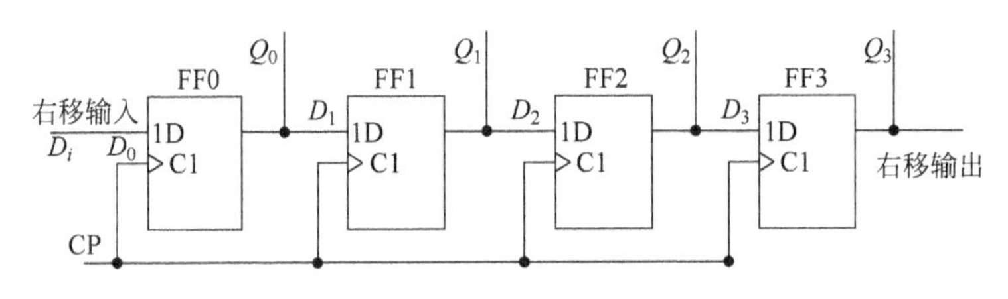

图6-25 基本单向移位寄存器

2）工作原理

在图6-25所示右移移位寄存器中，假设各个触发器的起始状态均为0，即$Q_0^nQ_1^nQ_2^nQ_3^n=0000$，根据图6-25所示电路可得

时钟方程：$CP_0=CP_1=CP_2=CP_3=CP$

驱动方程：$D_0=D_i$、$D_1=Q_0^n$、$D_2=Q_1^n$、$D_3=Q_2^n$

状态方程：$Q_0^{n+1}=D_i$、$Q_1^{n+1}=Q_0^n$、$Q_2^{n+1}=Q_1^n$、$Q_3^{n+1}=Q_2^n$

状态表：根据状态方程和假设的起始状态可列出如表6-13所示状态表。

表 6-13　4 位右移移位寄存器状态表

输入		现态				次态				说明
D_i	CP	Q_0^n	Q_1^n	Q_2^n	Q_3^n	Q_0^{n+1}	Q_1^{n+1}	Q_2^{n+1}	Q_3^{n+1}	
1	↑	0	0	0	0	1	0	0	0	连续输入4个1
1	↑	1	0	0	0	1	1	0	0	
1	↑	1	1	0	0	1	1	1	0	
1	↑	1	1	1	0	1	1	1	1	
0	↑	1	1	1	1	0	1	1	1	连续输入4个0
0	↑	0	1	1	1	0	0	1	1	
0	↑	0	0	1	1	0	0	0	1	
0	↑	0	0	0	1	0	0	0	0	

表 6-13 所示状态表描述了右移移位过程。当连续输入 4 个 1 时，D_i 经 FF_0 在 CP 上升沿操作下，依次被移入寄存器中，经过 4 个 CP 脉冲，寄存器就变成全 1 状态。再连续输入 0，4 个 CP 脉冲之后，寄存器变成全 0 状态。

3）主要特点

① 单向移位寄存器中的数码，在 CP 脉冲操作下，可以依次右移（右移移位寄存器）或左移（左移移位寄存器）。

② n 位单向移位寄存器可以寄存 n 位二进制数码。n 个 CP 脉冲即可完成串行输入工作，此后可从 $Q_0 \sim Q_{n-1}$ 端获得并行的 n 位二进制数码，再用 n 个 CP 脉冲又可实现串行输出操作。

③ 若串行输入端状态为 0，则 n 个 CP 脉冲后，寄存器便被清零。

2. 双向移位寄存器

把左移和右移移位寄存器组合起来，加上移位方向控制信号，便可方便地构成双向移位寄存器。

1）电路组成

图 6-26 是基本的 4 位双向移位寄存器。M 是移位方向控制信号，D_{SR} 是右移串行输入端，D_{SL} 是左移串行输入端，$Q_0 \sim Q_3$ 是并行输出端，CP 是时钟脉冲—移位操作信号。

2）工作原理

图 6-26 中，四个与或门构成了 4 个 2 选 1 数据选择器，其输出就是送给相应边沿 D 触发器的同步输入端信号，M 是选择控制信号，由电路可得驱动方程

$$D_0 = \overline{M}D_{SR} + MQ_1^n \quad D_1 = \overline{M}Q_0^n + MQ_2^n$$

$$D_2 = \overline{M}Q_1^n + MQ_3^n \quad D_3 = \overline{M}Q_2^n + MD_{SL}$$

代入 D 触发器的特性方程便可求出状态方程

$$\left.\begin{aligned} Q_0^{n+1} &= \overline{M}D_{SR} + MQ_1^n \quad Q_1^{n+1} = \overline{M}Q_0^n + MQ_2^n \\ Q_2^{n+1} &= \overline{M}Q_1^n + MQ_3^n \quad Q_3^{n+1} = \overline{M}Q_2^n + MD_{SL} \end{aligned}\right\} \text{CP 上升沿时刻有效}$$

① 当 $M=0$ 时

$$\left.\begin{aligned} Q_0^{n+1} &= D_{SR} \quad Q_1^{n+1} = Q_0^n \\ Q_2^{n+1} &= Q_1^n \quad Q_3^{n+1} = Q_2^n \end{aligned}\right\} \text{CP 上升沿时刻有效}$$

显然，电路成为4位右移移位寄存器。

② 当$M=1$时

$$Q_0^{n+1}=Q_1^n \quad Q_1^{n+1}=Q_2^n \quad Q_2^{n+1}=Q_3^n \quad Q_3^{n+1}=D_{SL} \qquad \text{CP上升沿时刻有效}$$

不难理解，电路按照4位左移移位寄存器的工作原理运行。因此，图6-26所示的电路具有双向移位功能，当$M=0$时右移，$M=1$时左移。

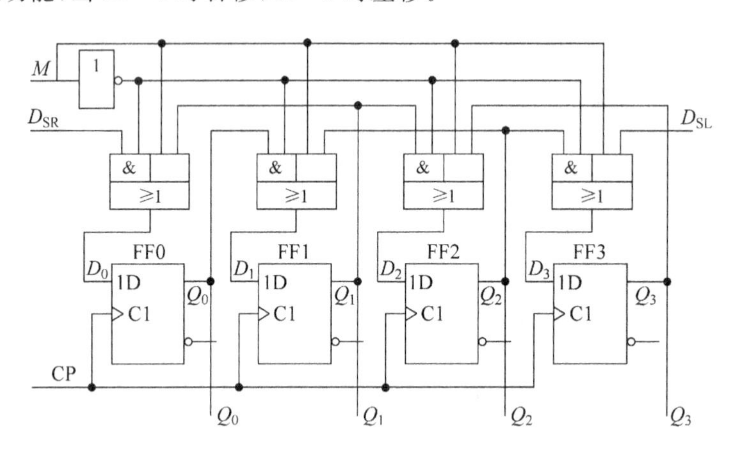

图6-26 基本双向移位寄存器

3. 集成移位寄存器

集成移位寄存器产品较多，现以比较典型的4位双向移位寄存器74LS194为例，做简单说明。

图6-27是4位双向移位寄存器74LS194的引出端排列图和逻辑功能示意图。$\overline{CR}$是清零端，M_0、M_1是工作状态控制端，D_{SR}和D_{SL}分别为右移和左移串行数码输入端，$D_0 \sim D_3$是并行数码输入端，$Q_0 \sim Q_1$是并行数码输出端，CP是时钟脉冲。

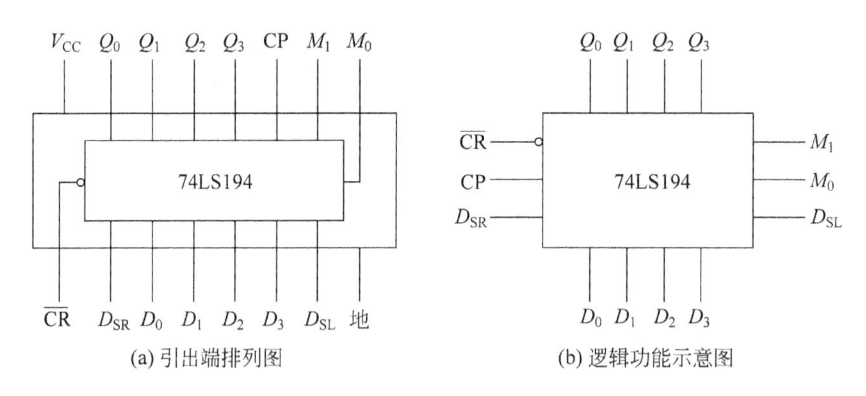

图6-27 4位双向移位寄存器74LS194

表6-14是74LS194的功能表，它十分清晰地反映出4位双向移位寄存器74LS194所有的逻辑功能。

表 6-14　74LS194 的功能表

输入										输出				说明
$\overline{CR}$	M_1	M_0	D_{SR}	D_{SL}	CP	D_0	D_1	D_2	D_3	Q_0^{n+1}	Q_1^{n+1}	Q_2^{n+1}	Q_3^{n+1}	
0	×	×	×	×	×	×	×	×	×	0	0	0	0	清零
1	×	×	×	×	0	×	×	×	×	Q_0^n	Q_1^n	Q_2^n	Q_3^n	保持
1	1	1	×	×	↑	d_0	d_1	d_2	d_3	d_0	d_1	d_2	d_3	并行输入
1	0	1	1	×	↑	×	×	×	×	1	Q_0^n	Q_1^n	Q_2^n	右移输入 1
1	0	1	0	×	↑	×	×	×	×	0	Q_0^n	Q_1^n	Q_2^n	右移输入 0
1	1	0	×	1	↑	×	×	×	×	Q_1^n	Q_2^n	Q_3^n	1	左移输入 1
1	1	0	×	0	↑	×	×	×	×	Q_1^n	Q_2^n	Q_3^n	0	左移输入 0
1	0	0	×	×	×	×	×	×	×	Q_0^n	Q_1^n	Q_2^n	Q_3^n	保持

① 清零功能：当$\overline{CR}=0$时，74LS194 异步清零。

② 保持功能：当$\overline{CR}=1$时，CP=0 或 $M_0=M_1=0$，双向移位寄存器保持状态不变。

③ 并行送数功能：当$\overline{CR}=1$、$M_0=M_1=1$时，CP 上升沿可将加在并行输入端 $D_0\sim D_3$ 的数码 $d_0\sim d_3$ 送入寄存器中。

④ 右移串行送数功能：当$\overline{CR}=1$、$M_1=0$、$M_0=1$时，在 CP 上升沿的操作下，可依次把加在 D_{SR} 端的数码从触发器 FF_0 串行送入寄存器中。

⑤ 左移串行送数功能：当$\overline{CR}=1$、$M_1=1$、$M_0=0$时，在 CP 上升沿的操作下，可依次将加在 D_{SL} 端的数码从触发器 FF_3 串行送入寄存器中。

4. 移位寄存器的 VHDL 描述

1）边沿 D 触发器构成的单向移位寄存器

```
LIBRARY IEEE;
USE IEEE.STD_LDGIC_1164.ALL;
ENTITY shift_rt_4 IS
    PORT ( Di,CP: IN STD_LOGIC;
           Q: OUT STD_LOGIC_VECTOR( 0 TO 3));
END shift_rt_4;
ARCHITECTURE rtl OF shift_rt_4 IS
    SIGNAL q_temp: STD_LOGIC_VECTOR( 0 TO 3);
BEGIN
    PROCESS(CP,Di)
    BEGIN
        IF(CP'EVENT AND CP = '1' ) THEN
            q_temp <= Di & q_temp(0 TO 2);
        END IF;
    END PROCESS;
    Q <= q_temp;
END rtl;
```

2）双向移位寄存器

```
LIBRARY IEEE;
```

```
USE IEEE.STD_LDGIC_1164.ALL;
ENTITY shift_4 IS
    PORT (DSR,DSL,M,CP: IN STD_LOGIC;
          Q: OUT STD_LOGIC_VECTOR( 0 TO 3));
END shift_4;
ARCHITECTURE rtl OF shift_4 IS
    SIGNAL q_temp: STD_LOGIC_VECTOR( 0 TO 3);
BEGIN
    PROCESS(CP,M,DSR,DSL)
    BEGIN
        IF(CP'EVENT AND CP = '1' ) THEN
            IF( M = '0' ) THEN
                q_temp <= DSR & q_temp(0 TO 2);            --右移串行输入
            ELSIF( M = '1' ) THEN
                q_temp <= q_temp(1 TO 3) & DSL;            --左移串行输入
            END IF;
        END IF;
    END PROCESS;
    Q <= q_temp;
END rtl;
```

3）带清零的双向移位寄存器 74LS194

```
LIBRARY IEEE;
USE IEEE.STD_LDGIC_1164.ALL;
ENTITY shift_194 IS
    PORT ( DSR,DSL,CR,M1,M0,CP: IN STD_LOGIC;
          D: IN STD_LOGIC_VECTOR( 0 TO 3);
          Q: OUT STD_LOGIC_VECTOR( 0 TO 3));
END shift_194;
ARCHITECTURE rtl OF shift_194 IS
    SIGNAL q_temp: STD_LOGIC_VECTOR( 0 TO 3);
BEGIN
    PROCESS(CP,CR,DSR,DSL,M1,M0,D)
    BEGIN
        IF( CR = '0' ) THEN
            q_temp <= "0000";                              --异步清零
        ELSIF(CP'EVENT AND CP = '1' ) THEN
            IF( M1 = '1' AND M0 = '1') THEN                --并行输入
                q_temp <= D;
            ELSIF( M1 = '0' AND M0 = '1') THEN
                q_temp <= DSR & q_temp(0 TO 2);            --右移串行输入
            ELSIF(M1 = '1' AND M0 = '0' ) THEN
                q_temp <= q_temp(1 TO 3) & DSL;            --左移串行输入
            END IF;
        END IF;
    END PROCESS;
    Q <= q_temp;
END rtl;
```

6.5 计数器

计数器(Counter)是一种累计输入脉冲个数的逻辑部件。被计数的脉冲可以是周期性脉冲,也可以是非周期性脉冲,它通常加在计数器的时钟输入端,作为计数器的时钟脉冲。对于同步计数器,输入时钟脉冲时触发器的翻转是同时进行的,而异步计数器中的触发器的翻转则不是同时的。

计数器被广泛应用在计算机、数控装置及各种数字仪表中,计数器不仅能用于对时钟脉冲计数,还可以用于分频、定时、产生节拍脉冲和脉冲序列等。

6.5.1 计数器分类

1. 按计数器中各个触发器触发方式分类

① 同步计数器(Synchronous Counter):各触发器受同一时钟脉冲(计数脉冲)控制,同步更新各触发器的状态。

② 异步计数器(Asynchronous Counter):触发器的翻转不是同时发生的。

2. 按计数过程中计数器输出数码的规律分类

(1) 加法计数器(Up Counter):计数器随计数脉冲的不断输入递增计数。

(2) 减法计数器(Down Counter):计数器随计数脉冲的不断输入递减计数。

(3) 可逆计数器:计数器在外加控制端的作用下,随计数脉冲的不断输入可增可减地计数。可逆计数器也称作加/减计数器(Up/Down Counter)。

计数器在循环中的状态个数叫做计数器的模(Modulus)。在循环中有 N 个状态的计数器称为模 N 计数器。

3. 按计数器的模(计数容量)分类

① 模 2^n 计数器:该计数器的计数状态有 $N=2^n$ 个,N 叫做计数器的容量或计数长度。若电路有 4 个状态,此时 $N=2^2=4$,该计数器称为四进制计数器;若电路有 16 个状态,即 $N=2^4$,则该计数器称为十六进制计数器。

② 模非 2^n 计数器:该计数器的计数容量 $N\neq 2^n$。十进制计数器是模非 2^n 计数器的特例,此时,$N=10$。1 位十进制计数器应有 10 个状态,2 位十进制计数器应有 100 个状态。n 位十进制计数器应有 10^n 个状态。

计数器可以由触发器通过时序电路的设计方法设计而成,但目前使用较多的计数器是集成计数器。集成计数器的品种繁多,主要分为同步集成计数器和异步集成计数器两大类。

6.5.2 集成同步计数器

1. 集成 4 位二进制同步加法计数器 74161

4 位同步二进制加法计数器 74161 是典型常用的中规模集成计数器。图 6-28 给出了

74161 的引脚排列图和逻辑功能示意图。在图 6-28 中，CP 是输入计数脉冲，$\overline{CR}$是清零端；$\overline{LD}$是置数控制端；P 和 T 是两个计数状态控制端；$D_0 \sim D_3$ 并行数据输入端；CO 是进位信号输出端；$Q_0 \sim Q_3$ 是计数器状态输出端。表 6-15 是 74161 的功能表。

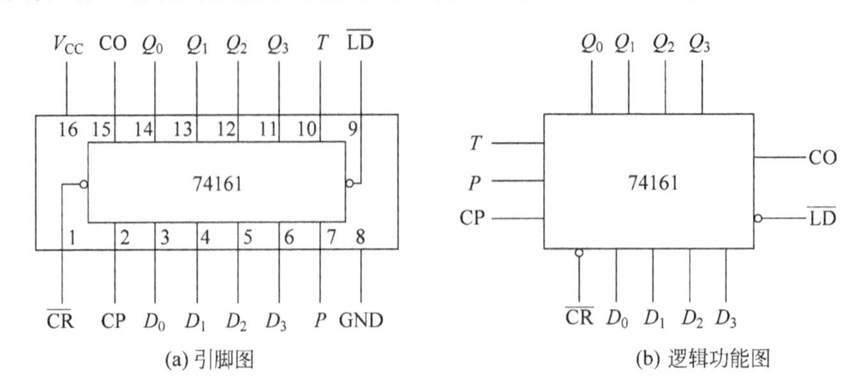

图 6-28 集成计数器 74161

表 6-15 74161 的功能表

输入									输出			
$\overline{CR}$	$\overline{LD}$	P	T	CP	D_0	D_1	D_2	D_3	Q_0	Q_1	Q_2	Q_3
L	×	×	×	×	×	×	×	×	L	L	L	L
H	L	×	×	↑	D_0	D_1	D_2	D_3	D_0	D_1	D_2	D_3
H	H	H	H	↑	×	×	×	×	计数			
H	H	L	×	×	×	×	×	×	保持			
H	H	×	L	×	×	×	×	×	保持			

由表 6-15 所示功能表可以清楚地看出，集成 4 位二进制同步加法计数器 74161 具有下列功能：

① 异步清零功能：当$\overline{CR}=0$ 时，计数器清零。从表可看出，在$\overline{CR}=0$ 时，其他输入信号不起作用，由时钟触发器的逻辑特性可知，其异步输入端信号是优先的，$\overline{CR}=0$ 正是通过$\overline{R_D}$复位计数器的。

② 同步并行置数功能：当$\overline{CR}=1$、$\overline{LD}=0$ 时，在 CP 上升沿作用下，并行输入数据 $D_0 \sim D_3$ 进入计数器，使 $Q_0 \sim Q_3 = D_0 \sim D_3$。

③ 计数功能：当$\overline{CR}=\overline{LD}=1$ 且 $P=T=1$ 时，计数器按照 8421 码进行计数，而输出进位位 $CO=Q_3^n Q_2^n Q_1^n Q_0^n$。

④ 保持功能：当$\overline{CR}=\overline{LD}=1$ 且 $P \cdot T=0$ 时，则计数器保持原来的状态不变。对于进位输出信号有两种情况：如果 $T=0$，则 $CO=0$；如果 $T=1$，则 $CO=Q_3^n Q_2^n Q_1^n Q_0^n$。

综上所述，74161 是一个具有异步清零、同步置数、可保持状态不变的 4 位二进制同步加法计数器。图 6-29 是 74161 工作原理波形图。

集成计数器 74LS161 的逻辑功能、计数原理和外引脚排列与 74161 都相同；而 74163 和 74LS163 除了采用同步清零方式外，其逻辑功能、计数原理和外引脚排列也与 74161 没有区别，表 6-16 是其功能表。

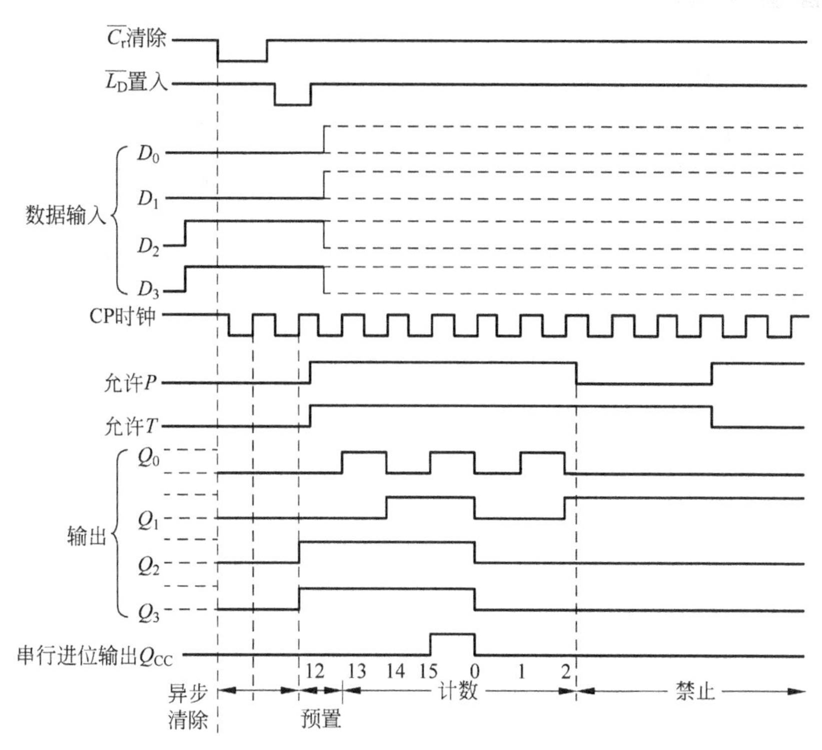

图 6-29 74161 工作原理波形图

表 6-16 74163 的功能表

输入									输出			
$\overline{CR}$	$\overline{LD}$	P	T	CP	D_0	D_1	D_2	D_3	Q_0	Q_1	Q_2	Q_3
L	×	×	×	↑	×	×	×	×	L	L	L	L
H	L	×	×	↑	D_0	D_1	D_2	D_3	D_0	D_1	D_2	D_3
H	H	H	H	↑	×	×	×	×	计数			
H	H	L	×	×	×	×	×	×	保持			
H	H	×	L	×	×	×	×	×	保持			

2．集成同步 BCD 十进制加法计数器 74160

8421 编码十进制计数器 74160 是典型的集成 TTL 型十进制加法计数器，CC40160 是 MOS 型十进制加法计数器。74160 和 CC40160 的功能完全一样，它们和 74161 的区别只是计数容量不同，其余功能和引脚完全一样，多片间的级联也一样，此处不再介绍。表 6-17 是 CC40160 的功能表。

表 6-17 CC40160 的功能表

输入									输出			
$\overline{CR}$	$\overline{LD}$	P	T	CP	D_0	D_1	D_2	D_3	Q_0	Q_1	Q_2	Q_3
L	×	×	×	×	×	×	×	×	L	L	L	L
H	L	×	×	↑	D_0	D_1	D_2	D_3	D_0	D_1	D_2	D_3
H	H	H	H	↑	×	×	×	×	计数			
H	H	L	×	×	×	×	×	×	保持			
H	H	×	L	×	×	×	×	×	保持			

3. 可逆集成计数器 74191/74193

4位二进制集成同步可逆计数器有单时钟和双时钟两种类型。如74191是单时钟结构，而74193是双时钟结构。这里以比较典型的单时钟结构74191为例进行说明。

1）74191的引脚排列图与逻辑功能图

图6-30是74191的引脚排列图和逻辑功能示意图。其中$\overline{U}/D$为加减计数控制端；$\overline{CT}$是使能端；$\overline{LD}$是异步置数控制端；$D_0 \sim D_3$是并行数据输入端；$Q_0 \sim Q_3$是状态输出端；CO/BO是进位/借位信号输出端；$\overline{RC}$是多个芯片级联时串行计数使能端。

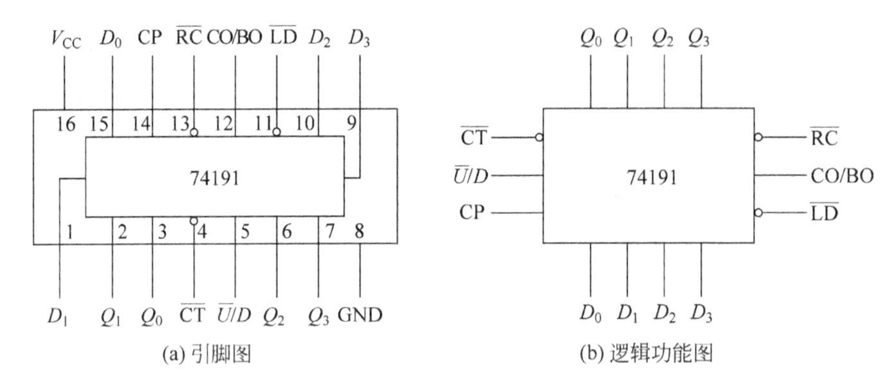

(a) 引脚图　　(b) 逻辑功能图

图6-30　集成可逆计数器74191

2）74191的功能表

表6-18是74191的功能表，该表反映集成可逆计数器74191具有同步可逆计数功能、异步并行置数功能、保持功能。74191没有专用的清零输入端，但可以借助$D_0 \sim D_3$。异步并行置入数据0000，间接实现清零功能。

$\overline{RC}$功能说明：多个可逆计数器级联使用时，其表达式为：

$$\overline{RC} = \overline{\overline{CP} \cdot CO/BO \cdot CT}$$

当$\overline{CT}=0$即CT=1、CO/BO=1时，$\overline{RC}$=CP，因此由$\overline{RC}$端产生的输出进位脉冲的波形与输入计数脉冲的波形是相同的。

与74191功能和引脚排列完全相同的还有74LS191。此外，集成单时钟4位二进制同步可逆计数器还有74S169、74LS169、CC4516等。

表6-18　74191的功能表

输入								输出			
$\overline{LD}$	$\overline{CT}$	$\overline{U}/D$	CP	D_0	D_1	D_2	D_3	Q_0	Q_1	Q_2	Q_3
L	×	×	×	D_0	D_1	D_2	D_3	D_0	D_1	D_2	D_3
H	L	L	↑	×	×	×	×	加法计数			
H	L	H	↑	×	×	×	×	减法计数			
H	H	×	×	×	×	×	×	保持			

4. 同步计数器的 VHDL 描述

1) 4 位二进制同步加法计数器 74161

```
LIBRARY IEEE;
USE IEEE.STD_LDGIC_1164.ALL;
ENTITY counter_161 IS
    PORT ( LD,CR,P,T,CP: IN STD_LOGIC;
        D: IN STD_LOGIC_VECTOR( 0 TO 3);
        CO: OUT STD_LOGIC;
        Q: OUT STD_LOGIC_VECTOR( 0 TO 3));
END counter_161;
ARCHITECTURE rtl OF counter_161 IS
    SIGNAL q_temp: STD_LOGIC_VECTOR( 0 TO 3);
    SIGNAL co_temp: STD_LOGIC;
BEGIN
    PROCESS(CP,CR,LD,P,T,D)
    BEGIN
        IF( CR = '0' ) THEN
            q_temp <= "0000";                         -- 异步清零
        ELSIF(CP'EVENT AND CP = '1' ) THEN
            IF( LD = '0' ) THEN                       -- 同步并行置数
                q_temp <= D;
            ELSIF( P = '1' AND T = '1') THEN          -- 同步加法计数
                IF( q_temp = "1111" ) THEN
                    q_temp <= "0000";
                ELSE
                    q_temp <= q_temp + 1;
                END IF;
            ELSE
                q_temp <= q_temp;                     -- 输出保持
            END IF;
        END IF;
END PROCESS;
    PROCESS(CR,LD,P,T)
    BEGIN
            IF( CR = '1' AND LD = '1' AND P = '1' AND T = '1' AND q_temp = "1111" ) THEN
            co_temp <= '1';
        ELSIF( CR = '1' AND LD = '1' AND P = '0' ) THEN
            co_temp <= co_temp;
        ELSE
            co_temp <= '0';
        END IF;
    END PROCESS;
    Q <= q_temp;
    CO <= co_temp;
END rtl;
```

2) 可逆计数器 74191

```
LIBRARY IEEE;
USE IEEE.STD_LDGIC_1164.ALL;
```

```
ENTITY counter_191 IS
    PORT ( LD,CT,UD,CP: IN STD_LOGIC;
           D: IN STD_LOGIC_VECTOR( 0 TO 3);
           COBO: OUT STD_LOGIC;
           Q: OUT STD_LOGIC_VECTOR( 0 TO 3));
END counter_191;
ARCHITECTURE rtl OF counter_191 IS
    SIGNAL q_temp: STD_LOGIC_VECTOR( 0 TO 3);
BEGIN
    PROCESS(CP,CT,LD,UD,D)
    BEGIN
        IF( LD = '0' ) THEN
            q_temp <= D;                                --异步置数
        ELSIF(CP'EVENT AND CP = '1' ) THEN
            IF( CT = '0' ) THEN
                IF( UD = '0' ) THEN
                    IF( q_temp = "1111" ) THEN          --同步加法计数
                        q_temp <= "0000";
                    ELSE
                        q_temp <= q_temp + 1;
                    END IF;
                ELSE
                    IF( q_temp = "0000" ) THEN          --同步减法计数
                        q_temp <= "1111";
                    ELSE
                        q_temp <= q_temp - 1;
                    END IF;
                END IF;
            END IF;
        END IF;
    END PROCESS;
    PROCESS(LD,CT,UD)
    BEGIN
        IF( LD = '1' AND CT = '0' AND UD = '0' AND q_temp = "1111" ) THEN
            COBO <= '1';
        ELSIF( LD = '1' AND CT = '0' AND UD = '1' AND q_temp = "0000") THEN
            COBO <= '1';
        ELSE
            COBO <= '0';
        END IF;
END PROCESS;
Q <= q_temp;
```

6.5.3 集成异步计数器

74290(T1290)是由二进制和五进制计数器构成的二-五-十进制异步加法计数器。其逻辑图见图 6-32，功能表见表 6-19。

74290 由两个计数器组成，一个是 FF_0 构成的一位二进制计数器，另一个是 FF_1、FF_2 和 FF_3 构成的五进制计数器。它们独立使用时，分别是二进制计数器和五进制计数器。当计数脉冲 CP 从 CP_1 端输入，Q_0 接到 CP_2 端，Q_3、Q_2、Q_1、Q_0 作为计数器输出时，构成了

8421 编码的十进制加法计数器。而当计数脉冲 CP 从 CP_2 端输入，Q_3 接 CP_1 端，Q_3、Q_2、Q_1、Q_0 作为计数器输出时，则构成了 5421 编码的十进制加法计数器。

图 6-31 中的 $R_{0(1)}$ 和 $R_{0(2)}$ 为两个置 0 输入端，$R_{0(1)}$ 和 $R_{0(2)}$ 全为 1 时，将计数器置成 0000。$S_{9(1)}$ 和 $S_{9(2)}$ 为置 9 输入端，$S_{9(1)}$ 和 $S_{9(2)}$ 全为 1 时，将计数器置成 1001。

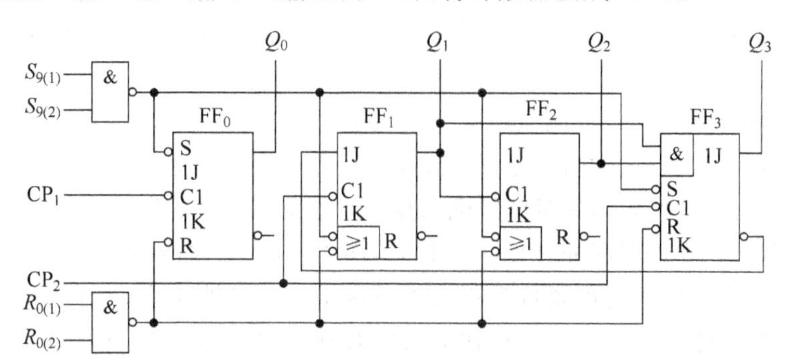

图 6-31　74290 的逻辑图

6.5.4　由中规模集成计数器构成的任意进制计数器

目前采用触发器和逻辑门来设计计数器的方法已很少采用。中规模集成计数器由于其体积小、功耗低、可靠性高等优点，而被广泛使用。但市场上现成的集成计数器产品，不一定刚好满足用户的设计需求。要想组成符合用户要求的任意进制计数器，只能在现有的中规模集成计数器基础上，经过外接电路的不同连接来实现。若用 M 表示现有 MSI 集成计数器的模，用 N 表示用户待设计的计数器模，如果 $M \geqslant N$，则只需一片集成计数器，反之需要多片集成计数器级联。

利用 MSI 集成计数器构成的任意进制计数器的方法，归纳起来主要有级联法、反馈复位法和反馈置数法。

表 6-19　74290 功能表

输入						输出			
$R_{0(1)}$	$R_{0(2)}$	$S_{9(1)}$	$S_{9(2)}$	CP_1	CP_2	Q_3	Q_2	Q_1	Q_0
1	1	0	×	×	×	0	0	0	0
1	1	×	0	×	×	0	0	0	0
0	×	1	1	×	×	1	0	0	1
×	0	1	1	×	×	1	0	0	1
有 0		有 0		CP	0	二进制计数			
				0	CP	五进制计数			
				CP	Q_0	8421 码十进制计数			
				Q_3	CP	5421 码十进制计数			

1. 级联法

如果计数脉冲从 N 进制计数器的时钟输入端进入，N 进制计数器的输出接到 M 进制计数器的时钟输入端，两个计数器级联构成了 $N \times M$ 进制计数器。例如，集成计数器

74293/74LS293，里面包含了一个二进制计数器和一个八进制计数器，它们一起构成了 2×8=16 的十六进制计数器。

2. 反馈复位法

一般集成计数器都设有清零端：同步清零端或异步清零端。异步清零端不允许波形上有“毛刺”，否则，会造成“误清零”。反馈复位法是用译码电路来检测计数器的状态，当计数器计数到达被检测的状态时，译码电路会输出低电平(或高电平)，该信号反馈到 MSl 计数器的清零端，迫使计数器进入复位(全 0)状态，从而实现需要的模数。

注意，如果采用异步清零，一旦清零端出现了有效电平，计数器就会立即复位为 0，译码电路所检测的状态存在的时间非常短(ns 级)，应属无效状态；如果采用同步清零，清零端出现有效电平后，计数器并不立即复位为 0，而必须在下一个时钟脉冲 CP 到来时，计数器才复位为 0，因而译码电路所检测的状态存在的时间长达一个时钟周期，属于计数器的有效状态。见图 6-32(a)。

3. 反馈置数法

反馈置数法适合于具有预置数输入端的集成计数器，也有同步置数和异步置数之分。反馈置数法是用译码电路检测计数器的状态，当计数器到达被检测的状态时，译码电路输出有效电平(低电平/高电平)，将此电平反馈到 MSI 计数器的置数端，利用置数端的异步/同步预置功能，将计数器数据输入端的预置数装入计数器，从而实现预定模数的计数。见图 6-32(b)。

【例 6-6】 试用 74161 采用复位法构成十一进制计数器。

解：74161 是 4 位二进制加法计数器，当输入 11 个计数脉冲后，$Q_3Q_2Q_1Q_0=1011$，而十一进制加法计数器输入 11 个计数脉冲后，$Q_3Q_2Q_1Q_0=0000$。用 74161 构成十一进制计数器，令$\overline{CR}=\overline{Q_3Q_1Q_0}$，当计数到 $Q_3Q_2Q_1Q_0=1011$ 时$\overline{CR}=0$，此时计数器清零，使 $Q_3Q_2Q_1Q_0=0000$，实现了十一进制计数。这种复位方法，随着计数器被置 0，复位信号也就随之消失，复位信号持续的时间极短，电路可靠性不高。

利用$\overline{LD}$置 0 是另一种复位法。计数器计数到 $Q_3Q_2Q_1Q_0=1010$ 后，应具备送数条件。令$\overline{LD}=\overline{Q_3Q_1}$，当计数器计数到 $Q_3Q_2Q_1Q_0=1010$ 时$\overline{LD}=0$。第 11 个计数脉冲到达时，将 $D_3D_2D_1D_0=0000$ 置入计数器，从而使计数器复位。电路图如图 6-32 所示。

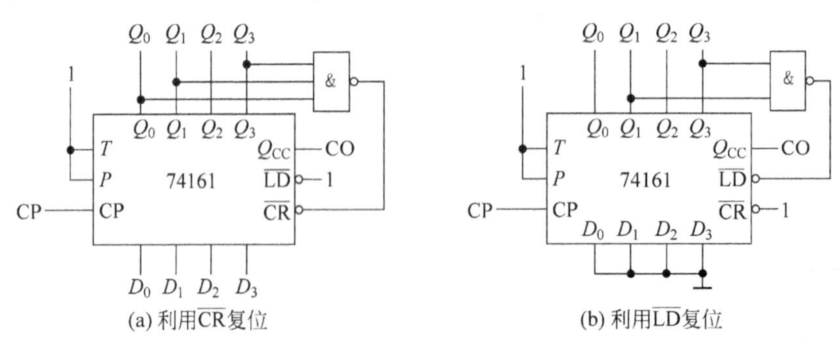

图 6-32 利用集成计数器 7416 构成十一进制计数器

【例 6-7】 试用 74161 采用反馈置数法构成十进制计数器。

分析：由中规模集成计数器构成任意进制计数器，若采用置数端实现，除可以采用置 0 方式(见图 6-32(b))外，还可以采用置任意数方式实现。置任意数方式包括置最小数方式、置最大数方式和置中间数方式等。下面分别加以说明。

解：74161 设置了进位输出端 CO。在计数器执行计数功能且 $Q_3Q_2Q_1Q_0=1111$ 时，进位输出 CO=1。如果将 CO 信号经反相后接到置数端$\overline{\mathrm{LD}}$，则计数器在输出全为 1 后将执行置数功能，在下一个时钟脉冲到来时，计数器将最小数 $D_3D_2D_1D_0$ 的值置入到计数器中，然后以 $D_3D_2D_1D_0$ 的状态为起点，继续计数。而改变数据端 $D_3D_2D_1D_0$ 的数据，计数器的模数 M 将相应改变。如图 6-33 为置最小数方式的十进制计数器状态图和电路图。

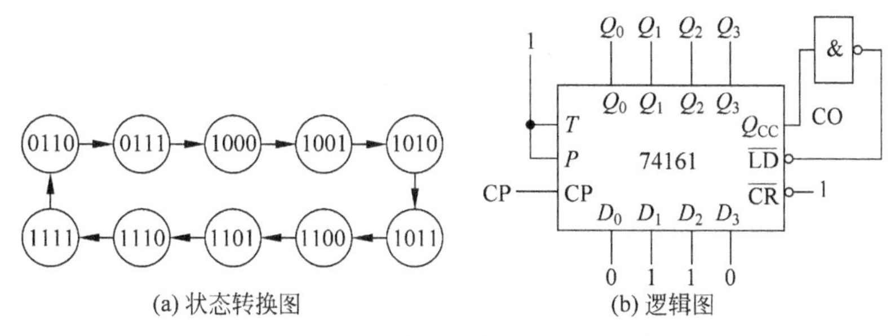

图 6-33　置最小数方式构成十进制计数器

置最大数方式是指在计数器计到某个数之后，置入最大数，然后接着从 0 开始计数。一般的，如果用 M 进制的集成计数器来构成 N 进制计数器，需要跳过$(M-N)$个状态。

4 位二进制同步计数器 74161 的最大计数是 1111，而要实现的计数器的模数为 $N=10$，则 $2^4-N=6$，即计数器计到 1000 时，使预置数端$\overline{\mathrm{LD}}$有效，并在下一个时钟脉冲到来后，将计数器预置为最大数 1111 状态，也就是状态转换图中的 S_0 态，随着下一个时钟脉冲的到来，计数器的状态转到 0，并接着从 0 开始计数。计数器状态中跳过了 1001、1010、1011、1100、1101、1110 六个状态，见图 6-34。

置中间数方式是指在计数器计到某个数之后，置入一个中间数，然后计数从这个中间数开始进行，而这个中间数的状态可以看成是状态转换图中的 S_0 态。假设这个中间数的状态为 1010，则十进制计数器的 S_9 态为 0011，跳过的 6 个状态依次为 0100、0101、0110、0111、1000 和 1001。因此反馈逻辑有$\overline{\mathrm{LD}}=\overline{\overline{Q_3}\cdot\overline{Q_2}\cdot Q_1\cdot Q_0}$，即当 $Q_3Q_2Q_1Q_0=0011$ 时，$\overline{\mathrm{LD}}=0$，预置数端 $D_3D_2D_1D_0=1010$。由置中间数方式构成十进制计数器逻辑图如图 6-35 所示。

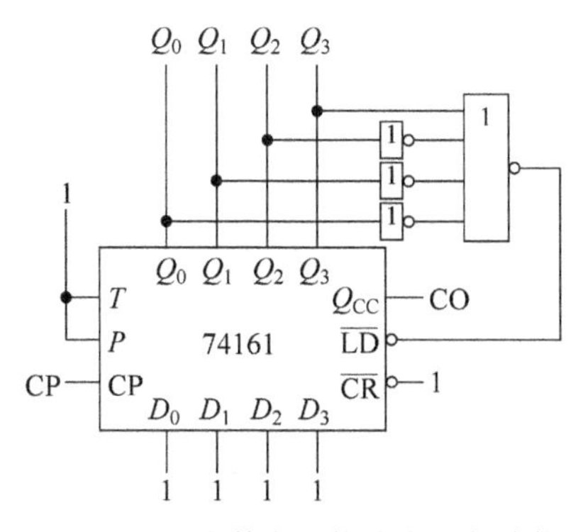

图 6-34　置最大数方式构成十进制计数器

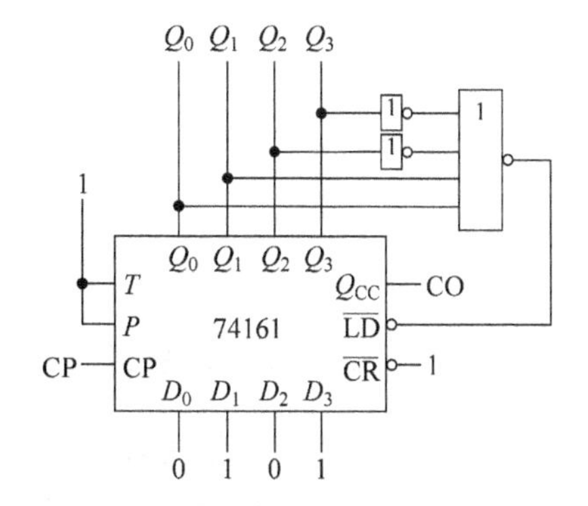

图 6-35　置中间数方式构成十进制计数器

4. 任意进制计数器的 VHDL 语言设计

以带有计数使能、异步清零的同步二十四进制计数器为例，学习任意机制计数器的设计方法：

```
LIBRARY IEEE;
USE IEEE.STD_LDGIC_1164.ALL;
ENTITY counter_24 IS
    PORT ( CLR,EN,CLK: IN STD_LOGIC;
           QH,QL: OUT STD_LOGIC_VECTOR( 3 DOWNTO 0));
END counter_24;
ARCHITECTURE rtl OF counter_24 IS
    SIGNAL qh_temp,ql_temp: STD_LOGIC_VECTOR( 3 DOWNTO 0);
BEGIN
    PROCESS(CLK,CLR,EN)
    BEGIN
        IF( CLR = '0' ) THEN
            qh_temp <= "0000";                          -- 异步清零
            ql_temp <= "0000";
    ELSIF(CP' EVENT AND CP = '1' ) THEN
    IF( EN = '1' ) THEN                                 -- 同步加法计数使能
                IF(ql_temp = 3 ) THEN
                    IF(qh_temp = 2 ) THEN               -- 计数满,重新开始
                        qh_temp <= "0000";
                        ql_temp <= "0000";
                    ELSE
                        ql _temp <= ql_temp + 1;
                    END IF;
                ELSIF(ql_temp = 9 ) THEN                -- 个位计数满,十位加 1
                    ql_temp <= "0000";
                    qh_temp <= qh_temp + 1;
                ELSE
                    ql _temp <= ql_temp + 1;
                END IF;
            END IF;
        END IF;
    END PROCESS;
    QH <= qh_temp;
    QL <= ql_temp;
END rtl;
```

6.5.5 移位寄存型计数器

如果把移位寄存器的输出，以一定方式馈送到串行输入端，则可得到一些电路连接十分简单、编码别具特色、用途极为广泛的移位寄存器型计数器。

1. 环形计数器

取 $D_0=Q_{n-1}^n$，即将 FF_{n-1} 的输出 Q_{n-1} 接到 FF_0 的输入端 D_0，由于这样连接以后，触发器构成了环形，故名环形计数器，实际上它就是自循环的移位寄存器。图 6-36 是一个 $n=4$ 的环形计数器。通过 $\overline{Rd}$、$\overline{Sd}$（图中未画出）置入，使 $Q_3Q_2Q_1Q_0=1000$，在时钟信号作用下，电路的状态将按图 6-37 所示的有效循环状态循环。由于有效循环状态数可以表示输入时钟个数，所以把这种环形移位寄存器称为环形计数器。

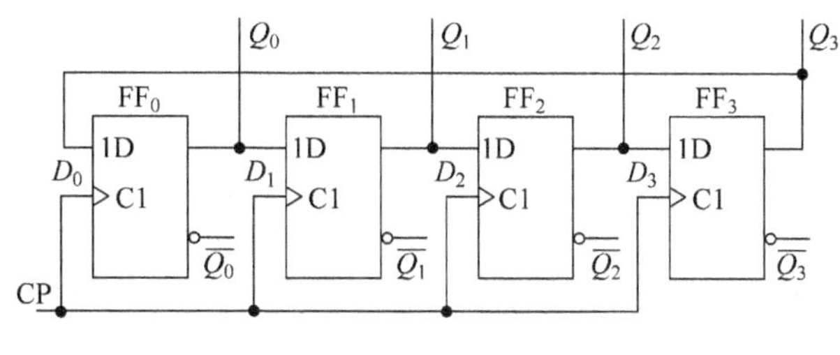

图 6-36　4 位循环计数器

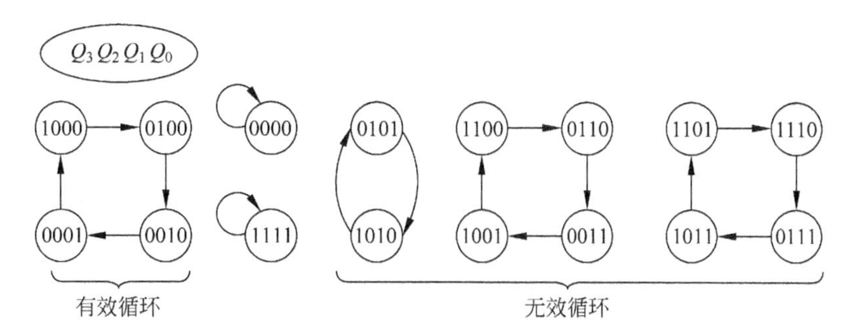

图 6-37　4 位循环计数器的状态图

由状态图 6-37 可知，这种电路在输入计数脉冲 CP 操作下，可以循环移位一个 1，也可以循环移位一个 0。如果选用循环移位一个 1，则有效状态将是 1000、0100、0010、0001。工作时，应先用启动脉冲将计数器置入有效状态，例如 1000，然后才能加 CP。

从状态图还可知，这种计数器不能自启动。倘若由于电源故障或者信号干扰，使电路进入无效状态，计数器就将一直工作在无效循环，只有重新启动，才会回到有效状态。这种计数器的缺点是状态利用率低，记 N 个数需要 N 个触发器，使用触发器多。

2. 扭环形计数器

扭环形计数器也称约翰逊计数器。将环形计数器的反馈函数 $D_0=Q_{n-1}^n$ 改成 $D_0=\overline{Q_{n-1}^n}$，便得到扭环形计数器电路，如图 6-38(a)所示。

4 位环形计数器的有效循环中只有 4 个状态，其余 12 个状态均为无效状态，电路状态利用率很低。而 4 位扭环形计数器的有效循环中却有 8 个状态，显然电路状态的利用率提高了。4 位扭环形计数器的状态转换图如图 6-38(b)所示。由图 6-38(b)可知，之所以选择左边的循环为有效循环，是因为它的两个相邻状态只有一个变量不同，不会产生竞争—冒险现象。

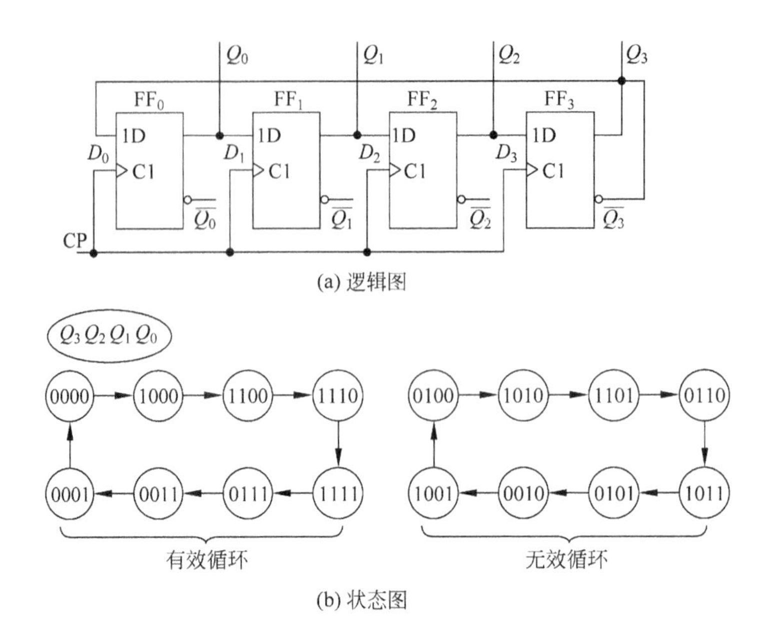

图 6-38 4 位扭环形计数器

6.6 顺序脉冲发生器

在各种数控装置和计算机中,需要机器按照人们预先规定的次序完成操作或运算,这就需要机器的控制部分不仅能发出各种控制信号,而且要求这些控制信号在时间上有一定的先后顺序。通常是用一个顺序脉冲发生器(或称节拍脉冲发生器)产生时间上有先后顺序的脉冲,以实现机器内各部分的协调动作。

将 MSI 集成计数器和译码器结合起来,可以方便地构成一个顺序脉冲发生器。图 6-39 就是用集成计数器 74LS161 和 3 线-8 线译码器 74LS138 构成的 8 输出顺序脉冲发生器。

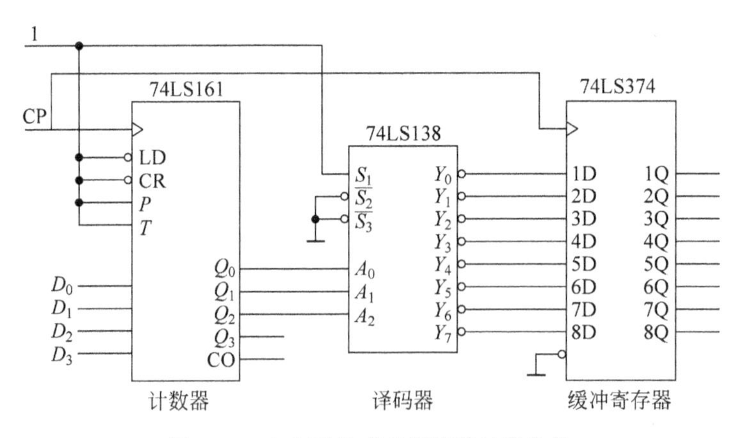

图 6-39 由 MSl 构成的顺序脉冲发生器

图 6-39 中三态输出的 74LS374 缓冲寄存器,一方面可以解决译码器中的竞争—冒险问题,另一方面又能起到缓冲输出作用。由于 74LS374 具有三态输出结构,当输出使能端

$\overline{EN}=0$ 时，1Q～8Q 分别反映$\overline{Y_0}$～$\overline{Y_7}$，当$\overline{EN}=1$ 时，输出被禁止，各输出端均为高阻态。需要注意的是，寄存器 74LS374 的输出比译码器 74LS138 的输出要滞后一个时钟周期。

图 6-40 是 8 输出顺序脉冲发生器中计数器和译码器的波形图。在时钟脉冲 CP 作用下，当计数器里有两个或两个以上触发器状态改变时，在译码器相应门电路的输入端便会出现竞争—冒险(有两个信号同时向相反方向改变取值，其输出端就会产生极窄的尖脉冲)。加入寄存器 74LS374 后，这些尖脉冲就被"过滤"掉了，所得到是滞后一个时钟周期的"干净"的顺序脉冲。

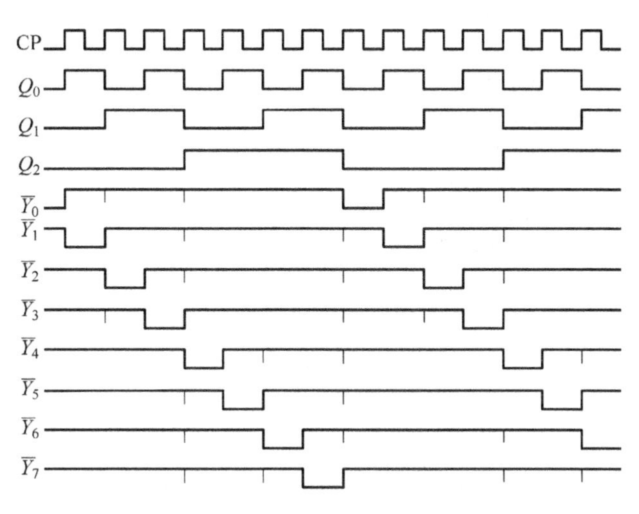

图 6-40 8 输出顺序脉冲发生器中计数器和译码器的波形图

为了消除干扰脉冲，除了可以用上面所述的 74LS374 缓冲寄存器外，还可以有下面几种方法：

① 引入封锁脉冲，在可能产生干扰脉冲的时间里封锁住译码门。

② 采用扭环形计数器。由于扭环形计数器每次状态变化时，仅有一个触发器翻转，故可消除干扰脉冲。

③ 采用环形计数器。环形计数器的有效输出不需要译码器，且有效循环中的每一个状态有一个 1。这说明环形计数器本身就是一个顺序脉冲发生器。图 6-41 为 8 位环形计数器构成的顺序脉冲发生器的逻辑图和波形图。

以图 6-41 所示的顺序脉冲发生器为例，采用 VHDL 语言描述的程序如下：

```
LIBRARY IEEE;
USE IEEE.STD_LOGIC_1164.ALL;
ENTITY signal8_generator IS
    PORT ( CP,EN: IN STD_LOGIC;
       Q: OUT STD_LOGIC_VECTOR( 0 TO 7 ));
END signal8_generator;
ARCHITECTURE rtl OF signal8_generator IS
    SIGNAL q_temp: STD_LOGIC_VECTOR( 0 TO 7 ) : = "10000000";
    VARIABLE cnt: INTEGER RANGE 0 TO 7 : = 0;
BEGIN
    PROCESS ( CP,EN )
    BEGIN
```

```
        IF( EN = '0' ) THEN
            q_temp <= q_temp;
        ELSIF (CP' EVENT AND CP = '0' ) THEN
        IF(cnt = 7 ) THEN
        cnt : = 0;
    ELSE
        cnt : = cnt  +  1;
    END IF;
    CASE cnt IS
        WHEN 0 = > F < = "10000000" ;
        WHEN 1 = > F < = "01000000" ;
        WHEN 2 = > F < = "00100000" ;
        WHEN 3 = > F < = "00010000" ;
        WHEN 4 = > F < = "00001000" ;
        WHEN 5 = > F < = "00000100" ;
        WHEN 6 = > F < = "00000010" ;
        WHEN 7 = > F < = "00000001" ;
    END CASE;
  END IF;
END PROCESS;
Q < = q_temp;
END rtl;
```

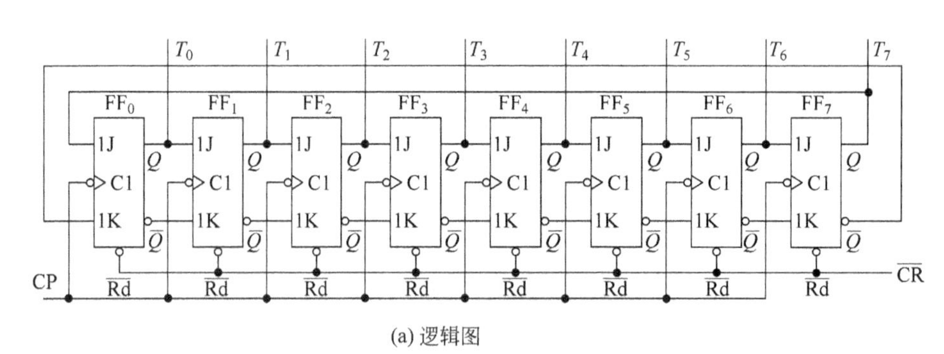

(a) 逻辑图

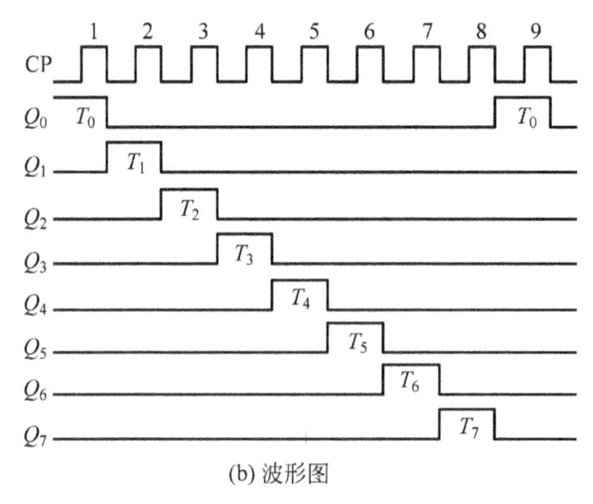

(b) 波形图

图 6-41　由 8 位环形计数器构成的顺序脉冲发生器

本章小结

时序逻辑电路在组成上通常由触发器和组合逻辑电路组成。其在逻辑功能上的特点是任一时刻的输出不仅取决于该时刻的输入信号，而且还与电路原来的状态有关。因此，任意时刻时序电路的状态和输出均可以表示为输入变量和电路原状态（状态变量）的逻辑函数。

用于描述时序电路逻辑功能的方法有：逻辑函数表达式、状态转换表、状态转换图和波形图和 VHDL 语言等。在分析时序电路时，一般首先是从电路图写出函数表达式；在设计时序电路时，也是通过函数表达式才能最后画出逻辑图。状态转换表和状态转换图给出了电路工作的全部过程，使电路的逻辑功能一目了然。波形图的表示方法便于进行波形观察。

具体的时序电路种类繁多。本章主要介绍了寄存器、移位寄存器、计数器、顺序脉冲发生器等几种常见电路的原理及相应的中规模集成电路。

习题 6

[6-1] 简述时序电路和组合电路、同步时序电路与异步时序电路各有何不同?

[6-2] 分析图 6-42 所示电路图，画出其状态图和波形图，并简述其功能。

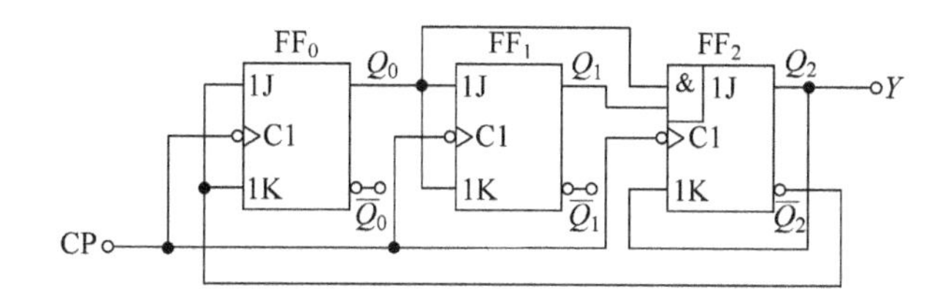

图 6-42 习题 6-2 图

[6-3] 分析图 6-43 所示电路，画出其状态图和波形图，并简述其功能。

[6-4] 试用边沿 JK 触发器和适当的逻辑门设计一个同步九进制加法计数器。

[6-5] 用两片 74161 构成二十四进制计数器，试画出电路图。

[6-6] 用两片 4 位双向移位寄存器 74LS194 构成的 8 位双向移位寄存器电路图。

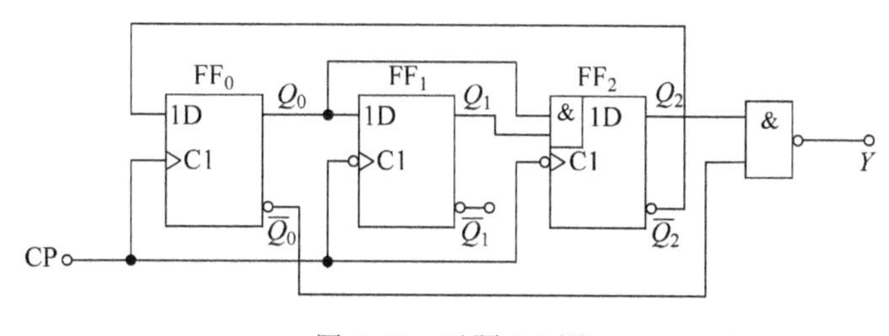

图 6-43 习题 6-3 图

[6-7] 试画出图 6-44(a)电路中 B、C 端波形。输入端 A、CP 波形如图 6-44(b)所示，触发器起始状态为零。

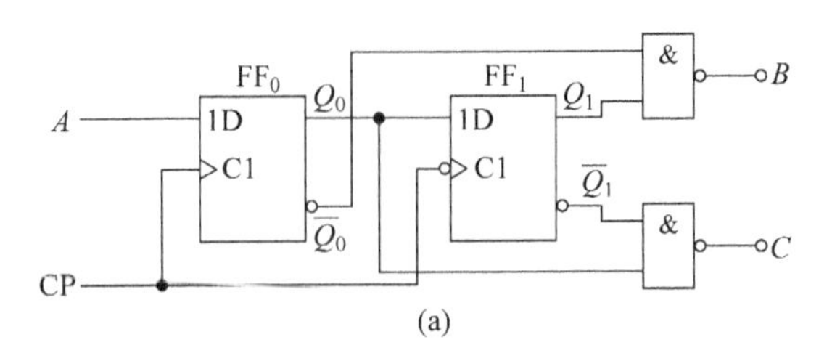

(a)

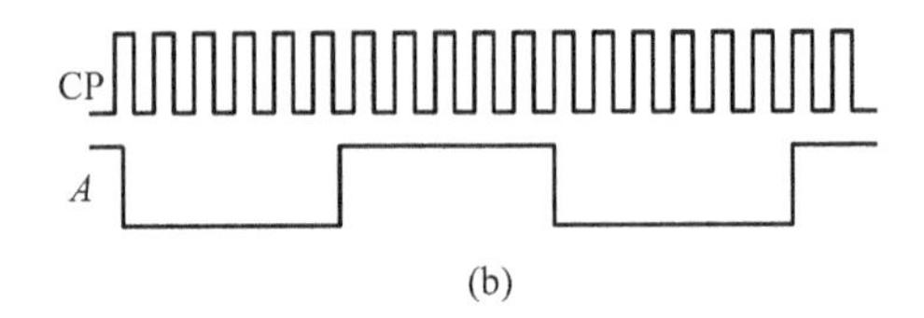

(b)

图 6-44 习题 6-7 图

[6-8] 分析图 6-45 所示电路,画出状态图,说明电路功能。

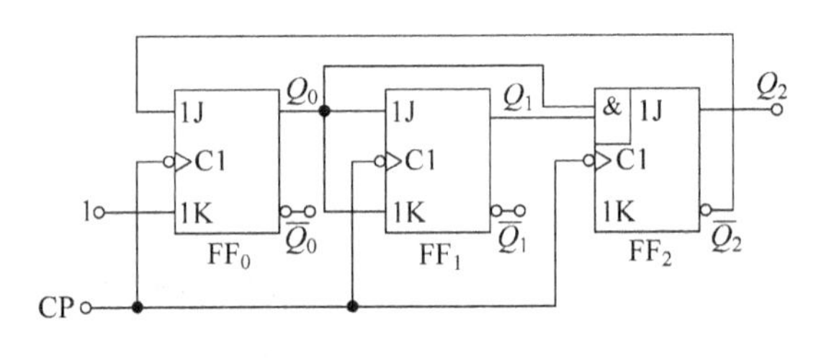

图 6-45 习题 6-8 图

[6-9] 分析图 6-46 所示电路,计数器的计数长度 M 是多少?能自启动吗?

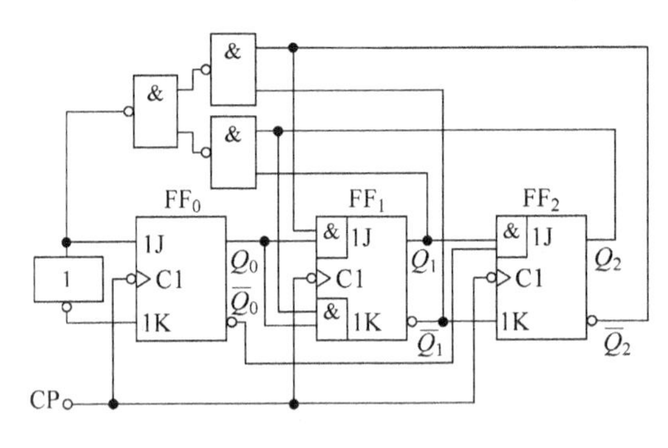

图 6-46 习题 6-9 图

[6-10] 画出图 6-47 所示电路的状态图和时序图。

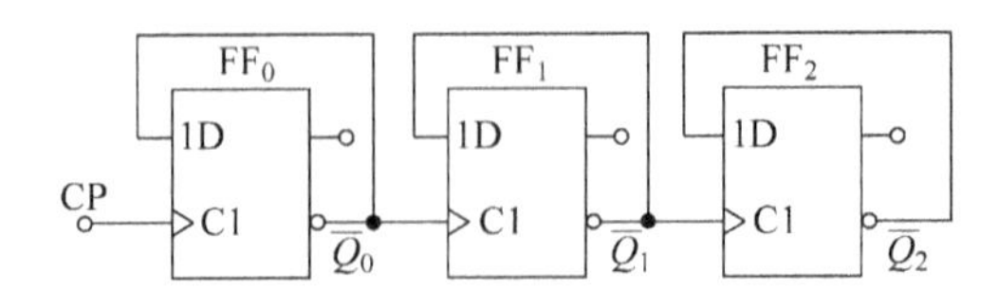

图 6-47 习题 6-10 图

［6-11］ 试设计一个序列脉冲发生器，使之在一系列 CP 信号作用下，其输出端能周期性地输出 01101011 的脉冲序列。

［6-12］ 试设计一个控制步进电机运转的三相六状态脉冲分配器。用 1 表示线圈通电，用 0 表示线圈不通电，线圈 ABC 的控制方案如图 6-48 所示。在正转时控制输入端 G 为 1，反转时为 0。

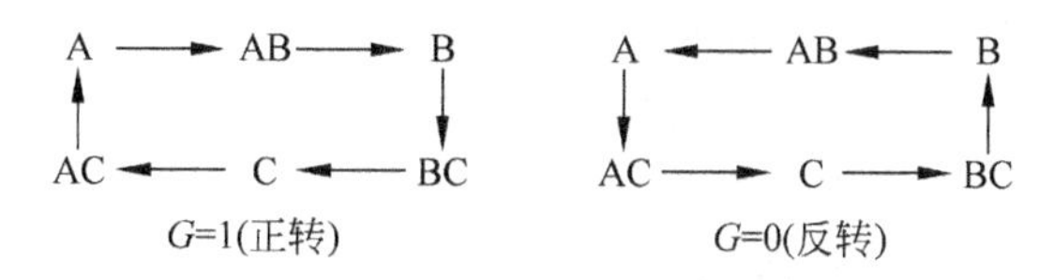

图 6-48　习题 6-12 图

［6-13］ 试用下降沿触发的边沿 JK 触发器和“与非”门，设计一个按自然态序进行计数的七进制异步加法计数器。

［6-14］ 试设计一个按自然态序进行计数的同步加法计数器，要求当控制信号 $M=0$ 时为六进制计数器，$M=1$ 时为十二进制计数器。

［6-15］ 分析图 6-49 所示由集成计数器 74290 构成的电路，指出它们各是几进制计数器。

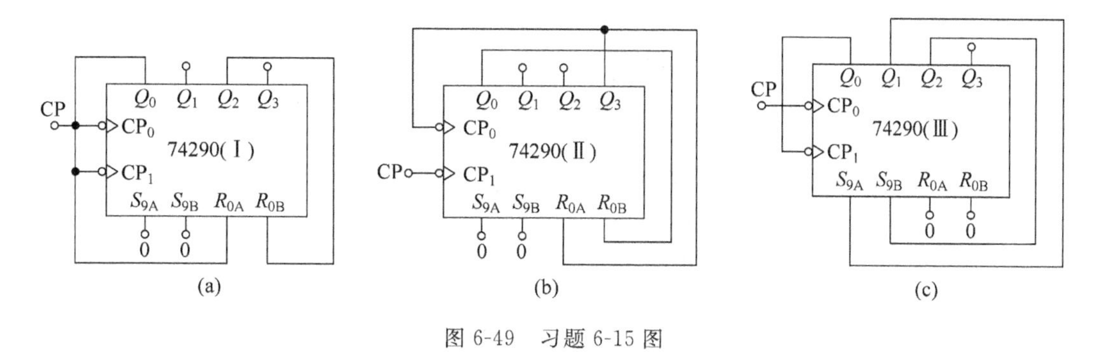

图 6-49　习题 6-15 图

［6-16］ 分析图 6-50 所示电路，指出它们各是几进制计数器。

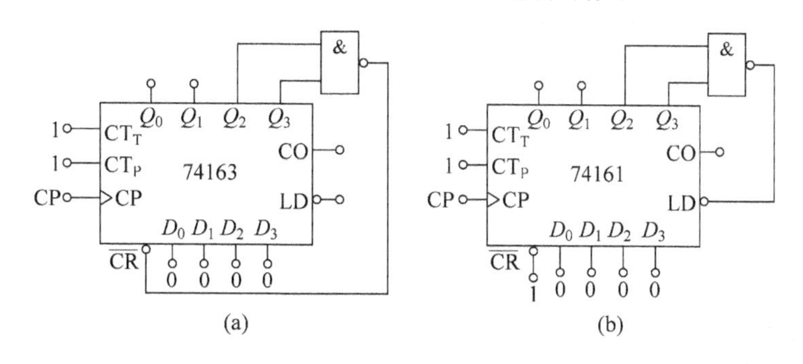

图 6-50　习题 6-16 图

［6-17］ 用 74161/74LS161 的异步清零和同步置数功能构成如下计数器，画出电路图。

(1) 二十进制计数器；

(2) 五十进制计数器；

(3) 一百进制计数器；

(4) 一百六十进制计数器。

[6-18] 试分别画出利用下列方法构成的七进制计数器电路图。

(1) 利用 74161 的异步清零功能；

(2) 利用 74163 的同步清零功能；

(3) 利用 74161/74163 的同步置数功能；

(4) 利用 74290 的异步清零功能。

[6-19] 分析图 6-51 所示电路，指出它们各是几进制计数器。

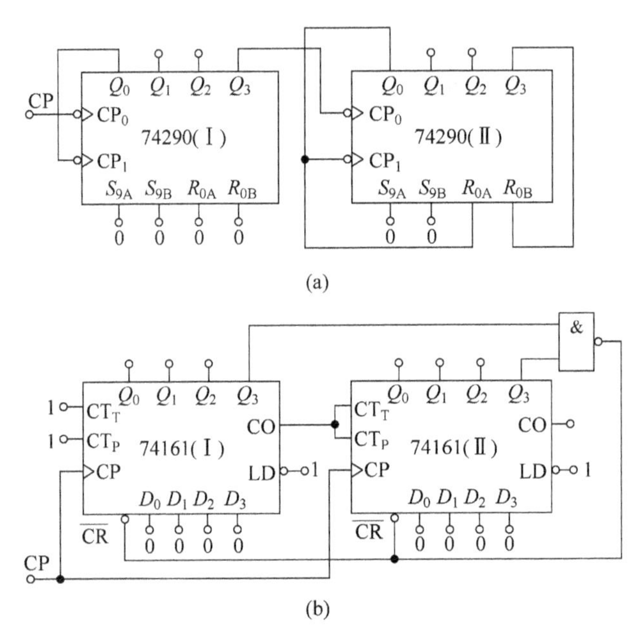

图 6-51 习题 6-19 图

[6-20] 用 VHDL 语言完成 4 位串行输入串行输出移位寄存器编程。

[6-21] 根据下面给定程序，填空完成六十进制计数器设计。

```
LIBRARY IEEE;
USE IEEE.STD_LOGIC_1164.ALL;
ENTITY count60 IS
    PORT( CLK: IN STD_LOGIC;
          OC: OUT STD_LOGIC;
          Y: OUT INTEGER RANGE 0 TO 59);
END count60;
ARCHITECTURE A OF (          ) IS
SIGNAL  q: INTEGER RANGE 0 TO 59;
BEGIN
    PROCESS(CLK)
    BEGIN
        IF(CLK'EVENT AND CLK = '1') THEN
            IF q = 59 THEN
```

```
                q<=0;
            ELSE
                q<=(      );
              END IF;
              IF q<59 THEN
                OC<='0';
              ELSE
                  OC<='1';
              ENDIF;
            Y<=q;
        END IF;
    END PROCESS;
END A;
```

[6-22] 对下列程序进行注释，画出端口图，写出状态方程。

```
LIBRARY IEEE;
USE IEEE.STD_LOGIC_1164.ALL;
USE IEEE.STD_LOGIC_UNSIGNED.ALL;
ENTITY tff IS
    PORT(T,EN: IN STD_LOGIC;
        Q: OUT STD_LOGIC);
END tff;
ARCHITECTURE VL_ARCH OF tff IS
    SIGNAL q_temp: STD_LOGIC;
BEGIN
     PROCESS(T)
     BEGIN
         IF T'EVENT AND T='0' THEN
             IF EN='1' THEN
                 q_temp<=NOT q_temp;
             ELSE
                 q temp<=q_temp:
             END IF;
         END IF;
       END PROCESS;
       Q<=q_temp;
     END VL_ARCH;
```

[6-23] 根据 6.5 节中对 8421 编码十进制计数器 74160 的介绍，用 VHDL 语言完成对其逻辑功能的描述。

[6-24] 循环左移是指将左移移出的位送入最低位的方式。试用 VHDL 语言描述一个带有移位使能 EN，移位时钟(下降沿有效)的 4 位循环左移寄存器。

[6-25] 试用 VHDL 语言设计一个对时钟信号 CP 进行 10 分频的电路。

[6-26] 数字电路中描述信号时常用占空比这个概念，它指的是信号高电平维持时间和低电平维持时间的比值。试用 VHDL 语言分别描述占空比位为 1∶1 和 1∶4 的分频电路。

第7章 可编程逻辑器件

专用集成电路(ASIC)是一种面向用户特定用途或特定功能而设计的大规模或超大规模集成电路,具有比通用集成电路体积更小、功耗和成本更低、性能和可靠性更高、保密性更好等优点。从功能上看,ASIC有数字的、模拟的、数字和模拟混合的等多种类型。按制造方式的不同,ASIC可分为全定制、半定制和可编程等三种。其中,全定制ASIC由生产厂家按用户提出的特定要求专门设计制造,这类芯片专业性强,适合在大批量定型生产的产品中使用;半定制ASIC则是先由生产厂家制造出标准的半成品(门阵列或标准单元),再根据用户的要求对半成品进行布线、加工,生产出具有特定功能的专用集成电路;可编程ASIC也是先由生产厂家制造出标准的半成品,与半定制ASIC的不同之处在于,这类芯片通常不由生产厂家制作出成品,而是由用户通过编程来确定芯片的具体逻辑功能。

可编程ASIC内部集成了大量的可编程逻辑阵列和逻辑单元,借助功能强大的电子设计自动化(EDA)软件和编程器,用户可自行在实验室、研究室或生产车间等现场对芯片进行设计和编程,实现所希望的各种逻辑功能或数字系统。由于可编程ASIC主要由用户编程来实现希望的逻辑功能或数字系统,因此,这类芯片通常也称为可编程逻辑器件(Programmable Logic Device,PLD)。PLD的出现,给数字系统的设计方式带来了革命性的变化,使用户“自制”大规模数字集成电路的梦想成为了现实。

本章主要介绍可编程逻辑器件的基本知识,包括PLD的发展和分类、PLD的逻辑表示方法及目前主流的两种PLD器件——复杂可编程逻辑器件(Complex Programmable Logic Device,CPLD)和现场可编程门阵列(Field Programmable Gate Array,FPGA)的基本结构及逻辑实现原理等。

7.1 可编程逻辑器件的发展和分类

自从30多年前第一片PLD问世以来,PLD的技术发展一直在不断地前进。PLD器件的设计思想来源于可编程只读存储器(Programmable Read Only Memory,PROM),最初的PLD是20世纪70年代中期出现的可编程逻辑阵列(Programmable Logic Array,PLA),PLA在结构上由可编程的“与”阵列和可编程的“或”阵列构成,其阵列规模小、编程麻烦,并没有得到广泛的应用。随后出现了可编程阵列逻辑(Programmable Array Logic,PAL),PAL由可编程的“与”阵列和不可编程的“或”阵列构成,采用熔丝编程的方式,设计较PLA

灵活,器件速度快,是第一种得到普遍应用的PLD器件。

20世纪80年中期,Lattice公司发明了通用阵列逻辑(Generic Array Logic,GAL)。GAL采用了输出逻辑宏单元(Output Logic Macro Cell,OLMC)的结构和EEPROM(有时也写成E^2PROM)工艺,具有可编程、可擦除、可长期保存数据的优点,可反复多次编程。GAL的出现,使PLD得到了更为广泛的应用,也使PLD器件进入了一个快速发展的时期,不断地向着大规模、高速度、低功耗的方向发展。

20世纪80年代中期,Altera公司推出了一种新型的可擦除、可编程的逻辑器件(Erasable Programmable Logic Divice,EPLD),EPLD采用CMOS和UVEPROM工艺制成,集成度更高,设计也更灵活,但它的内部连线功能弱一些。

几乎与此同时,Xilinx公司于1985年推出了现场可编程门阵列FPGA。FPGA是一种采用单元型结构的新型PLD器件,它采用CMOS、SRAM工艺制作,在结构上与阵列型PLD不同:其内部由许多独立的可编程逻辑单元构成,各逻辑单元之间可以灵活地相互连接,具有密度高、速度快、编程灵活、可重新配置等优点。FPGA是当前主流的PLD器件之一。

复杂可编程逻辑器件CPLD是从EPLD改进而来的,采用EEPROM工艺制作。与EPLD相比,CPLD增加了内部连线,对逻辑宏单元和I/O单元也有重大的改进,因而性能更好、使用更方便。尤其在Lattice公司提出了在系统编程(In System Programmable,ISP)技术后,相继出现了一系列具备ISP功能的CPLD器件。CPLD是当前另一种主流的PLD器件。

PLD的技术仍处在不断的发展变革中。由于PLD器件在其发展过程中出现了很多种类,且不同公司生产的PLD,其工艺和结构也各不相同,因此就产生了不同的分类方法以对众多的PLD器件进行划分。目前,较为常见的分类方法有按集成度分类、按编程特点分类及按结构特点分类等三种。

7.1.1 按芯片的集成度和结构复杂度进行分类

集成度是PLD器件的一项重要技术指标。根据芯片集成度和结构复杂度的不同,PLD器件可分为低密度PLD(LDPLD)和高密度PLD(HDPLD)两大类。其中,低密度PLD器件也称为简单PLD器件(SPLD)。典型的SPLD是指内部包含600个以下等效门电路的PLD器件,而HDPLD则有几千到几十万个等效门电路。通常情况下,以GAL22V10作为SPLD和HDPLD的分水岭。凡是集成度比GAL22V10低或相当于GAL22V10的PLD器件,都归类于SPLD。而集成度高于GAL22V10的PLD器件,则称为HDPLD。如果按照这个标准进行分类,则PROM、PLA、PAL和GAL属于SPLD,而CPLD和FPGA则属于HDPLD。PLD按芯片集成度分类的如图7-1所示。

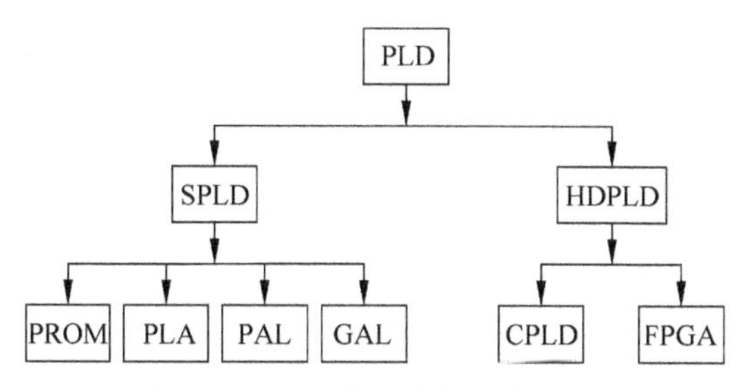

图7-1 PLD按芯片集成度分类

1. 简单可编程逻辑器件 SPLD

SPLD(Simple Programmable Logic Devices,SPLD)属于小规模可编程 ASIC 的范畴,集成度小于 GAL22V10 的 PLD 都可视为简单可编程逻辑器件。它们的特点是都具有"与"阵列和"或"阵列,其基本结构如图 7-2 所示。

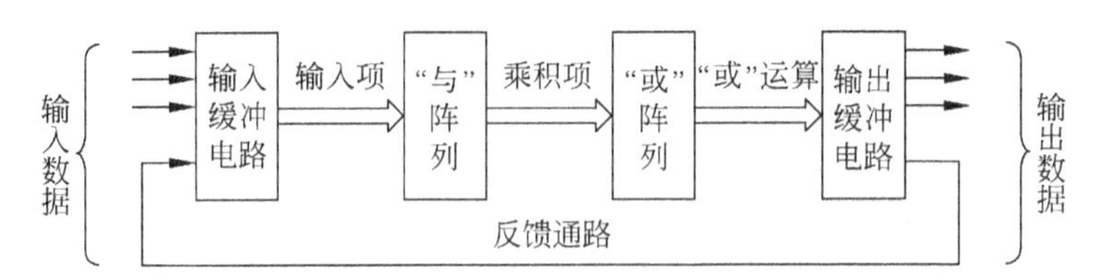

图 7-2 SPLD 的基本结构

其中,输入缓冲电路用以产生输入变量的原变量和反变量,并提供足够的驱动能力;"与"阵列用以产生输入变量的各乘积项;"或"阵列执行或运算,即将输入的某些乘积项相加;输出缓冲电路因器件的不同而有所不同,但总体可分为固定输出和可组态输出两大类。由于任何逻辑函数都可用"与-或"表达式描述,因此,这种结构可以实现任意组合逻辑函数。

根据"与"阵列、"或"阵列和输出结构的不同,SPLD 又可分为四种基本类型:PROM、PLA、PAL 和 GAL 等。

1) 可编程只读存储器 PROM

PROM 采用"与"阵列固定、"或"阵列可编程的结构,具有成本低、编程容易等特点。对于有大量输入信号的 PROM,比较适合作为存储器,存储数据和表格。而对于较少输入信号的 PROM,也可以很方便地实现任意组合逻辑函数。

PROM 采用熔丝工艺编程,只能写一次,不可以擦除或重写。随着技术的发展和应用上的需求,又出现了一些可多次擦除使用的存储器件,如 EPROM(紫外线擦除可编程只读存储器)和 EEPROM(电擦除可编程只读存储器)。

2) 可编程逻辑阵列 PLA

PLA 在结构上由可编程的"与"阵列和可编程的"或"阵列构成,其输出电路固定、阵列规模小、编程麻烦,因而并没得到广泛的应用。与 PROM 相比,PLA 具有如下特点:

① PROM 是"与"阵列固定、"或"阵列可编程,而 PLA 是与和"或"阵列全可编程。

② PROM 与"阵"列是全译码的形式,而 PLA 是根据需要产生乘积项,从而减小了阵列的规模。

③ PROM 实现的逻辑函数采用最小项表达式来描述;而用 PLA 实现逻辑函数时,运用简化后的最简"与或"式,即由"与"阵列构成乘积项,根据逻辑函数由"或"阵列实现相应乘积项的"或"运算。

④ 在 PLA 中,对多输入多输出的逻辑函数可以利用公共的"与"项,因而提高了阵列的利用率。

3) 可编程阵列逻辑 PAL

PAL 是在 PROM 和 PLA 的基础上发展起来的一种可编程逻辑器件。具有比 PROM 使用灵活、更易于完成多种逻辑功能的特点,同时又比 PLA 工艺简单,易于实现。是第一种真正得到广泛应用的 PLD 器件。

PAL 由可编程的“与”阵列、固定的“或”阵列和输出电路组成，采用双极型熔丝工艺，一次性编程。通过对“与”阵列的编程，可以获得不同形式的组合逻辑函数。在有些型号的 PAL 器件中，输出电路中设置有触发器和从触发器输出到“与”阵列的反馈线，这种 PAL 可以很方便地构成各种时序逻辑电路。根据输出电路和反馈结构的不同，PAL 器件又可细分为五种不同的基本类型。

(1) 专用输出结构

输出电路为具有互补结构的专用输出，输出端无反馈，只能用做输出。适用于实现组合逻辑函数，常见产品有 PAL10H8、PAL12L6 等。

(2) 带反馈的可编程 I/O 结构

也称为异步可编程 I/O 结构。输出端带有反馈电路，通过编程，可使输出端的数据反馈到“与”阵列作为输入信号，常见产品有 PAL16L8、PAL20L10 等。

(3) 寄存器输出结构

输出端带有 D 触发器构成的寄存器，结合反馈通路，可以很方便地接成各种时序电路。这种结构使 PAL 构成了典型的时序网络结构。这类电路的典型产品是 PAL16R8。

(4) 异或输出结构

在寄存器输出结构的基础上增加了一个“异或”门，利用“异或”门可以实现对输出函数的求反，也可以实现对寄存器状态的保持操作。这类电路的典型产品是 PAL16RP8。

(5) 算术选通反馈结构

在综合前几种 PAL 结构特点的基础上，增加了反馈选通电路，使之能够实现多种算术运算的功能。这类电路的典型产品是 PAL16A4。

4) 通用阵列逻辑 GAL

通用阵列逻辑 GAL 是在 PAL 的基础上发展起来的一种可编程逻辑器件，采用 EEPROM 工艺。相对于 PAL 的双极型工艺、一次性编程方式，GAL 具有电可擦除、可重新编程等优点。同时，GAL 的输出端采用可编程的输出逻辑宏单元(Output Logic Macro Cell，OLMC)结构。通过编程，可将 OLMC 设置成不同的工作状态(可组态)，这样就可以用同一型号的 GAL 器件来实现 PAL 器件各种输出电路的工作模式，使得电路的逻辑设计更加灵活。

OLMC 由一个 8 输入或门、一个极性可编程的异或门、一个 D 触发器和两个多路数据选择器构成。其中，“或”门对来自“与”阵列的信号执行“或”运算；“异或”门控制输出信号的极性选择；D 触发器对输出状态起寄存作用，使 GAL 适应时序逻辑电路的设计；数据选择器的作用分别是：控制“与”阵列的第一个“与”项是否作为“或”阵列的输入、选择输出信号是组合逻辑还是时序逻辑、选择三态缓冲器的选通信号及控制反馈信号的来源等。

上述四种 SPLD 器件虽然都是基于“与-或”阵列结构，但其内部结构有明显的区别。主要表现在“与”阵列、“或”阵列是否可编程，输出电路是否含有存储器件(如触发器)以及是否可以灵活配置(是否可组态)等。

2. 高密度可编程逻辑器件 HDPLD

SPLD 只适合于规模较小的逻辑设计，例如，利用一片或两片 SPLD 就可代替普通逻辑电路中多片中、小规模的通用IC，浓缩了原来的组合电路和时序电路，达到了简化电路连线、减小电路体积、提高电路可靠性的目的。如果要实现较大规模的数字系统，就要使用高密度的可编程逻辑器件 HDPLD。HDPLD 主要包括 CPLD 和 FPGA 等两类器件，这两类器件也是当前 PLD 器件的主流。

1）复杂可编程逻辑器件 CPLD

复杂可编程逻辑器件 CPLD 属于中规模可编程 ASIC。集成度大于 PAL22V10 或 GAL22V10 的 PLD 都可视为 CPLD。如 Lattice 公司的 ispLSI/pLSI1000 系列和 MACH5 系列，Xilinx 公司的 XC9500 系列，Altera 公司的 MAX7000 系列和 MAX9000 系列等都是 CPLD 的代表性产品。CPLD 在集成度和结构上的特点是：具有更大的“与”阵列和“或”阵列，增加了大量的宏单元和布线资源，触发器的数量明显增加等。高速译码器、多位计数器、寄存器、时序状态机、网络适配器、总线控制器等较大规模的逻辑设计可选用 CPLD 来实现。近年来各芯片生产厂家又纷纷推出了规模更大的 CPLD。如 Lattice 公司的 ispLSI/pLSI3256，其集成度达 14 000 个等效 PLD 门、寄存器数量达 480 个。而 Lattice 公司的 ispLSI6000 系列，其集成度更是达到 25 000 个等效 PLD 门、具有 320 个宏单元。Altera 公司的 MAX9000 最高集成度可达 24 000 个等效 PLD 门、逻辑宏单元达 1024 个。因此，具有复杂算法的数字滤波器等数字信号处理单元的逻辑设计可选用这些具有更高集成度的 CPLD 来实现。

2）现场可编程门阵列 FPGA

现场可编程门阵列 FPGA 属大规模可编程 ASIC，是集成度和结构复杂度最高的可编程逻辑器件。Xilinx 公司的 XC4000/5000 系列、Actel 公司的 ACT 系列、Altera 公司的 FLEX8000、FLEX10K 和 APEX20K 系列等是 FPGA 的代表产品。其中，Xilinx 公司的 XC4025 拥有 2.5 万个等效 PLD 门、XC4085 拥有 8.5 万个等效 PLD 门，其最新推出的低电压 FPGA XCV1000，最大门数可达 100 万个等效 PLD 门；Actel 公司第二代 Anti-fuse FPGA 集成度为 2 万个等效 PLD 门；Altera 公司的 FPGAAPEX20K1000E 的集成度为 100 万个等效 PLD 门。运算器、乘法器、数字滤波器、二维卷积器等具有复杂算法的逻辑单元和信号处理单元的逻辑设计可选用 FPGA 实现。Xilinx 公司和 Altera 公司最新开发的先进 IP CORE(IP 核)，为 FPGA 在数字系统设计和 DSP(Digital Signal Processing)技术领域的应用提供了范例。

7.1.2 按编程特点分类

1. 按编程次数分类

PLD 器件按照重复编程的次数可以分为两类：

① 一次性编程器件(One Time Programmable，OTP)。只允许对器件编程一次，不能修改。

② 可重复编程器件。允许对器件多次编程，适合于在科研与开发中使用。

2. 按不同的编程元件和编程工艺划分

PLD 器件的可编程特性主要通过器件的可编程元件来实现，按照编程元件和编程工艺

的不同来划分,PLD 器件可分为下面几类:

① 采用熔丝(Fuse)编程的器件。早期的 PROM 器件采用此类编程结构,编程过程就是根据设计的熔丝图文件来烧断对应的熔丝以达到编程的目的。

② 采用反熔丝(Antifuse)编程的器件。反熔丝编程也称熔通编程,是对熔丝技术的改进。这类器件采用反熔丝作为开关元件,未编程时,开关元件处于开路状态。编程时,在需要连接的反熔丝开关两端加上编程电压,使反熔丝由高阻变为低阻,从而实现两点间的导通。

③ EPROM 型器件。采用紫外线擦除、电可编程的方式编程。

④ EEPROM 型器件。采用电擦除、电编程方式编程,目前多数的 CPLD 采用此类编程方式。与 EPROM 型器件相比,它用电擦除取代了紫外线擦除,提高了使用的方便性。

⑤ 闪速存储器(flash)型。

⑥ 采用静态存储器(SRAM)结构的器件,即采用 SRAM 查找表结构的器件,大多数的 FPGA 采用此类结构。

一般将采用前 5 类编程工艺的器件称为非易失型器件。这类器件在编程后,配置的数据将一直保持在器件内,直至被擦除或重写;而采用第 6 类编程工艺的器件则称为易失型器件,这类器件在掉电后配置的数据会丢失,因而在每次上电时需要重新进行配置。

采用熔丝或反熔丝编程工艺的器件属于 OTP 类器件,只能一次性编程。这种 PLD 是不能重复擦写的,所以用于开发会比较麻烦,费用相对也较高。但反熔丝技术也有许多优点:布线能力强、系统速度快、功耗低、同时抗辐射能力强、耐高低温、可以加密等,适合在一些有特殊要求的领域运用,如军事及航空航天。

7.1.3 按结构特点分类

按照 PLD 器件内部结构的不同,可以将 PLD 器件分为如下两类。

1. 基于乘积项(Product-Term)结构的 PLD 器件

基于乘积项结构的 PLD 器件,其内部都包含一个或多个与或阵列。低密度的 PLD(包括 PROM、PLA、PAL、和 GAL 等)、EPLD 以及绝大多数的 CPLD 器件(包括 Altera 的 MAX7000、MAX3000A 系列、Xilinx 的 XC9500 系列和 Lattice、Cypress 的大部分 CPLD 产品)都是基于“与或”阵列结构的,这类器件一般采用 EEPROM 或 flash 工艺制作,配置的数据掉电后不会丢失,器件的容量大多小于 5000 门的规模。

2. 基于查找表(Look Up Table,LUT)结构的 PLD 器件

这类器件的物理结构基于静态存储器(SRAM)和数据选择器(MUX),通过查表的方式实现函数。函数值存放在 SRAM 中,SRAM 的地址线即输入变量,不同的输入通过数据选择器(MUX)找到对应的函数值并输出。查找表结构的功能强、速度快,N 个输入的查找表可以实现 N 输入变量的任意组合逻辑函数。

绝大多数的 FPGA 器件都基于 SRAM 查找表结构,如 Altera 的 Cyclone、ACEX 1K 系列,Xilinx 的 XC4000、Spartan 系列等。此类器件的特点是集成度高(可实现百万逻辑门以上的设计规模)、逻辑功能强、可实现大规模的数字系统设计和复杂的算法运算,但器件的配

置数据易失，需要外挂非易失的配置器件存储配置数据，才能构成可独立运行的系统。

7.2 PLD的逻辑表示及简单应用

7.2.1 PLD的逻辑表示

随着半导体技术的进步，PLD器件的集成度和结构复杂度越来越高，采用传统的逻辑表示法研究PLD电路很不方便，有时甚至会产生一些混淆。为了能直观描述PLD器件的内部结构，并便于识读，现在广泛采用一些适合PLD器件的逻辑表示方法。

1. PLD中阵列及阵列交叉点的逻辑表示

1）PLD中阵列交叉点的逻辑表示

PLD逻辑阵列中的交叉点采用图7-3所示的几种逻辑表示。其中，图7-3(a)在交叉点处打上黑点表示实体连接，也就是行线和列线在这个交叉点处是实际连接、不可编程的，即不可编程交叉点。图7-3(b)的交叉点表示可编程连接点，无论×或⊗都表示该符号所在的行线和列线交叉点处是一个可编程点，具有一个可编程单元。在采用熔丝工艺的PLD器件中，器件出厂后用户编程前，所有可编程点处的熔丝都处于接通状态，习惯上都用×或⊗表示熔丝接通，因此在所有可编程点外都打×或⊗。用户编程后，可编程点上的熔丝有的烧断，有的接通。接通处的编程点仍打×，不过此时的×表示可编程点被编程后熔丝接通。熔丝烧断的可编程点上×消失，行线和列线相交不相连，如图7-3(c)所示。

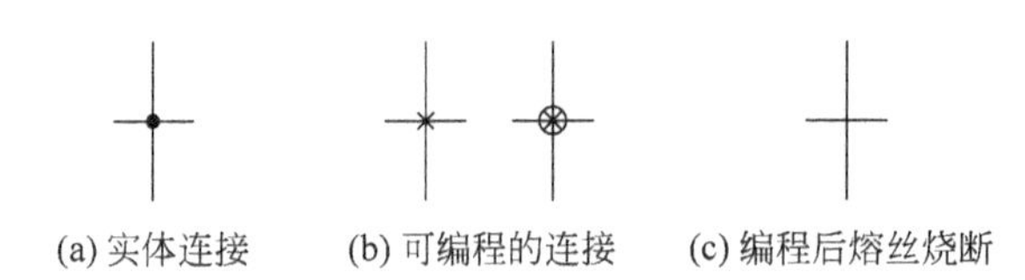

图7-3　阵列交叉点的PLD表示

而对于无实体熔丝的PLD器件，编程后带×的行线和列线交叉点与一对CMOS管的导通相对应，无×的行线和列线交叉点与一对CMOS管的截止相对应。为了讨论问题方便，也可用熔丝来表示一对CMOS管，如图7-3所示。

2）PLD中"与"阵列的逻辑表示

一个简单的可编程"与"阵列如图7-4所示。其中，图7-4(a)表示可编程的"与"阵列。为实现用户的现场可编程，在二极管"与"门各支路的输入与输出之间接入了熔丝。编程时，编程者可以有选择地对某支路施加大电流以烧断熔丝，使该支路的输入与输出断开成为无效输入，而熔丝保留的各支路则是有效输入，编程后的"与"阵列如图7-4(c)所示。图中，输出函数F是保留熔丝各支路输入的"与"逻辑函数。

图7-4(b)是图7-4(a)中"与"阵列的PLD表示。图7-4(b)中，通过1条行线、6条列线、6个交叉点(图中画有×)和1个美国常用的"与"门符号表示PLD的"与"阵列逻辑。6个×表示未编程或编程后熔丝全部保留，输出函数F为：$F(A,B,C)=A\cdot\overline{A}\cdot B\cdot\overline{B}\cdot C\cdot\overline{C}=0$。

图7-4(d)是图7-4(c)的"与"阵列PLD表示，输出函数为：$F(A,B,C)=\overline{A}\cdot B\cdot\overline{C}$。

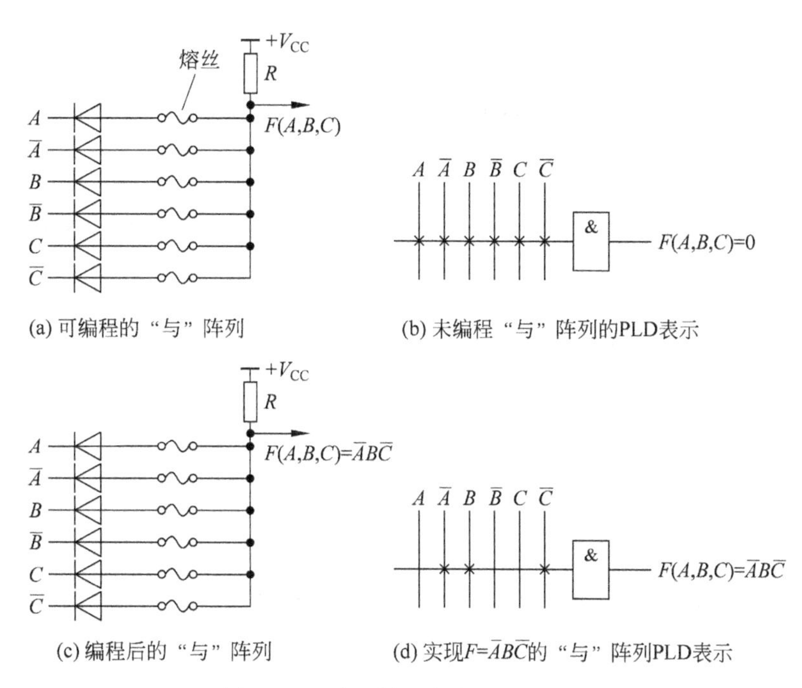

(a) 可编程的“与”阵列　(b) 未编程“与”阵列的PLD表示

(c) 编程后的“与”阵列　(d) 实现$F=\overline{A}B\overline{C}$的“与”阵列PLD表示

图 7-4　可编程“与”阵列的 PLD 表示

3）PLD 中“或”阵列的逻辑表示

图 7-6(a)是一个可编程的“或”阵列，其构成原理与可编程“与”阵列基本相同。图 7-6(b)是图 7-6(a)所示“或”阵列的 PLD 表示。“或”阵列的输入通常就是“与”阵列的乘积项输出，而“或”阵列的输出则是编程后保留熔丝各支路输入乘积项的逻辑“或”。图 7-6(c)和图 7-6(d)分别给出了实现 $f(p_1,p_2,p_3)=p_1+p_3$ 的可编程“或”阵列及其 PLD 表示。

2. PLD 中基本逻辑单元的表示

1）输入缓冲器和反馈缓冲器

在 PLD 中有两种特殊的缓冲器——输入缓冲器和反馈缓冲器。这两种缓冲器具有相同的电路构成，在 PLD 中的表示形式也一样，如图 7-5 所示。它们都是单输入双输出的缓冲器单元：一个输出为高电平有效，即同极性输出端；另一个输出为低电平有效，即反极性输出端。与第 2 章曾经讨论过的三态输出缓冲器不同的是，虽然三态输出缓冲器也有 3 个端，但只有一个输入端和一个输出端，另一个则是使能控制端。原则上说，三态输出缓冲器有两个输入端和一个输出端，使用 PLD 设计逻辑电路时，要注意两者之间的区别。输入缓冲器和反馈缓冲器的输出只有 0 和 1 两种逻辑状态，而三态输出缓冲器的输出除了有 0 和 1 这两个逻辑状态外，还有一个高阻(Z)状态。

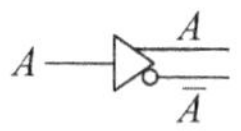

A → A, $\overline{A}$

图 7-5　输入缓冲器和反相缓冲器

2）输出极性可编程的“异或”门

在 PLD 中为了实现输出极性的可编程，常采用图 7-7(a)所示的“异或”门结构。当编程后熔丝烧断时，“异或”门反极性输出，即 $Q_0=P\oplus 1=\overline{P}$，图 7-7(c)是编程后反极性输出的 PLD 表示。若编程后熔丝不烧断，则“异或”门同极性输出，即 $Q_0=P\oplus 0=P$，图 7-7(b)是

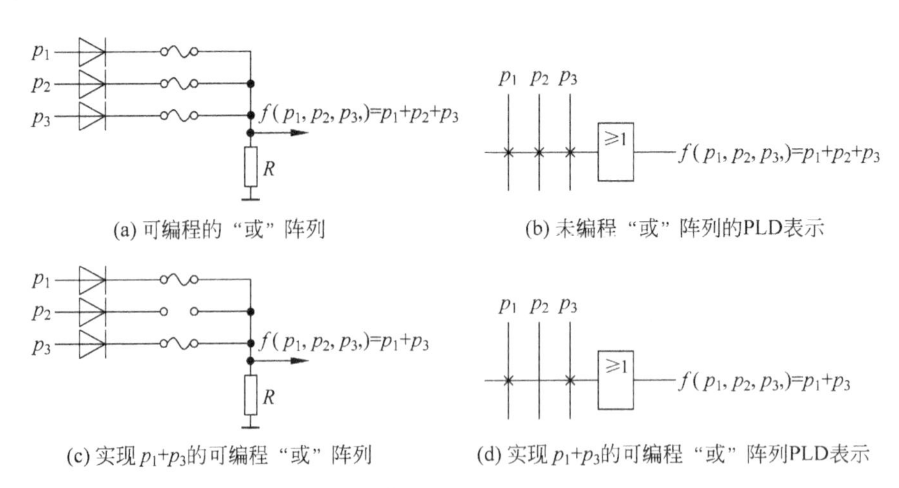

图 7-6 可编程“或”阵列的 PLD 表示

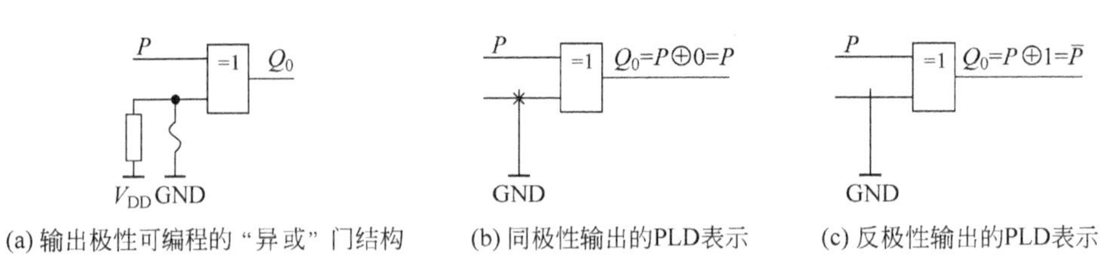

图 7-7 输出极性可编程“异或”门的 PLD 表示

编程后熔丝保留,输出同极性的 PLD 表示。

3）可编程数据选择器的 PLD 表示

地址选择可编程数据选择器的 PLD 表示如图 7-8 所示。其中,图 7-8(a)为地址选择可编程二选一数据选择器(MUX)的 PLD 表示,图 7-8(b)为地址选择可编程四选一数据选择器(MUX)的 PLD 表示。地址选择端被编程后,若列线与行线相连且接地,其输入为逻辑 0。否则列线与行线断开,其输入为逻辑 1。根据编程情况,四选一数据选择器的地址选择端的输入有 00、01、10、11 等四种情况。

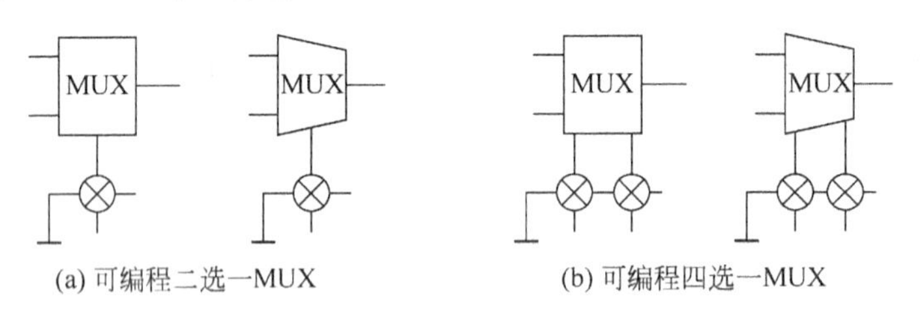

图 7-8 地址选择可编程数据选择器的 PLD 表示

4）可编程数据分配器的逻辑表示

在可编程逻辑器件中可编程数据分配器也经常被使用,可编程数据分配器的 PLD 逻辑表示如图 7-9 所示。在图 7-9 中,其核心部分是可编程数据分配器,根据可编程熔丝 S_1S_0 的不同编程情况,乘积项簇分别被分配到 n 号、$n+1$ 号、$n-1$ 号、$n-2$ 号宏单元。熔丝 1 正常情况下(默认状态)不熔断,乘积项簇的信号传不到 n 号宏单元。若编程后熔丝 1 熔断,则乘积项簇的信号可以传到 n 号宏单元。熔丝 2 为又一个可编程点，如果熔丝 2 熔断，“异或”门反极性传输，否则“异或”门同极性传输，n 号宏单元接收的信号与乘积项簇信号同相。

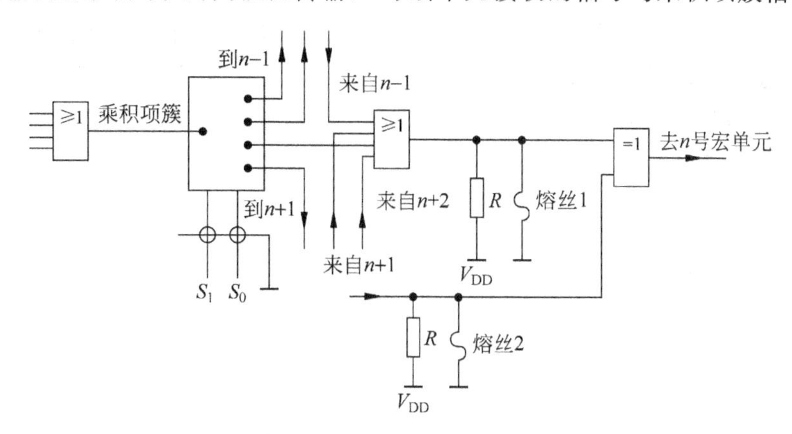

图 7-9 可编程数据分配器

5）激励方式可编程的时序记忆单元的 PLD 表示

时序记忆单元有两种——锁存器和触发器。输出状态只受输入激励信号控制的时序记忆单元是锁存器；只有在时钟信号控制下才能得到受输入激励信号决定的相应输出状态的时序记忆单元是触发器。两种时序记忆单元的根本区别是：输出状态的变化是否取决于时钟信号的控制。图 7-10 是激励方式可编程的时序记忆单元的 PLD 表示，由图 7-10 可以看出：通过编程，若使 R/L 端为 0，则 Q 端的输出状态只与激励信号有关并由输入 D 来决定，此时图 7-10 所示的电路为 D 锁存器；若通过编程使 R/L 端为 1，则图 7-10 所示电路只有在时钟脉冲信号 CLK 的驱动下，Q 端的状态变化才由 D 端激励信号决定。因此该电路具有 D 触发器功能。

6）PLD 中“与”阵列的默认表示

在 PLD 器件的“与”阵列中常看到图 7-11 中给出的几种表示。图中，输出为 Z_1 的“与”门其 4 个输入变量被编程后全部输入，4 个交叉点均画×。因此，$Z_1=A\cdot\overline{A}\cdot B\cdot\overline{B}=0$。输出为 Z_2 的“与”门 4 个输入变量被编程后同样是全部输入，即 $Z_2=A\cdot\overline{A}\cdot B\cdot\overline{B}=0$。但此时的阵列交叉点上均未画×，而是在“与”门符号内画有×，这是前一种情况的简化表示（默认为此种表示）。输出为 Z_3 的“与”门其输入阵列交叉点上无×，“与”门符号内也无×，这是 PLD 浮动状态的逻辑表示。浮动输入状态代表“与”阵列被编程后熔丝全部熔断，所有输入全部不与“与”门相接，相当于“与”门输入全悬空。此时“与”门输出为高电平，即输出逻辑 1。

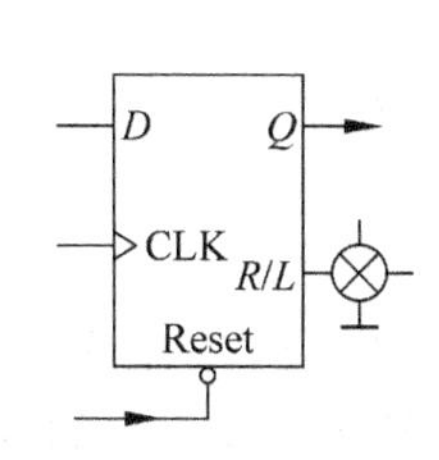

图 7-10 激励方式可编程的时序记忆单元的 PLD 表示

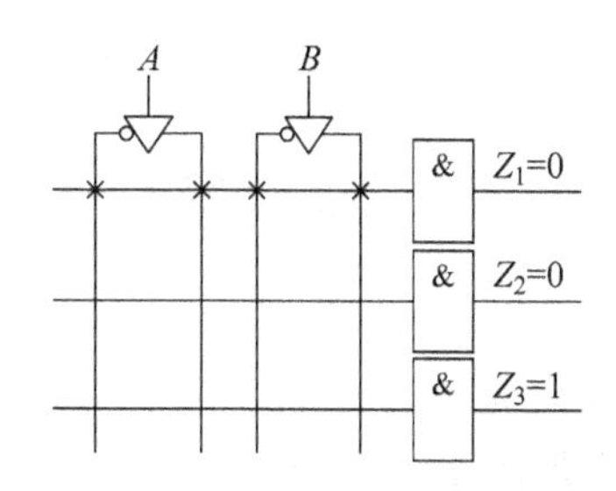

图 7-11 PLD 中“与”阵列的默认表示

7）双向输入输出和反馈输入的逻辑表示

双向输入输出和反馈输入结构是PLD结构的特点之一，如图7-12和图7-13所示。在图7-12(a)中，乘积项P_{n+1}作为三态输出缓冲器的使能端控制信号。由于各阵列交叉点没有一个×，呈悬浮状态，则$n+1$号“与”门的输出为逻辑1。“或”阵列输出的S_m加在IO_m引脚上，作为输出信号。另外，IO_m信号又通过反馈缓冲器被反馈到“与”阵列。这个输出带反馈的组态方式其PLD表示如图7-12(b)所示。

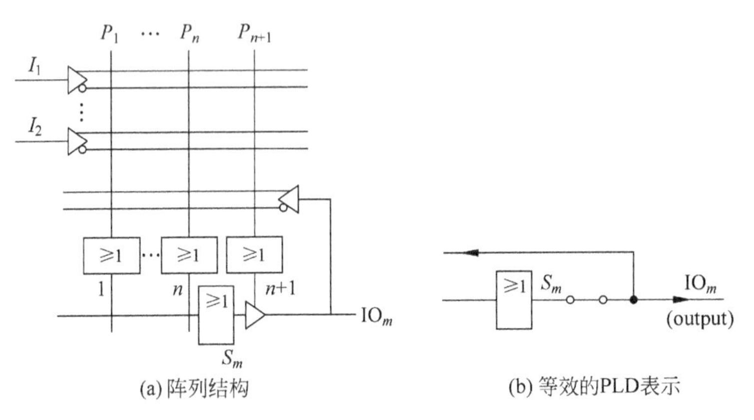

图7-12　双向输入输出和反馈输入的阵列表示（三态缓冲器有效）

在图7-13(a)中，乘积项P_{n+1}同样作为三态输出缓冲器的使能端控制信号。由于各阵列交叉点全打有×，所以$n+1$号“与”门的输出为逻辑0，三态输出缓冲器禁止，其输出为高阻态，“或”阵列输出信号S_m与IO_m引脚断开。此时，若有一个外部信号加在IO_m引脚，则可通过反馈缓冲器加到“与”阵列上。这种输出三态缓冲器为高阻态，外加在输出引脚上的信号借助反馈缓冲器成为输入信号的组态方式的PLD表示如图7-13(b)所示。

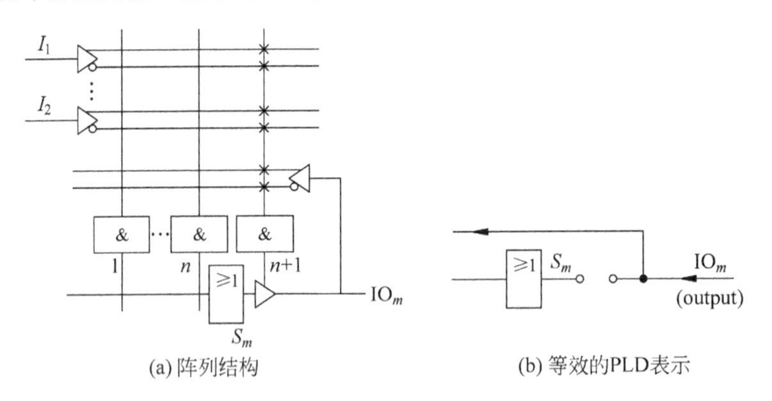

图7-13　双向输入输出和反馈输入的阵列表示（三态缓冲器禁止）

7.2.2 逻辑阵列PLD表示法的简单应用

实现2位串行进位加法器的原理框图如图7-14(a)所示。图7-14(a)中设定A_1、B_1、A_0、B_0、C_{-1}是输入，其相应引脚号设定为3、4、1、2、5。C_1、S_1、C_0、S_0设定为输出(其中，C_0是第一级加法器的进位输出，同时也作为第二级加法器的级联输入)，相应引脚号设定为7、9、6、8。

图 7-14 中 C_{-1} 是第一级加法器的级联输入。每一级加法器的标准方程式为

$$S_i = \overline{A}_i\,\overline{B}_i C_{i-1} + \overline{A}_i B\,\overline{C}_{i-1} + A_i\,\overline{B}_i\,\overline{C}_{i-1} + A_i B_i C_{i-1} \tag{7-1}$$

$$C_i = A_i B_i + A_i C_{i-1} + B_i C_{i-1} \tag{7-2}$$

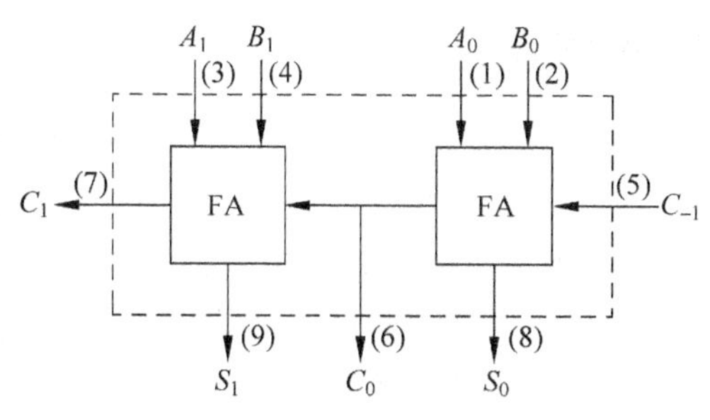

(a) 加法器框图及管脚

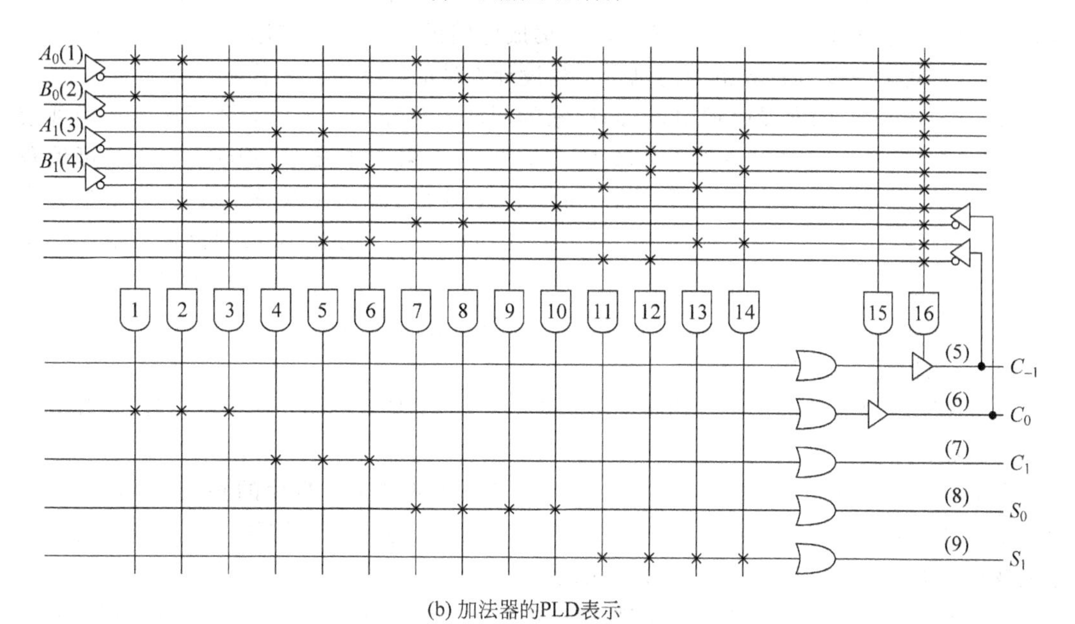

(b) 加法器的PLD表示

图 7-14　实现 2 位串行进位加法器的 PLD 表示

实现这个 2 位串行进位加法器的 PLD 阵列表示如图 7-14(b)所示。由图 7-14(a)看出，该加法器共有 5 个输入，而图 7-14(b)中作为阵列的专用输入引脚只有 4 个，所以将 C_{-1} 输入安排在 5 号引脚上。5 号引脚表面上看是输出引脚，但实际上由于 5 号引脚上的三态缓冲器受 16 号"与"门输出的逻辑 0 控制输出高阻，"或"阵列的输出与 5 号引脚相当于断开。因此，5 号引脚上的 C_{-1} 信号借助反馈缓冲器可以加到"与"阵列作为输入。16 号"与"门输出逻辑 0 是由于其可编程点经编程后熔丝全部保留。6 号引脚上的三态缓冲器受 15 号"与"门输出逻辑 1 控制而使能，"或"阵列输出 C_0 信号加到 6 号引脚。同时，6 号引脚的 C_0 信号又可以借助反馈缓冲器加入到"与"阵列，与 A_1、B_1 信号进行逻辑"与"运算后再经"或"阵列形成 S_1（式(7-1)）和 C_1（式(7-2)）。此图中，6 号引脚为带反馈的输出引脚。

7.3 CPLD/FPGA 器件

7.3.1 CPLD/FPGA 概述

20 世纪 80 年代中期，Altera 和 Xilinx 分别推出了类似于 PAL 结构的复杂可编程逻辑器件 CPLD 和与标准门阵列类似的现场可编程门阵列 FPGA，它们都具有体系结构和逻辑单元灵活、集成度高以及适用范围宽等特点。这两种器件兼容了 PLD 和通用门阵列的优点，可实现较大规模的电路，编程也很灵活。与门阵列等其他 ASIC 相比，它们又具有设计开发周期短、制造成本低、开发工具先进、标准产品无须测试、质量稳定以及可实时在线检验等优点，因此被广泛应用于产品的原型设计和产品生产（一般在 10 000 片以下）之中。几乎所有使用门阵列、PLD 和中小规模通用数字集成电路的场合均可应用 FPGA 和 CPLD 器件。因此，这种芯片受到世界范围内电子工程设计人员的广泛关注和普遍欢迎。

在可编程 ASIC 的发展过程中，不同厂家的叫法不尽相同。Xilinx 公司把基于查找表技术、SRAM 工艺的可编程 ASIC 叫做 FPGA，把基于乘积项技术、Flash 工艺的可编程 ASIC 叫 CPLD；而 Altera 公司则把自己的 MAX 系列（乘积项技术、EEPROM 工艺）、FLEX 系列（查找表技术、SRAM 工艺）都叫做 CPLD。但由于 FLEX 系列也是采用 SRAM 工艺、基于查找表技术，用法和 Xilinx 的 FPGA 一样，所以很多人把 Altera 的 FELX 系列产品也叫做 FPGA。对用户而言，虽然 CPLD 和 FPGA 的内部结构有些差别，但功能基本相同，所以多数情况下不加以区分。

FPGA/CPLD 芯片都是特殊的 ASIC 芯片，它们除了具有 ASIC 的特点之外，还具有以下几个优点：

① 随着超大规模集成电路（VLSI）生产工艺的不断提高，芯片的集成也越来越高，FPGA/CPLD 芯片的规模也越来越大，其单片逻辑门数已达到上百万门，它所能实现的功能也越来越强，甚至可以实现单一芯片内的系统集成。

② FPGA/CPLD 芯片在出厂之前都做过百分之百的测试，不需要设计人员承担投片风险和费用，设计人员只需在自己的实验室里就可以通过相关的软硬件环境来完成芯片的最终功能设计。所以，使用 FPGA/CPLD 设计系统资金投入小，节省了许多潜在的花费。

③ 用户可以反复编程、擦除，或者在外围电路不变的情况下通过不同的编程软件实现不同的功能。所以，用 FPGA/CPLD 试制样片，能以最快的速度占领市场。FPGA/CPLD 软件包中有各种输入、仿真、版图设计和编程器等开发套件，电路设计人员在很短的时间内就可完成电路的输入、编译、优化、仿真，直至最后芯片的制作。当电路只需较少改动时，更能显示出 FPGA/CPLD 的优势。电路设计人员使用 FPGA/CPLD 进行电路设计时，不需要具备专门的 IC（集成电路）深层次知识，基于 FPGA/CPLD 的开发软件易学易用，可以使设计人员更能集中精力进行电路设计，快速将产品推向市场。

工艺技术的进步和设计理念的创新，推动着集成电路产业不断向前发展。目前，FPGA/CPLD 正在向更大规模、更高速度、更低成本、更低功耗的方向发展。同时，FPGA/CPLD 厂商正努力将 CPU/DSP、存储器、模拟电路单元等芯核同可编程逻辑芯核集成在一起，使 FPGA/CPLD 向着片上可编程系统（SOPC）的方向发展。

7.3.2 CPLD/FPGA 的结构与原理

1. 基于乘积项(Product-Term)的 CPLD 基本结构及逻辑实现原理

1) 基于乘积项(Product-Term)的 CPLD 基本结构

采用这种结构的芯片有：Altera 的 MAX7000、MAX3000 系列(EEPROM 工艺)，Xilinx 的 XC9500 系列(Flash 工艺)和 Lattice、Cypress 的大部分产品(EEPROM 工艺)。图 7-15 是 MAX7000 系列的总体结构。

这种器件可分为三块结构：宏单元(Marocell)、可编程连线(PIA)和 I/O 控制块。宏单元是器件的基本结构，由它来实现基本的逻辑功能。图 7-15 中深色部分是多个宏单元的集合(因为宏单元较多，所以没有一一画出)。可编程连线负责信号传递、连接所有的宏单元。I/O 控制块负责输入输出的电气特性控制，比如可以设定集电极开路输出、摆率控制、三态输出等。图 7-15 左上的 INPUT/$GCLK_1$、INPUT/$GCLR_n$、INPUT/OE_1、INPUT/OE_2 是全局时钟、清零和输出使能信号，这几个信号有专用连线与器件中每个宏单元相连，信号到每个宏单元的延时相同并且延时最短。

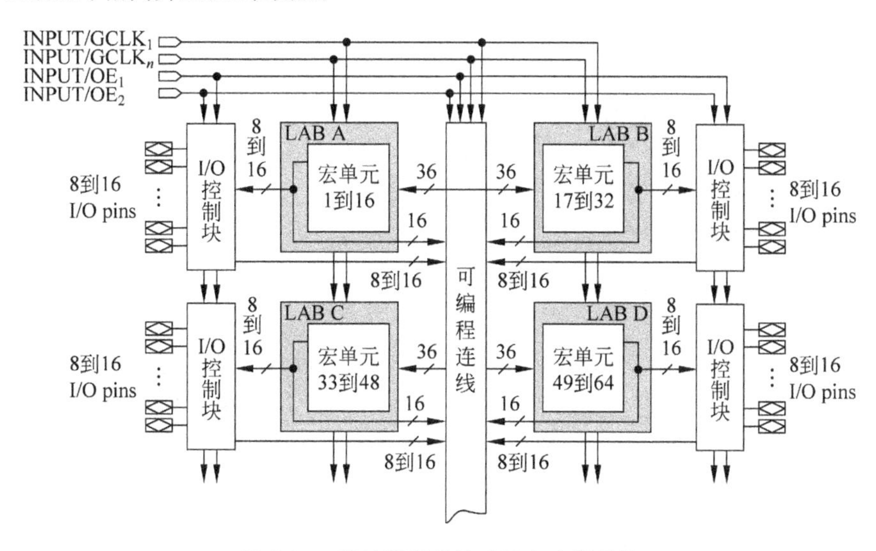

图 7-15 基于乘积项的 CPLD 内部结构

图 7-16 是宏单元的具体结构。图 7-15 中左侧是乘积项逻辑阵列，实际就是一个“与”阵列，每一个交叉点都是一个可编程熔丝，如果导通则实现“与”逻辑。后面的乘积项选择矩阵是一个“或”阵列。两者一起完成组合逻辑。右侧是一个可编程 D 触发器，它的时钟、清零输入都可以编程选择，可以使用专用的全局清零和全局时钟，也可以使用内部逻辑(乘积项阵列)产生的时钟和清零。如果不需要触发器，也可以将此触发器旁路，信号直接输出到 PIA 或输出到 I/O 脚。

2) 基于乘积项(Product-Term)的 CPLD 逻辑实现原理

下面以一个简单的四输入逻辑电路为例，说明基于乘积项结构的 CPLD 是如何实现相应逻辑功能的，其原理电路如图 7-17 所示。

假设组合逻辑的输出(与门的输出)为 f，则 $f=(A+B)\cdot C\cdot\overline{D}=AC\overline{D}+BC\overline{D}$，在

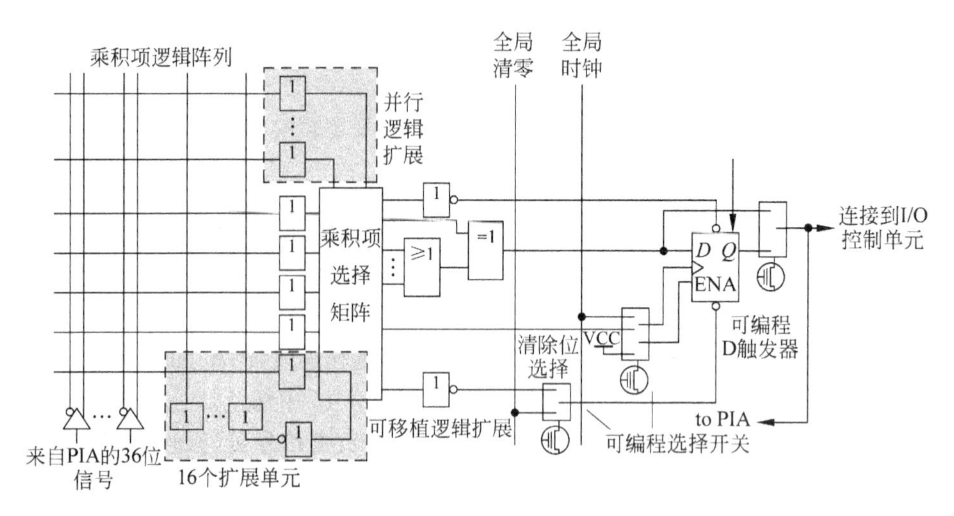

图 7-16　宏单元结构

CPLD 器件中将以图 7-18 所示的方式来实现组合逻辑 f。

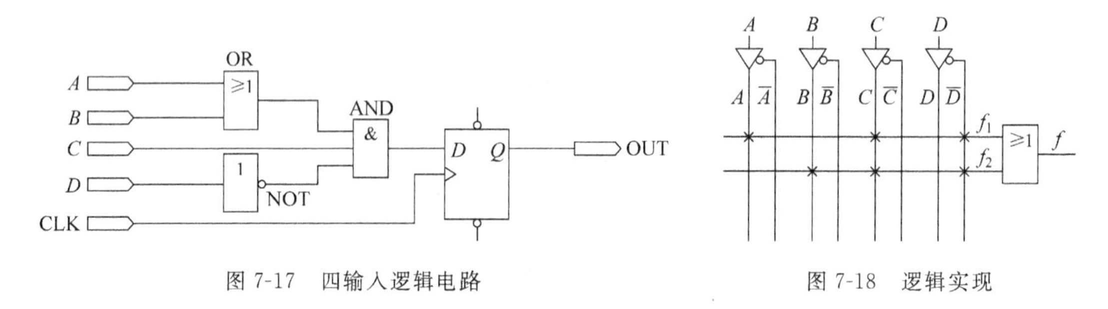

图 7-17　四输入逻辑电路　　　　图 7-18　逻辑实现

图 7-18 中，输入变量 A、B、C、D 由芯片的管脚输入后进入可编程与阵列(PIA)，并在“与”阵列内部产生 A、B、C、D 的原变量及反变量 8 个输出。图 7-18 中行列线的交叉处画×表示编程后熔丝保留，所以得到 $f=f_1+f_2=AC\overline{D}+BC\overline{D}$。图 7-17 电路中的 D 触发器可以直接利用宏单元中的可编程 D 触发器来实现。时钟信号 CLK 由 I/O 脚输入后进入芯片内部的全局时钟专用通道，直接连接到可编程触发器的时钟端。可编程触发器的输出与 I/O 脚相连，把结果输出到芯片管脚，这样通过 CPLD 器件就完成了图 7-17 所示电路的功能。

图 7-17 所示的电路只是一个很简单的例子，只需一个宏单元就可以完成。但若是较复杂的电路，一般情况下一个宏单元是不可能实现的。这时就需要通过并联扩展项和共享扩展项将多个宏单元相连，宏单元的输出也可以连接到可编程的与阵列，再作为另一个宏单元的输入，这样就可以实现更复杂逻辑功能。

2. 基于查找表(Look-Up-Table)的 FPGA 基本结构及逻辑实现原理

1) 查找表(Look-Up-Table)的基本原理

采用这种结构的可编程 ASIC 芯片称为 FPGA，如 Altera 的 ACEX、APEX 系列，Xilinx 的 Spartan、Virtex 系列等。

查找表(Look-Up-Table)简称为 LUT，LUT 本质上就是一个 RAM。目前 FPGA 中多

使用四输入的 LUT，所以每一个 LUT 可以看成一个有 4 位地址线的 16×1 的 RAM。当用户通过原理图或 HDL 语言描述了一个逻辑电路以后，FPGA 开发软件会自动计算逻辑电路的所有可能的结果，并把结果事先写入 RAM。这样，每输入一个信号进行逻辑运算就等于输入一个地址进行查表，找出地址对应的内容，然后输出即可。

表 7-1 为一个四输入与门的例子。

表 7-1　四输入与门的 LUT 实现方式

实际逻辑电路		LUT 的实现方式	
a b c d & out		地址线 a b c d 16×1 RAM (LUT) 输出	
a,b,c,d 输入	逻辑输出	地址	RAM 中存储的内容
0000	0	0000	0
0001	0	0001	0
…	0	…	0
1111	1	1111	1

2）基于查找表(LUT)的 FPGA 的基本结构

以 Xilinx Spartan-Ⅱ为例了解一下 FPGA 的内部结构，如图 7-19 所示。Spartan-Ⅱ系列 FPGA 采用了常规的灵活可编程架构，包括可配置逻辑块(CLB)和环绕在 CLB 四周的可编程输入输出模块(IOB)，并通过多用途布线资源形成强大的互连体系。

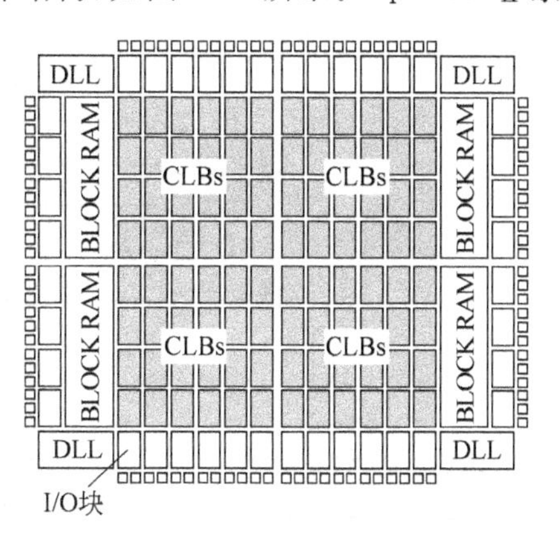

图 7-19　Xilinx 公司的 Spartan-Ⅱ芯片内部结构

FPGA 主要包括可配置逻辑块(CLB)、输入输出模块(IOB)、片内 RAM 块和可编程连线(PI)等。其中，CLB 是 FPGA 的基本逻辑单元，能够完成用户指定的逻辑功能，还可配置成 RAM 等形式。CLB 一般由函数发生器、数据选择器、触发器和信号变换电路等部分组成。输入输出模块(IOB)分布于芯片内部四周，在内部逻辑与外部引脚之间提供一个可编程接口。IOB 主要由输入触发器、输入缓冲器和输出触发/锁存器、输出缓冲器组成，每个 IOB 控制一个引脚，它们可被配置为输入输出或双向 I/O 功能。

可编程连线(PI)由许多金属线段构成，这些金属线段带有可编程开关，通过自动布线实现各种电路的连接。提供高速可靠的内部连线，将 CLB 之间、CLB 和 IOB 之间连接起来构成复杂逻辑。

Spartan-Ⅱ CLB 的基本构造单元是逻辑单元(LC)。一个 LC 包括一个四输入函数发生器、进位逻辑和一个存储单元。每个 LC 中函数发生器的输出同时驱动 CLB 输出和触发器的 D 输入端。每个 Spartan-Ⅱ CLB 包含四个 LC，两两组合成两个同样的 Slice。Spartan Ⅱ函数发生器采用四输入查找表(LUT)实现，如图 7-20 所示。

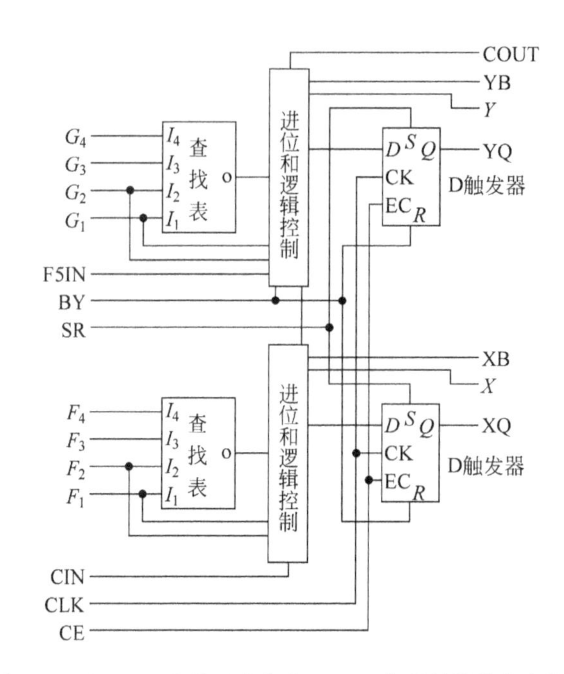

图 7-20 Spartan-Ⅱ基于查找表(LUT)实现逻辑的基本结构

3）查找表结构的 FPGA 逻辑实现原理

图 7-21 为四输入逻辑电路。

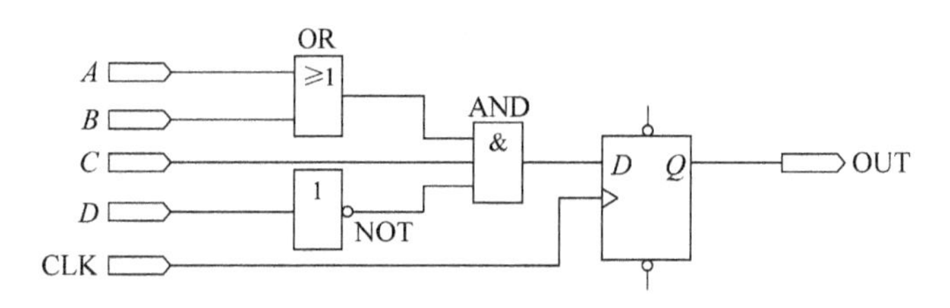

图 7-21 四输入逻辑电路

A、*B*、*C*、*D* 由 FPGA 芯片的管脚输入后进入可编程连线，然后作为地址线连到 LUT，LUT 中已经事先写入了所有可能的逻辑结果，通过地址查找到相应的数据然后输出，这样组合逻辑就实现了。该电路中 D 触发器是直接利用 LUT 后面 D 触发器来实现。时钟信号 CLK 由 I/O 脚输入后进入芯片内部的时钟专用通道，直接连接到触发器的时钟端。触发器的输出与 I/O 脚相连，把结果输出到芯片管脚。

同样，这个电路是一个很简单的例子，只需要一个 LUT 加上一个触发器就可以完成。对于一个 LUT 无法完成的电路，就需要通过进位逻辑将多个单元相连，这样 FPGA 就可以实现复杂的逻辑。

由于 LUT 主要适合 SRAM 工艺生产，所以目前大部分 FPGA 都是基于 SRAM 工艺的，而 SRAM 工艺的芯片在掉电后信息就会丢失，一定需要外加一片专用配置芯片，在上电的时候，由这个专用配置芯片把数据加载到 FPGA 中，然后 FPGA 就可以正常工作，由于配置时间很短，不会影响系统正常工作。也有少数 FPGA 采用反熔丝或 flash 工艺，对这种

FPGA,就不需要外加专用的配置芯片。

3. 其他类型的 FPGA 和 PLD

随着技术的发展,在 2004 年以后,一些厂家推出了一些新的 CPLD 和 FPGA,这些产品模糊了 CPLD 和 FPGA 的区别。例如 Altera 最新的 MAXII 系列 CPLD,这是一种基于 FPGA(LUT)结构,集成配置芯片的 CPLD,在本质上它就是一种在内部集成了配置芯片的 FPGA,但由于配置时间极短,上电就可以工作,所以对用户来说,感觉不到配置过程,可以像传统的 CPLD 一样使用。又因容量和传统 PLD 类似,所以 Altera 把它归作 PLD。还有像 Lattice 的 XP 系列 FPGA,也使用了同样的原理,将外部配置芯片集成到内部,在使用方法上和 PLD 类似,但是因为容量大,性能和传统 FPGA 相同,也是 LUT 架构,所以 Lattice 仍把它归为 FPGA。

根据以上 CPLD/FPGA 的结构和原理的分析可知,CPLD 分解组合逻辑的功能很强,一个宏单元就可以分解十几个甚至 20～30 多个组合逻辑输入。而 FPGA 的一个 LUT 只能处理 4 输入的组合逻辑,因此,CPLD 适合用于设计译码等复杂组合逻辑。但 FPGA 的制造工艺确定了 FPGA 芯片中包含的 LUT 和触发器的数量非常多,往往都是几千上万,CPLD 一般只能做到 512 个逻辑单元,而且如果用芯片价格除以逻辑单元数量,FPGA 的平均逻辑单元成本大大低于 CPLD。所以如果设计中使用到大量触发器,例如设计一个复杂的时序逻辑,那么使用 FPGA 就是一个很好选择。同时,CPLD 拥有上电即可工作的特性,而大部分 FPGA 需要一个加载过程,所以,若系统要求可编程逻辑器件上电就要工作,则应选择 CPLD。

本章小结

专用集成电路是一种面向用户特定需求而设计的大规模或超大规模集成电路,具有比通用集成电路体积更小、功耗和成本更低、性能和可靠性更高、保密性更好等优点,在民用、军事、航空航天等各种领域应用相当广泛。可编程逻辑器件 PLD 属于专用集成电路的一种,其内部集成了大量的可编程逻辑阵列和逻辑单元,借助硬件描述语言 HDL 和相应的 EDA 工具,用户可在现场自行对 PLD 芯片进行设计和编程,实现所希望和各种逻辑功能和数字系统,使用户"自制"大规模数字集成电路的梦想成为了现实。

本章主要介绍可编程逻辑器件的基本知识。首先介绍了可编程逻辑器件的产生和发展,然后较详细地介绍了 PLD 的分类方法及各种 PLD 的结构特点,随后介绍了 PLD 区别于常规数字逻辑器件独特逻辑表示方法,最后介绍了目前常用的两种主流 PLD 器件——CPLD 和 FPGA 的基本结构和逻辑实现原理。本章的编写,旨在让学习者对 PLD 器件(包括 SPLD、CPLD 和 FPGA 等)的常识性知识有一定了解,并掌握 PLD 器件的逻辑表示方法,为今后利用 PLD 器件开发属于自己的数字系统打下一定的基础。

本书的第 8 章,将在本章的基础上,进一步介绍数字系统的设计方法。

习题 7

[7-1] 按 PLD 的集成度划分,PLD 可分为哪几类?每类又可细分为哪几种?

[7-2] PLA 和 PAL 在结构上有什么区别?哪种器件真正得到了较广泛的应用?

[7-3] 请写出 6 种 PLD 编程技术的名称,并指出哪些是一次性编程?哪些是易失性的?

[7-4] SRAM 编程技术与 E^2PROM 相比,有哪些优缺点?

[7-5] 易失性的含义是什么?

[7-6] ASIC 表示什么含义?ASIC 的三种类型是什么?

[7-7] 按 PLD 的结构特点划分,PLD 可分为哪几类?各有什么特点?

[7-8] 说明 GAL 的 OLMC 有什么特点,它怎样实现可编程组合逻辑电路和时序逻辑电路?

[7-9] 基于查找表的 PLD 器件的逻辑实现原理是什么?

[7-10] 基于乘积项和基于查找表的结构各有什么优点?

[7-11] 查找相关资料,说明什么是在系统编程?ispPLD 的编程方法与普通 PLD 的开发过程有什么区别?在系统编程技术有哪些优越性?

[7-12] 某经过编程后的 PLD"与或"阵列如图 7-22 所示,写出其输出逻辑函数。

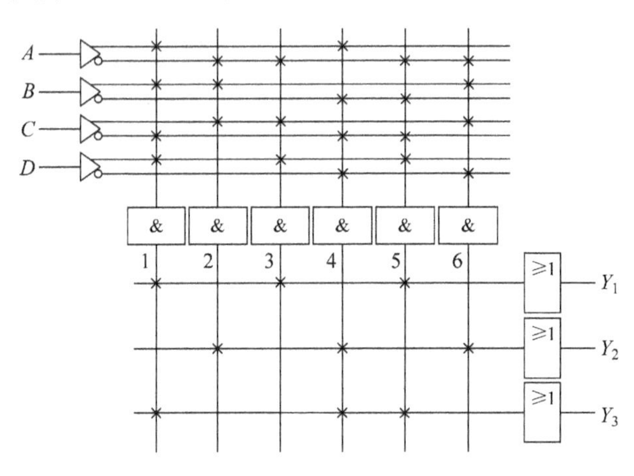

图 7-22 习题 7-12 图

[7-13] 某经过编程后的 PLD"与或"阵列如图 7-23 所示,写出其输出逻辑函数,并分析该阵列可以实现什么逻辑功能。

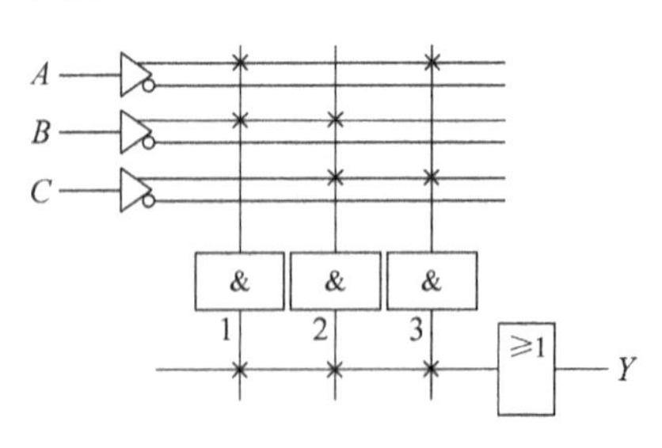

图 7-23 习题 7-13 图

［7-14］　画出实现下列逻辑函数的PLD阵列图。

$$F_1 = \overline{A} \cdot B + \overline{B} \cdot \overline{C} + A \cdot \overline{C}$$

$$F_2 = A \oplus B \oplus C$$

$$F_3 = A + B + C$$

［7-15］　画出实现下列逻辑函数的PLD阵列图。

$$F_1 = A \cdot B \cdot C + \overline{A} \cdot (B + C)F$$

$$F_2 = A \cdot \overline{B} + \overline{A} \cdot B$$

$$F_3 = \overline{(A + B)(\overline{A} + \overline{C})}$$

［7-16］　画出比较两个2位二进制数 A_1A_0 和 B_1B_0 大小的PLD逻辑图。当 $A_1A_0 > B_1B_0$ 时，$Y_1 = 1$；当 $A_1A_0 = B_1B_0$ 时，$Y_2 = 1$；当 $A_1A_0 < B_1B_0$ 时，$Y_3 = 1$。

［7-17］　画出实现3-8译码器功能的PLD逻辑阵列图。

［7-18］　画出求4位二进制数补码的PLD逻辑阵列图。假定输入为逻辑变量 $ABCD$，输出函数(待求的补码为)为 $WXYZ$。

第8章 数字系统设计

本章主要讲解运用前面所学的数字电路基础知识，综合 VHDL 语言设计中小规模数字电路系统。本章首先对传统数字系统的设计方法和现代数字系统的设计方法进行了比较，然后阐述了现代数字系统设计的思路——自顶向下的设计方法，最后给出了基于 FPGA 和 VHDL 语言的几个实例系统设计。

8.1 传统数字系统设计与现代数字系统设计的比较

传统数字系统的设计与现代数字系统的设计在设计流程和设计方法等方面都不同。显然，由于人们生活水平的提高，对电子产品的要求也越来越高，为了提高电子产品的质量，电子器件在设计过程中也进行了积极的改进。大大促进了电子产品的功能、性能和质量，从而性价比也得到了极大的提高。图 8-1 是传统设计与现代设计流程区别。

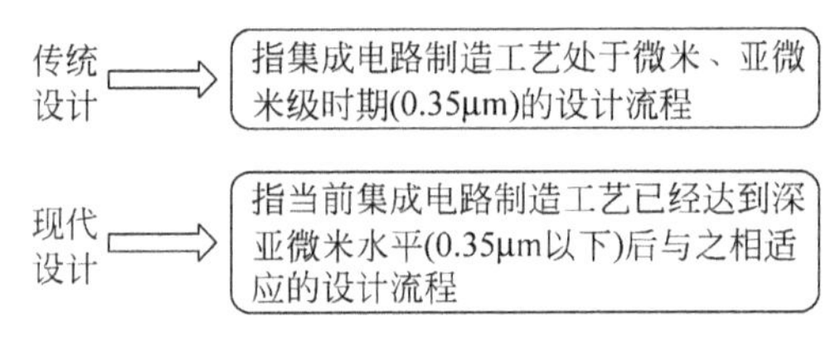

图 8-1 传统设计与现代设计流程区别

传统的数字系统的设计方法是在“人工”的基础上形成的，如图 8-2 所示。当给定生成目标后，设计真值表，使用卡诺图化简成最简表达式，然后采用“搭积木”的方式选择功能固定的标准芯片实现生成，最后调试和验证并修改相关设计。上述设计方法也称为自底向上的设计方法。传统设计和现代设计方法的比较见表 8-1。传统设计和现代设计流程比较如图 8-2 所示。

表 8-1 传统设计方法和现代设计方法对比

	传统集成电路设计	现代集成电路设计
设计方法	自底向上	自顶向下
设计手段	电路原理图	VHDL 语言
系统构成	通用元器件	ASIC 电路
仿真调试	在设计的后期进行	在设计的早期进行

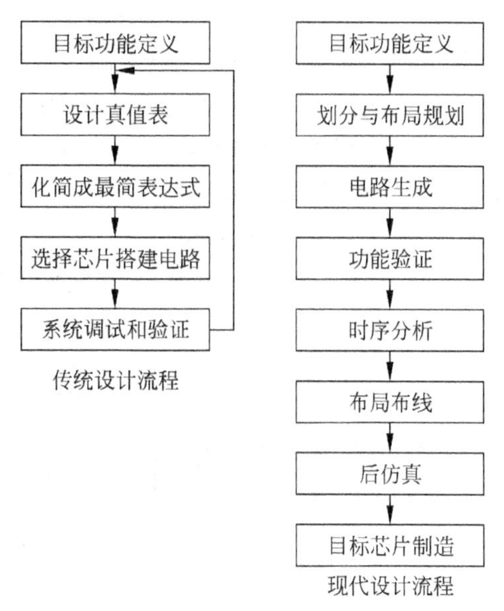

图 8-2 传统设计流程图和现代设计流程图的比较

8.2 自顶向下的设计方法

所谓自顶向下的设计，就是设计者首先从整体上规划整个系统的功能和性能，然后对系统进行划分，分解为规模较小、功能较为简单的局部模块，并确立它们之间的相互关系，这种划分过程可以不断地进行下去，直到划分得到的单元可以映射到物理实现，参见图 8-3。

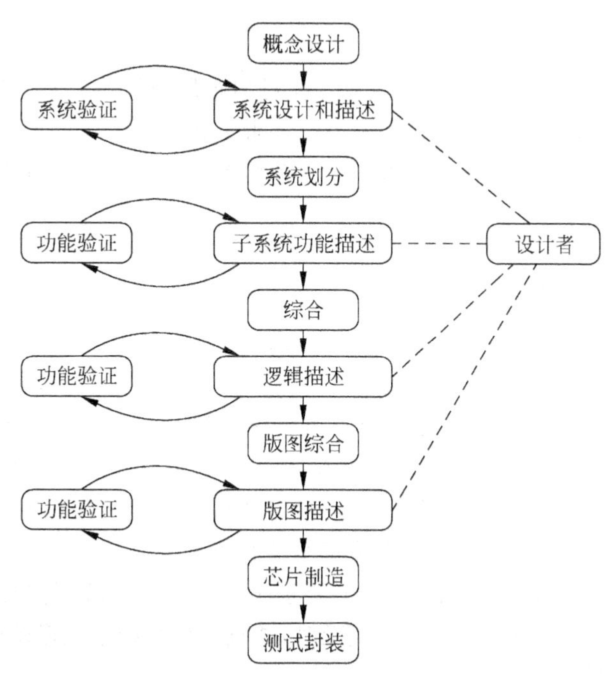

图 8-3 现代数字系统的自顶向下设计方法基本流程

采用自顶向下设计方法的优点是显而易见的。由于整个设计是从系统顶层开始的，结合模拟手段，可以从一开始就掌握所实现系统的性能状况，结合应用领域的具体要求，在此时就调整设计方案，进行性能优化或折中取舍。随着设计层次向下进行，系统性能参数将得到进一步的细化与确认，并随时可以根据需要加以调整，从而保证了设计结果的正确性，缩短了设计周期。设计规模越大，这种设计方法的优势越明显。自顶向下的设计方法的缺点是需要先进的EDA设计工具和精确的工艺库的支持。

采用上述设计方法在对FPGA(现场可编程门阵列)器件进行现场集成开发时，包括设计准备、设计输入、功能仿真、设计处理、时序仿真和器件编程、测试等步骤。其设计流程如图8-4所示。

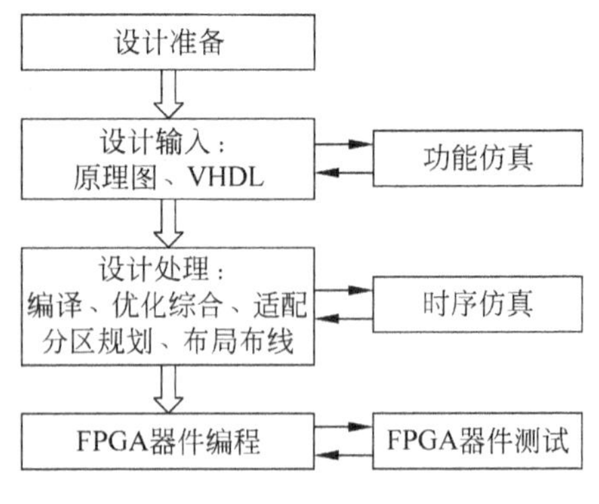

图8-4 FPGA系统设计基本流程

1. 设计准备

设计准备是指按照设计要求确定设计方案、选择FPGA芯片、项目层次划分等。

2. 设计输入

采用EDA工具设计逻辑电路。一般包括两种方式：一是原理图输入法，对EDA工具提供的逻辑器件进行编辑设计。优点是直观易懂，仿真简单。但是该方式不能胜任较复杂的系统设计任务。二是文本输入法，采用VHDL或其他语言对电路描述编辑和编译。该方式可胜任大规模的数字系统设计任务。

3. 设计处理

设计处理包括编译、优化综合、适配分区规划和布局布线等过程。EDA工具对输入文件进行语法校验后生成编程文件和仿真文件。在此基础上，EDA工具的综合器对项目进行优化、综合，提高器件使用效率。并对综合后产生的目标板的网表文件进行适配规划和布局布线，产生最终数据文件。

4. 功能仿真和时序仿真

功能仿真(前仿真)是指在一个设计中，在设计实现前对所创建的逻辑进行的验证其功能是否正确的过程。布局布线以前的仿真都称作功能仿真，它包括综合前仿真(Pre-Synthesis Simulation)和综合后仿真(Post-Synthesis Simulation)。综合前仿真主要针对基于原理框图的设计；综合后仿真既适合原理图设计，也适合基于VHDL语言的设计。

时序仿真(后仿真)使用布局布线后器件给出的模块和连线的延时信息，在最坏的情况下对电路的行为作出实际的估价。时序仿真使用的仿真器和功能仿真使用的仿真器是相同的，所需的流程和激励也是相同的；唯一的差别是时序仿真加载到仿真器的设计包括基于实际布局布线设计的最坏情况的布局布线延时，并且在仿真结果波形图中，时序仿真后的信号加载了时延，而功能仿真没有。

5. FPGA 器件编程及测试

最终数据文件通过数据电缆或者编程器下载到目标板，并对目标板进行各项测试。

8.3 高速多路数据采集系统

数据采集在工业测控领域里有广泛的应用，它已成为计算机测控系统的一个重要的环节，尤其在设备故障监测系统中，由于各种设备的结构复杂，运动形式多种多样，发生故障的可能部位很难确定，因此需要从设备的各个部位来提取大量的、连续的数据作为设备状态的信息，以此来分析、判断设备是否存在故障，这就需要高速、高性能的数据采集系统来保证采集到的数据的实时性；同时，需要对同一设备的不同位置的信号进行同步采集，并借助一些手段来提取特征(例如绘制轴心轨迹图)以判断设备的运行状态。传统的数据采集系统设计中，通常采用单片机或 DSP 作为主控制器来控制 ADC、存储器及其他相关的外围电路来工作。

但是这些传统的设计中都存在着一些不足，单片机的时钟频率较低且通过软件编程来实现数据采集，难以实现高速、高性能、多通道数据采集系统的要求；DSP 虽然速度快，但是它更擅长处理复杂的数学运算，对于数采系统要求的简单高速的读写操作来说，是一种资源的浪费。而 FPGA(现场可编程门阵列)在高速数据采集上具有更大的优点，FPGA 体积小、功耗低、时钟频率高、内部延时小、全部控制逻辑由硬件完成，另外编程配置灵活、开发周期短、利用硬件描述语言来编程，可实现程序的并行执行，这将会大大提高系统的性能。

8.3.1 系统工作原理

系统上电后，由静态存储器 EPC1 将固化在其中的数字逻辑电路映射到 FPGA 器件中，从而使 FPGA 成为真正意义上的控制核心。然后 FPGA 控制多片 8 选 1 模拟选择开关进行通道选择，并控制 8 位高速模数转换器 TLC549 进行模拟电压的采集，将采集到的实时数据分时存储到两片类型为 SRAM、容量为 128KB 的存储器 KM681000 BLP 中，然后将实时数据读取出来，通过增强性串口传送给上位工控机。图 8-5 是系统总体结构框图。

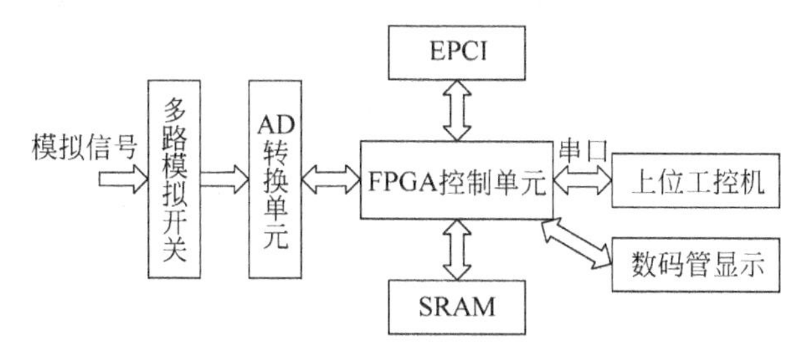

图 8-5 系统总体结构

8.3.2 系统主要器件的选型

1. FPGA 芯片的选型及依据

由于本系统采集通道数较多，实时性和同步性要求较高，要求提供的时钟频率高，内部延时小，因此系统选择 Xilinx 公司 的 Spartan3 系列 XC3S400 作为主控制芯片，该芯片具有40万系统门、8064个逻辑单元内嵌 18K 位块 RAM，包含4个时钟管理模块和8个全局时钟网络，配置芯片(EPCS1)，有源晶振，下载调试接口，电源芯片：3.3V、1.2V AS、JTAG调试接口 50MHz，最大支持264个用户 I/O。这些丰富的片上资源再加上其灵活的编程方式使得该芯片成为最适合的选择。图8-6是 FPGA 核心最小系统。

图 8-6　FPGA 核心最小系统

2. AD 芯片的选型及依据

数据采集系统的输入信号多数都来源于现场传感器的输出信号，传感器种类不一，致使信号特性也不同，各通道信号的幅度与频率范围有很大的不同，高精度的、大动态范围的 AD 转换芯片使设计更能满足测量的需要，特别是对宽频带弱信号的采集显得尤其必要。本设计中 A/D 转换模块选用 TLC549，它是采用 IinCMOSTM 技术并以开关电容逐次逼近原理工作的8位串行 A/D 芯片，可与通用微处理器、控制器通过 I/O CLOCK、$\overline{\text{CS}}$、DATA OUT 三条口线进行串行接口。TLC549 具有 4MHz 的片内系统时钟和软硬件控制电路，转换时间最长为 17μs，允许的最高转换速率为 40 000 次/s。总失调误差最大为±0.5LSB，典型功耗值为 6mW。TLC549 采用差分参考电压高阻输入，抗干扰，可按比例量程校准转换范围，由于其 VREF-接地时，(VREF＋)－(VREF－)≥1V，故可用于较小信号的采样，此外，该芯片还可用3～6V的单电源供电。总之，TLC549 具有控制口线少，时序简单，转换速度快，功耗低，价格便宜等特点，适用于低功耗袖珍仪器上的 A/D 采样，也可将多个器件并联使用。图8-7为控制流程。

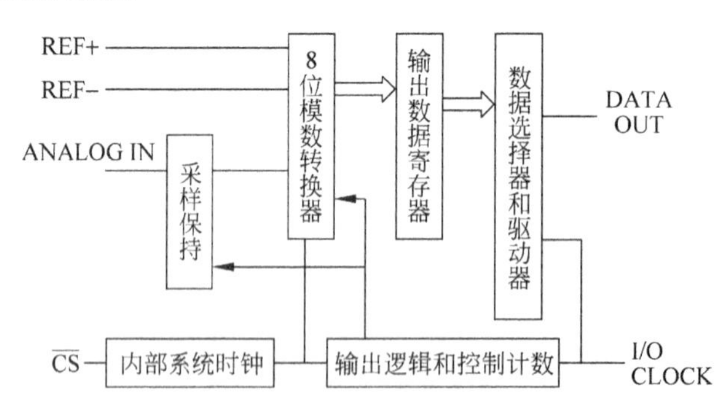

图 8-7　控制流程

8.3.3　FPGA 的逻辑设计

根据以上的设计思想，整个 FPGA 逻辑模块划分为时钟逻辑模块、采样控制模块、串行传输模块、通道选择模块、存储控制模块和结果实时显示模块。下面具体给出各模块的设计过程。

时钟逻辑模块。该设计中，外部输入的时钟为 50MHz，由于设计中需要多种不同的时钟信号，所以必须设计一个可根据采集需要任意分频的时钟逻辑模块，且必须准确，才能保证整个系统的正常工作。同时该设计采用同步时序电路，它是基于时钟触发沿设计，对时钟的周期、占空比、延时、抖动提出了更高的要求，为此本设计中采用 FPGA 所带的 DCM 时钟资源驱动设计的主时钟，已达到最低的时钟抖动和延迟。

采样控制模块。该模块主要负责控制数据采样和 A/D 转换等，在采样时刻到来时，根据 TLC549 芯片的工作特性，在 $\overline{CS}$信号的控制下，芯片便按照时序进行采样、转换，对于 TLC549 要注意当 16 位转换结果输出完毕后，置位$\overline{CS}$，使结果仅输出一次，否则在 DATAOUT 端继续输出转换结果，但此时是反过来由最低位到最高位依次输出，直到最高位输出出现重复时，DATAOUT 端变成高阻态。

串行传输模块。该模块主要采用移位寄存器来实现，将实时数据通过串口和上位工控机进行数据交换。

通道选择模块。该模块用来选择需要采样的通道，当数据采集完毕后，该模块还为存储控制模块提供相应的地址信号，以便将对应通道采集来的数据存入对应的空间。

存储控制模块。双口 RAM 用于数据缓存，一是存储各 AD 芯片转换的数据，二是存储 ARM 主控制器传来的采集参数信息。它具有真正的双端口，可以同时对其进行数据存取，两端口具有独立的控制线、地址线和数据线。该模块就是根据双口 RAM 读写时序实现对双口 RAM 的读写操作，以达到缓存数据的目的。图 8-8 为采样模块和串口传输模块。

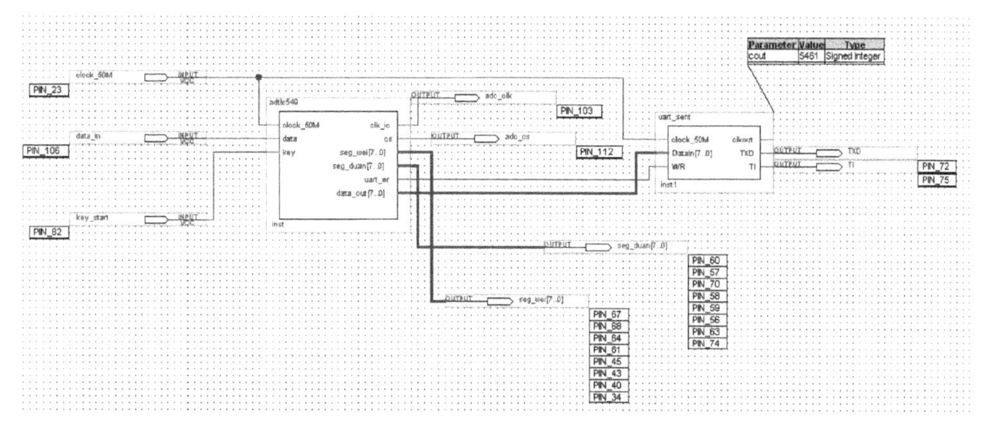

图 8-8　采样模块和串口传输模块

8.3.4 软件实现

本设计采用自顶向下的设计方法,采用 VHDL 来分别设计顶层模块和各底层模块,该语言支持自顶向下和基于库的设计方法,并且电路仿真和验证机制以保证设计的正确性。下面以采样控制模块为例来说明其控制算法。图 8-9 为管脚分配图。

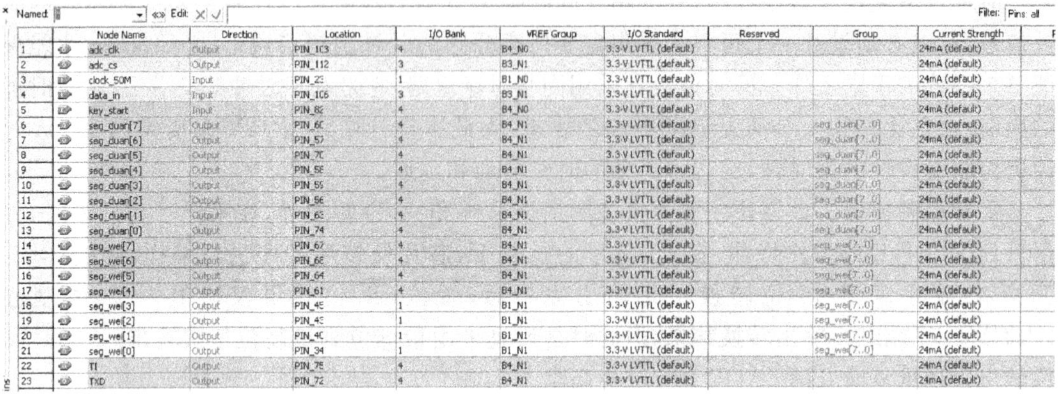

Named: | Edit: | Filter: Pins: all

	Node Name	Direction	Location	I/O Bank	VREF Group	I/O Standard	Reserved	Group	Current Strength
1	adc_clk	Output	PIN_103	4	B4_N0	3.3-V LVTTL (default)			24mA (default)
2	adc_cs	Output	PIN_112	3	B3_N1	3.3-V LVTTL (default)			24mA (default)
3	clock_50M	Input	PIN_23	1	B1_N0	3.3-V LVTTL (default)			24mA (default)
4	data_in	Input	PIN_106	3	B3_N1	3.3-V LVTTL (default)			24mA (default)
5	key_start	Input	PIN_82	4	B4_N0	3.3-V LVTTL (default)			24mA (default)
6	seg_duan[7]	Output	PIN_60	4	B4_N1	3.3-V LVTTL (default)		seg_duan[7..0]	24mA (default)
7	seg_duan[6]	Output	PIN_57	4	B4_N1	3.3-V LVTTL (default)		seg_duan[7..0]	24mA (default)
8	seg_duan[5]	Output	PIN_70	4	B4_N1	3.3-V LVTTL (default)		seg_duan[7..0]	24mA (default)
9	seg_duan[4]	Output	PIN_58	4	B4_N1	3.3-V LVTTL (default)		seg_duan[7..0]	24mA (default)
10	seg_duan[3]	Output	PIN_59	4	B4_N1	3.3-V LVTTL (default)		seg_duan[7..0]	24mA (default)
11	seg_duan[2]	Output	PIN_56	4	B4_N1	3.3-V LVTTL (default)		seg_duan[7..0]	24mA (default)
12	seg_duan[1]	Output	PIN_63	4	B4_N1	3.3-V LVTTL (default)		seg_duan[7..0]	24mA (default)
13	seg_duan[0]	Output	PIN_74	4	B4_N1	3.3-V LVTTL (default)		seg_duan[7..0]	24mA (default)
14	seg_wei[7]	Output	PIN_67	4	B4_N1	3.3-V LVTTL (default)		seg_wei[7..0]	24mA (default)
15	seg_wei[6]	Output	PIN_68	4	B4_N1	3.3-V LVTTL (default)		seg_wei[7..0]	24mA (default)
16	seg_wei[5]	Output	PIN_64	4	B4_N1	3.3-V LVTTL (default)		seg_wei[7..0]	24mA (default)
17	seg_wei[4]	Output	PIN_61	4	B4_N1	3.3-V LVTTL (default)		seg_wei[7..0]	24mA (default)
18	seg_wei[3]	Output	PIN_45	1	B1_N1	3.3-V LVTTL (default)		seg_wei[7..0]	24mA (default)
19	seg_wei[2]	Output	PIN_43	1	B1_N1	3.3-V LVTTL (default)		seg_wei[7..0]	24mA (default)
20	seg_wei[1]	Output	PIN_40	1	B1_N1	3.3-V LVTTL (default)		seg_wei[7..0]	24mA (default)
21	seg_wei[0]	Output	PIN_34	1	B1_N1	3.3-V LVTTL (default)		seg_wei[7..0]	24mA (default)
22	TI	Output	PIN_75	4	B4_N1	3.3-V LVTTL (default)			24mA (default)
23	TXD	Output	PIN_72	4	B4_N1	3.3-V LVTTL (default)			24mA (default)

图 8-9 管脚分配图

【例 8-1】 串口传输模块。

```
LIBRARY IEEE;
USE IEEE.STD_LOGIC_1164.ALL;
USE IEEE.STD_LOGIC_Arith.ALL;
USE IEEE.STD_LOGIC_Unsigned.ALL;
ENTITY uart_sent IS
   GENERIC(cout: Integer: = 5208);                    --用于分频产生 9600Hz
PORT(
   clock_48M: IN STD_LOGIC;
   datain: IN  STD_LOGIC_VECTOR( 7 DOWNTO 0);         --发送的一字节数据
   WR: IN STD_LOGIC;
   clkout: OUT STD_LOGIC;
   TXD,TI: OUT STD_LOGIC );                           --串行数据,发送中断
END;
ARCHITECTURE one OF uart_sent IS
   SIGNAL Datainbuf,Datainbuf2: STD_LOGIC_VECTOR(9 DOWNTO 0);
                                                      --发送数据缓冲
   SIGNAL WR_ctr,TI_r,clkout_r,txd_reg: STD_LOGIC;
   SIGNAL bincnt: STD_LOGIC_VECTOR(3 DOWNTO 0);
                                                      --发送数据计数器
   SIGNAL cnt: STD_LOGIC_VECTOR(15 DOWNTO 0);
BEGIN
   TXD <= txd_reg;
   TI <= TI_r;
   clkout <= clkout_r;
   PROCESS( clock_48M )                               --波特率发生进程
   BEGIN
```

```
    IF RISING_EDGE(clock_48M) THEN
        IF cnt = cout THEN
            clkout_ r <= '0';
            cnt <= X"0000";
        ELSE
            clkout_r <= '1';
            cnt <= cnt + 1;
        END IF;
    END IF;
END PROCESS;
PROCESS(clock_48M)                              --读数据到缓存进程
BEGIN
    IF RISING_EDGE(clock_48M) THEN
        IF( WR = '1')THEN
            Datainbuf <= '1' & Datain(7 DOWNTO 0) & '0';
                                                --读入数据,并把缓存组成一帧数据,10位
            WR_ctr <= '1';                      --置开始标志位
        ELSE
            IF TI_r = '0' THEN
                WR_ctr <= '0';
            END IF;
        END IF;
    END IF;
END PROCESS;
PROCESS (clkout_r)
BEGIN
    IF RISING_EDGE(clkout_r) THEN
        IF( ( WR_ctr = '1') OR (bincnt <)"1010") THEN
                                                --发送条件判断,保证发送数据完整
            IF( bincnt < "1010") THEN
                CASE bincnt IS --移位输出
                    WHEN "0000" => Datainbuf2 <= Datainbuf;
                    WHEN "0001" => Datainbuf2 <= '0'& Datainbuf(9 DOWNTO 1);
                    WHEN "0010" => Datainbuf2 <= "00" & Datainbuf(9 DOWNTO 2);
                    WHEN "0011" => Datainbuf2 <= "000"& Datainbuf(9 DOWNTO 3);
                    WHEN "0100" => Datainbuf2 <= "0000"& Datainbuf(9 DOWNTO 4);
                    WHEN "0101" => Datainbuf2 <= "00000"& Datainbuf(9 DOWNTO 5);
                    WHEN "0110" => Datainbuf2 <= "000000"& Datainbuf(9 DOWNTO 6);
                    WHEN "0111" => Datainbuf2 <= "0000000"& Datainbuf(9 DOWNTO 7);
                    WHEN"1000" => Datainbuf2 <= "00000000"& Datainbuf(9 DOWNTO 8);
                    WHEN"1001" => Datainbuf2 <= "000000000"& Datainbuf(9);
                    WHEN OTHERS => NULL;
                END CASE;
                txd_reg <= Datainbuf2(0);       --从最低位开始发送
                bincnt <= bincnt + 1;           --发送数据位计数
                TI_r <= '0';
            ELSE
                Bincnt <= X"0";
            END IF;
        ELSE                                    --发送完毕或者处于等待状态时 TXD 和 TI 为高
            txd_reg <= '1';
```

```
                TI_r <= '1';
            END IF;
        END IF;
    END PROCESS;
END;
```

【例 8-2】 采样模块。

```
LIBRARY IEEE;
USE IEEE.STD_LOGIC_1164.ALL;
USE IEEE.STD_LOGIC_ARITH.ALL;
USE IEEE.STD_LOGIC_UNSIGNED.ALL;
ENTITY adtlc549 IS
PORT (
    clk: IN STD_LOGIC;
    rest: IN STD_LOGIC;
    clk_io: OUT STD_LOGIC;
    data: IN STD_LOGIC;
    cs: OUT STD_LOGIC;
    seg_wei: OUT STD_LOGIC_VECTOR(7 DOWNTO 0);
    seg_duan: OUT STD_LOGIC_VECTOR(7 DOWNTO 0) );
END adtlc549;
ARCHITECTURE BEHAVE OF adtlc549 IS
SIGNAL clk_1mhz: STD_LOGIC: = '0';
SIGNAL clk_100hz: STD_LOGIC;
SIGNAL reg_data: STD_LOGIC_VECTOR(7 DOWNTO 0);
TYPE statemachine IS (idle,start,ready,readdata,conversion,dataout);
SIGNAL state: statemachine;
BEGIN
PROCESS( clk )
VARIABLE cnt: INTEGER RANGE 0 TO 24: = 0;
BEGIN
IF( clk'EVENT AND clk = '1' )THEN
      IF cnt = 24 THEN
       clk_1mhz <= NOT clk_1mhz; --- 1um
       cnt: = 0;
       ELSE
      cnt: = cnt + 1;
      END IF;
END IF;
clk_io <= clk_1mhz;
END PROCESS;
PROCESS(clk_1mhz)
   VARIABLE cnt: INTEGER RANGE 0 TO 4999: = 0;
BEGIN
IF( clk_1mhz'EVENT AND clk_1mhz = '1' )THEN
      IF cnt = 4999 THEN
       clk_100hz <= NOT clk_100hz;
       cnt: = 0;
       ELSE
      cnt: = cnt + 1;
```

```
      END IF;
END IF;
END PROCESS;
PROCESS(clk_1mhz,rest,data)
   VARIABLE cnt1: INTEGER RANGE 0 TO 1;
   VARIABLE cnt2: INTEGER RANGE 0 TO 17;
   VARIABLE cnt3: INTEGER RANGE 0 TO 8;
   VARIABLE regdata:
BEGIN
IF( rest = '0' )THEN
   cs <= '1';
  state <= idle;
ELSIF( clk_1mhz'EVENT AND clk_1mhz = '0') THEN
CASE(state) IS
   WHEN idle => state <= start;
          cs <= '1';
   WHEN start => state <= ready;
                 cs <= '0';
                 IF( cnt1 = 1 )then
                     state <= readdata;
                     cnt1: = 0;
                 ELSE
                     cnt1: = cnt1 + 1;
                 END IF;
   WHEN readdata => IF( cnt3 = 8 )THEN
                       state <= conversion;
                       cnt3: = 0;
                   ELSE
                       regdata(7 - cnt3): = data;
                       cnt3: = cnt3 + 1;
                   END IF;
   WHEN conversion => cs <= '1';
                   IF( cnt2 = 17 )THEN
                       state <= dataout;
                       cnt2: = 0;
                   ELSE
                       cnt2: = cnt2 + 1;
                   END IF;
   WHEN dataout => state <= idle;
                   reg_data <= regdata;
   WHEN others => state <= idle;
END CASE;
END IF;
END PROCESS;
PROCESS(clk_100hz)
   VARIABLE cnt1: STD_LOGIC_VECTOR(3 DOWNTO 0);
   VARIABLE cnt2: STD_LOGIC_VECTOR(3 DOWNTO 0);
   VARIABLE cnt3: INTEGER RANGE 1 DOWNTO 0: = 0;
BEGIN
IF( clk_100hz'EVENT AND clk_100hz = '1' )THEN
     cnt1: = reg_data(3 DOWNTO 0);
```

```
        cnt2: = reg_data(7 DOWNTO 4);
      IF( Cnt3 = 1 ) THEN
          cnt3: = 0;
      CASE (cnt2) IS
          WHEN "0000" => seg_duan <= x"c0";          -- 0
                           seg_wei <= "01111111";
          WHEN "0001" => seg_duan <= x"f9";          -- 1
                           seg_wei <= "01111111";
          WHEN "0010" => seg_duan <= x"a4";          -- 2
                           seg_wei <= "01111111";
          WHEN "0011" => seg_duan <= x"b0";          -- 3
                           seg_wei <= "01111111";
          WHEN "0100" => seg_duan <= x"99";          -- 4
                           seg_wei <= "01111111";
          WHEN "0101" => seg_duan <= x"92";          -- 5
                           seg_wei <= "01111111";
          WHEN "0110" => seg_duan <= x"82";          -- 6
                           seg_wei <= "01111111";
          WHEN "0111" => seg_duan <= x"f8";          -- 7
                           seg_wei <= "01111111";
          WHEN "1000" => seg_duan <= x"80";          -- 8
                           seg_wei <= "01111111";
          WHEN "1001" => seg_duan <= x"90";          -- 9
                           seg_wei <= "01111111";
          WHEN "1010" => seg_duan <= x"88";          -- a
                           seg_wei <= "01111111";
          WHEN "1011" => seg_duan <= x"83";          -- b
                           seg_wei <= "01111111";
          WHEN "1100" => seg_duan <= x"c6";          -- c
                           seg_wei <= "01111111";
          WHEN "1101" => seg_duan <= x"a1";          -- d
                           seg_wei <= "01111111";
          WHEN "1110" => seg_duan <= x"86";          -- e
                           seg_wei <= "01111111";
          WHEN "1111" => seg_duan <= x"8e";          -- f
                           seg_wei <= "01111111";
          WHEN OTHERS => seg_duan <= x"ff";
                             seg_wei <= "11111111";
      END CASE;
    ELSE
      cnt3: = cnt3 + 1;
      CASE (cnt1) IS
          WHEN "0000" => seg_duan <= x"c0";
                           seg_wei <= "10111111";
          WHEN "0001" => seg_duan <= x"f9";
                           seg_wei <= "10111111";
          WHEN "0010" => seg_duan <= x"a4";
                           seg_wei <= "10111111";
          WHEN "0011" => seg_duan <= x"b0";
                           seg_wei <= "10111111";
          WHEN "0100" => seg_duan <= x"99";
```

```
                        seg_wei <= "10111111";
        WHEN "0101" => seg_duan <= x"92";
                        seg_wei <= "10111111";
        WHEN "0110" => seg_duan <= x"82";
                        seg_wei <= "10111111";
        WHEN "0111" => seg_duan <= x"f8";
                        seg_wei <= "10111111";
        WHEN "1000" => seg_duan <= x"80";
                        seg_wei <= "10111111";
        WHEN "1001" => seg_duan <= x"90";
                        seg_wei <= "10111111";
        WHEN "1010" => seg_duan <= x"88";
                        seg_wei <= "10111111";
        WHEN "1011" => seg_duan <= x"83";
                        seg_wei <= "10111111";
        WHEN "1100" => seg_duan <= x"c6";
                        seg_wei <= "10111111";
        WHEN "1101" => seg_duan <= x"a1";
                        seg_wei <= "10111111";
        WHEN "1110" => seg_duan <= x"86";
                        seg_wei <= "10111111";
        WHEN "1111" => seg_duan <= x"8e";
                        seg_wei <= "10111111";
        WHEN OTHERS => seg_duan <= x"ff";
            seg_wei <= "11111111";
      END CASE;
    END IF;
END IF;
END PROCESS;
END BEHAVE;
```

8.4 指纹采集系统

在以往的指纹采集系统中，通常采用单片机或 DSP(数字信号处理器)作为控制核心，控制 ADC(模数转换器)、存储器和其他外围电路的工作。但基于单片机或者 DSP 的指纹采集系统都有一定的不足。单片机的时钟频率较低，各种功能都要靠软件的运行来实现，软件运行时间在整个采集时间中占很大的比例，效率低，难以适应现代化社会的要求；DSP 的运算速度快，擅长处理密集的乘加运算，但很难完成外围的复杂硬件逻辑控制。

在指纹数据采集方面，FPGA 有单片机和 DSP 无法比拟的优势。FPGA 时钟频率高，内部时延小，全部控制逻辑由硬件完成，速度快，而且 FPGA 可以采用 IP 核技术，通过继承、共享或购买所需的知识产权核来提高开发进度。

8.4.1 指纹采集卡总体硬件设计

指纹采集卡的整体设计框图如图 8-10 所示。

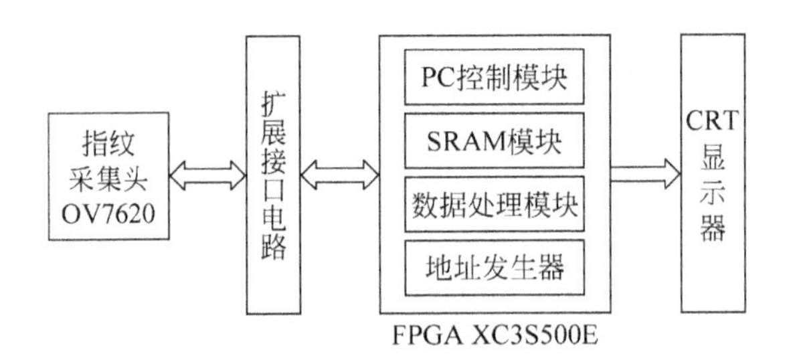

图 8-10 指纹采集卡整体设计框图

系统的基本工作过程可阐述如下：首先，计算机通过 FPGA 芯片 XC3S500E 与指纹采集头 OV7620 及系统其他器件进行通信；其次，计算机通过设计 FPGA 中的 I^2C 总线模式向指纹采集头发送命令，通知指纹头以何种方式、什么时候采集指纹；采集头接收到命令后开始采集指纹，并将采集到的指纹数据按顺序写入在 XC3S500E 中设计的 SRAM 中，然后，系统按地址发生器给出的地址顺序读取 SRAM 中的数据送指纹处理器进行极值中值滤波处理；最后将处理后的数据顺序送回 SRAM，再由 VGA 控制模块读取 SRAM 中的数据经 VGA 端口送到 CRT 显示器显示。

1. FPGA 的选型

本设计使用的是 Xilinx 公司的 Spartan-3E 开发板。Spartan-3E 是目前 Spartan 系列最新的产品，具有系统门数从 10 万到 160 万的多款芯片，是在 Spartan-3 成功的基础上进一步改进的产品，提供了比 Spartan-3 更多的 I/O 端口和更低的单位成本，是 Xilinx 公司性价比最高的 FPGA 芯片。

2. 指纹采集头

采集的指纹是由基于 OV7620 芯片的指纹采集头输入的。OV7620 黑白 CMOS 图像传感器芯片是 Omnivision 公司推出的一款基于单芯片的照相装置。基于 OV7620 的采集头还具有以下特点：

- 体积小，便于生产易携带的指纹采集装置；
- 功耗低，宽动态范围；
- 支持步进和交错两种扫描模式；
- 输出数据支持 CCIR601、CCIR656 和 RGB 格式并带有 ZV 端口；
- 利用专有的处理算法消除 FPN(Fixed Pattern Noise)，反图像浮散，并且达到零图像拖尾效应。

由于指纹图像只需要黑白模式，通过 Y 通道的 8 位数据传输就足够，因此我们采用的是彩色采集头 OV7620 的简化产品 OV7120。

3. SRAM 的设计

可以用来做帧存的存储器件有多种，如动态存储器 SDRAM、DRAM 和静态存储器 SRAM 等。SDRAM 和 DRAM 属于动态存储器，容量大、价格便宜，但速度比 SRAM 慢，而且由于结构上的特点在使用时需要定时刷新。FPGA 中没有 SDRAM 刷新控制器，所以需要设计刷新电路，其时序比较复杂，给系统设计带来难度且不能保证效果。由于使用的FPGA有足够的资源，因此在XC3S500E的内部设计了一个SRAM，这样生成的SRAM器件存储速度快、时序相对简单，容易控制，构成的存储系统更加稳定。

一帧指纹图像数据大小约为300KB，对应我们设计的SRAM有19个地址引脚，8根数据线，有片选引脚$\overline{CS}$、写有效引脚wr、读有效引脚rd。wr和rd分别与$\overline{CS}$联合控制读写使能。读写时需要注意它的地址、数据的建立时间、保持时间等是否在器件允许的范围之内。在电路设计时，只需将存储器的控制引脚和数据、地址信号引脚分别连接到FPGA的I/O口上即可。

读SRAM的时序要求为：当地址信号稳定后，片选信号由高电平变为低电平，且片选信号低电平的结束位置不能超过地址有效结束位置；输出使能信号rd在片选信号为低过程内保持一段时间的有效状态；写使能信号wr在读过程中始终为高电平。

8.4.2 FPGA系统结构及整体设计方案

在本设计中，FPGA要实现I^2C总线模块、图像初级处理模块、地址发生器模块、FPGA逻辑控制和VGA显示模块的功能。这些模块的功能全部采用VHDL硬件描述语言在开发软件ISE中实现，最后下载到Spartan-3E开发板进行测试。

整个系统的顶层设计图如图8-11所示，其内部结构图如图8-12所示。

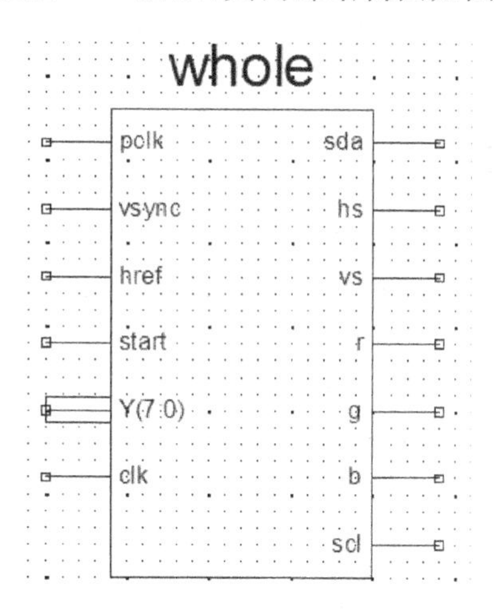

图8-11 系统的顶层设计图

不难看出，采集系统主要实现以下四大功能：命令发送、指纹采集、滤波处理、逻辑控制和图像显示。其中命令发送功能主要是将计算机发出的各种命令(复位、采集等)准确地传送给指纹头，在计算机和指纹头之间搭建起一条可以进行可靠通信的桥梁，为双方传送相应的状态信息和控制信号。而指纹采集功能，则是本设计的重点。本设计采用内置SRAM作为存储器。采用SRAM可以将一整帧的指纹图像保存起来，为指纹初级处理提供数据，并且OV7620输出的PCLK时钟频率是不一样的，SRAM还可以起到数据缓冲的作用。滤波处理功能实现对指纹图像的极值中值滤波处理。至于逻辑控制这部分是比较复杂的，它既要控制指纹采集头和FPGA之间的数据通信，又必须管理系统内部几乎所有的器件使之协

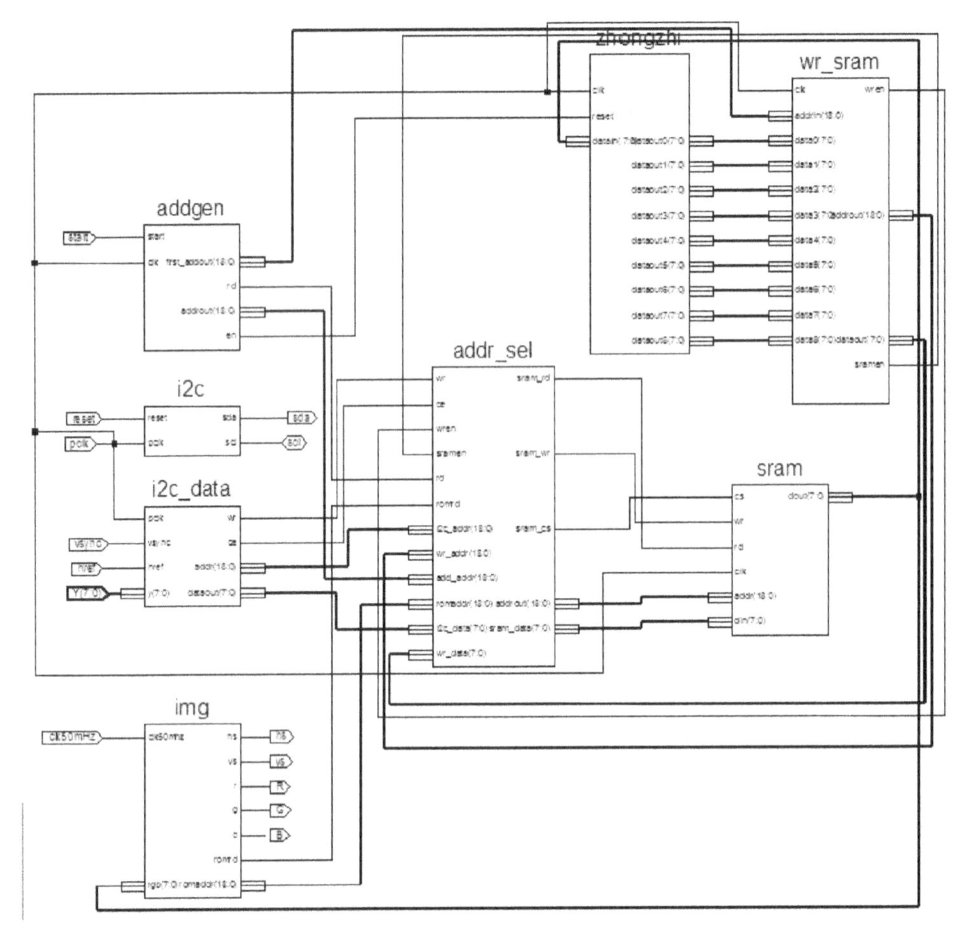

图 8-12 系统顶层内部结构图

调工作使得采集到的图像最后能够通过 VGA 接口在 CRT 显示器上显示出来。而且还要控制 I²C 总线、指纹图像初级处理器、地址发生器、VGA 显示模块，这就要求对控制逻辑本身的信号延迟、同步控制有严格的要求。图像尺寸如图 8-13 所示。

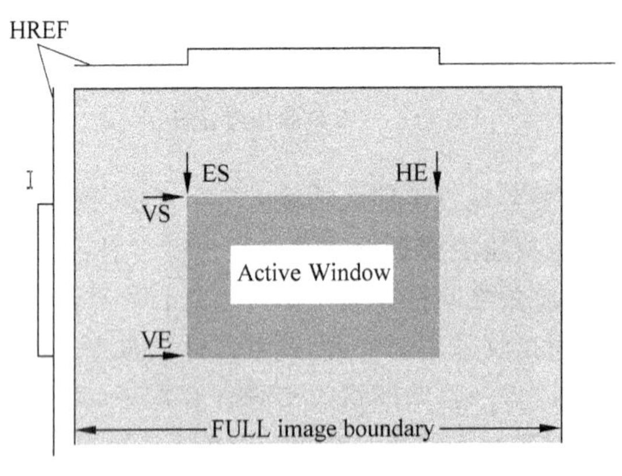

图 8-13 图像大小定义

8.4.3 指纹采集头的配置

指纹采集头的工作方式、数据输出格式、扫描模式等参数的选择和改变都是通过 I^2C 串行接口实现的。I^2C 总线系统由两根总线即 SCL(串行时钟)线和 SDA(串行数据)线构成。I^2C 总线主从器件之间传送的一次数据称为一帧,由启动信号、地址码、若干数据字节、应答位以及停止信号等组成。通信启动时,主器件发送一个启动信号(当 SCL 线上是高电平时,SDA 线上产生一个下跳沿)、从器件的地址(唯一的 7 位地址码)和 1 位读写方向标志位;通信停止时,主器件发送一个停止信号(当 SCL 线上是高电平时,SDA 线上产生一个上升沿)。在数据传送过程中。当 SCL 线上是高电平时,必须保证 SDA 线上的数据稳定,传完一个字节的数据,必须由从器件送回一个应答信号。这种总线可以设计成很多种通信配置,考虑到在本次设计中的实际应用,该 I^2C 总线模型如下:单主操作,只实现简单的写和读操作,写地址连续,没有竞争和仲裁,是很简单的 I^2C 总线系统。在本设计中,用 FPGA 模拟的 I^2C 总线协议模块完成对 OV7620 先后进行初始化。

I^2C 总线是由数据线 SDA 和时钟线 SCL 构成的串行总线,可发送和接收数据。在 CPU 与被控 I^2C 之间、IC 与 IC 之间进行双向传送。各种被控制电路均并连在这条总线上,但就像电话机一样只有拨通各自的号码才能工作,所以每个电路和模块都有唯一的地址,在信息的传输过程中,I^2C 总线上并接的每一模块电路既是主控器(或被控器),又是发送器(或接收器),这取决于它所要完成的功能。CPU 发出的控制信号分为地址码和控制量两部分,地址码用来选址,即接通需要控制的电路,确定控制的种类;控制量决定调整的类别(如对比度、亮度等)及需要调整的量。这样,各控制电路虽然挂在同一条总线上,却彼此独立,互不相关。在 I^2C 总线上传送的一个数据字节由八位数组成,总线对每次传送的字节数没有限制,但每个字节后必须跟一位应答位。传输速率可达 400 千波特。数据传送时,高位在前,低位在后,这和传统的串行通信不同。

数据传输时,在时钟线 SCL 高电平期间,数据线 SDA 上的信息要保持不变,在 SCL 低电平期间,SDA 上的电平才允许变化。每个 SCL 脉冲对应 SDA 上的一位数据,如图 8-14 所示。

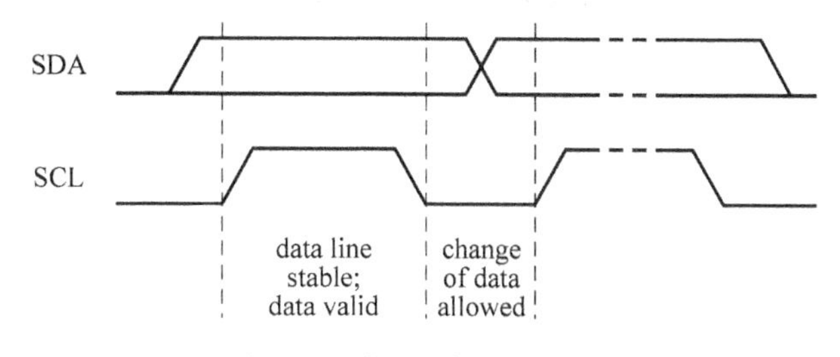

图 8-14 I^2C 总线的数据传输

I^2C 总线在传送数据过程中共有三种类型信号,它们分别是开始信号、结束信号和应答信号,如图 8-15 所示。

① 开始信号:SCL 为高电平时,SDA 由高电平向低电平跳变,开始传送数据。

② 结束信号:SCL 为高电平时,SDA 由低电平向高电平跳变,结束传送数据。

③ 应答信号:接收数据的 IC 在接收到 8b 数据后,向发送数据的 IC 发出特定的低电平

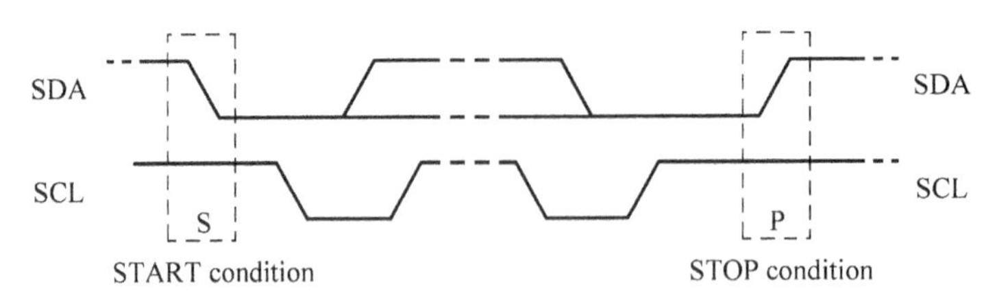

图 8-15 I²C 总线的起始和停止条件

脉冲,表示已收到数据。CPU 向受控单元发出一个信号后,等待受控单元发出一个应答信号,CPU 接收到应答信号后,根据实际情况做出是否继续传递信号的判断。若未收到应答信号,则判断为受控单元出现故障。

数据传送按图 8-15 所示的格式进行。首先由主控设备发出起始信号(S),即 SDA 在 SCL 高电平期间由高电平跳变为低电平,然后由主控设备发送一个字节的数据。

首先传送的是最高位。在传输了每个字节之后,必须要有接收设备发出的一位应答信号。

按照 I²C 总线技术的规定,起始信号后的第一字节是寻址字节。寻址字节的高七位是接收设备的地址,第八位是传送方向位,0 表示主控设备发送数据,1 表示主控设备接收数据。寻址字节后面可以是很多数据字节,每个字节后都要有一位发自接收设备的应答信号。在结束通信时,主控设备必须发出终止信号(P),或者发出对另一个设备传输数据的起始信号(S)。

对于"应答位",多数情况下是这样的。但是在主控设备作为接收器时,当收到最后一个字节后,如果发出低电平的应答位,会导致对方继续发送数据。为此在不要再接收数据的情况下,主控设备要输出高电平作为应答位,通知发送方停止发送数据,这称为"非应答"。同样当其他设备不能接收主控设备的数据时,会在应答的时钟(第九位)期间,给出高电平。

根据 OV7620 的说明,OV7620 开窗位置和开窗大小、黑白和彩色模式以及扫描方式均可通过相应寄存器来设置。这些寄存器都是可读写的,具体操作方法如下:可以采用页写的方式,即在写寄存器过程中要先发送写允许指令 OX42,然后发送写数据的目的寄存器地址,接着为要写入的数据。写完一个寄存器后,CMOS 会自动把寄存器地址加 1,程序可继续向下写,而不需要再次输入地址。

【例 8-3】 I²C 模块——I²C. VHD。

```
LIBRARY IEEE;
USE IEEE.STD_LOGIC_1164.ALL;
USE IEEE.STD_LOGIC_ARITH.ALL;
USE IEEE.STD_LOGIC_UNSIGNED.ALL;
ENTITY i2c IS
PORT(
   reset:      IN   STD_LOGIC;
   pclk:       IN   STD_LOGIC;
   scl:        INOUT   STD_LOGIC;
   sda:        OUT     STD_LOGIC
   cs:         IN STD_LOGIC);
END ENTITY;
```

```
ARCHITECTURE BEHAVIOR OF i2c IS
   TYPE states IS (idle,start,init,inita,t0,t1,t1a,t2,t3,t5,t6,stop);
   SIGNAL sta:   states;
   SUBTYPE word IS STD_LOGIC_VECTOR(7 DOWNTO 0);
   TYPE reg_int IS ARRAY(12 DOWNTO 0) OF WORD;
   SIGNAL datain:   REG_INT;
   SIGNAL data:     STD_LOGIC_VECTOR(7 DOWNTO 0);
   SIGNAL n:   INTEGER RANGE 0 TO 12;
   SIGNAL m:   INTEGER RANGE 0 TO 3;
   SIGNAL bit_cnt:   INTEGER;
BEGIN
   datain(0) <= "01000010";
   datain(1) <= "00010011";
   datain(2) <= "00010001";
   datain(3) <= "00010100";
   datain(4) <= "00000100";
   datain(5) <= "00100000";
   datain(6) <= "00000010";
   datain(7) <= "00101000";
   datain(8) <= "01100000";
   datain(9) <= "00101101";
   datain(10) <= "10010001";
   datain(11) <= "00010010";
   datain(12) <= "10100100";
   a1: PROCESS(reset,pclk)
   BEGIN
      IF( reset = '0') THEN
            Sta <= idle;
      ELSIF( pclk'EVENT and pclk = '1' ) THEN
            CASE sta IS
               WHEN idle => scl <= '1';
                            sda <= '1';
                            sta <= start;
               WHEN start => scl <= '1';
                            sda <= '0';
                            sta <= init;
               WHEN init => bit_cnt <= 0;
                            data <= datain(n);
                            sda <= '0';
                            scl <= '0';
                            sta <= inita;
               WHEN inita => sda <= data(7);
                            scl <= '0';
                            sta <= t0;
               WHEN t0 => sda <= data(7);
                            scl <= '1';
                            sta <= t1;
               WHEN t1 => sda <= data(7);
                         scl <= '1';
                         sta <= t1a;
               WHEN t1a => data(7 downto 1) <= data(6 downto 0);
```

```
                    data(0) <= '0';
                    sda <= data(7);
                    scl <= '0';
                    sta <= t2;
          WHEN t2  => scl <= '0';
                   IF (bit_cnt  =  7) then
                     sda <= '0';
                     sta <= t3;
                     m <= 0;
                   ELSE
                     bit_cnt <= bit_cnt  +  1;
                     sda <= data(7);
                     sta <= t0;
                   END IF;
          WHEN t3  => sda <= '0';
                   IF(scl  =  '1') THEN
                     sta <= t5;
                   ELSIF( m < 3) THEN
                     sta <= t3;
                     m <= m  +  1;
                   ELSE
                     sta <= init;
                   END IF;
          WHEN t5  => sda <= '0';
                    scl <= '0';
                    IF(n  =  12) THEN
                      Sta <= t6;
                    ELSE
                      n <= n  +  1;
                      sta <= init;
                    END IF;
          WHEN t6  => scl <= '1';
                      sda <= '0';
                      sta <= stop;
          WHEN stop  => scl <= '1';
                      sda <= '1';
                      sta <= idle;
          END CASE;
      END IF;
    END PROCESS;
  END BEHAVIOR;
```

I^2C 总线时序仿真结果如图 8-16 所示，RST 变为高电平以后，SCL 和 SDA 也分别变为高电平，表示开始准备，在 SCL 为高电平的时候，是 I^2C 总线的开始信号，也就是说这时候开始发送数据，每个 SCL 的上升沿对应一位数据。开始信号后，SDA 第一个输出的数据是 01000010，前 7 位数 0100001 是 OV7120 器件的地址，后面的 0 是写命令。01000010 也就是 OV7120 的写允许指令 0x42，而第二个输出的是数据要写入的寄存器，这里是寄存器 13，后面的数据是寄存器 13 中写入的数据 11，表示要求符合 CCIR656 协议。接下来就是寄存器 14 中要写入的数据 04，表示要求输入窗口大小为 640×480，以后的依此类推。

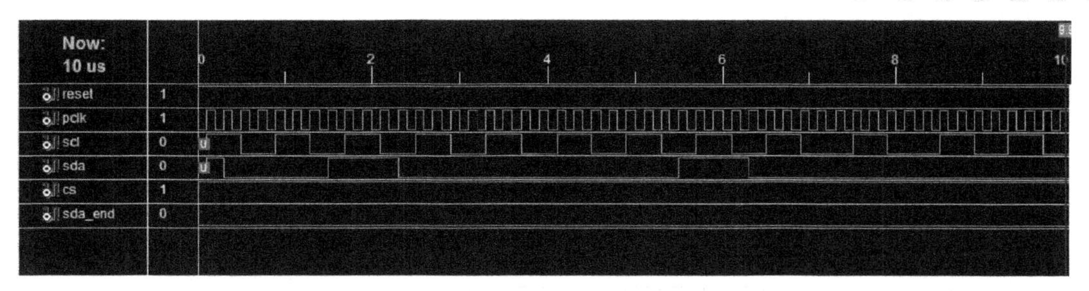

图 8-16 I²C 总线时序仿真结果

8.4.4 系统软件规划

整个指纹采集系统的软件流程如图 8-17 所示，系统启动后，首先 PROM 给 FPGA 进行上电配置，然后通过 I²C 总线配置 OV7620 的工作方式。接着 OV7620 开始工作，采集指纹。OV7620 采集的指纹数据从 Y 口输出，顺序地进入 SRAM，采集完毕后，根据读地址发生器产生的读地址顺序读取 SRAM 中的数据，读出的数据送到指纹图像初级处理器，进行极值中值滤波处理，处理后的数据再存到 SRAM 中，最后通过开发板上的 VGA 端口将数据送到 CRT 显示器上显示。

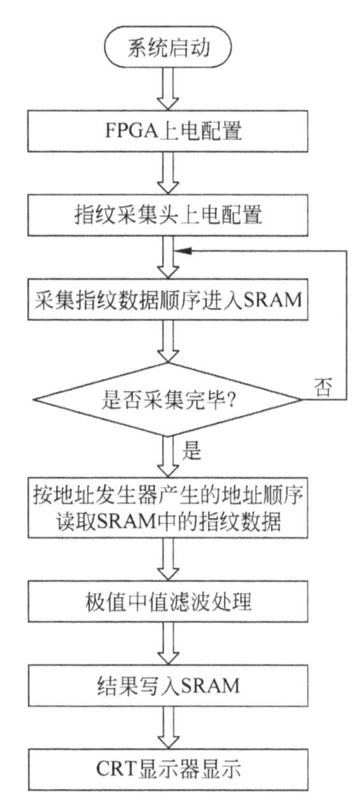

图 8-17 指纹采集卡的软件流程图

【例 8-4】 ADDGEN 模块——ADDGEN. VHD。

```
LIBRARY IEEE;
USE IEEE.STD_LOGIC_1164.ALL;
```

```
USE IEEE.STD_LOGIC_ARITH.ALL;
USE IEEE.STD_LOGIC_UNSIGNED.ALL;
ENTITY addgen IS
PORT(
   start: IN  STD_LOGIC;
   clk: IN  STD_LOGIC;
   rd: OUT STD_LOGIC;
   addout: OUTSTD_LOGIC_VECTOR(18 DOWNTO 0);
   first_addout: OUTSTD_LOGIC_VECTOR(18 DOWNTO 0));
END ENTITY;
ARCHITECTURE BEHAVIOR OF addgen IS
   TYPE states IS (st0,st1,st2,st3,st4,st5,st6,st7,st8);
   SIGNALnext_sta,sta: states;
   SIGNALaddout1,addout2,addin1,addin2: STD_LOGIC_VECTOR(18 DOWNTO 0);
   SIGNALaddin: STD_LOGIC_VECTOR(18 DOWNTO 0): = "0000000000000000000";
   SIGNALcnt: STD_LOGIC_VECTOR(18 DOWNTO 0): = "0000000000000000000";
BEGIN
   addin1 <= addout1 + 1;
   addin2 <= addout2 + 640;
u1: PROCESS(clk,start)
   BEGIN
      IF (start = '0') THEN
         sta <= st0;
         rd <= '0';
      ELSIF(clk'EVENT and clk = '1') THEN
         IF(cnt < 307200 - 1283) THEN
            sta <= next_sta;
            rd <= '1';
         END IF;
      END IF;
   END PROCESS u1;
u2: PROCESS(sta)
   BEGIN
      CASE sta IS
         WHEN st0 =>
          addout <= addin;
          first_addout <= addin;
          addout1 <= addin;
          addout2 <= addin;
          next_sta <= st1;
         WHEN st1 =>
          addout <= addin2;
          addout1 <= addin2;
          addout2 <= addin;
          next_sta <= st2;
         WHEN st2 =>
          addout <= addin1;
          addout1 <= addin1;
          addout2 <= addin;
          next_sta <= st3;
         WHEN st3 =>
```

```
                addout <= addin1;
                addout1 <= addin;
                addout2 <= addin2;
                next_sta <= st4;
            WHEN st4 =>
                addout <= addin2;
                addout1 <= addin2;
                addout2 <= addin;
                next_sta <= st5;
            WHEN st5 =>
                addout <= addin1;
                addout1 <= addin1;
                addout2 <= addin;
                next_sta <= st6;
            WHEN st6 =>
                addout <= addin1;
                addout1 <= addin;
                addout2 <= addin;
                next_sta <= st7;
            WHEN st7 =>
                addout <= addin1;
                addout1 <= addin1;
                addout2 <= addin;
                next_sta <= st8;
            WHEN st8 =>
                addout <= addin1;
                addout1 <= addin;
                addout2 <= addin;
                addin <= addin + 1;
                cnt <= cnt + 1;
                next_sta <= st0;
            END CASE;
    END PROCESS u2;
END BEHAVIOR;
```

【例 8-5】 I2C_DATA. VHD。

```
LIBRARY IEEE;
USE IEEE.STD_LOGIC_1164.ALL;
USE IEEE.STD_LOGIC_ARITH.ALL;
USE IEEE.STD_LOGIC_UNSIGNED.ALL;
ENTITY i2c_data IS
PORT(
    pclk,vsync,href: IN STD_LOGIC;
    y: IN STD_LOGIC_VECTOR(7 DOWNTO 0);
    addr: OUT STD_LOGIC_VECTOR(18 DOWNTO 0);
    dataout: OUT STD_LOGIC_VECTOR(7 DOWNTO 0);
    wr: OUT STD_LOGIC;
    ce: OUT STD_LOGIC);
END ENTITY;
ARCHITECTURE BEHAV OF i2c_data IS
```

```
    SIGNAL data_end: STD_LOGIC: = '0';
    TYPE states IS (start,stop);
    SIGNALaddout: STD_LOGIC_VECTOR(18 DOWNTO 0): = "0000000000000000000";
    SIGNALsta: states;
    SIGNALceen: STD_LOGIC: = '0';
    SIGNALwren: STD_LOGIC;
BEGIN
    addr <= addout;
    ce <= ceen;
    wr <= wren;
    dataout <= y;
    u1: PROCESS(vsync)
    BEGIN
       IF(vsync'EVENT and vsync = '0') THEN
           IF(ceen = '0') THEN
               ceen <= '1';
           ELSE
               ceen <= '0';
           END IF;
       END IF;
    END PROCESS;
    u2: PROCESS(pclk,href,ceen)
    BEGIN
       IF(href = '0') THEN
           wren <= '0';
       ELSIF(pclk'EVENT and pclk = '1') THEN
           IF(ceen = '1') THEN
              wren <= '1';
              IF(addout < "1001011000000000000") THEN
                  addout <= addout + 1;
              END IF;
           END IF;
       END IF;
    END PROCESS;
END BEHAV;
```

【例 8-6】 SRAM. VHD。

```
LIBRARY IEEE;
USE IEEE.STD_LOGIC_1164.ALL;
USE IEEE.STD_LOGIC_ARITH.ALL;
USE IEEE.STD_LOGIC_UNSIGNED.ALL;
ENTITY sram IS
GENERIC(
       k: INTEGER : = 8;
       w: INTEGER : = 19);
PORT(
       cs,wr,rd,clk: IN STD_LOGIC;
       addr: IN STD_LOGIC_VECTOR(W - 1 DOWNTO 0);
       din: IN STD_LOGIC_VECTOR(K - 1 DOWNTO 0);
       dout: OUT STD_LOGIC_VECTOR(K - 1 DOWNTO 0));
```

```
END ENTITY;
ARCHITECTURE BEHAV OF sram IS
      SUBTYPE word IS STD_LOGIC_VECTOR(K - 1 DOWNTO 0);
      TYPE memory IS ARRAY(0 TO 524287) OF word;
      SIGNAL sram1: memory;
      SIGNAL adr_in: integer;
      SIGNAL dataout: STD_LOGIC_VECTOR(K - 1 DOWNTO 0): = "ZZZZZZZZ";
BEGIN
      adr_in <= conv_integer(addr);
      dout <= dataout;
u1: PROCESS(clk,cs,wr,adr_in,din,rd)
      BEGIN
         IF(cs = '1') THEN
              IF(clk'EVENT and clk = '1') THEN
                  IF(wr = '1' and rd = '0') THEN
                      sram1(adr_in) <= din;
                  ELSIF(rd = '1' and wr = '0') then
                      dataout <= sram1(adr_in);
                  END IF;
             END IF;
      END IF;
   END PROCESS;
END BEHAV;
```

本章小结

自顶向下的设计，就是设计者首先从整体上规划整个系统的功能和性能，然后对系统进行划分，分解为规模较小、功能较为简单的局部模块，并确立它们之间的相互关系，这种划分过程可以不断地进行下去，直到划分得到的单元可以映射到物理实现。

采用自顶向下设计方法在对 FPGA(现场可编程门阵列)器件进行现场集成开发时包括设计准备、设计输入、功能仿真、设计处理、时序仿真和器件编程、测试等步骤。

采用 EDA 工具设计逻辑电路。一般包括两种方式：一是原理图输入法，对 EDA 工具提供的逻辑器件进行编辑设计。优点是直观易懂，仿真简单。但是该方式不能胜任较复杂的系统设计任务。二是文本输入法，采用 VHDL 或其他语言对电路描述编辑和编译。该方式可胜任大规模的数字系统设计任务。

习题 8

[8-1] 一个 FIFO(先进先出存储器)的 VHDL 实体定义如下，试写出该实体的结构体。

```
ENTITY FIFOMXN IS
GENERIC(M,N : POSITIVE : = 8); ——M IS FIFO DEPTH,N IS FIFO WIDTH
PORT(RESET,WRREQ,RDREQ,CLOCK : IN STD_LOGIC;
```

```
        DATAIN : IN STD_LOGIC_VECTOR((N-1) DOWNTO 0);
        DATAOUT : OUT STD_LOGIC_VECTOR((N-1) DOWNTO 0);
        FULL,EMPTY : INOUT STD_LOGIC);
END FIFOMXN;
```

[8-2] 一个 LED 七段译码器的 VHDL 实体定义如下，试写出该实体的结构体。

```
ENTITY SEG7DEC IS
PORT(BCDIN : IN STD_LOGIC_VECTOR(3 DOWNTO 0);
     SEGOUT : OUT STD_LOGIC_VECTOR(6 DOWNTO 0));
END SEG7DEC;
```

[8-3] 试用 VHDL 写出一个三态总线的程序。

[8-4] 试用 VHDL 写出一个带三态输出的 8 位 D 寄存器的程序。

[8-5] 试用 VHDL 写出一个带 load、clr 等功能的寄存器的程序。

[8-6] 下面是一个使用 when-else 语句的多路选择器，请改用 select 和 if-else 语句分别完成多路选择器。

```
LIBRARY IEEE;
USE IEEE.STD_LOGIC_1164.ALL;
ENTITY MUX IS PORT(
        A,B,C,D: IN STD_LOGIC_VECTOR(3 DOWNTO 0);
        S: IN STD_LOGIC_VECTOR(1 DOWNTO 0);
        X: OUT STD_LOGIC_VECTOR(3 DOWNTO 0));
END MUX;
ARCHITECTURE ARCHMUX OF MUX IS
BEGIN
MUX4_1: PROCESS (A,B,C,D)
        BEGIN
              IF S = "00" THEN
                        X <= A;
              ELSIF S = "01" THEN
                        X <= B;
              ELSIF S = "10" THEN
                        X <= C;
              ELSE
                        X <= D;
              END IF;
        END PROCESS MUX4_1;
END ARCHMUX;
```

[8-7] 试用 VHDL 写出一个 16 位相等比较器的程序。

[8-8] 下面是一个最高优先级编码器的 VHDL 实体定义，试写出其结构体。

```
LIBRARY IEEE;
USE IEEE.STD_LOGIC_1164.ALL;
ENTITY PRIORITY IS
PORT(I: IN BIT_VECTOR(7 DOWNTO 0);          -- INPUTS TO BE PRIORITISED
     A : OUT BIT_VECTOR(2 DOWNTO 0);        -- ENCODED OUTPUT
     GS : OUT BIT);                          -- GROUP SIGNAL OUTPUT
END PRIORITY;
```

[8-9] 下面是一移位寄存器的实体定义,试用 VHDL 写出其结构体的程序。

```
LIBRARY IEEE;
USE IEEE.STD_LOGIC_1164.ALL;
ENTITY DEV164 IS
PORT(A,B,NCLR,CLOCK : IN BIT;
     Q : BUFFER BIT_VECTOR(0 TO 7));
END DEV164;
```

[8-10] 试用 VHDL 写出一个带同步复位功能的状态机程序。

附录A Quartus Ⅱ的使用

在这里，首先用最简单的实例向读者展示使用 Quartus Ⅱ 软件的全过程。进入 Windows XP 后，双击 Quartus Ⅱ图标，屏幕如图 A1 所示。

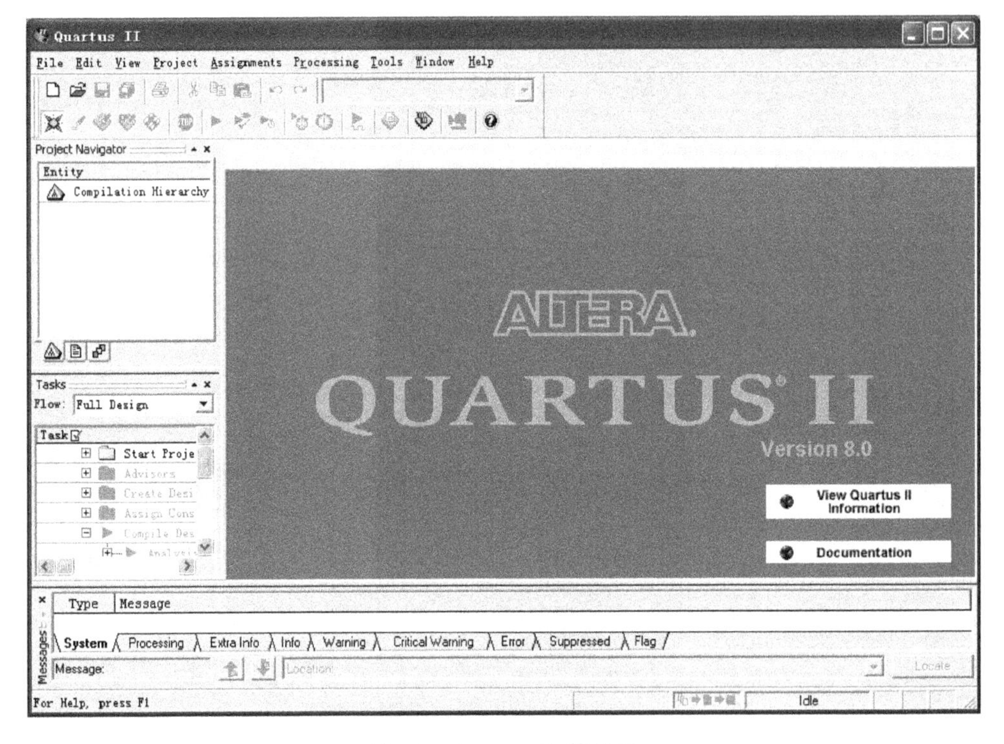

图 A1 Quartus Ⅱ 管理器

1. 工程建立

使用 New Project Wizard，可以为工程指定工作目录、分配工程名称以及指定最高层设计实体的名称。还可以指定要在工程中使用的设计文件、其他源文件、用户库和 EDA 工具，以及目标器件系列和器件(也可以让 Quartus Ⅱ 软件自动选择器件)。

建立工程的步骤如下：

① 选择 File 菜单下 New Project Wizard，如图 A2 所示。

② 输入工作目录和项目名称，如图 A3 所示。可以直接选择 Finish，以下的设置过程可以在设计过程中完成。

Quartus II
File Edit View Project Assignments Processing Tools Window Help
New... Ctrl+N
Open... Ctrl+O
Close Ctrl+F4
New Project Wizard...
Open Project... Ctrl+J
Convert MAX+PLUS II Project...
Save Project
Close Project
Save Ctrl+S
Save As...
Save Current Report Section As...
File Properties...
Create / Update
Export...
Convert Programming Files...
Page Setup...
Print Preview
Print... Ctrl+P
Recent Files
Recent Projects
Exit Alt+F4
ALTERA
QUARTUS II
Version 8.0
View Quartus II Information
Documentation
Warning
Critical Warning
Error
Suppressed
Flag
Message:
Location:
Locate
Starts the New Project Wizard
Idle

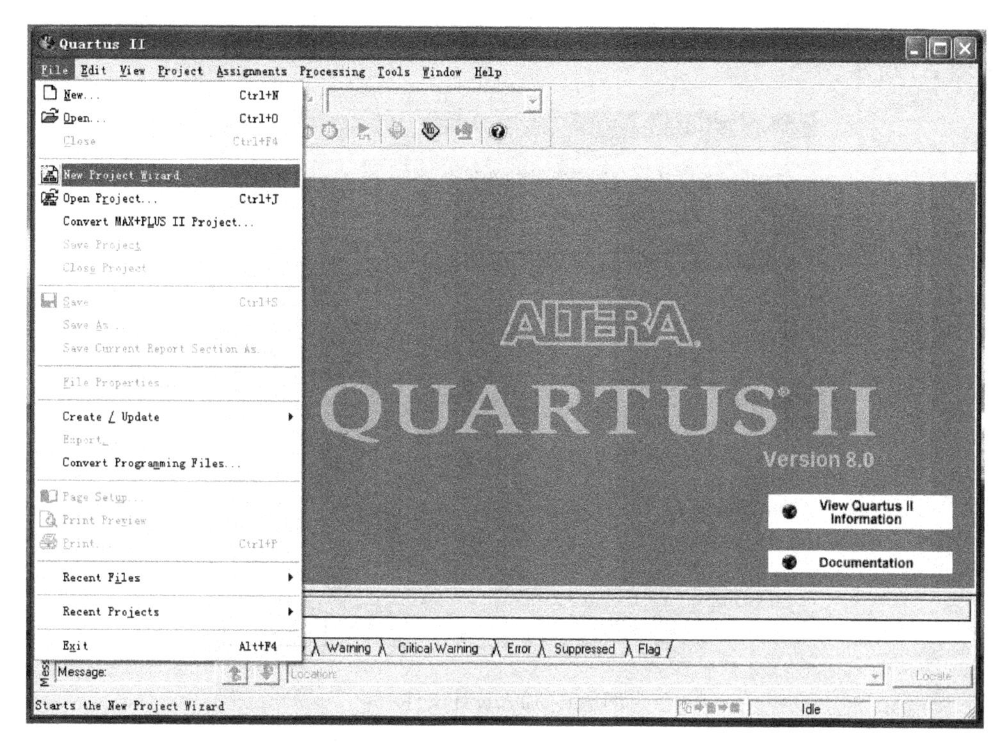

图 A2 建立项目的屏幕

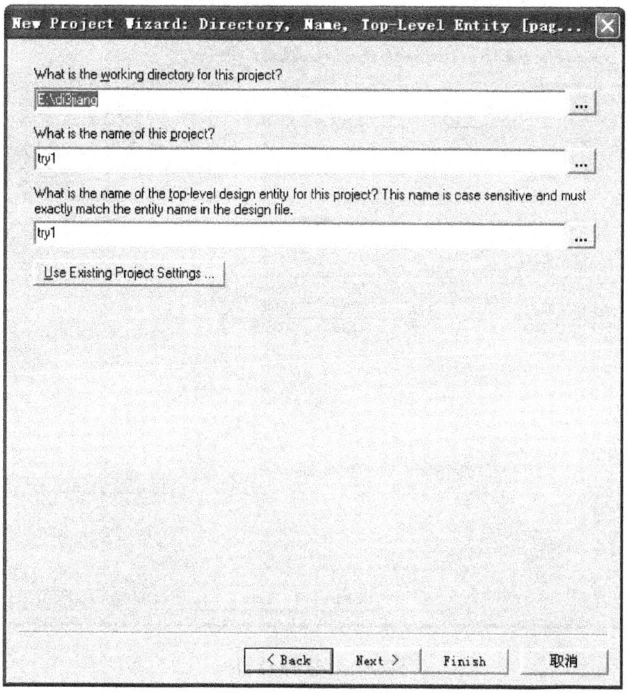

New Project Wizard: Directory, Name, Top-Level Entity [pag...
What is the working directory for this project?
E:\di3jiang
What is the name of this project?
try1
What is the name of the top-level design entity for this project? This name is case sensitive and must exactly match the entity name in the design file.
try1
Use Existing Project Settings ...
< Back
Next >
Finish
取消

图 A3 项目目录和名称

③ 加入已有的设计文件到项目，可以直接选择 Next，设计文件可以在设计过程中加入，如图 A4 所示。

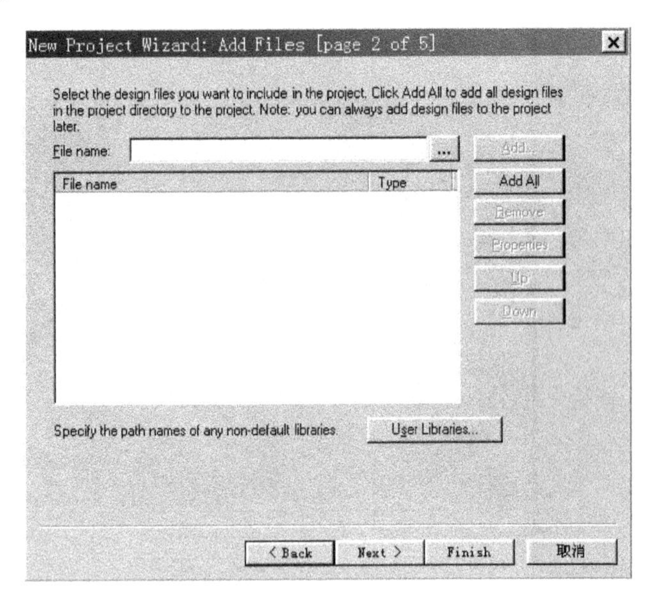

图 A4　加入设计文件

④ 选择设计器件，如图 A5 所示。

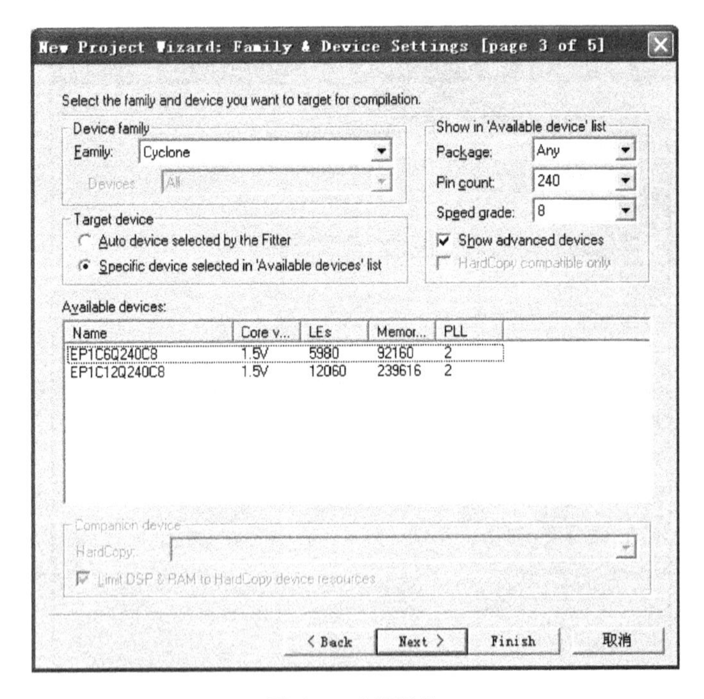

图 A5　选择器件

⑤ 选择第三方 EDA 综合、仿真和时序分析工具，如图 A6 所示。

⑥ 建立项目完成，显示项目概要，如图 A7 所示。

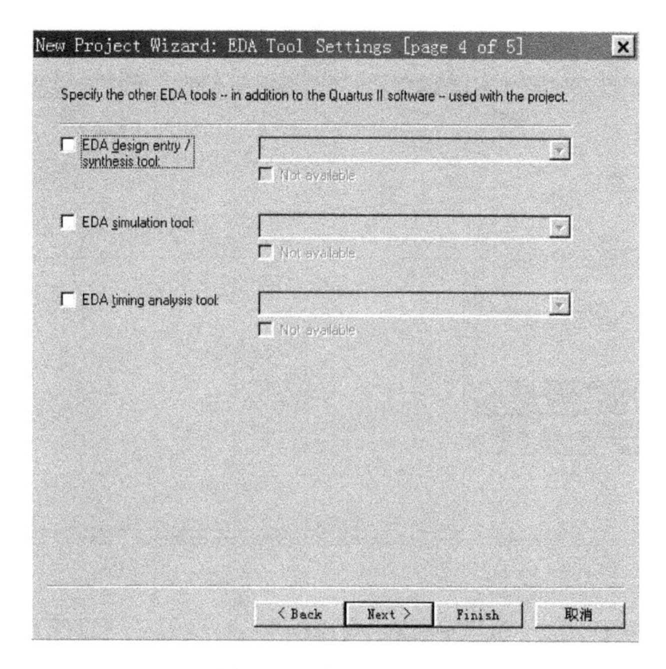

图 A6 选择 EDA 工具

2. 原理图的输入

原理图输入的操作步骤如下：

① 选择 File 菜单下 New，新建图表/原理图文件，如图 A8 所示。

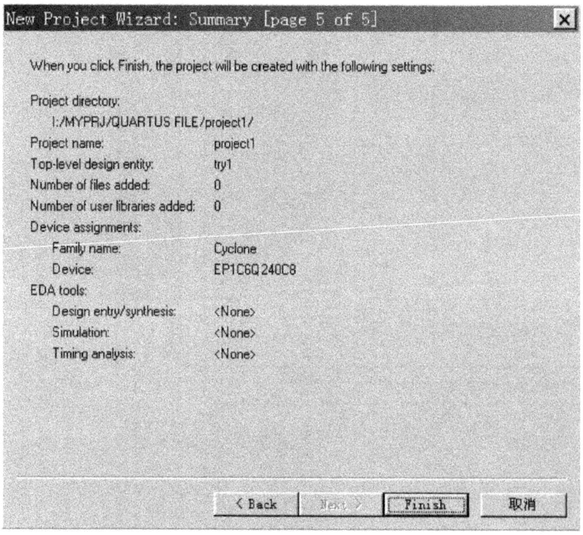

图 A7 项目概要

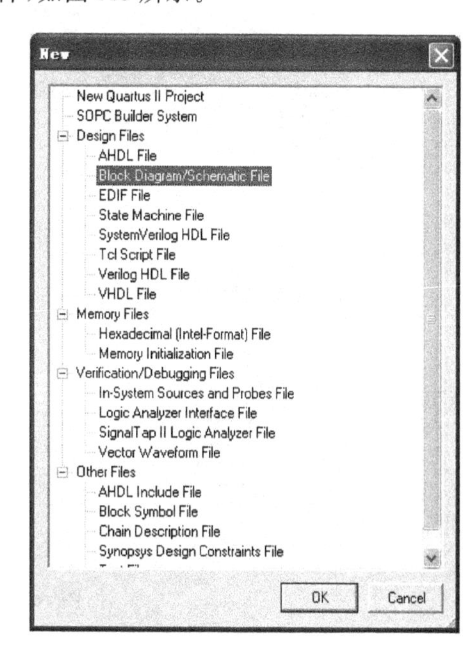

图 A8 新建原理图文件

② 在图 A9 的空白处双击,屏幕如图 A10 所示。

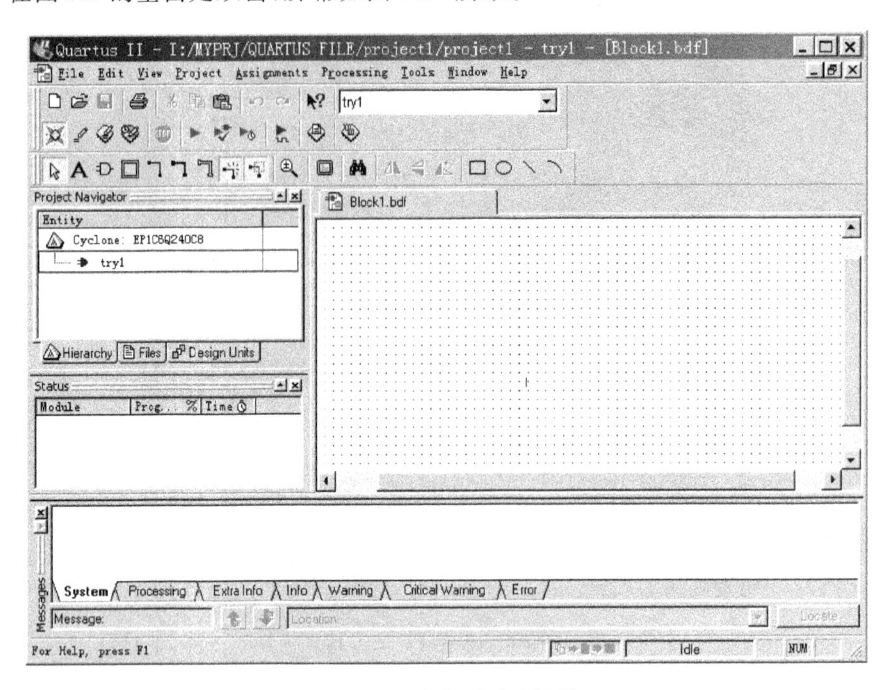

图 A9　空白的图形编辑器

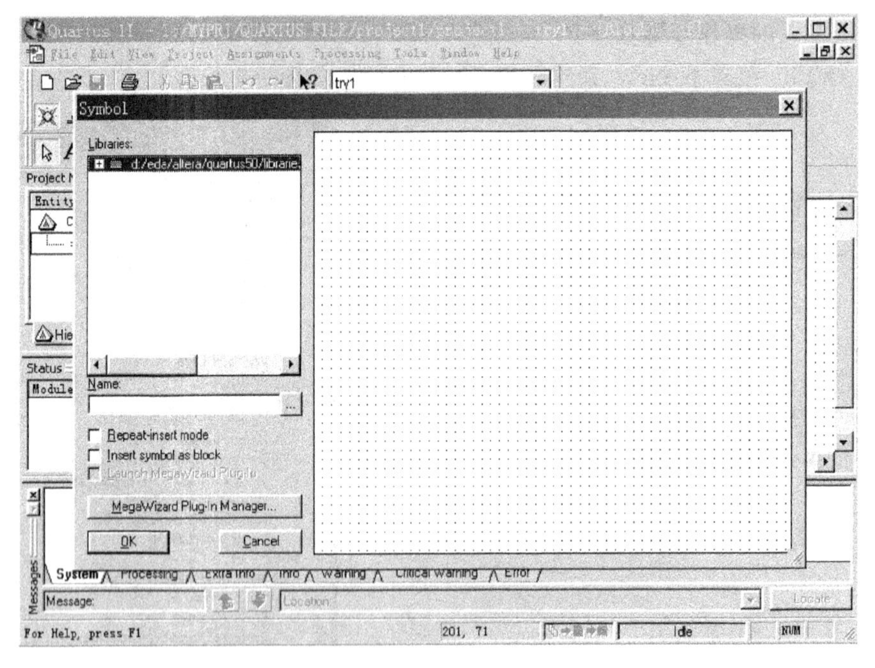

图 A10　选择元件符号的屏幕

③ 在图 A10 的 Symbol Name 输入编辑框中输入 dff 后,单击 OK 按钮。此时可看到光标上粘着被选的符号,将其移到合适的位置(参考图 A11)单击鼠标左键,使其固定。

④ 重复②、③步骤，给图中放一个 input、not、output 符号，如图 A11 所示。在图 A11 中，将光标移到右侧 input 右侧待连线处单击鼠标左键后，再移动到 D 触发器的左侧单击鼠标左键，即可看到在 input 和 D 触发器之间有一条线生成。

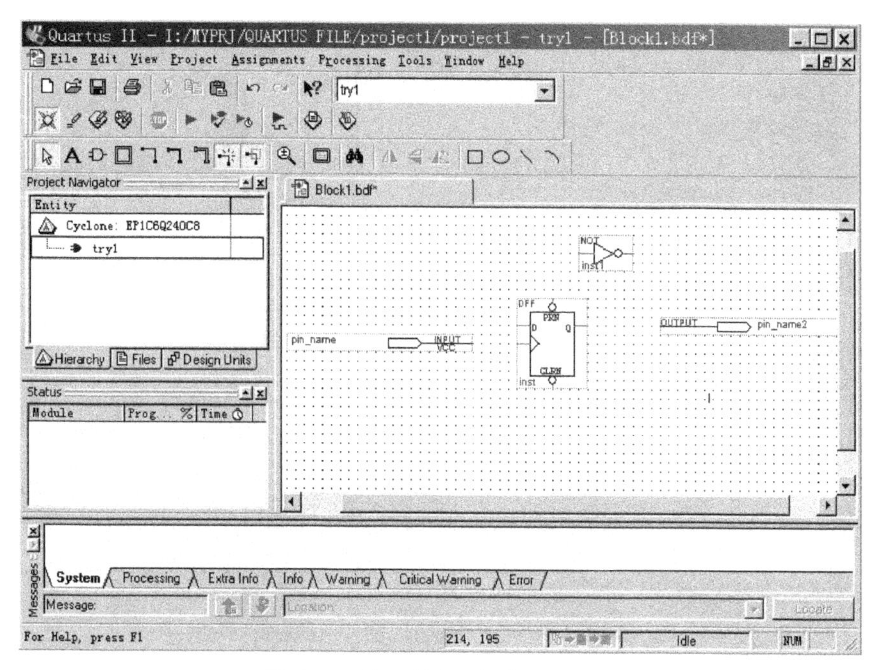

图 A11 放置所有元件符号的屏幕

⑤ 重复④的方法将 DFF 和 OUTPUT 连起来，完成所有的连线电路如图 A12 所示。

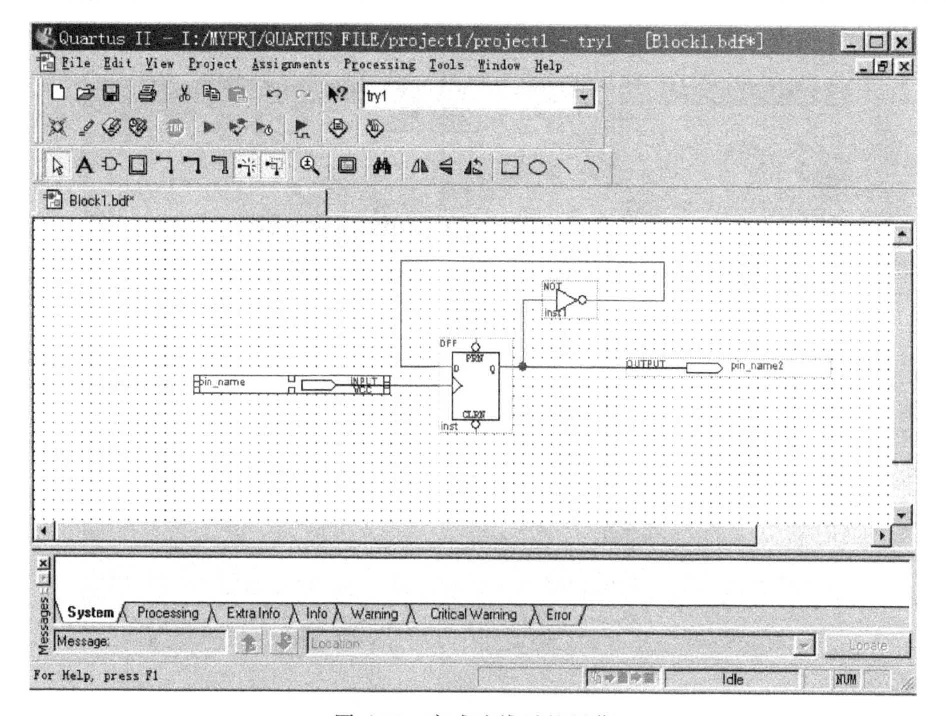

图 A12 完成连线后的屏幕

⑥ 在图 A12 中,双击 pin_name 使其衬低变黑后,再输入 clk,及命名该输入信号为 clk,用相同的方法将输出信号定义成 Q,如图 A13 所示。

⑦ 在图 A13 中单击保存按钮 ,以默认的 try1 文件名保存,文件后缀为 bdf。

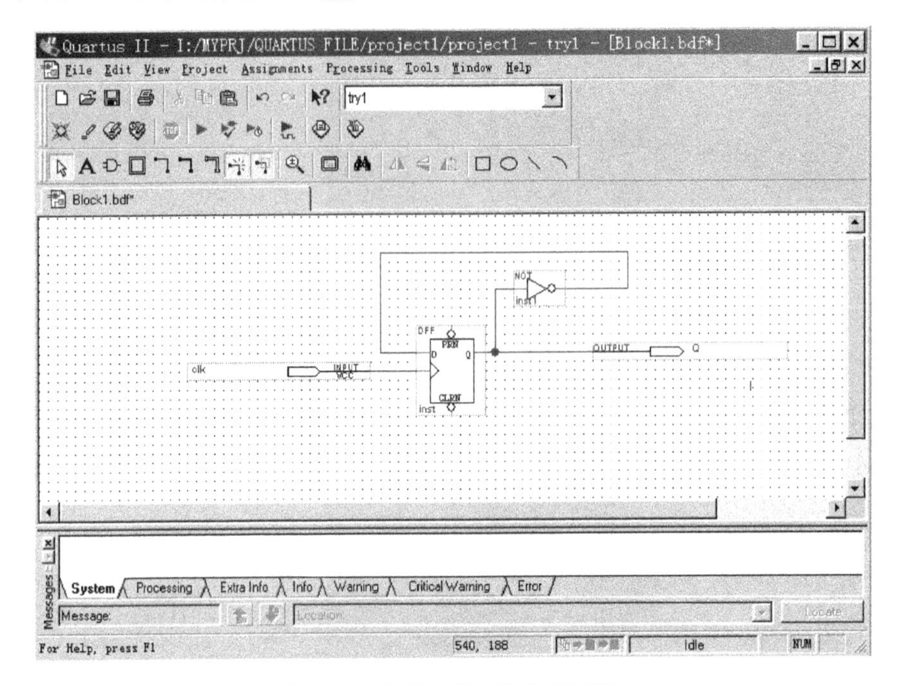

图 A13 完成全部连接线的屏幕

⑧ 在图 A8 中,单击编译器快捷方式按钮 ,完成编译后,弹出菜单报告错误和警告数目,并生成编译报告如图 A14 所示。

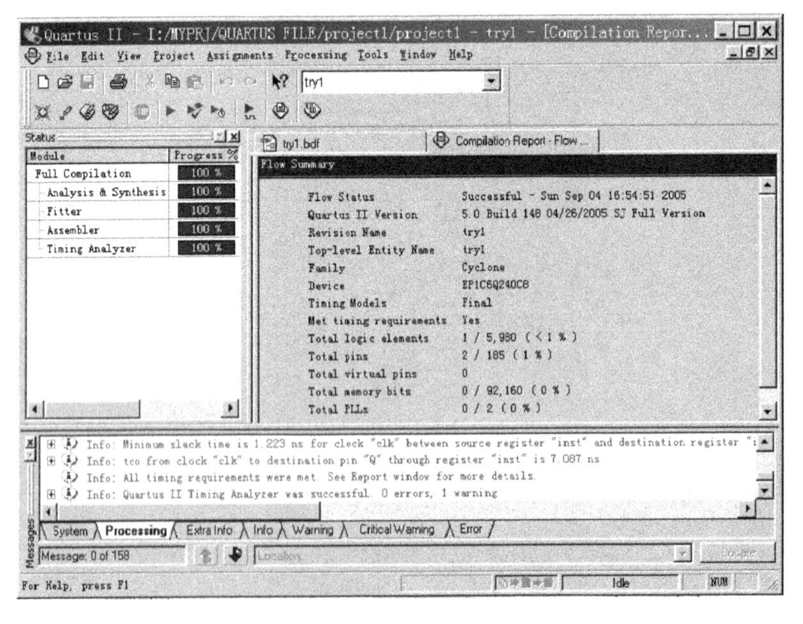

图 A14 完成编译的屏幕

⑨ 若需指定器件,选择 Assignments 菜单下 Device 选项,屏幕如图 A15 所示。

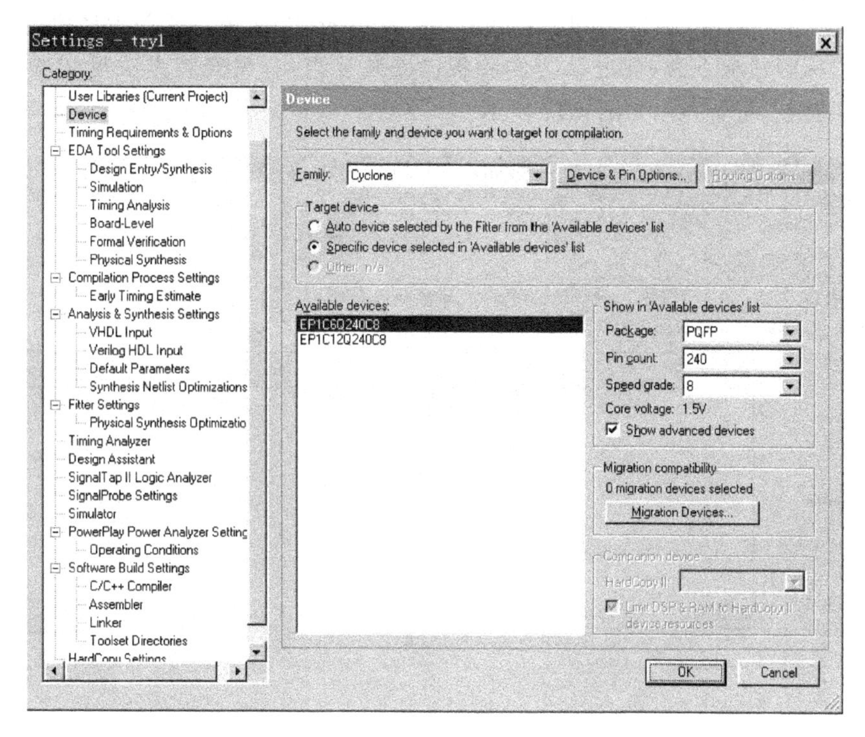

图 A15 器件设置

⑩ 完成如图 A15 所示的选择后,单击 OK 按钮回到工作环境。

⑪ 根据硬件接口设计,对芯片管脚进行绑定。选择 Assignments 菜单下 Pins 选项。

⑫ 双击对应管脚后的 Location 空白框,出现下拉菜单中选择要绑定的管脚,如图 A16 所示。

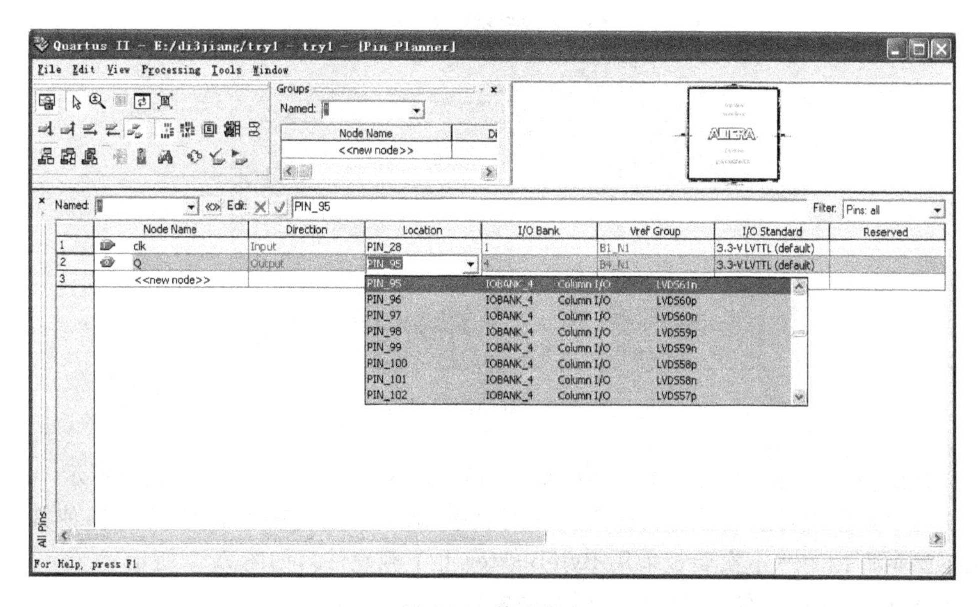

图 A16 管脚指定

⑬ 在图 A16 中完成所有管脚的分配，并把没有用到的引脚设置为 As input tri-stated，Assignments—Device—Device and Pin Options -Unused Pins，然后重新编译项目。

⑭ 对目标版适配下载（此处认为实验板已安装妥当，有关安装方法见实验板详细说明），单击 按钮，屏幕显示如图 A17 所示。

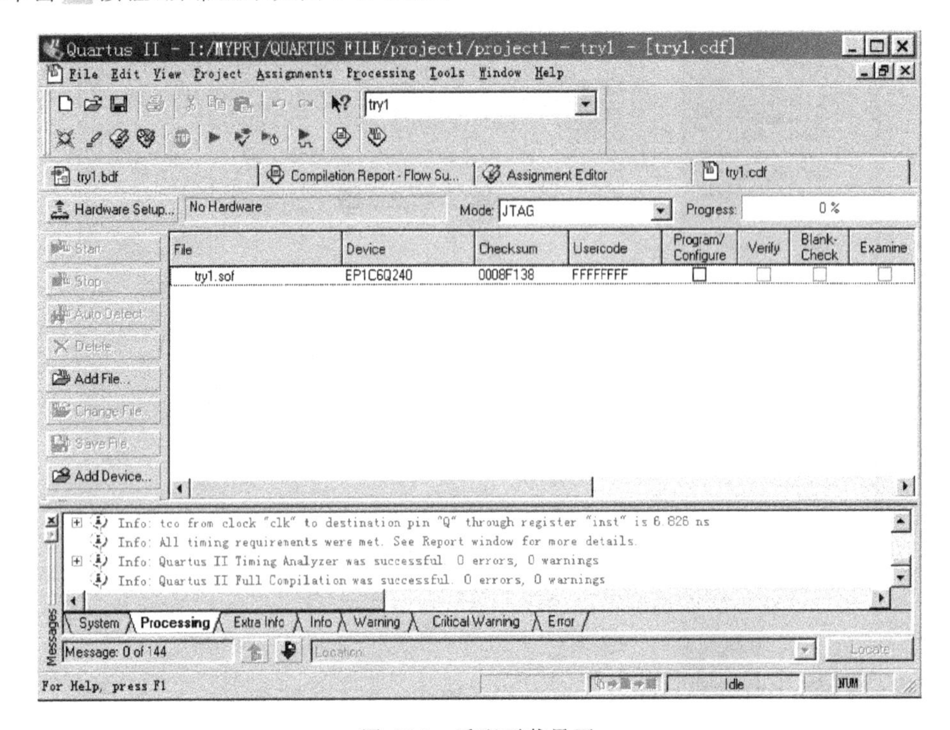

图 A17 适配下载界面

⑮ 选择 Hardware Setup，如图 A18 所示。

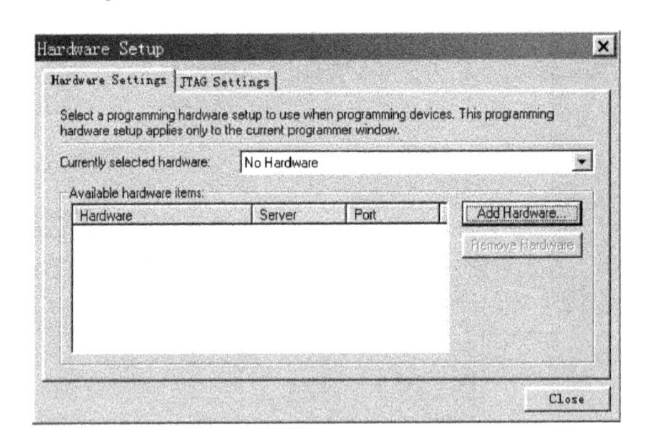

图 A18 下载硬件设置

⑯ 在图 A19 中选择添加硬件 ByteBlasteMV or ByteBlaster Ⅱ，如图 A19 所示。

⑰ 可以根据需要添加多种硬件于硬件列表中，双击可选列表中需要的一种，使其出现在当前选择硬件栏中（本实验板采用 ByteBlaster Ⅱ 下载硬件），如图 A20 所示。

⑱ 选择下载模式，本实验板可采用两种配置方式，AS 模式对配置芯片下载，可以掉电

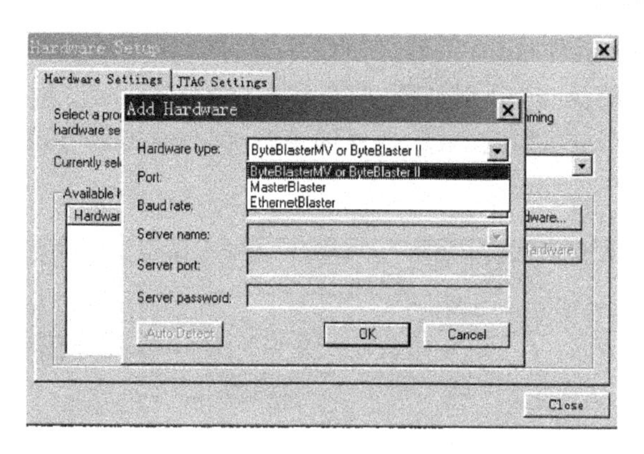

图 A19 添加下载硬件

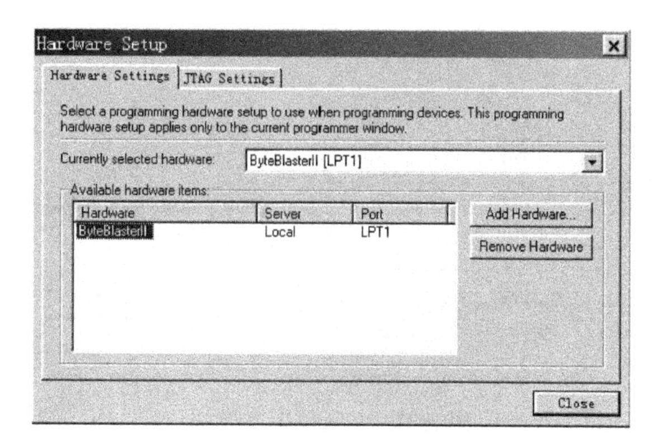

图 A20 选择当前下载硬件

保持，而JTGA模式对FPGA下载，掉电后FPGA信息丢失，每次上电都需要重新配置，如图A21所示。

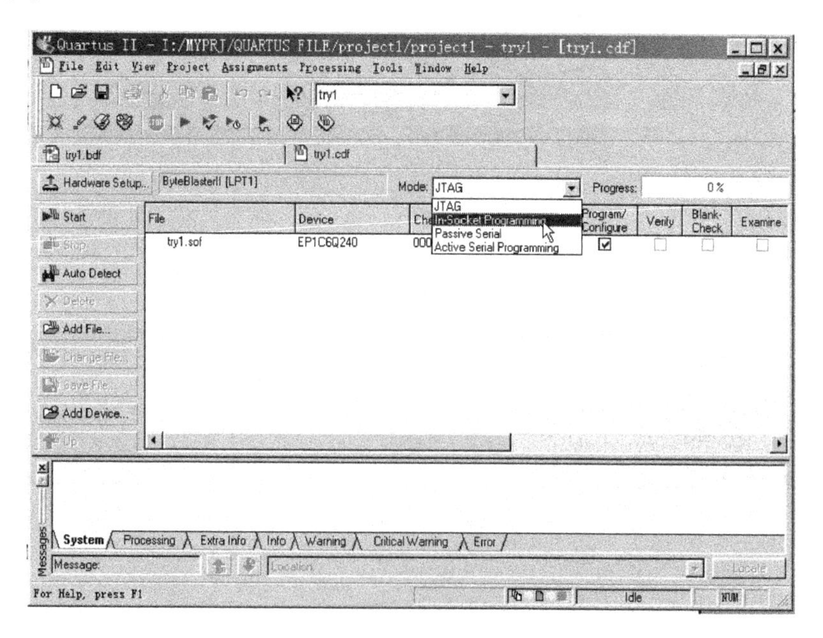

图 A21 选择下载模式

⑲ 选择下载文件和器件，JTAG 模式使用后缀为 sof 的文件，AS 模式使用后缀为 pof 的文件，选择需要进行的操作，分别如图 A22 和图 A24 所示；使用 AS 模式时，还要设置 Assignments 菜单下 Device，如图 A23，选择图 A24 中 Device & Pin Options，如图 A25，选择使用的配置芯片，编译。

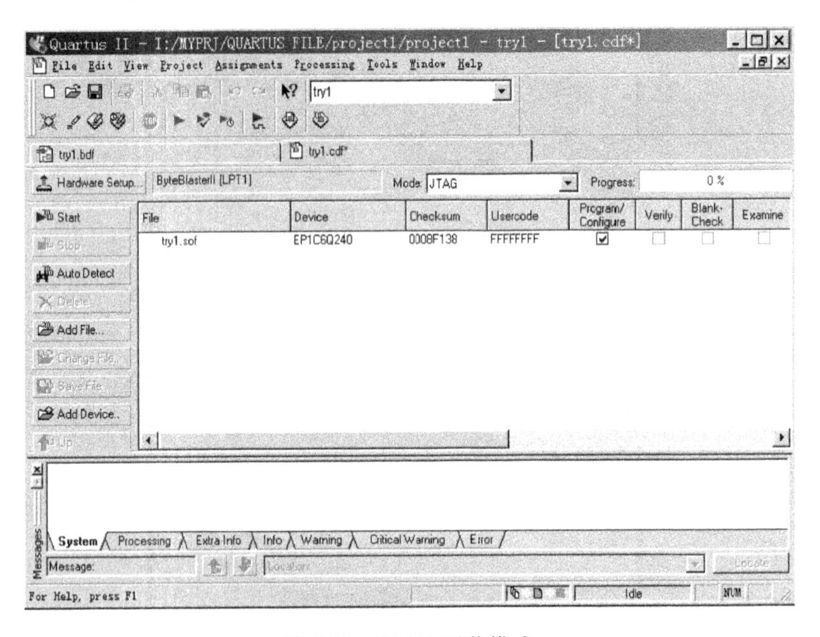

图 A22　JTAG 下载模式

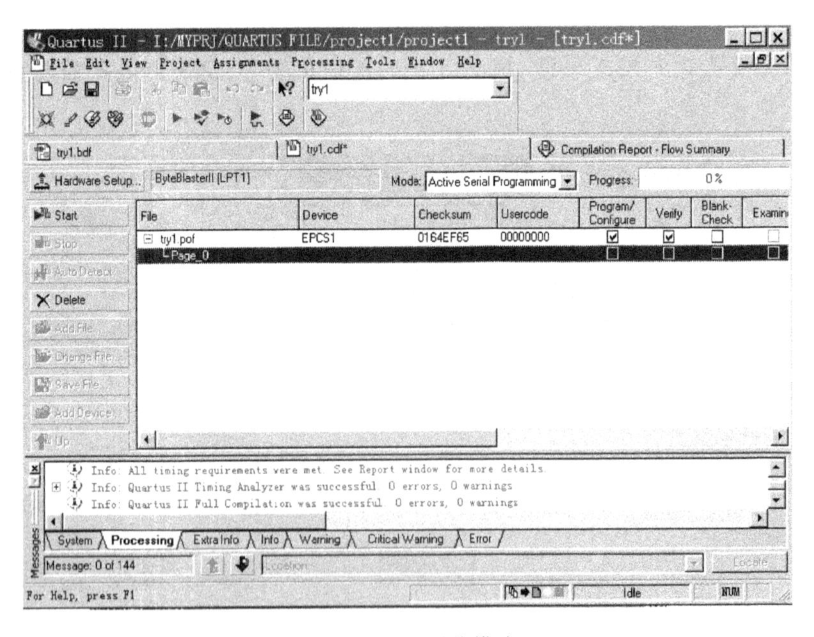

图 A23　AS 下载模式

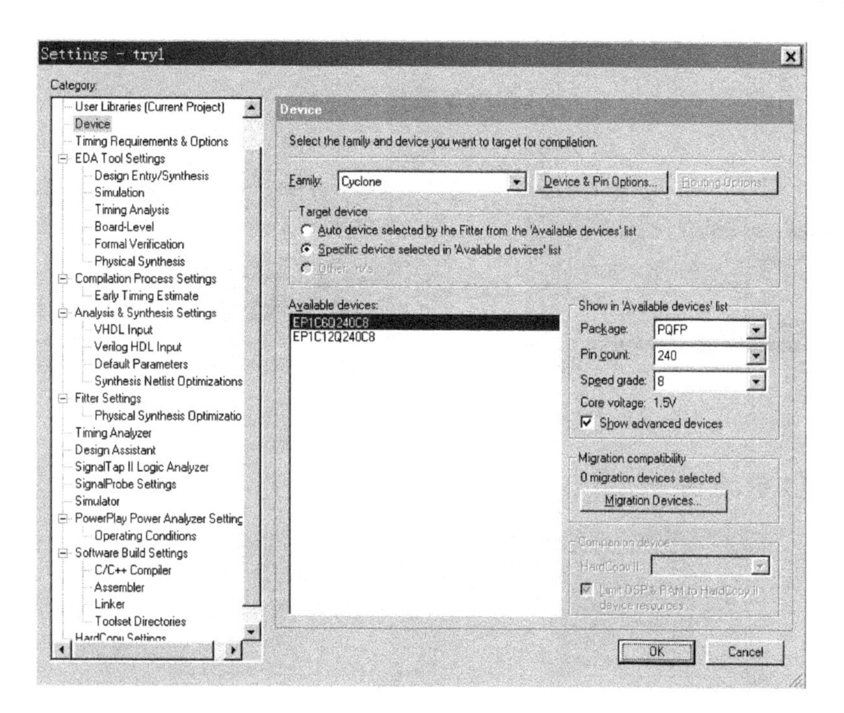

图 A24 器件选项

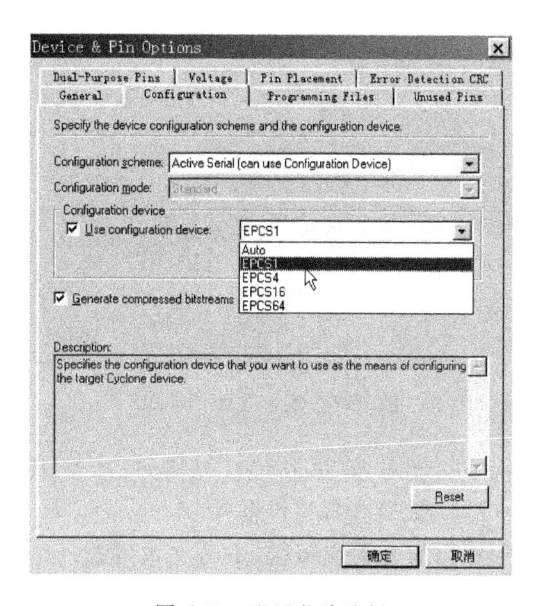

图 A25 配置芯片选择

⑳ 单击 Start 按键，开始下载。

3. 文本编辑（VHDL）

这一节中将向读者简单介绍如何使用 Quartus Ⅱ软件进行文本编辑。文本编辑(vhdl)的基本操作过程如下：

① 建立工作库文件夹和编辑设计文件，如图 A26 所示。

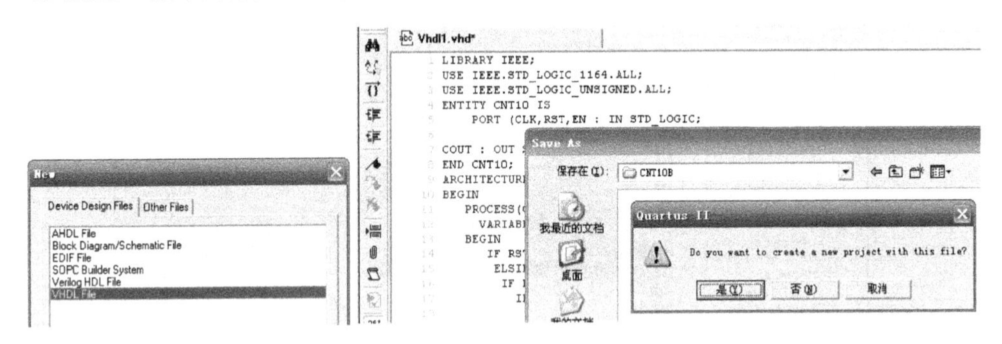

图 A26 选择编辑文件的语言类型，输入源程序并存盘

② 创建工程，如图 A27 所示。

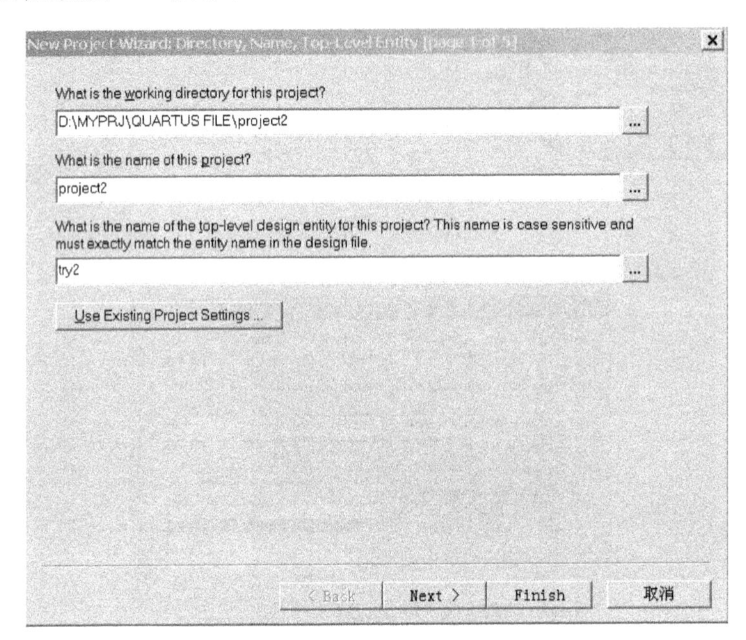

图 A27 建立项目 project2

③ 在软件主窗口单击 File 菜单后，单击 New 选项，选择 VHDL File 选项，并将所需结果如图 A28 所示：文件加入工程，并选择目标器件。

④ 单击 OK 按钮进入空白的文本编辑区，进行文本编辑. vhd 文件名必须与模块面相同，将 dff1. vhd 文件设置为顶层文件，Project→Set as Top-level Entity。

⑤ 完成编辑后的步骤与完成原理图编辑的步骤相同，请参考上述有关内容。

⑥ 利用 vhd 文件生成原理图模块。在 v 文件编辑界面中，File→Creat/Update→Creat Symbol Files for Curent File。

4. 波形仿真

下面以 project2 为例，介绍使用 Quartus Ⅱ 软件自带的仿真器进行波形仿真的步骤。

① 打开 project2 项目,新建波形仿真文件,如图 A28 所示。

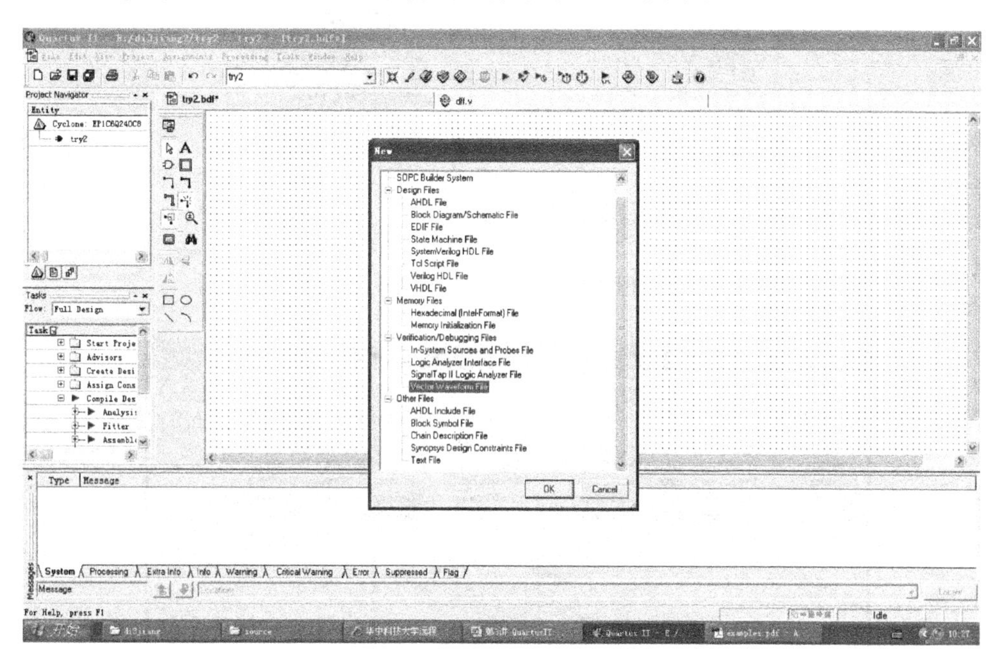

图 A28 新建矢量波形文件

② 在建立的波形文件左侧一栏中,右击,在弹出菜单中选择 Insert Node or Bus,如图 A29 所示。

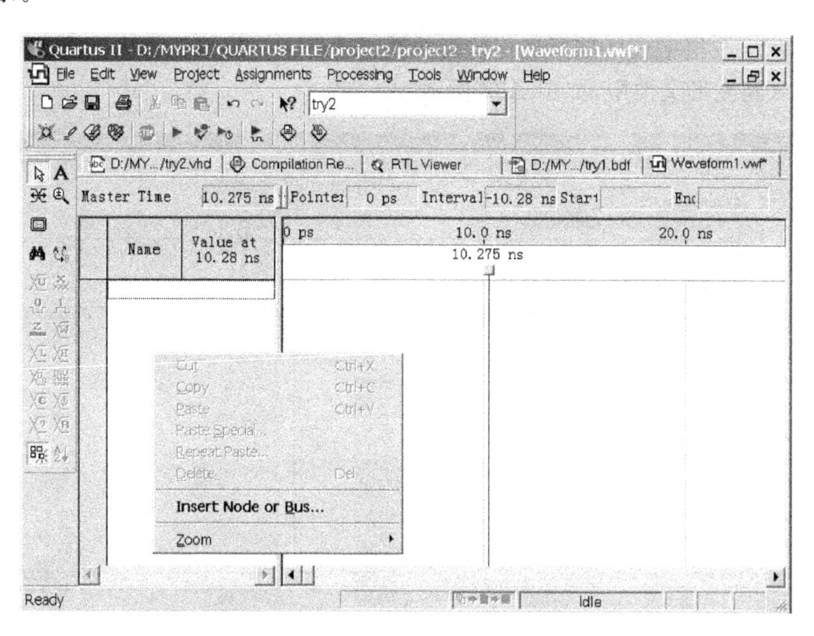

图 A29 矢量波形文件节点加入

③ 在出现的图 A30 中,选择 Node Finder,将打开 Node Finder 对话框,本试验对输入输出的管脚信号进行仿真,所以在 Filter 中选择 Pins: all,单击 List 按钮,如图 A31 所示。

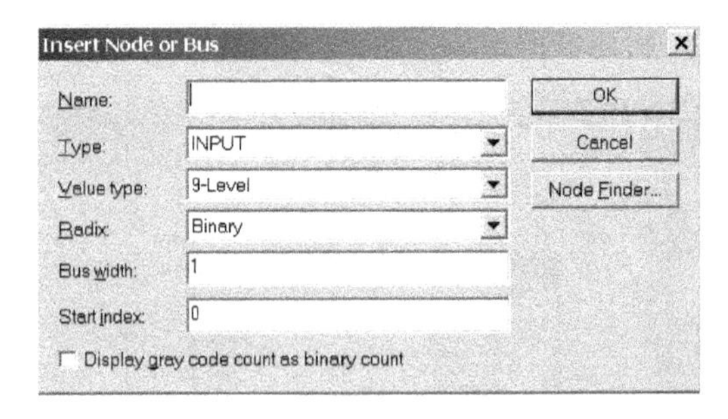

图 A30　节点加入工具框

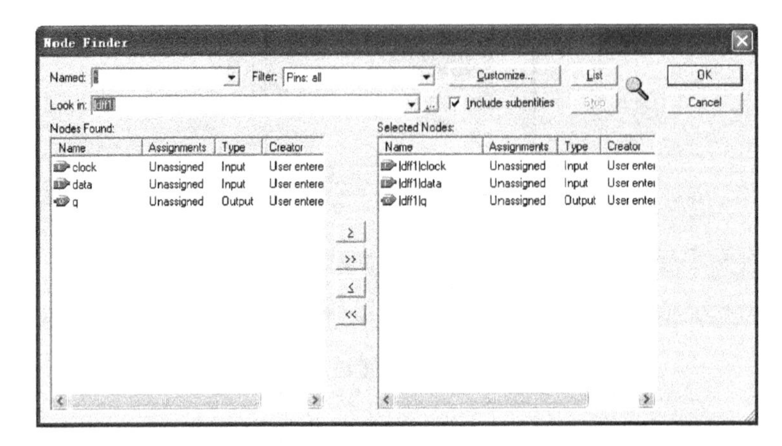

图 A31　Node Finder 对话框

④ 在图 A31 左栏中选择需要进行仿真的端口通过中间的按钮加入到右栏中，单击 OK 按钮，端口加入到波形文件中，如图 A32 所示。

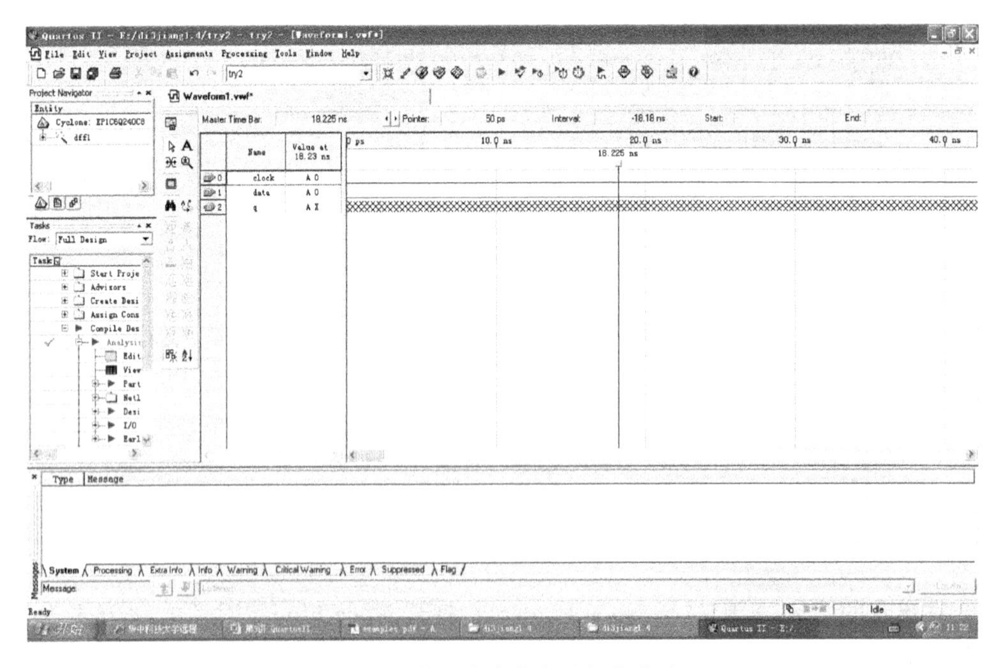

图 A32　加入仿真节点后的波形图

⑤ 在图 A32 中，选择一段波形，通过左边的设置工具条，给出需要的值，设置完成激励波形，保存后如图 A33 所示。

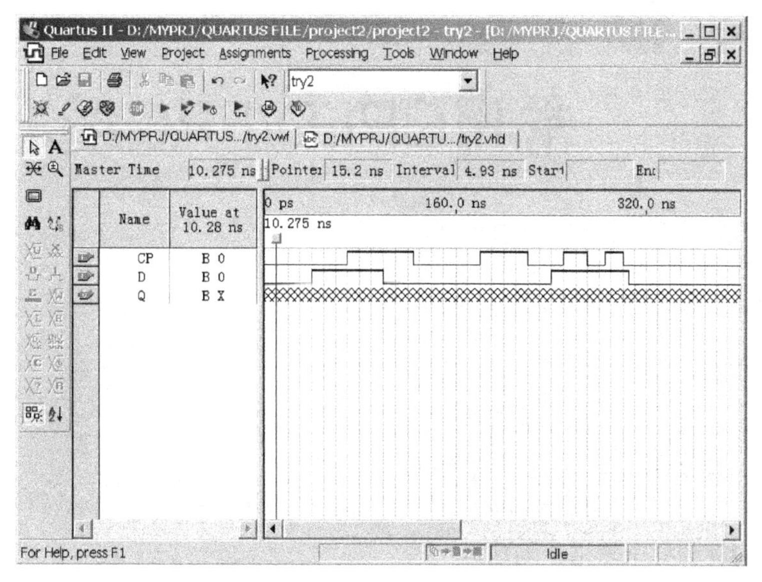

图 A33 设置好激励波形的波形文件

⑥ 设置为功能仿真：Assignment—Timing Analysis Settings—Simulator Settings—Simulation mode 选择 Functional，生成网络表 Processing—Generate Functional Simulation Netlist。

⑦ 单击快捷按钮 ，开始仿真，完成后得到波形如图 A34 所示，根据分析，功能符合设计要求。

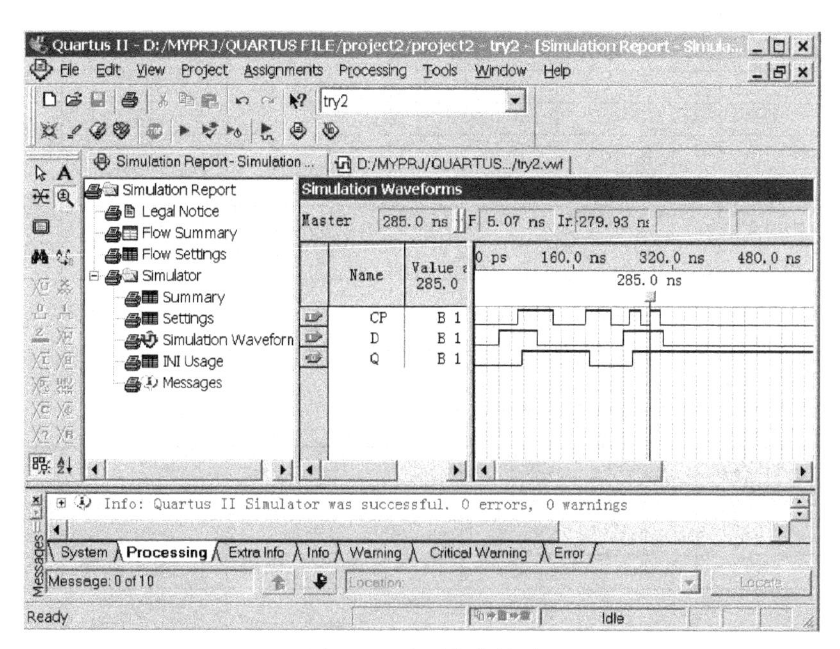

图 A34 波形仿真结果

附录B 常用CPLD/FPGA资源

注：本附录主要介绍 Altera 公司生产的常见 CPLD/FPGA 资源。

1. MAX3000A 系列

32-512 个宏单元，600-5000 可用门
3.3-V 在系统编程 ISP(通过 JTAG 口)
2.5、3.3-V 或 5.0-V 多电压操作
2 个全局时钟和 6 个输出使能信号
可编程的输出电压摆率控制
可编程触发器具有单独的清除、置位、时钟和时钟使能控制
兼容 PCI Local Bus Specification, Revision 2.2
可编程保密位
可编程节省功率模式，使每个宏单元功耗降低 50%或者更低
MAX3000A 器件的特性如下所示。

Feature	EPM3032A	EPM3064A	EPM3128A	EPM3256A	EPM3512A
Usable gates	600	1250	2500	5000	10 000
Macrocells	32	64	128	256	512
Logic array	2	4	8	16	32
Maximum user I/O pins	34	66	96	158	208
tPD(ns)	4.5	4.5	5.0	7.5	7.5
tSU(ns)	2.9	2.8	3.3	5.2	5.6
tCO1(ns)	3.0	3.1	3.4	4.8	4.7
fCNT(MHz)	227.3	222.2	192.3	126.6	116.3

MAX3000A 器件的选型如下所示。

Device	44-Pin PLCC	44-Pin TQFP	100-Pin TQFP	144-Pin TQFP	208-Pin PQFP	256-Pin FineLine BGA	Speed Grade
EPM3032A	34	34					−4、−7、−10
EPM3064A	34	34	66				−4、−7、−10
EPM3128A			80	96			−5、−7、−10
EPM3256A				116	158		−7、−10
EPM3512A					172	208	−7、−10

MAX3000A 器件支持的 I/O 特性如下所示。

VCCIO 电压	输入信号			输出信号	
	2.5V	3.3V	5.0V	2.5V	3.3V
2.5V	√	√	√	√	
3.3V	√	√	√		√

2. Cyclone 系列

Cyclone 系列 FPGA 是基于成本优化的,全铜工艺的 1.5V SRAM 工艺,相对竞争对手的 FPGA,仅一半的成本,依然提供的强大的功能。最高达 20 060 个逻辑单元和 288KB 的 RAM,除此之外,Cyclone 系列的 FPGA 还集成了许多复杂的功能。Cyclone 系列 FPGA 提供了全功能的锁相环(PLL),用于板级的时钟网络管理和专用 I/O 接口,这些接口用于连接业界标准的外部存储器器件。Altera 的 Nios® Ⅱ 系列嵌入式处理器的 IP 资源也可以用于 Cyclone 系列 FPGA 的开发。设计者只需下载 Altera 提供的完全免费的 Quartus ® Ⅱ 网络版开发软件就可以马上进行 Cyclone 系列 FPGA 的设计和开发。Cyclone FPGA 是在 2002 年 12 月份推出的。从那以后,已向全球数千位不同的客户交付了数百万片,成为 Altera 历史上采用最快的产品。

Cyclone 器件各型号的特性如下所示。

Feature	EP1C3	EP1C4	EP1C6	EP1C12	EP1C20
LEs	2910	4000	5980	12 060	20 060
M4K RAM blocks	13	17	20	52	64
Total RAM bits	59 904	78 336	92 160	239 616	294 912
PLLs	1	2	2	2	2
Maximum user I/O pins	104	301	185	249	301

Cyclone 器件封装与最大 I/O 脚数如下所示。

Device	100-Pin TQFP	144-Pin TQFP	240-Pin PQFP	256-Pin FineLine BGA	324-Pin FineLine BGA	400-Pin FineLine BGA
EP1C3	65	104				
EP1C4					249	301
EP1C6		98	185	185		
EP1C12			173	185	249	
EP1					23	30

Cyclone 器件的配置器件如下所示。

配置器件	器件数量				
	EP1C3	EP1C4	EP1C6	EP1C12	EP1C20
EPCS1	1	1	1	N/A	N/A
EPCS4	1	1	1	1	1
EPCS16	1	1	1	1	1
EPCS64	1	1	1	1	1
EPC2	1	1	1	2	2
EPC4	1	1	1	1	1

3. Stratix 系列

Stratix™器件采用 1.5V 0.13um 全铜 SRAM 工艺，为满足高带宽系统的需求进行了优化。Stratix 器件具有非常高的内核性能、存储能力、架构效率和及时面市的优势。Stratix 器件提供了专用的功能用于时钟管理和数字信号处理(DSP)应用及差分和单端 I/O 标准。此外，Stratix 器件具有片内匹配和远程系统升级能力。Stratix 器件系列是功能丰富的高带宽系统方案，开创了可编程芯片系统(SOPC)方案的新纪元。

Stratix 器件各型号的特性如下所示。

Feature	EP1S10	EP1S20	EP1S25	EP1S30	EP1S40	EP1S60	EP1S80
LEs	10 570	18 460	25 660	32 470	41 250	57 120	79 040
M512 RAM blocks	94	194	224	295	384	574	767
M4K RAM blocks	60	82	138	171	183	292	364
M-RAM blocks	1	2	2	4	4	6	9
Total RAM bits	920 448	1 669 248	1 944 576	3 423 744	5 215 104	7 427 520	10 118 016
DSP blocks	6	10	10	12	14	18	22
Embedded multipliers	48	80	80	96	112	144	176
PLLs	6	6	6	10	12	12	12

Stratix 器件封装与最大 I/O 脚数如下所示。

Device	672-Pin BGA	956-Pin BGA	484-Pin FineLine BGA	672-Pin FineLine BGA	780-Pin FineLine BGA	1020-Pin FineLine BGA	1508-Pin FineLine BGA	1923-Pin FineLine BGA
EP1S10	341		331	341	422			
EP1S20	422		257	422	582			
EP1S25	469			469	593	702		
EP1S30		679			593	726		
EP1S40		679				769	818	
EP1S60		679				769	1018	
EP1S80		679					1199	1234

Stratix 器件的配置器件如下所示。

配置器件	器件数量						
	EP1S10	EP1S20	EP1S25	EP1S30	EP1S40	EP1S60	EP1S80
EPC2	3	4	5	7	8	11	15
EPC4	1	1	N/A	N/A	N/A	N/A	N/A
EPC8	1	1	1	1	1	N/A	N/A
EPC16	1	1	1	1	1	1	1

常用集成门电路的逻辑符号对照表

电 路 名 称	国 标 符 号	美 国 符 号
或门	≥1	
与门	&	
非门	1	
与非门	&	
或非门	≥1	
异或门	=1	
同或门	=1	
半加器	Σ CO	HA
全加器	Σ Ci Co	FA
基本 RS 触发器	S R	S Q R $\overline{Q}$
同步 RS 触发器	1S CI 1R	S Q CK R $\overline{Q}$
下降沿触发 JK 触发器	S 1J CI 1K R	S_D Q J CK K $\overline{Q}$ R_D
上升沿触发 D 触发器	S 1D CI R	S_D Q D CK R_D $\overline{Q}$

参考文献

1 王永军,李景华.数字逻辑与数字系统(第三版).北京:电子工业出版社,2005.
2 阎石.数字电子技术基础(第四版).北京:高等教育出版社,1998.
3 李晶皎,李景宏,等.逻辑与数字系统设计.北京:清华大学出版社,2008.
4 余孟尝.数字电子技术基础简明教程(第二版).北京:高等教育出版社,1999.
5 佘新平.数字电子技术.武汉:华中科技大学出版社,2007.
6 马金明,吕铁军.等.数字系统与逻辑设计.北京:北京航空航天大学出版社,2007.
7 唐志宏,韩振振.数字电路与系统.北京:北京邮电大学出版社,2008.
8 潘松,黄继业.等.EDA技术与VHDL(第2版).北京:清华大学出版社,2007.
9 邢建平,等.VHDL程序设计教程(第3版).北京:清华大学出版社,2005.
10 姜雪松,吴钰淳,等.VHDL设计实例与仿真.北京:机械工业出版社,2007.
11 唐志宏,韩振振,等.数字电路与系统.北京:北京邮电大学出版社,2007.
12 侯伯亨,顾新,等.VHDL硬件描述语言与数字逻辑电路设计.西安:西安电子科技大学出版社,2001.
13 白中英主编.数字逻辑与数字系统(第4版).北京:科学出版社,2007.
14 臧春华,蒋璇.数字系统设计与PLD应用(第3版).北京:电子工业出版社,2009.
15 王金明.数字系统设计与Verilog HDL(第3版).北京:电子工业出版社,2009.
16 黄正谨,徐坚,等.CPLD系统设计技术入门与应用.北京:电子工业出版社,2002.
17 Ronald J. Tocci著,林涛.等译.数字系统原理与应用.北京:电子工业出版社,2005.
18 黄进强,潘天保,等.Xilinx可编程逻辑器件的应用与设计.北京:机械工业出版社,2007.
19 王辉,殷颖,等.MAX+plus Ⅱ和Quartus Ⅱ应用与开发技巧.北京:机械工业出版社,2008.
20 袁文波,张皓,唐镇中.FPGA应用开发——从实践到提高.北京:中国电力出版社,2007.